# KOSMOS HIMMELSJAHR 2023

### SONNE, MOND UND STERNE IM JAHRESLAUF

Herausgegeben von Hans-Ulrich Keller
unter Mitarbeit von Erich Karkoschka

**KOSMOS**

# Inhalt 2023

| Einleitung | 5 |
|---|---|
| Das Jahr 2023 auf einen Blick | 7 |
| Erläuterungen zum Gebrauch | 9 |
| Sonnen- und Mondfinsternisse 2023 | 24 |

| Januar | 30 |
|---|---|
| Sonnenlauf und Mondlauf | 32 |
| Planetenlauf | 34 |
| Der Fixsternhimmel | 42 |
| Monatsthema: Wie lange leuchten Sterne? | 46 |

| Februar | 56 |
|---|---|
| Sonnenlauf und Mondlauf | 58 |
| Planetenlauf | 60 |
| Der Fixsternhimmel | 63 |
| Monatsthema: Joseph Justus Scaliger und seine Tageszählung | 69 |

| März | 74 |
|---|---|
| Sonnenlauf und Mondlauf | 76 |
| Planetenlauf | 78 |
| Der Fixsternhimmel | 82 |
| Monatsthema: Die Königin des Planetoidengürtels | 86 |

| April | 94 |
|---|---|
| Sonnenlauf und Mondlauf | 96 |
| Planetenlauf | 98 |
| Der Fixsternhimmel | 102 |
| Monatsthema: Das Superteleskop ELT | 105 |

| Mai | 112 |
|---|---|
| Sonnenlauf und Mondlauf | 114 |
| Planetenlauf | 116 |
| Der Fixsternhimmel | 119 |
| Monatsthema: Der rußende Stern in der Nördlichen Krone | 124 |

| Juni | 130 |
|---|---|
| Sonnenlauf und Mondlauf | 132 |
| Planetenlauf | 134 |
| Der Fixsternhimmel | 138 |
| Monatsthema: Das Magnetfeld der Erde | 142 |

Das Magnetfeld der Erde 142

### Die Monatsthemen Januar – Juni

| Wie lange leuchten Sterne? | 46 |
|---|---|
| Joseph Justus Scaliger und seine Tageszählung | 69 |
| Die Königin des Planetoidengürtels | 86 |
| Das Superteleskop ELT | 105 |
| Der rußende Stern in der Nördlichen Krone | 124 |
| Das Magnetfeld der Erde | 142 |

### Abbildungen zu den Planeten

| Innere Planeten: Jahresübersicht | 35 |
|---|---|
| Äußere Planeten: Jahresübersicht | 36 |
| Merkur: Sichtbarkeiten | 37, 99, 193 |
| Merkur: Scheinbare Bahn | 37, 100, 170, 230 |
| Venus: Scheinbare Bahn | 61, 134 |
| Venus: Stellungen | 60, 213 |
| Merkur- und Venusbahn | 80, 100, 213 |
| Mars: Scheinbare Bahn | 79 |
| Jupiter: Scheinbare Bahn | 231 |
| Saturn: Scheinbare Bahn | 171 |
| Uranus: Aufsuchkarte | 232 |
| Neptun: Aufsuchkarte | 195 |
| Pluto: Aufsuchkarte | 155 |
| Ceres (1): Aufsuchkarte | 81 |
| Pallas (2): Aufsuchkarte | 41 |
| Vesta (4): Aufsuchkarte | 254 |
| Metis (9): Aufsuchkarte | 254 |
| Melpomene (18): Aufsuchkarte | 235 |

# Inhalt

Gibt es Dunkle Materie wirklich?     260

### Die Monatsthemen Juli – Dezember
Der Perseïdenstrom .................. 160
Mondgeschichten ... ................. 179
Triton – Eisschrank des
Sonnensystems ...................... 201
Wer oder was ist Laniakea? ........... 221
Welcher ist der fernste Planet? ....... 240
Gibt es die Dunkle Materie
wirklich? ............................ 260

### Wichtige Abbildungen und Tabellen
**Mond:** Ekliptikale Koordinaten ....... 278
Mond: Stellung junge Mondsichel .... 289
**Sonne:** Ekliptikale Koordinaten ....... 280
Sonne: Ephemeride der Sonnenscheibe 288
Sonne: Synodische Rotation .......... 288
Sonne: Fleckenrelativzahlen .......... 289
**Planeten:** Ekliptikale Koordinaten .... 280
Planeten: Ephemeriden ............... 282
Planeten: Scheinbare Größen ........ 276
Planeten: Helligkeit und Sichtbarkeit . 277
Planeten: Entfernungen von der Erde . 280
Kleinplaneten: Ephemeriden ......... 286
Mars und Jupiter: Zentralmeridiane... 287
Sternbedeckungen .................... 290
Sternzeit um 20 Uhr MEZ ............ 281
Koordinaten größerer Städte......... 292
Auf- und Untergangskorrektur ....... 293
Das griechische Alphabet ............ 21

## Juli     148
Sonnenlauf und Mondlauf. .............150
Planetenlauf .......................152
Der Fixsternhimmel ....................157
Monatsthema: Der Perseïdenstrom .......160

## August     166
Sonnenlauf und Mondlauf. .............168
Planetenlauf .......................170
Der Fixsternhimmel ....................174
Monatsthema:
Mondgeschichten ....................179

## September     188
Sonnenlauf und Mondlauf. .............190
Planetenlauf .......................192
Der Fixsternhimmel ....................197
Monatsthema:
Triton – Eisschrank des Sonnensystems. ...201

## Oktober     208
Sonnenlauf und Mondlauf. .............210
Planetenlauf .......................212
Der Fixsternhimmel ....................217
Monatsthema:
Wer oder was ist Laniakea? ...........221

## November     226
Sonnenlauf und Mondlauf. .............228
Planetenlauf .......................230
Der Fixsternhimmel ....................236
Monatsthema:
Welcher ist der fernste Planet? ..........240

## Dezember     246
Sonnenlauf und Mondlauf. .............248
Planetenlauf .......................250
Der Fixsternhimmel ....................255
Monatsthema:
Gibt es die Dunkle Materie wirklich? .....260

## Anhang und Service     276
Tabellen und Ephemeriden .............278
Kalendarium 2024 und 2025. ..........294
Adressen von Sternwarten und Planetarien 296
Impressum .......................303

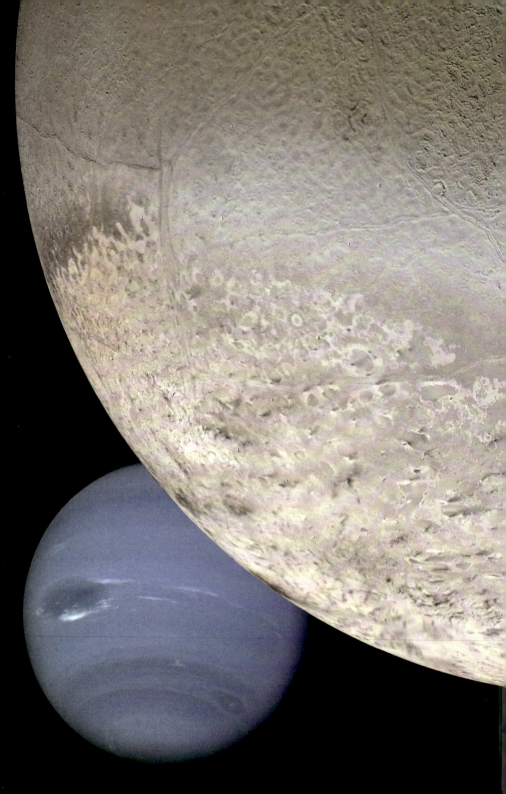

# Vorwort

## Das Kosmos Himmelsjahr – die Welt der Sterne im Jahreslauf

*Haec caelestia semper spectato, illa humana contemnito*

*Das Himmlische immer betrachte, das Irdische aber schätze gering!*

Marcus Tullius Cicero, Somnium Scipionis

In unserer täglichen, teils hektischen Geschäftigkeit kommt man nur selten dazu, in Ruhe und Muße über den Sinn des eigenen Daseins nachzudenken. Was nimmt man doch alles für wichtig, was hält man für erstrebenswert, worauf ist man stolz, worüber ärgert man sich, wie verbringt man seine Zeit? Kurz, das irdische Dasein nimmt uns gefangen mit all seinen Freuden und Leiden. Dabei bedenkt man nicht, dass das eigene Leben angesichts kosmischer Maßstäbe nur einen kurzen Augenblick währt. Wie eine Sternschnuppe flammt das Leben eines einzelnen Individuums auf, um gleich wieder zu verlöschen.

Schon in der Antike hat der Römer Cicero darauf hingewiesen, dass wir zu sehr mit irdischen Dingen beschäftigt sind, die angesichts der Sternenwelt völlig unbedeutend sind. Obwohl selbst die größten Gelehrten vor 2000 Jahren nur ein recht bescheidenes Wissen über den gestirnten Himmel hatten, so war ihnen doch bewusst, wie viel wichtiger es ist, die überirdischen Gefilde zu betrachten und dabei zu Einsichten zu gelangen, die vielen Menschen ihr ganzes Leben verborgen bleiben. Dank dem Forschergeist vieler Generationen weiß man heute, dass das Universum gut 14 Milliarden Jahren alt ist, gefüllt mit rund vierzig Trilliarden Sternen. Und um einen dieser Trilliarden Sterne am Rande einer der über hundert

Milliarden Milchstraßensysteme kreist als dritter Planet die Erde, die Heimat der Menschheit, als eine kurzfristige Erscheinung in der Geschichte des Universums.

Es lohnt sich, den Blick in die Ferne schweifen zu lassen und den gestirnten Himmel mit eigenen Augen zu betrachten. Welche Sternbilder sind an klaren Winterabenden zu sehen, welche Planeten zeigen sich, welchen Weg nimmt der Mond durch den Tierkreis, wann sind Sonnen- und Mondfinsternisse zu erleben, zu welcher Jahreszeit flammen besonders viele Sternschnuppen auf?

### Für Einsteiger und Amateurastronomen

Damit man über alle interessanten Ereignisse am Sternenzelt informiert wird, dazu soll das *Himmelsjahr* als Leitfaden durch die Welt der Gestirne während des Jahres hilfreich sein.

Auch der **113. Jahrgang** des vorliegenden Jahrbuches soll sowohl dem Einsteiger in die Himmelskunde als auch der kundigen Amateurastronomin die erforderlichen Hinweise und Daten für eigene astronomische Beobachtungen liefern.

Der erfahrene Himmelsbeobachter findet auf der inneren Umschlagklappe Kurzhinweise zum Gebrauch dieses Jahrbuches. Ausführliche Erläuterungen zu den wichtigsten Grundtatsachen der Astronomie findet der Einsteiger in die Himmelskunde ab Seite 9.

Eine kalendarische Übersicht enthält das Kapitel „Das Jahr 2023" auf Seite 7. Dem Hauptteil vorangestellt ist die Beschreibung der Sonnen- und Mondfinsternisse, die sich im Jahr 2023 ereignen (siehe Seite 24).

Der Anhang enthält ein Verzeichnis von Planetarien und Sternwarten sowie eine Liste von amateurastronomischen Einrichtungen, die den Kontakt zu Gleichgesinnten erleichtern soll.

V.1 Der sonnenfernste Planet Neptun und sein größter Mond Triton (NASA/JPL).

# Vorwort

2023

V.2 Unsere inneren Nachbarplaneten Venus und Merkur in der Abenddämmerung

Um möglichst allen Leserinnen und Lesern – vom Einsteiger bis zur versierten Beobachterin – zu dienen, wird in den Monatsübersichten eine einfache, beschreibende Darstellung aller interessanten Himmelsvorgänge gebracht, während im Tabellenteil am Schluss wichtige Beobachtungsdaten in Form von Zahlentafeln vermerkt sind.

Eine umfassende Einführung in die Himmelskunde findet man im *Kompendium der Astronomie*, in dem alle wichtigen Begriffe ausführlich erklärt werden.

## Datenquellen und Danksagungen

Die Daten für das vorliegende Jahrbuch stammen, soweit nicht nachstehend besonders vermerkt, vom Planetarium Stuttgart. Das Institut de Mécanique Céleste et de Calcul des Éphémérides (IMCCE), Observatoire de Paris, lieferte die Daten für die Jupitermonderscheinungen, die Sternbedeckungen durch den Mond wurden mit dem Programm von David Herald von der IOTA (International Occultation Timing Association) berechnet, die Sonnenfleckenrelativzahlen lieferte das Observatoire Royal de Belgique, Brüssel, und die Daten für die Sternschnuppenströme stammen von der International Meteor Organization (IMO), wofür Herrn Dr. Jürgen Rendtel (Potsdam) zu danken ist.

Mein ganz besonderer Dank gilt meinem Mitarbeiter, Herrn Dr. Erich Karkoschka (Lunar and Planetary Laboratory, University of Arizona, Tucson) für seine Ephemeridenberechnungen, die Anfertigung vieler Skizzen und Abbildungen sowie für die zahlreichen Verbesserungsvorschläge und Hinweise.

Dank schulde ich auch Herrn Gerhard Weiland, der mit großer Sorgfalt und Umsicht die Reinzeichnungen der Grafiken angefertigt hat, sowie Herrn Wil Tirion für die Herstellung der monatlichen Sternkarten und Übersichten des Planetenlaufs. Dankbar bin ich auch Herrn Michael Vogel, der sorgfältig Korrektur gelesen hat.

Zu danken habe ich ferner Herrn Martin Gertz von der Sternwarte Welzheim für die hervorragenden Astroaufnahmen zur Illustration dieses Jahrbuches. Nicht zuletzt gebührt auch Dank Frau Claudia Dintner für die sorgfältige Reinschrift des Manuskripts sowie den Mitarbeiterinnen und Mitarbeitern des Verlages, namentlich den Herren Siegfried Fischer und Sven Melchert, für die hervorragende Zusammenarbeit, ohne die dieses Jahrbuch nicht pünktlich erscheinen könnte.

Stuttgart, im März 2022
*Hans-Ulrich Keller*

# Das Jahr 2023

# Das Jahr 2023 auf einen Blick

Das Jahr 2023 ist nach dem Gregorianischen Kalender ein **Gemeinjahr** mit **365** Tagen.

Beginn der Jahreszeiten:
**FRÜHLING** (Tagundnachtgleiche): 20. März, $22^h 24^m$
**SOMMER** (Sonnenwende): 21. Juni, $15^h 58^m$
**HERBST** (Tagundnachtgleiche): 23. September, $7^h 50^m$
**WINTER** (Sonnenwende): 22. Dezember, $4^h 27^m$
**SOMMERZEIT:** Die Mitteleuropäische Sommerzeit (MESZ) geht gegenüber der Mitteleuropäischen Zeit (MEZ) um eine Stunde vor. Sie soll vom **26. März** bis **29. Oktober** 2023 gelten. Kurzfristige Änderungen sind möglich.

## KALENDERÄREN 2023

Das **jüdische Jahr** 5784 beginnt am 15. September mit Sonnenuntergang. Der jüdische Neujahrstag fällt daher auf den 16. September 2023.

Das **islamische Jahr** 1445 beginnt am 18. Juli mit Sonnenuntergang. Der erste Tag des islamischen Jahrs 1445 korrespondiert mit dem 19. Juli 2023.

Am 22. Januar 2023 beginnt das 40. Jahr im 79. Zyklus des **traditionellen chinesischen Kalenders**. Es ist das Jahr des Hasen (gui-mao).

Am 14. September beginnt in der **byzantinischen Ära** das Jahr 7532.

### FEST- UND FEIERTAGE 2023

| | | |
|---|---|---|
| Neujahrstag: | **Sonntag,** | 1. Januar |
| Aschermittwoch: | | 22. Februar |
| Karfreitag: | | 7. April |
| Ostersonntag: | | **9. April** |
| Ostermontag: | | 10. April |
| Maifeiertag: | **Montag,** | 1. Mai |
| Christi Himmelfahrt: | **Donnerstag,** | 18. Mai |
| Pfingstsonntag: | | **28. Mai** |
| Pfingstmontag: | | 29. Mai |
| Fronleichnam: | **Donnerstag,** | 8. Juni |
| Allerheiligen: | **Mittwoch,** | 1. November |
| Buß- und Bettag: | **Mittwoch,** | 22. November |
| Totensonntag: | | 26. November |
| 1. Advent: | **Sonntag,** | 3. Dezember |
| Heiliger Abend: | **Sonntag,** | 24. Dezember |
| 1. Weihnachtstag: | **Montag,** | 25. Dezember |
| 2. Weihnachtstag: | **Dienstag,** | 26. Dezember |
| Silvester: | **Sonntag,** | 31. Dezember |

### STAATSFEIERTAGE 2023

| | | |
|---|---|---|
| Tag der deutschen Einheit: | Dienstag, | 3. Oktober |
| Österreichischer Nationalfeiertag: | Donnerstag, | 26. Oktober |
| Schweizer Bundesfeier: | Dienstag, | 1. August |
| Liechtensteiner Staatsfeiertag: | Dienstag, | 15. August |

Am 1. Januar beginnt das **japanische Jahr** 2683.

Am 12. September beginnt das Jahr 1740 der **Ära Diokletians** (Koptische Ära).

Am 14. September beginnt das Jahr 2335 der **Seleukidenära**.

Am 14. Januar beginnt das Jahr 2776 der **römischen Ära a. u. c.**

Der 14. Januar 2023 des **Gregorianischen** Kalenders korrespondiert mit dem 1. Januar 2023 des **Julianischen** Kalenders.

Das Jahr 2023 entspricht dem Jahr 6736 der **Julianischen Periode**.

Der 1. Januar 2023 ($0^h$ Weltzeit = $1^h$ Mitteleuropäische Zeit) hat die **Julianische Tagesnummer** 2459945,5.

Das **astronomische Jahr** 2023 (Bessel-Jahr) beginnt bereits am 31. Dezember 2022 um $15^h 30^m$ MEZ (B2022.0 = JD 2459945,104). Der **Dies Reductus** (J2023.0 − B2023.0) beträgt somit $9^h 30^m$.

# Das Jahr 2023

## CHRONOLOGIE 2023
Sonnenzirkel: 16
Goldene Zahl (Mondzirkel): X
Sonntagsbuchstabe: A
Indiktion (Römerzinszahl): 1
Epakte: 8
Jahresregent: Mars

## FINSTERNISSE 2023
Im Jahr 2023 finden vier Finsternisse statt, eine ringförmig-totale und eine ringförmige Sonnenfinsternis sowie eine Halbschattenmondfinsternis und eine partielle Mondfinsternis. Die ringförmig-totale Sonnenfinsternis vom 20. April und die ringförmige Sonnenfinsternis vom 14. Oktober bleiben von Mitteleuropa aus unbeobachtbar.

Die Halbschattenmondfinsternis vom 5. Mai bleibt von Mitteleuropa aus ebenfalls unbeobachtbar. Die partielle Mondfinsternis vom 28. Oktober kann von unseren Gegenden aus beobachtet werden.

Ausführliche Erläuterungen zu den Finsternissen findet man im Kapitel „Sonnen- und Mondfinsternisse 2023" auf Seite 24.

V.3 Die Mondfinsternis vom 16. Mai 2022 in ihrer partiellen Phase

## PLANETEN UND PLUTO 2023
**MERKUR** zeigt sich Ende März bis Mitte April am Abendhimmel. Ende Januar und Mitte September bis Anfang Oktober bietet der sonnennahe Planet eine Morgensichtbarkeit.

**VENUS** ist von Januar bis Ende Juli am Abendhimmel vertreten. Am 4. Juni erreicht sie ihre größte östliche Elongation von der Sonne (45°). Am **7. Juli** strahlt sie mit **maximaler Helligkeit am Abendhimmel**. Am **13. August** kommt sie in **untere Konjunktion** mit der Sonne. Von Ende August bis Jahresende spielt sie ihre Rolle als Morgenstern. In **maximalem Glanz am Morgenhimmel** leuchtet sie am **19. September**. Ihre größte westliche Elongation (46°) erreicht sie am 24. Oktober.

**MARS** hält sich bis Juli am Abendhimmel auf. Am 18. November kommt er in Konjunktion mit der Sonne. Im Frühjahr 2024 erscheint der rote Planet dann am Morgenhimmel.

**JUPITER** kommt am **3. November** im Sternbild Widder in **Opposition** zur Sonne. Bis Anfang April 2024 kann der Riesenplanet am Abendhimmel gesehen werden. Am 11. April 2023 steht er in Konjunktion mit der Sonne. Im Mai taucht Jupiter am Morgenhimmel auf.

**SATURN** steht am **27. August** im Sternbild Wassermann in **Opposition** zur Sonne. Bis Jahresende ist der Ringplanet am Abendhimmel vertreten. Am 16. Februar wird er von der Sonne eingeholt und steht in Konjunktion mit ihr. Ende März erscheint der Ringplanet wieder am Morgenhimmel.

**URANUS** kommt am **13. November** im Sternbild Widder in **Opposition** zur Sonne. In Konjunktion mit der Sonne steht Uranus am 9. Mai.

**NEPTUN** erreicht seine Opposition am **19. September** im Sternbild Fische. In Konjunktion mit der Sonne steht Neptun am 16. März.

**PLUTO**, der prominenteste Zwergplanet, steht am **22. Juli** im Sternbild Schütze in **Opposition** zur Sonne.

Seine Konjunktion mit der Sonne erreicht Pluto schon am 18. Januar 2023.

Ausführliche Angaben über die Sichtbarkeit der Planeten entnehme man der Rubrik „Planetenlauf" in den Monatsübersichten.

# Erläuterungen zum Gebrauch

| | | | |
|---|---|---|---|
| Sterne, Sternbilder und Sternkarten | 9 | Die großen Planeten | 18 |
| Sternhaufen und Nebel | 10 | Kleinplaneten und Zwergplaneten | 20 |
| Die Helligkeit der Sterne | 11 | Die Monde der Planeten | 20 |
| Entfernungsangaben | 12 | Das griechische Alphabet | 21 |
| Zeitangaben | 12 | Sternschnuppen | 21 |
| Kalenderzyklen | 15 | Konstellationen und Ereignisse | 22 |
| Der Himmelskalender | 16 | Fixsternhimmel | 22 |
| Der Sonnenlauf | 16 | Monatsthemen | 22 |
| Der Mondlauf | 16 | Tabellen und Ephemeriden | 22 |
| Der Planetenlauf | 17 | Literaturhinweise | 23 |

Wer zum ersten Mal dieses Jahrbuch in Händen hält, dem bieten nachstehende Erläuterungen eine erste Einführung in seine Benutzung. Wer jedoch schon mit den Grundlagen der Himmelskunde vertraut ist, kann sofort die „Kurzhinweise zum Gebrauch" dieses Jahrbuches auf der vorderen Umschlagklappe aufschlagen.

Im *Kosmos Himmelsjahr* ist das Bild des abendlichen Fixsternhimmels für jeden Monat beschrieben. Eine Sternkarte erleichtert die Übersicht. Außerdem ist die Stellung des Großen Wagens und des Himmels-Ws um 22$^h$ MEZ für jeden Monat aus einer Grafik ersichtlich. Der Große Wagen und das Himmels-W sind in jeder klaren Nacht zu beobachten, da sie bei uns zirkumpolar sind, also niemals untergehen.

Während die Fixsterne ihre Stellungen zueinander nicht ändern, sondern nur gemeinsam infolge der Erdrotation über das Firmament ziehen, gibt es Gestirne, die ihre Position im Laufe von Wochen und Monaten ändern. Man nennt sie Wandelsterne oder Planeten. Sie sind die Geschwister unserer Erde, die ebenfalls ein Planet ist. Mit freiem Auge sind fünf Planeten zu sehen: Merkur, Venus, Mars, Jupiter und Saturn.

Von der Erde aus gesehen wandert somit die Sonne in einem Jahr durch die bekannten Sternbilder des Tierkreises. Der Wanderweg der Sonne heißt Ekliptik. Mond und Planeten bewegen sich ebenfalls in der Nähe der Ekliptik. Sie sind daher stets in den Tierkreissternbildern zu finden.

## STERNE, STERNBILDER UND STERNKARTEN

Je nach Fantasie und Kultur haben die einzelnen Völker Sterne und Sternbilder unterschiedlich benannt. Die Internationale Astronomische Union (IAU) hat für die gesamte Himmelskugel 88 Sternbilder festgelegt, die für alle Astronomen und Sternfreunde verbindlich sind. Diese 88 Sternbilder haben lateinische Namen und jeweils eine Abkürzung von drei Buchstaben; Beispiel: der Krebs, lat.: Cancer, Abkürzung: Cnc.

Speziell für die Benutzer des Himmelsjahres empfehlen sich zur ersten Orientierung die Sternkarten im *Atlas für Himmelsbeobachter* von Erich Karkoschka. Neben den klassischen Sternatlanten gibt es heute auch gute Computerprogramme, die einen gewünschten Himmelsausschnitt am Monitor erscheinen lassen.

Nur die hellsten oder auffälligen Sterne, die beispielsweise periodisch ihre Helligkeit ändern, haben Eigennamen erhalten. So heißen die beiden hellsten Sterne im Wintersternbild Orion Beteigeuze und Rigel, der berühmte veränderliche Stern im Perseus Algol.

Etwas systematischer hat Johannes Bayer im Jahre 1603 die Sterne bezeichnet, nämlich mit griechischen Buchstaben und dem Genitiv des lateinischen Sternbildnamens. So bekam der hellste Stern in der Leier die Be-

# Erläuterungen 2023

E.1 Der Orion ist das Leitsternbild des Winterhimmels.

zeichnung α Lyrae (oder kurz α Lyr), der zweithellste β Lyrae, der dritthellste γ Lyrae usw. Die Helligkeitsfolge ist aber nicht immer streng eingehalten, manchmal hat die Mythologie Vorrang; von den beiden hellen Zwillingssternen trägt der hellere Pollux die Bezeichnung β Geminorum, der etwas schwächere Kastor α Geminorum. Bei Doppelsternen wird gelegentlich noch ein Index an den griechischen Buchstaben angehängt. Beispiel: $\varepsilon_1$ und $\varepsilon_2$ Lyrae, der berühmte Vierfachstern in der Leier (jede Komponente ist ihrerseits ebenfalls ein Doppelstern). Die 24 griechischen Buchstaben (siehe Seite 21) pro Sternbild reichen natürlich nicht aus, um alle Sterne zu benennen.

Den ersten umfangreichen Sternkatalog nach Erfindung des Fernrohrs hat John Flamsteed (1646–1719) im Jahre 1712 herausgegeben. Flamsteed hat die Sterne in einem Sternbild durchnummeriert. So hat ω Aurigae beispielsweise bei Flamsteed die Bezeichnung 4 Aurigae. Viele Sterne, die keine Bayer-Bezeichnung haben, sind jedoch mit Flamsteed-Nummern gekennzeichnet.

Bei schwächeren Sternen gibt man die Katalognummer an, unter der sie verzeichnet sind, oder einfach die genauen Koordinaten. Beispiele für Katalognummern: BD +52°1312 bedeutet Stern Nummer 1312 in der Deklinationszone von +52° bis +53° der sogenannten *Bonner Durchmusterung*. HD 128974, Stern aus dem *Henry-Draper-Katalog*, SAO 146912, Stern aus dem *Smithsonian Astrophysical Observatory Star Catalogue*, FK5: 1051, Stern aus dem *5. Fundamental-Katalog*.

Sterne, deren Helligkeit variiert, werden häufig mit großen lateinischen Buchstaben und ihren Sternbildnamen versehen: RR Lyrae, T Coronae Borealis. Man kann somit aus der Bezeichnung auf die Eigenart dieser Sterne schließen.

## STERNHAUFEN UND NEBEL

Man unterscheidet offene und kugelförmige Sternhaufen. Offene Sternhaufen enthalten Dutzende bis einige hundert Sterne, die alle einzeln als Lichtpunkte erkennbar sind. Kugelhaufen haben Hunderttausende bis Millionen Mitgliedssterne und sind als verwaschene, kreisrunde Lichtfleckchen zu sehen. Nur die Randpartien sind in Einzelsterne auflösbar, im Zentrum stehen die Sterne zu dicht, um als einzelne Lichtpunkte erkannt zu werden.

Zwischen den punktförmigen Sternen zeigen sich auch nebelhafte Gebilde. Bei den „Nebeln" gilt es zwei Kategorien zu unterscheiden: Einmal beobachtet man tatsächlich Staub- und Gasmassen zwischen den Sternen unserer Milchstraße, wie zum Beispiel im Sternbild Orion den berühmten Orionnebel. Andere nebelhafte Lichtfleckchen lassen sich jedoch mit sehr großen Teleskopen in einzelne Sterne auflösen. Hier sieht man fremde, ferne Milchstraßensysteme. Das Licht von Milliarden Sternen wird von uns nur als schwa-

# 2023 Erläuterungen

E.2 Das Sternbild Schütze wird vom Band der Milchstraße mit zahlreichen Nebeln durchzogen.

ches Nebelfleckchen registriert, wie beispielsweise beim Andromedanebel. Wegen ihrer häufig spiraligen Gestalt spricht man auch von Spiralnebeln oder Galaxien.

Der französische Astronom Charles Messier (1730–1817) hat einen Katalog mit über hundert Sternhaufen und Nebeln zusammengestellt. Der Orionnebel wird z. B. mit M 42, der Andromedanebel mit M 31, der Kugelhaufen im Herkules mit M 13 bezeichnet. Wesentlich umfangreicher ist der Katalog von John L. E. Dreyer mit dem Namen *New General Catalogue of Nebulae and Clusters of Stars*, abgekürzt NGC. Später erschienen noch zwei Ergänzungen (*Index-Catalogue I and II*, kurz IC I und IC II) und schließlich der überarbeitete *Revised New General Catalogue* (RNGC). Daher trägt der Andromedanebel M 31 auch die Bezeichnung NGC 224.

## DIE HELLIGKEIT DER STERNE

Man teilt die Sterne in Größenklassen ein. Diese Größenklassen geben nicht den Durchmesser oder die wahre Leuchtkraft der Sterne an, sondern ihre scheinbare Helligkeit am Himmel. Sterne erster Größe sind dabei heller als solche zweiter Größe. Ein schwaches Sternpünktchen sechster Größe ist eben noch mit bloßen Augen zu erkennen. Ein Stern erster Größe ist dabei hundertmal heller als ein Stern sechster Größe. Daraus folgt, dass ein Stern zweiter Größe 2,512-mal lichtschwächer ist als ein Stern erster Größe. Ein Stern dritter Größe wiederum ist 2,512-mal lichtschwächer als ein Stern zweiter Größe, denn $2,512^5 = 100$. Die Größenklassenskala ist somit ein logarithmisches Maß.

Als Abkürzung verwendet man ein kleines hochgestelltes $^m$ für magnitudo (lat.) = Größe. Sterne, die heller als $1^m$ sind, bezeichnet man mit $0^m$, $-1^m$, $-2^m$ usw. Die Venus kann $-4^m$ hell sein. Das bedeutet, dass sie dann hundertmal heller strahlt als ein Stern erster Größe, also mit $1^m$! In manchen Schriften findet man gelegentlich die Abkürzung „mag" für Größenklasse. In der Fachastronomie ist sie jedoch nicht in Gebrauch. Mit Teleskopen lassen sich auch Sterne beobachten, die schwächer sind als $6^m$. In einem guten Fernglas sind Sterne bis $10^m$ erkennbar. In großen Teleskopen werden Ster-

# Erläuterungen 2023

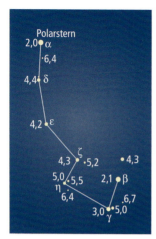

**E.3** Sternbild Kleiner Wagen mit Helligkeitsangaben in Größenklassen für die einzelnen Sterne.

ne bis 26$^m$ beobachtet, also Objekte, die hundert Millionen Mal lichtschwächer sind als die schwächsten, dem menschlichen Auge zugänglichen Sterne mit 6$^m$. Die Helligkeiten der Sterne zu schätzen, sollte man üben. Abb. E.3 zeigt den Kleinen Wagen, wobei die Helligkeiten der einzelnen Sterne vermerkt sind. Da das Sternbild Kleiner Wagen zirkumpolar ist, kann es in jeder klaren Nacht zu jeder Uhrzeit gesehen werden.

Stünden alle Sterne gleich weit entfernt, sozusagen in einer Normentfernung, dann entspräche die beobachtete scheinbare Helligkeit auch ihrer wirklichen Leuchtkraft. Eine solche Normentfernung wurde mit 10 Parsec (knapp 33 Lichtjahre) festgelegt. Man rechnet nun die Helligkeit aus, die ein Stern in 10 Parsec Entfernung hätte, und bezeich- net diese Größe als „absolute Helligkeit" oder „wahre Leuchtkraft" eines Sterns.

Um die absolute nicht mit der scheinbaren Helligkeit zu verwechseln, wird sie mit einem großen M (Magnitudo) abgekürzt. Beispiel: Unsere Sonne hat die enorme scheinbare Helligkeit von −27$^m$ am Firmament und eine absolute Helligkeit von +4,8$^M$. Das heißt, in 33 Lichtjahren Entfernung erschiene uns die Sonne nur noch als Sternchen 5. Größe. Anmerkung: Da $^m$ auch für Minute steht, ist aus dem Textzusammenhang zu entnehmen, ob Helligkeiten oder Zeiten beziehungsweise Koordinaten gemeint sind.

## ENTFERNUNGSANGABEN

In der Astronomie verwendet man, um große Zahlenungetüme zu vermeiden, für die Distanzen im Sonnensystem als Längenmaß die Astronomische Einheit (AE). Eine Astronomische Einheit entspricht der mittleren Entfernung der Erde von der Sonne, das sind rund 150 Millionen Kilometer.

Es gilt: **1 AE = 149 597 870 km**

Diese Strecke legt das Licht in 8$^m$20$^s$ zurück. Man spricht von der Lichtlaufzeit der Astronomischen Einheit. Jupiter ist beispielsweise 5,2 AE von der Sonne und Neptun rund 30 AE von ihr entfernt. Die Lichtlaufzeiten der Planetendistanzen betragen Minuten bis wenige Stunden. Die Sterne sind jedoch so weit entfernt, dass ihr Licht Jahre, Jahrhunderte und Jahrmillionen zur Erde unterwegs ist. Man gibt daher ihre Distanzen in Lichtlaufzeiten an, wobei man ein Lichtjahr (LJ) als Einheit nimmt. In einem Jahr legt ein Lichtstrahl im Vakuum rund zehn Billionen Kilometer zurück.

Es gilt: **1 LJ = 9,46 × 10$^{12}$ km
= 63 240 AE**

Ein Lichtjahr ist somit keine Zeit-, sondern eine Entfernungsangabe. In der Stellarastronomie wird ferner das Parsec (Parallaxensekunde) verwendet. Ein Parsec entspricht 3,26 Lichtjahren. Die Definition des Parsec findet man im Begleitbuch zum *Himmelsjahr*, dem *Kompendium der Astronomie* im Abschnitt „Entfernungseinheiten in der Astronomie".

Im *Himmelsjahr* werden die Entfernungen im Sonnensystem in AE und die Fixsterndistanzen in Lichtjahren angegeben. Parsec werden nicht verwendet.

## ZEITANGABEN

**Alle Uhrzeiten** im *Himmelsjahr* sind grundsätzlich in **Mitteleuropäischer Zeit (MEZ)** angegeben. Die Mitteleuropäische Zeit ist die mittlere Sonnenzeit des Meridians 15° östlich von Greenwich (Nullmeridian der Erde). Sie geht gegenüber der Weltzeit (UT = Universal Time) um eine Stunde vor. Es gilt: Weltzeit plus eine Stunde = MEZ.

Wenn es in Greenwich Mitternacht (0$^h$) ist, dann haben wir schon 1$^h$ (MEZ) morgens. Für **ortsabhängige Angaben** (z. B. Auf- und Untergänge) gelten alle Zeiten genau **für den Ort 10° östlich von Greenwich und**

# Erläuterungen

50° nördlicher Breite. Dieser Punkt liegt für Mitteleuropa ziemlich zentral.

**DIE SOMMERZEIT** ist eine willkürliche Verschiebung der Zonenzeit um eine Stunde, um die Tageshelligkeit besser auszunutzen und (angeblich) Energie einzusparen. Sie beruht nicht auf astronomischen Grundlagen und ist außerdem von Staat zu Staat verschieden. Um die Benutzer des Himmelsjahres nicht zu verwirren und die Daten konsistent zu halten, sind alle Angaben das ganze Jahr durchgehend in MEZ vermerkt. Es gilt: MEZ plus eine Stunde = MESZ (Mitteleuropäische Sommerzeit). Gilt in einem Land die Sommerzeit, so ist zu den Zeitangaben im *Himmelsjahr* einfach eine Stunde zu addieren.

**Achtung:** Fällt ein Ereignis in die letzte Stunde vor Mitternacht, so ändert sich auch das Datum um einen Tag. Während der Dauer der Sommerzeit sind alle Zeitangaben in den Tabellen in einem dunkleren Farbton unterlegt.

**AUF- UND UNTERGANGSZEITEN:** Alle Auf- und Untergangszeiten (MEZ) gelten exakt für 10° östlicher Länge und 50° nördlicher Breite. Während der Gültigkeit der Sommerzeit ist eine Stunde zu addieren.

Für andere Orte in Mitteleuropa können diese Zeiten erheblich differieren (bis etwa eine halbe Stunde). Die Tabelle zur Auf- und Untergangskorrektur auf Seite 293 erlaubt eine Umrechnung auf den jeweiligen Beobachtungsort. Man suche die seinem Wohnort nächstliegende Stadt und lese einfach die Korrekturzeit in Minuten ab, wobei für Mond, Planeten oder Sterne noch vorher die Deklination zu ermitteln ist. Bei der Sonne beachte man das Datum.

**DIE STERNZEIT:** Um mit einem Fernrohr ein bestimmtes Gestirn zu finden, muss man die Stellung des Beobachters auf der Erde zu einer bestimmten Uhrzeit des Tages relativ zur Fixsternwelt kennen. Man braucht dazu einen Referenzpunkt unter den Sternen. Dies ist der Frühlingspunkt. Er ist der Schnittpunkt der aufsteigenden Sonnenbahn mit dem Himmelsäquator. Im Frühlingspunkt steht die Sonne zu Frühlingsbeginn. Er ist auch der Nullpunkt der äquatorialen Himmelskoordinaten. Nimmt man statt der

## SOMMERZEIT (MESZ) IN DER BUNDESREPUBLIK DEUTSCHLAND

|      | Beginn Sonntag | Ende Sonntag |      | Beginn Sonntag | Ende Sonntag |
|------|----------------|--------------|------|----------------|--------------|
| 1980 | 06. April      | 28. September | 2002 | 31. März       | 27. Oktober  |
| 1981 | 29. März       | 27. September | 2003 | 30. März       | 26. Oktober  |
| 1982 | 28. März       | 26. September | 2004 | 28. März       | 31. Oktober  |
| 1983 | 27. März       | 25. September |      |                |              |
| 1984 | 25. März       | 30. September | 2005 | 27. März       | 30. Oktober  |
|      |                |              | 2006 | 26. März       | 29. Oktober  |
| 1985 | 31. März       | 29. September | 2007 | 25. März       | 28. Oktober  |
| 1986 | 30. März       | 28. September | 2008 | 30. März       | 26. Oktober  |
| 1987 | 29. März       | 27. September | 2009 | 29. März       | 25. Oktober  |
| 1988 | 27. März       | 25. September |      |                |              |
| 1989 | 26. März       | 24. September | 2010 | 28. März       | 31. Oktober  |
|      |                |              | 2011 | 27. März       | 30. Oktober  |
| 1990 | 25. März       | 30. September | 2012 | 25. März       | 28. Oktober  |
| 1991 | 31. März       | 29. September | 2013 | 31. März       | 27. Oktober  |
| 1992 | 29. März       | 27. September | 2014 | 30. März       | 26. Oktober  |
| 1993 | 28. März       | 26. September |      |                |              |
| 1994 | 27. März       | 25. September | 2015 | 29. März       | 25. Oktober  |
|      |                |              | 2016 | 27. März       | 30. Oktober  |
| 1995 | 26. März       | 24. September | 2017 | 26. März       | 29. Oktober  |
| 1996 | 31. März       | 27. Oktober  | 2018 | 25. März       | 28. Oktober  |
| 1997 | 30. März       | 26. Oktober  | 2019 | 31. März       | 27. Oktober  |
| 1998 | 29. März       | 25. Oktober  |      |                |              |
| 1999 | 28. März       | 31. Oktober  | 2020 | 29. März       | 25. Oktober  |
|      |                |              | 2021 | 28. März       | 31. Oktober  |
| 2000 | 26. März       | 29. Oktober  | 2022 | 27. März       | 30. Oktober  |
| 2001 | 25. März       | 28. Oktober  | 2023 | 26. März       | 29. Oktober  |

# Erläuterungen 2023

E.4 Der zunehmende Mond am Abend des 24. März 2021 (Aufnahme: Gertz/Schneider).

Sonne den unter den Fixsternen (fast) feststehenden Frühlingspunkt, erhält man statt der Sonnenzeit die Sternzeit.

Steht der Frühlingspunkt im Süden (Meridian), spricht man von $0^h$ Sternzeit, eine Stunde später von $1^h$ Sternzeit, usw. Es gilt: **Sternzeit = Stundenwinkel des Frühlingspunktes.**

Im *Himmelsjahr* ist die Sternzeit jeweils für $1^h$ MEZ (= $0^h$ Weltzeit) von zehn zu zehn Tagen für den Meridian von Greenwich (Nullmeridian) angegeben (siehe Tabelle auf Seite 288).

Die Tabelle auf Seite 281 erlaubt eine schnelle Bestimmung der Sternzeit zur abendlichen Beobachtungsstunde. Die Tabelle „Sternzeit" gibt die Sternzeit um $20^h$ MEZ (= $21^h$ MESZ) am Ortsmeridian 10° östlicher Länge für jeden Tag des Jahres an.

Um den Stundenwinkel eines Gestirns zu ermitteln, bilde man die Differenz: Sternzeit minus Rektaszension des Gestirns, dann hat man den Stundenwinkel zum Beobachtungszeitpunkt und kann das Teleskop entsprechend einstellen.

Für die Bestimmung des Stundenwinkels eines Planeten kann man auch seine Kulminationszeit (Zeit des Meridiandurchganges) benutzen, wenn man keine Sternzeituhr zur Verfügung hat und sich die Berechnung der Sternzeit zum Beobachtungszeitpunkt ersparen will. Die Kulminationszeiten der Planeten und Kleinplaneten sind auf den Seiten 282 bis 286 angegeben. Die Kulminationszeit gilt für 10° östlicher Länge. Zunächst ist die Korrektur für die Längendifferenz des Beobachtungsortes anzubringen (siehe Seite 292, Spalte Zeitkorrektur gegen 10° östlicher Länge). Um diese so erhaltene Zeit geht der Planet durch den Meridian des Beobachters und hat somit den Stun-

denwinkel Null. Man bilde nun die Zeitdifferenz zwischen der Beobachtungszeit und der Zeit des Meridiandurchganges. Sie entspricht direkt dem Stundenwinkel (im Zeitmaß).

**DIE DYNAMISCHE ZEIT:** In der Astronomie wird seit 1984 eine Dynamische Zeit verwendet, die die vorher verwendete Ephemeridenzeit abgelöst hat. Nähere Erläuterungen zu den Dynamischen Zeitskalen finden sich in dem Buch *Kompendium der Astronomie*. Die genaue Differenz der Dynamischen Zeit (TT = Terrestrial Time) zur Weltzeit (UT = Universal Time) kann erst im Nachhinein aus Beobachtungen der Gestirnspositionen bestimmt werden. Der extrapolierte Wert für das Jahr 2023 lautet: $\Delta T = +70$ Sekunden, wobei $\Delta T = TT - UTC$ gilt. Die koordinierte Weltzeit (UTC) hinkt somit der Dynamischen Zeit (TT) um mehr als eine Minute nach.

Der beobachtende Sternfreund kann die TT unberücksichtigt lassen, wenn er nicht hohe Genauigkeitsansprüche hat. Wer jedoch die Angaben im *Himmelsjahr* mit anderen Jahrbüchern vergleicht, muss beachten, dass alle Zeitangaben hier in MEZ = UTC + $1^h$ und nicht in TT vermerkt sind.

Seit dem 1. Januar 2017 beträgt die Differenz der UTC zur Internationalen Atomzeitskala (TAI) $\Delta AT = +37{,}00$ Sekunden ($\Delta AT =$

E.5 Der Kopf des Sternbildes Stier mit dem offenen Sternhaufen der Hyaden.

TAI – UTC) bis zum Einschub einer weiteren Schaltsekunde, die relativ kurzfristig vom International Earth Rotation and Reference Systems Service (IERS) in Paris bekannt gegeben wird.

**BEGINN DES ASTRONOMISCHEN JAHRES:** Nach Definition von Friedrich Wilhelm Bessel beginnt das astronomische Sonnenjahr, wenn die mittlere Sonne zum mittleren Äquinoktium die Länge von 280° ($\alpha = 18^h40^m$) unter Berücksichtigung der Aberration (–20″,5) erreicht (auch Besselscher Jahresbeginn genannt).

Die Länge des **Besselschen Jahres** (auch Annus Fictus) entspricht der Länge des tropischen Jahres 1900 (365,242198781 mittlere Sonnentage = $365^d05^h48^m45\overset{s}{,}975$). Die Länge des tropischen Jahres nimmt infolge der säkularen Akzeleration der Rektaszension der mittleren Sonne um 0,148 × T Sekunden ab (T in Julianischen Jahrhunderten zu 36 525 mittlere Sonnentage), während die Länge das Annus Fictus konstant bleibt.

Der Beginn des Annus Fictus wird mit „B+Jahreszahl Punkt Null" bezeichnet (z.B. B2000.0) im Gegensatz zum Gregorianischen bzw. Julianischen Jahresbeginn (J) jeweils am 1. Januar um $0^h$UTC. Die Differenz beider Äquinoktien (z.B.: k = J2000.0–B2000.0) wird Dies Reductus (reduzierter Tag) genannt und ist kleiner als 24 Stunden.

## KALENDERZYKLEN

**SONNENZIRKEL:** Ordnungszahl (1 bis 28) im Zeitintervall von 28 Jahren, nach dem die Wochentage wieder auf dieselben Daten (dieselben Monatstage) fallen. Da es sieben Wochentage gibt, aber jedes vierte Jahr ein Schaltjahr ist, so fallen nach 7 × 4 = 28 Jahren die Wochentage wieder auf dieselben Monatstage. Der Sonnenzirkel gibt an, welcher Sonntagsbuchstabe im betreffenden Jahr gilt.

**SONNTAGSBUCHSTABE:** Gibt im ewigen Kalender den Tag des ersten Sonntags im Jahr an. In Schaltjahren gelten zwei Sonntagsbuchstaben (der zweite ist ab dem 1. März zu benutzen).

1. Januar A  2. Januar B
3. Januar C  4. Januar D
5. Januar E  6. Januar F
7. Januar G

**EPAKTE:** Gibt das Mondalter vermindert um 1 zu Beginn des Kalenderjahres an, also die Zahl der Tage, die am 31. Dezember des Vorjahres seit dem letzten Neumondtermin verflossen sind (1–29). Für Neumond am 31. Dezember steht meist ein * statt 0. Die Epakte spielt eine Rolle bei der Festlegung des Ostertermins.

**GOLDENE ZAHL:** Lateinisch Numerus Aureus oder auch Mondzirkel genannt, ist die Ordnungszahl (I bis XIX) der Jahre im Metonschen Mondzyklus. Da 235 Lunationen (synodische Monate) ziemlich genau 19 Jahren entsprechen, fallen nach 19 Jahren die Mondphasen (nahezu) auf dieselben Tage im Sonnenjahr. Die Goldene Zahl diente im Julianischen Kalender zur Bestimmung des Ostertermins. Im Gregorianischen Kalender ist sie durch die Epakte ersetzt. Die Goldene Zahl wird in römischen Ziffern geschrieben, um eine Verwechslung mit dem Sonnenzirkel auszuschließen.

**INDIKTION** (Römerzinszahl): Zyklus von 15 Jahren im Besteu-

# Erläuterungen 2023

erungssystem des Römischen Reiches, das von Kaiser Augustus eingeführt wurde. Der Start (Epoche) des Zyklus erfolgte im Jahr 3 vor Chr. Heute dient die Indiktion (von lat.: indictio = Ankündigung) nur noch als chronologische Prüfzahl für das laufende Jahr. Die Indiktion läuft von 1 bis 15.

**JAHRESREGENT:** Gehört traditionsgemäß ebenfalls zu den Kalenderzyklen, hat aber keine chronologische Bedeutung mehr. Aus kulturhistorischen Gründen und da er in der Numismatik eine gewisse Rolle spielt sowie schlicht der Vollständigkeit halber ist er in der Rubrik „Kalenderzyklen" mit aufgeführt. Jahresregent können sein: Sonne, Mond, Merkur, Venus, Mars, Jupiter und Saturn, also die klassischen sieben „Planeten" des Ptolemäischen Weltsystems.

## DER HIMMELSKALENDER

Jede Monatsübersicht beginnt mit dem zweiseitigen Himmelskalender. Auf der ersten Seite wird in kurzen Stichworten auf aktuelle Ereignisse im betreffenden Monat hingewiesen. Eine kleine Grafik zeigt die Stellung von Großem Wagen und Himmels-W jeweils um 22 Uhr MEZ relativ zum Nordhorizont.

Die zweite Seite des Himmelskalenders enthält eine Tabelle mit den Wochentagen und für jeden Tag die entsprechende Mondphase in einer kleinen Grafik. Vermerkt sind in der Tabelle ferner Feiertage, die Hauptphasen des Mondes, sichtbare Konstellationen von Mond und Planeten sowie die bei uns beobachtbaren Finsternisse.

## DER SONNENLAUF

Die Bewegung der Sonne durch den Tierkreis ist zu Beginn jeder Monatsübersicht aus einer kleinen Grafik zu entnehmen.

In der Grafik „Sonnenlauf" jeweils zu Monatsbeginn ist die scheinbare Sonnenbahn (Ekliptik) durch die Sternbilder des Tierkreises für den jeweiligen Monat eingezeichnet. Ferner sind die Eintritte der Sonne sowohl in die einzelnen Tierkreissternbilder als auch in die Tierkreiszeichen vermerkt sowie die Äquinoktien (Tagundnachtgleichen) und Solstitien (Sommer- und Winterbeginn).

Die Tages- und Nachtstunden sowie Dämmerungslängen werden durch eine dreiteilige Zeichnung (Uhrensymbole) veranschaulicht. Diese soll einen groben und schnellen Überblick über die Länge der Tages- und Nachtzeit geben. Für die Dämmerungszeiten wurde die nautische Dämmerung (Sonne 12° unter dem Horizont) eingesetzt.

Die Tabelle „Sonnenlauf" gibt die Auf- und Untergangszeiten, Meridiandurchgang (Kulmination), Zeitgleichung und die Mittagshöhe der Sonne an sowie die äquatorialen Koordinaten Rektaszension und Deklination für $1^h$ MEZ jeweils von fünf zu fünf Tagen. Die Zeiten gelten exakt für einen zentralen Ort mit 10° östlicher Länge und 50° nördlicher Breite. Für diesen Ort gelten auch die Dämmerungszeiten. Angegeben ist jeweils der Beginn und das Ende der nautischen Dämmerung.

**SONNENHÖHE ZU MITTAG:** Sie ist in der Tabelle „Sonnenlauf" für 50° nördlicher Breite angegeben. Für andere Breiten ist sie einfach zu ermitteln: 90° minus geografische Breite des Beobachters plus Sonnendeklination. Beispiel: Wie hoch steht die Sonne am 10. Juni zu Mittag (Kulmination) in Düsseldorf (geografische Breite: +51°)? 90° − 51° + 23° = 62° (Im Winterhalbjahr die negativen Deklinationen der Sonne beachten!).

**DIE ZEITGLEICHUNG:** Die Sonnenzeit wird nach einer fiktiven „mittleren Sonne" gerechnet. Die wahre Sonne läuft nämlich ungleichförmig. So geht sie einmal vor, dann wieder nach. Die Differenz kann bis zu einer Viertelstunde plus oder minus betragen. Diese Differenz wird Zeitgleichung (ZGL) genannt. Sie ist definiert zu:

ZGL = **Wahre Sonnenzeit minus Mittlere Sonnenzeit.**

Die Zeitgleichung und die Kulmination der wahren Sonne sind tabellarisch aufgeführt. Ein negativer Wert der Zeitgleichung bedeutet, die wahre Sonne geht nach der mittleren durch den Meridian.

## DER MONDLAUF

Auf- und Untergangszeiten (MEZ) gelten genau für 10° östlicher Länge und 50° nördlicher Breite (siehe Zeitangaben).

Ferner sind die Kulminationszeiten (Meridiandurchgänge) für 10° östlicher Länge tabelliert.

Der Mond bewegt sich recht schnell durch den Tierkreis. Deshalb sind für jeden Tag des Jahres seine Koordinaten angegeben. Sie gelten jeweils für $1^h$ MEZ (= $0^h$ Weltzeit). Wem diese Zahlen nichts sagen, der findet in der Spalte „Sterne und Sternbilder" die Position des Mondes im Tierkreis vermerkt. Ein Sternchen (*) deutet auf eine Sternbedeckung hin.

Die Position des Mondes gilt wie erwähnt für $1^h$ MEZ. Wer also abends beobachtet, sollte die Stellung des Mondes im Tierkreis aus der Zeile des folgenden Tages entnehmen, denn der Mond läuft recht rasch. Nähere Angaben zu den Sternbedeckungen finden sich in der Tabelle „Sternbedeckungen durch den Mond" auf Seite 290. Die letzte Spalte enthält die Mondphasen sowie wichtige Punkte in der Bahn.

Die Mondbahn ist rund 5° gegen die Ekliptik (scheinbare Sonnenbahn) geneigt. Aufsteigender Knoten bedeutet, der Mond überschreitet die Ekliptik nach Norden; absteigender Knoten, er wechselt wieder nach Süden. Größte Nordbreite: Der Mond steht am weitesten in nördlicher Richtung von der Ekliptik entfernt; analog dazu heißt größte Südbreite: Der Mond hat maximalen südlichen Abstand von der Ekliptik.

Im Tabellenteil findet man auf Seite 278/279 die Mondbahn relativ zur Ekliptik eingetragen. Wegen der Rückläufigkeit der Mondbahnknoten verläuft die Mondbahn unter den Sternen in jedem Jahr anders.

**DIE LIBRATION:** Bei größter Südbreite ist die Nordhalbkugel des Mondes uns ein wenig mehr zugekehrt, man spricht von maximaler Libration Nord; entsprechend sieht man bei größter Nordbreite mehr vom Südpolgebiet des Mondes. Libration West: Westrand des Mondes, Libration Ost: Ostrand des Mondes ist uns zugekehrt (astronomische Definition West/Ost siehe auch *Kompendium der Astronomie*, Kapitel „Der Mond der Erde").

„Libration West" bedeutet, das Mare Crisium zeigt sich randfern, das Mare Smythii wird sichtbar. „Libration Ost" heißt, das Mare Crisium rückt an den Westrand, im Osten zeigt sich der Ringwall Grimaldi randfern und das Mare Orientale wird gut sichtbar.

Bei Erdnähe und Erdferne ist die Distanz des Mondes jeweils in tausend Kilometer vermerkt. Außerdem ist der scheinbare Monddurchmesser in Bogenminuten angegeben. Neben der Phase „Neumond" steht die Brownsche Lunationsnummer. Eine Lunation ist die Zeitspanne, die der Mond benötigt, um einmal alle Phasen zu durchlaufen, also von einem Neumond bis zum nächstfolgenden. Diese Zeitspanne heißt „Synodischer Monat".

Auf Vorschlag von Ernst William Brown werden die Lunationen seit dem Neumond vom 16. (17.) Januar 1923 fortlaufend nummeriert. Unterhalb der Tabelle „Mondlauf" findet sich eine Grafik, aus der die schnelle Wanderung des Mondes innerhalb einer Nacht an einem hellen Fixstern oder Planeten ersichtlich wird.

## DER PLANETENLAUF

Planeten sind Geschwister der Erde. Sie laufen gemeinsam mit ihr um die Sonne. Je näher ein Planet der Sonne steht, desto schneller wandert er um sie. Wir beobachten die Planeten nicht von einem ruhenden Punkt aus, sondern vom Raumschiff Erde, das ständig in Bewegung ist. Deshalb erscheinen uns von der Erde aus (geozentrisch) die Bewegungen der Planeten vor dem Hintergrund der fernen Fixsterne – dem Muster der Sternbilder also – recht kompliziert. Überholt die Erde einen weiter außen laufenden Planeten, so scheint er einige Wochen lang zurückzubleiben, er ist „rückläufig", wie man zu sagen pflegt. Anschließend bewegt er sich wieder in der ursprünglichen Richtung wie die Sonne von West nach Ost, er ist wieder „rechtläufig". Durch diesen Bewegungswechsel bildet die Bahn des Planeten eine Schleife.

Ob ein Planet am Himmel zu sehen ist, hängt von der gegenseitigen Stellung von Sonne und Planet ab. Steht ein äußerer Planet von der Erde aus gesehen hinter der Sonne, Planet – Sonne – Erde bilden also eine Linie, so ist er nicht beobachtbar (siehe Abb. E.6). Da er in Sonnenrichtung steht, geht er mit der

# Erläuterungen 2023

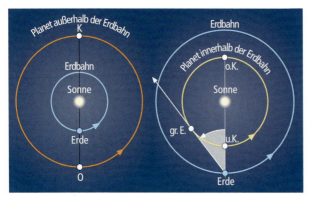

**E.6** Die linke Zeichnung zeigt die Erdbahn und die Bahn eines Planeten außerhalb der Erdbahn. Bei O steht der Planet in Opposition, bei K in Konjunktion. Auf der rechten Seite der Abbildung sind die Erdbahn und die Bahn eines Planeten innerhalb der Erdbahn dargestellt. Bei u. K. steht der Planet in unterer, bei o. K. in oberer Konjunktion mit der Sonne. Bei gr. E. steht er in größter Elongation von der Sonne (Winkel grau gerastert).

des Planeten und der Sonne), sondern auch von meteorologischen Gegebenheiten ab. Eine starke Dunstglocke, hohe Luftfeuchtigkeit (Nebel) oder irdisches Streulicht (Neonreklame, Fahrzeugscheinwerfer, Lichtdom eines Stadions) beeinträchtigen die Beobachtung.

Eine Grafik vor der Rubrik „Planetenlauf" ermöglicht einen schnellen Überblick, welche Planeten am Abend, die ganze Nacht über, am Morgen oder gar nicht zu sehen sind. Eine grafische Jahresübersicht der Stellung, Größe, Helligkeit und Sichtbarkeit der Planeten findet sich auf den Seiten 276–277.

Sonne auf und unter, bleibt somit nachts unter dem Horizont verborgen. Diese Konstellation heißt Konjunktion.

Steht der Planet von der Erde aus gesehen der Sonne gegenüber, also in der Reihenfolge Sonne – Erde – Planet (Abb. E.6), so spricht man von Opposition oder Gegenschein. Der Planet ist die ganze Nacht über zu sehen, da er mit Sonnenuntergang aufgeht und morgens mit Sonnenaufgang unter dem Westhorizont verschwindet. Bilden Sonne – Erde – Planet ein rechtwinkliges Dreieck, so spricht man von einer Quadratur.

Die inneren Planeten Merkur und Venus können niemals in Oppositionsstellung kommen. Dafür unterscheidet man bei ihnen zwischen oberer und unterer Konjunktion (Abb. E.6). In diesen beiden Stellungen bleibt der Planet unsichtbar. Nur wenn der Planet westlich oder östlich der Sonne „in Elongation" steht, kann er gesehen werden. Steht Venus in östlicher Elongation, so geht sie erst nach Sonnenuntergang unter, sie ist dann Abendstern. Steht sie in westlicher Elongation, so geht sie vor der Sonne auf und ist am Morgenhimmel zu sehen.

Ähnliches gilt für Merkur. Die größte Elongation (Winkelabstand von der Sonne) kann für die Venus 48° betragen, für den sonnennäheren Merkur aber nur 28°. Merkur ist daher schwierig zu beobachten – entweder abends kurz nach Sonnenuntergang tief im Westen oder kurz vor Sonnenaufgang tief am Osthimmel. Die Sichtbarkeiten der Planeten hängen nicht nur von den geometrischen Verhältnissen (Stellung

## DIE GROSSEN PLANETEN

**MERKUR:** Sonnennächster Planet, zwischen $+3^m$ und $-1^m\!.5$ hell; schwer zu beobachten, da nur kurze Sichtbarkeitsperioden und stets horizontnahe Stellung; chromgelbes Licht.

**VENUS:** Nach Sonne und Mond hellstes Gestirn, oft als Abend- bzw. Morgenstern bezeichnet. Helligkeiten von $-3^m\!.9$ bis $-4^m\!.9$ strahlend weißes Licht; entweder abends am Westhimmel oder morgens in der östlichen Himmelshemisphäre zu sehen.

**MARS:** Äußerer Nachbarplanet der Erde, auffallend seine rötliche Farbe (der „rote Planet"); sehr unterschiedliche Helligkeiten von $+1^m\!.8$ bis $-2^m\!.9$.

**JUPITER:** Der größte aller Planeten, ein auffallend heller Planet, daher kaum zu übersehen; Helligkeit von $-1^m\!.7$ bis $-2^m\!.9$, weißlichgelbes Licht.

**E.7** Die Bahnen der inneren Planeten um die Sonne (1 AE = 1 Astronomische Einheit = 149,6 Millionen Kilometer). Der Pfeil deutet die Richtung zum Frühlingspunkt an (Symbol: ♈).

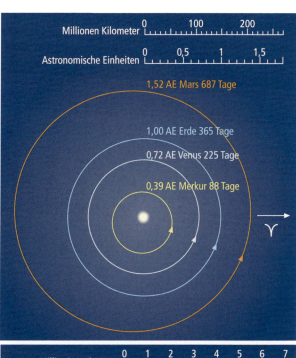

**SATURN:** Der sonnenfernste mit freiem Auge noch sichtbare Planet strahlt in einem fahlen Licht zwischen +1$^m$3 und 0$^m$, in Ausnahmefällen bis −0$^m$5. Den berühmten Ring kann man mit einem Fernrohr ab etwa 30-facher Vergrößerung erkennen.

**URANUS:** Ist theoretisch mit bloßem Auge gerade noch erkennbar (Oppositionshelligkeit 5$^m$5). Wohlgemerkt „theoretisch", es empfiehlt sich auf alle Fälle ein gutes Fernglas, um Uranus zu finden! Farbe: grünlich. Die im März 1977 entdeckten Ringe sind jedoch selbst in großen Fernrohren für Hobbyastronomen nicht zu sehen.

**NEPTUN:** sonnenfernster Planet, Helligkeit um 7$^m$9; zeigt im Fernrohr ein winziges, grünblaues Scheibchen.

Die Angaben der scheinbaren Helligkeiten sind – wie international üblich – V-Helligkeiten (nach dem UBV-System von Johnson). Die früher gebräuchli-

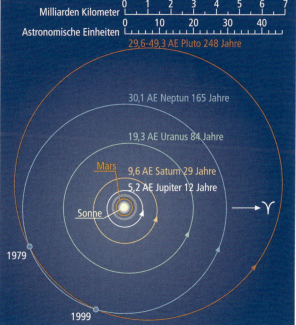

**E.8** Die Bahnen der äußeren Planeten. Zwischen der Marsbahn und der Jupiterbahn laufen Abertausende Kleinplaneten (Planetoiden) um die Sonne. Wegen seiner stark exzentrischen Bahn war Pluto von 1979 bis Anfang Februar 1999 der Sonne näher als Neptun.

# Erläuterungen 2023

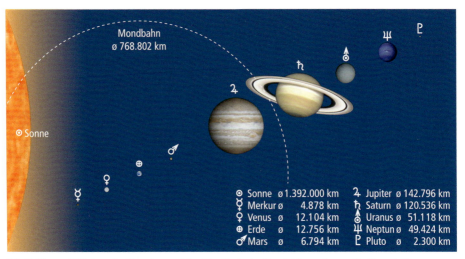

E.9 Größenverhältnisse der Planeten und der Mondbahn im Vergleich zur Sonne. Darüber sind die astronomischen Symbole der Planeten vermerkt, die auch in den monatlichen Sternkarten des Himmeljahres die Orte der betreffenden Planeten markieren.

chen „visuellen" ($m_{vis}$) Helligkeiten sind um ca. $0^m.2$ geringer, werden aber in manchen anderen Quellen noch verwendet.

## KLEINPLANETEN UND ZWERGPLANETEN

Außer den acht großen Planeten schwirren noch Tausende kleiner und kleinster Planeten (Planetoiden oder Asteroiden) um die Sonne. Der erste wurde in der Neujahrsnacht des Jahres 1801 von Giuseppe Piazzi in Palermo entdeckt und auf den Namen Ceres getauft. Heute sind einige hunderttausend Planetoiden katalogisiert. Die meisten bewegen sich zwischen Mars und Jupiter um die Sonne. Einige haben jedoch sehr langgestreckte Bahnen, die die Bahnen anderer Planeten kreuzen. Sie können auch der Erde recht nahe kommen.

Einige Planetoiden, die in diesem Jahr heller als $9^m$ werden, sind in der Rubrik „Planetenlauf" verzeichnet.

**PLUTO:** Seit IAU-Beschluss vom August 2006 als Zwergplanet eingestuft, ist sehr lichtschwach, Oppositionshelligkeit $14^m.4$. Nur gut ausgerüstete Amateurastronomen können ihn (fotografisch) beobachten.

## DIE MONDE DER PLANETEN

Die beiden winzigen Marsmonde, die zahlreichen Uranusmonde, die Neptunmonde und die Plutomonde sind so lichtschwach, dass sie nicht mit den bescheidenen optischen Hilfsmitteln der Sternfreunde zu beobachten sind. Deshalb sind sie hier nicht aufgeführt.

**JUPITER:** Die vier hellsten Monde des Riesenplaneten sind schon in kleinen Teleskopen leicht zu sehen: I Io, II Europa, III Ganymed und IV Kallisto.

In den Monaten, in denen Jupiter zu beobachten ist, findet man jeweils eine Grafik, aus der die Positionen der Jupitermonde im umkehrenden Fernrohr ersichtlich sind. Sie lassen die gegenseitigen Stellungen und die Bewegungsabläufe der Jupitermonde erkennen.

Die waagerechten Linien in der Grafik beziehen sich auf $1^h$ MEZ des jeweiligen Datums, das links angegeben ist. Die Schnittpunkte der waagerechten Linien mit den Kurven der Jupitermonde geben somit deren Positionen jeweils um $1^h$ MEZ an.

Am unteren Rand jeder Grafik findet man eine Darstellung der Jupitermondbahnen relativ zum Beobachter.

# Erläuterungen

**ERSCHEINUNGEN DER JUPITERMONDE:** Für Fernrohrbesitzer ist es reizvoll, Bedeckungen, Verfinsterungen, Durchgänge und Schattenwürfe der Monde des Riesenplaneten auf Jupiter selbst zu beobachten.

Sofern diese Ereignisse von Mitteleuropa aus beobachtbar sind, findet man sie in der Rubrik „Jupitermonderscheinungen" verzeichnet. Es gelten folgende Abkürzungen:

B = Bedeckung, Mond verschwindet hinter der Jupiterscheibe

D = Durchgang, Mond geht vor der Planetenscheibe vorbei

S = Schattendurchgang, Mond wirft seinen Schatten auf Jupiter

V = Verfinsterung, Mond wird vom Jupiterschatten getroffen

A = Anfang der Erscheinung

E = Ende der Erscheinung

I: Io, II: Europa, III: Ganymed, IV: Kallisto.

Beispiel:
September: 18. 21 24 II SA bedeutet: Am 18. September um $21^h24^m$ MEZ beginnt der Schatten von Mond II (Europa) über die Jupiterkugel zu wandern.

**SATURNMONDE:** Schon mit einem guten Fernglas ist der Riesenmond Titan zu erkennen. Im Fernrohr sind auch die Monde Rhea, Dione und Tethys sowie Japetus in westlicher Elongation (er ist dann rund $2^m$ heller) zugänglich. Für die Monate, in denen Saturn zu beobachten ist, findet man jeweils eine Grafik, aus der die Stellungen und die Bewegungsabläufe der Saturnmonde Tethys, Dione, Rhea, Titan und Japetus zu entnehmen sind. Die Bahnlagen der Saturnmonde relativ zum Beobachter sind jeweils darunter abgebildet.

## STERNSCHNUPPEN

In jeder Nacht des Jahres sind Meteore zu beobachten, doch variiert ihre Anzahl erheblich. Neben sporadisch auftauchenden Sternschnuppen gibt es periodisch wiederkehrende Ströme. Die dazu gehörenden Meteore scheinen dann von einem Punkt am Himmel in alle Richtungen auszustrahlen, dem Radianten oder Fluchtpunkt. Nach Lage des Radianten in einem bestimmten Sternbild wird der Meteorstrom benannt.

Sternschnuppen, die in Strömen periodisch auftreten, sind in den Monatsübersichten angegeben. Bei den verzeichneten Daten, vor allem, was die Häufigkeit betrifft, ist mit erheblichen Abweichungen zu rechnen. Die in vorliegendem Jahrbuch verwendeten Daten stammen von der International Meteor Organization (IMO) und werden jährlich aktualisiert.

Die angegebene Meteorrate (ZHR – Zenithal Hourly Rate) bezieht sich auf die unter besten Sichtbedingungen (ohne Störung durch irdische Lichtquellen oder Mondlicht) mit bloßen Augen pro Stunde sichtbare Zahl der Sternschnuppen für den Idealfall, dass der Radiant im Zenit steht.

Vor allem bei horizontnahen Radianten ist die pro Stunde zu beobachtende Sternschnuppenzahl erheblich geringer. Am Morgenhimmel tauchen stets mehr Sternschnuppen auf als abends, da man mit dem „Gesicht nach vorne" durch das Weltall fliegt (der Erdapex kulminiert um 6 Uhr morgens Ortszeit). Auch laufen etliche Meteorströme auf rückläufigen Bahnen, weshalb ebenfalls die Morgenstunden eine erhöhte Meteorrate aufweisen.

Der Begriff **Antihelion** bezieht sich auf den Oppositionspunkt zur Sonne in der Ekliptik. Er ist somit der Punkt, der eine ekliptikale Längendifferenz von 180° zur Sonne hat.

## DAS GRIECHISCHE ALPHABET

| | | | | | | | | | | | | | | |
|---|---|---|---|---|---|---|---|---|---|---|---|---|---|---|
| A | α | Alpha | a | H | η | Eta | e | N | ν | Ny | n | T | τ | Tau | t |
| B | β | Beta | b | Θ | ϑ | Theta | th | Ξ | ξ | Xi | x | Y | υ | Ypsilon | y |
| Γ | γ | Gamma | g | I | ι | Jota | i, j | O | o | Omikron | o | Φ | φ | Phi | ph |
| Δ | δ | Delta | d | K | κ | Kappa | k | Π | π | Pi | p | X | χ | Chi | ch |
| E | ε | Epsilon | e | Λ | λ | Lambda | l | P | ϱ | Rho | r | Ψ | ψ | Psi | ps |
| Z | ζ | Zeta | z | M | μ | My | m | Σ | σ | ς Sigma | s | Ω | ω | Omega | o |

# Erläuterungen 2023

## KONSTELLATIONEN UND EREIGNISSE

Diese Übersicht weist auf Konjunktionen (Begegnungen) zwischen den großen Planeten, mit Sonne und Mond sowie auf alle Oppositionen zur Sonne und die größten Elongationen der inneren Planeten hin. Auch Perihel- (Sonnennähe) und Aphelstellungen (Sonnenferne) der Planeten sind angegeben.

Sind Begegnungen des Mondes mit Planeten prinzipiell beobachtbar, so sind die Winkeldistanzen topozentrisch (für +50° Breite) angegeben und durch **Fettdruck** hervorgehoben.

Für die übrigen Konjunktionen sind die Abstandsangaben geozentrische Werte (Normaldruck). Denn durch die relative Erdnähe des Mondes ergibt sich eine große Parallaxe, das heißt, der Winkelabstand des Mondes von einem Planeten kann bis etwa 1° differieren zwischen einem (fiktiven) Beobachter im Erdmittelpunkt (geozentrisch) und einem Beobachter auf der Erdoberfläche (topozentrisch). Ferner sind wichtige Ereignisse durch **Fettdruck** hervorgehoben.

## FIXSTERNHIMMEL

Da die Sonne täglich um rund 1° unter den Sternen nach Osten vorrückt, ändert sich der Anblick des Himmels im Laufe eines Jahres. Genauer: Täglich durchschreiten die Fixsterne den Meridian vier Minuten früher als am Vortag. In 30 Tagen, also einem Monat, macht das schon zwei Stunden!

Mitte Dezember steht das Sternbild Orion gegen Mitternacht im Süden. Mitte Januar schon um 22 Uhr, und Mitte Februar geht Orion um 20 Uhr durch den Meridian. Dadurch ändert sich zur gleichen Beobachtungsstunde die Himmelsszene mit dem Datum. Nach einem Monat ist der Anblick noch nicht allzu verschieden vom Vormonat, aber nach einem Vierteljahr (sechs Stunden!) hat sich die Szenerie völlig umgestellt.

Man spricht daher von einem typischen Frühlings-, Sommer-, Herbst- und Wintersternhimmel. Gemeint ist der Anblick des Fixsternhimmels in den Abendstunden der jeweiligen Jahreszeit.

Die Monatssternkarte dient der schnellen Orientierung. Sie zeigt den beobachtbaren Himmelsausschnitt für 50° nördlicher Breite zur Standardbeobachtungszeit (am Monatsersten um $23^h$ MEZ, am 15. um $22^h$ MEZ).

Ebenfalls in die Monatssternkarten eingetragen sind die fünf hellen Planeten (Merkur bis Saturn), sofern sie zur Monatsmitte um $22^h$ MEZ über dem Horizont stehen.

Zum Rand hin erscheint die Sternkarte aufgehellt. Es werden damit die Extinktion und die durch künstliche Lichtquellen fast immer aufgehellten Horizonte nachempfunden.

Die monatlichen Sternkarten können auch zur Beobachtung am Morgenhimmel herangezogen werden. Unter jeder Sternkarte finden sich die entsprechenden Datums- und Uhrzeitangaben.

Man beachte noch, dass für andere Monate der Planetenstand nicht aktuell ist. Man entnehme ihn der Grafik „Planetenlauf" im aktuellen Monat.

## MONATSTHEMEN

Hier wird monatlich ein Kapitel aus der Himmelskunde kurz und bündig dargestellt, zum leichteren und allmählichen Eindringen in die Wissenschaft von den Sternen. Auch über neue Forschungsergebnisse aus der Astronomie wird berichtet.

Wer ältere Jahrgänge des Himmelsjahres besitzt, möchte gelegentlich in einem Monatsthema der letzten Jahre nachsehen. Im *Kosmos Himmelsjahr* 2020 auf Seite 274 findet man dazu ein Verzeichnis der Monatsthemen von 2011–2020. Im *Kosmos Himmelsjahr 2010* findet man auf Seite 273 ein Verzeichnis der Monatsthemen von 2001–2010. Ferner ist im *Kosmos Himmelsjahr 2001* auf Seite 249 ein Verzeichnis der Monatsthemen 1990–2000 und im *Himmelsjahr 1989* auf Seite 193 ein Verzeichnis der Monatsthemen 1982–1989 abgedruckt.

## TABELLEN UND EPHEMERIDEN

Für den fortgeschrittenen Amateurastronomen sind im Anhang wichtige Beobachtungsgrundlagen vermerkt. Der Anfänger kann diese Angaben unberücksichtigt lassen. Ab Seite 278 findet man die **ekliptikalen Koordinaten** des Mondes, der Sonne und der großen Planeten von Merkur bis Neptun. Die **äquatorialen Koordinaten** der Planeten und Kleinplaneten sind für das Äquinoktium J2000.0 angegeben, damit man sie leichter in vorhandene Sternkarten einzeichnen kann. Die Aufsuchkärtchen gelten ebenfalls für J2000.0. Ferner sind Kulminationszeiten sowie die Auf- bzw. Untergangszeiten, Scheibchendurchmesser in Bogensekunden und beleuchteter Teil der Planetenscheibchen vermerkt. Bei Saturn ist noch die Ringöffnung zur Erde und zur Sonne sowie die scheinbare Ausdehnung der großen und der kleinen Ringachse angegeben.

Für Sonne, Mars und Jupiter (System I und II) sind die **Zentralmeridiane** (Meridiane durch den Scheibenmittelpunkt) jeweils für $1^h$ MEZ vermerkt. Ferner gibt die Sonnenephemeride die Entfernung der Sonne von der Erde in AE sowie ihren scheinbaren Durchmesser, die Achsenlage und die Sternzeit an.

**Sternbedeckungen** durch den Mond sind für Berlin, Dresden, Hamburg, Hannover, Düsseldorf, Frankfurt (Main), Leipzig, München, Nürnberg, Stuttgart, Wien und Zürich angegeben. Aus Platzersparnisgründen ist jeweils nur ein Positionswinkel angegeben, der dem leichteren Aufsuchen des zu bedeckenden Sternes dienen soll. In den Monatsübersichten wird unter der Rubrik „Mondlauf" in der Spalte „Sterne und Sternbilder" durch ein Sternchen (*) auf eine Sternbedeckung hingewiesen.

**Veränderliche Sterne** sind in den Fixsternmonatsübersichten aufgeführt. Für Algol (β Perseï) und β Lyrae findet der Sternfreund jeweils die Minima-Zeiten, für δ Cepheï die Lichtmaxima und für den langperiodischen Veränderlichen Mira (ο Ceti) den jeweiligen Helligkeitszustand.

Die Aufsuchkärtchen findet man auf der hinteren Umschlagklappe. Bei den Minima-Angaben für Algol ist die Lichtzeitkorrektur (heliozentrisch auf geozentrisch) berücksichtigt.

Eine **Sternzeittafel** (S. 281) soll die rasche Bestimmung der Sternzeit zur abendlichen Beobachtungsstunde ermöglichen. Die Sternzeit für $1^h$ MEZ, bezogen auf den Meridian von Greenwich (Nullmeridian), findet man in der Tabelle „Ephemeride der Sonnenscheibe" (S. 288).

Das **Julianische Datum** ist jeweils für den Monatsersten in der Rubrik „Sonnenlauf" angegeben. Das Julianische Datum stellt eine fortlaufende Tageszählung dar, die mit dem 1. Januar des Jahres −4712 (= 4713 vor Chr.) beginnt.

Im Anhang finden sich **zwei Verzeichnisse astronomischer Institutionen**. Im Verzeichnis „Astronomische Institute, Planetarien und Sternwarten" findet man die professionellen Einrichtungen im deutschen Sprachraum. Das Verzeichnis „Amateurastronomische Vereinigungen, Beobachtungsstationen und Privatsternwarten" enthält astronomische Vereine, Schulsternwarten sowie ehrenamtlich betriebene Sternwarten mit Publikumsverkehr.

Dieses Verzeichnis soll dem Leser den Kontakt zu Gleichgesinnten erleichtern und die eigene Beobachtungstätigkeit fördern. Das Verzeichnis erhebt keinen Anspruch auf Vollständigkeit.

Weitere Adressen nimmt der Herausgeber gerne auf (Anschrift: Planetarium Stuttgart, Willy-Brandt-Straße 25, 70173 Stuttgart).

## LITERATURHINWEISE

**Erklärung astronomischer Fachbegriffe:**
H.-U. Keller,
*Wörterbuch der Astronomie*
H.-U. Keller,
*Kompendium der Astronomie*
(6. Auflage 2019)

**Sternkarten für eigene Beobachtungen:**
H.-M. Hahn, G. Weiland,
*Drehbare Kosmos-Sternkarte*
E. Karkoschka,
*Atlas für Himmelsbeobachter*
E. Karkoschka,
*Drehbare Welt-Sternkarte*
E. Karkoschka,
*Sterne finden am Südhimmel*

**Software:**
United Soft Media
*Redshift* für PC, MacOS und als App für iOS und Android

**Astronomie im Internet:**
www.kosmos-himmelsjahr.de
www.astronomie.de
www.astrotreff.de
www.sternfreunde.de
www.sternwarte.de

# Sonnen- und Mondfinsternisse 2023

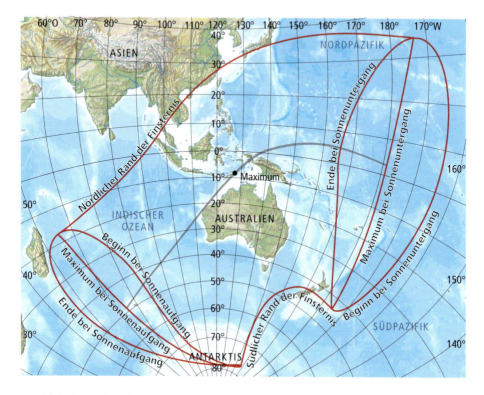

**F.1 Sichtbarkeitsgebiet der ringförmig-totalen Sonnenfinsternis vom 20. April 2023**

Das Jahr 2023 zeigt sich für Mitteleuropa ausgesprochen finsternisarm. Von den vier Finsternissen, die 2023 stattfinden, kann lediglich die partielle Mondfinsternis vom 28. Oktober bei uns verfolgt werden.

Die ringförmig-totale Sonnenfinsternis vom 20. April und die ringförmige Sonnenfinsternis vom 28. Oktober bleiben von Mitteleuropa aus unbeobachtbar.

Die Halbschattenmondfinsternis vom 5. Mai bleibt von Mitteleuropa aus ebenfalls unbeobachtbar.

## RINGFÖRMIG-TOTALE SONNENFINSTERNIS AM 20. APRIL

Diese Finsternis findet in den frühesten Morgenstunden am Donnerstag, 20. April 2023, statt und bleibt auch in ihren partiellen Phasen von ganz Mitteleuropa aus unbeobachtbar. Die Totalitätszone zieht sich vom Indischen Ozean zwischen Madagaskar und der Antarktis herkommend, streift den äußersten westlichen Bereich Australiens, zieht über Neuguinea und endet im westlichen Pazifik nahe dem Erdäquator.

Die Sonnenfinsternis beginnt (1. Kontakt) am 20. April um $2^h34^m$ MEZ am Ort 75°17′ östlicher Länge und 40°17′ südlicher Breite. Sie endet (4. Kontakt) um $7^h59^m$ MEZ am Ort 167°13′ östlicher Länge und 11°17′ nördlicher Breite.

Die Zentrallinie beginnt im südlichen Indischen Ozean am Ort 63°37′ östlicher Länge und 48°27′ südlicher Breite um

**F.2 Verlauf der Halbschattenmondfinsternis vom 5. Mai 2023**

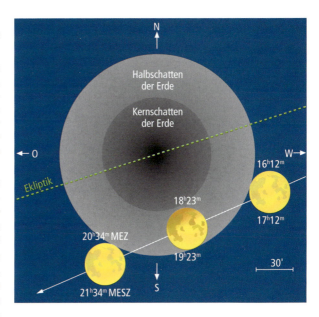

$3^h37^m$ MEZ. Der Kernschatten eilt über den Indischen Ozean, berührt den Nordwesten Australiens und endet im Pazifischen Ozean am Ort 178°49′ westlicher Länge und 2°56′ nördlicher Breite um $6^h57^m$ MEZ.

Der Höhepunkt der Finsternis wird um $5^h17^m$ MEZ in der Arafurasee am Ort 125°47′ östlicher Länge und 9°36′ südlicher Breite erreicht. Für maximal $1^m16^s$ wird an diesem Punkt die Sonne vollständig vom Mond bedeckt. Die Breite der Totalitätszone beträgt hier 49 Kilometer. Die Sonnenhöhe misst dort 67°. Die Größe der Finsternis erreicht das 1,0132-Fache des scheinbaren Sonnendurchmessers.

Zu Beginn und Ende zeigt sich eine ringförmige Phase. Daher wird die Finsternis als Hybride bezeichnet.

Diese Sonnenfinsternis ist die 52. im Saros-Zyklus Nr. 129, der insgesamt 80 Sonnenfinsternisse umfasst. Die partiellen Phasen der Finsternis sind sichtbar im südöstlichen Indischen Ozean, Antarktis, Australien, Indonesien, Neuguinea und im westlichen Pazifik.

## HALBSCHATTEN-MONDFINSTERNIS AM 5. MAI

Diese Finsternis findet in den Nachmittagsstunden am Freitag, 5. Mai 2023 statt. Der Mond taucht dabei mit seiner Nordkalotte fast vollständig, nämlich zu fast 99 Prozent seines scheinbaren Durchmessers, in den Halbschatten der Erde ein. Daher ist diese Finsternis prinzipiell beobachtbar. Allerdings geht der Mond in Mitteleuropa erst gegen Ende der Finsternis auf. In 50° Nord und 10° Ost geht der Mond um $19^h47^m$ MEZ (= $20^h47^m$ MESZ) auf. Ein- und Austritt des Mondes aus dem Halbschatten sind ohnehin prinzipiell nicht beobachtbar. Die Finsternis nimmt folgenden Verlauf:

| | MEZ | MESZ |
|---|---|---|
| Eintritt des Mondes in den Halbschatten | $16^h12^m$ | $17^h12^m$ |
| Mitte der Finsternis | $18^h23^m$ | $19^h23^m$ |
| Austritt des Mondes aus dem Halbschatten | $20^h34^m$ | $21^h34^m$ |

**Ferien über den Wolken**

**SATTLEGGER'S ALPENHOF**

Zwei Sternwarten auf 1800 Meter Höhe, ein perfekter Sternenhimmel und ein wunderbares Wandergebiet erwarten Sie.

**Astronomiekurse für Einsteiger**
**Teleskoptreffen im September**

Sattlegger's Alpenhof
9771 AT-Berg/Drautal
office@alpsat.at

www.alpsat.at

# Finsternisse

2023

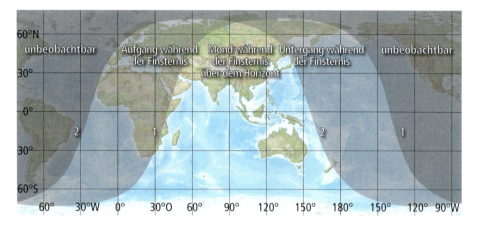

F.3 Sichtbarkeitsgebiet der Halbschattenfinsternis des Mondes vom 5. Mai 2023. 1: Eintritt in den Halbschatten; 2: Austritt aus dem Halbschatten.

Zur Mitte der Finsternis stehen 0,989 Prozent des scheinbaren Mondscheibendurchmessers im Halbschatten der Erde.

Diese Finsternis ist die Nr. 24 im Saros-Zyklus Nr. 141, der insgesamt 72 Mondfinsternisse umfasst. Davon sind 32 Halbschattenfinsternisse, 14 partielle und 26 totale Mondfinsternisse. Die erste Finsternis des Saros-Zyklus 141 ist die Halbschattenfinsternis des Mondes vom 25. August 1608, die letzte Finsternis ist die Halbschattenfinsternis des Mondes vom 11. Oktober 2888.

Anmerkung: Der Erdschatten erscheint stets etwas größer als der rein geometrisch abgeleitete. Dies wird durch eine mehr oder minder starke Absorption des Sonnenlichtes in der Erdatmosphäre bewirkt (Luftverschmutzung). Diese Vergrößerung des Erdschattens wird in den Kalkulationen für die Ein- und Austrittszeiten des Mondes berücksichtigt. Für die Berechnung der Finsternisse wurden die von der IAU angenommenen Konstanten benutzt, wie sie auch vom Nautical Almanac

# Finsternisse

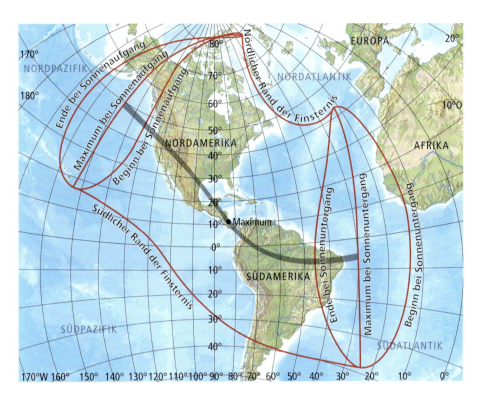

**F.4** Sichtbarkeitsgebiet der ringförmigen Sonnenfinsternis vom 14. Oktober 2023

Office des US Naval Observatory in Washington, D.C., verwendet werden. Die Ein- und Austrittszeiten weichen gelegentlich um einige Minuten anderer Ephemeridenberechner ab, wenn diese andere als die IAU-Konstanten verwenden.

## RINGFÖRMIGE SONNENFINSTERNIS AM 14. OKTOBER

Diese Finsternis findet am Samstag, 14. Oktober 2023 statt. In Mitteleuropa bleibt sie auch in ihren partiellen Phasen unbeobachtbar. Sie ist sichtbar in Nord-, Mittel- und Südamerika mit Ausnahme der südlichsten Gebiete und in der Karibik.

Die Zone der ringförmigen Phase beginnt im Nordostpazifik am Ort 146°55′ westlicher Länge und 49°21′ nördlicher Breite um $17^h10^m$ MEZ und endet im Atlantischen Ozean am Ort 29°23′ westlicher Länge und 5°41′ südlicher Breite um $20^h49^m$ MEZ.

Die Finsternis beginnt am 14. Oktober um $15^h04^m$ MEZ (1. Kontakt) am Ort 132°10′ westlicher Länge und 41°20′ nördlicher Breite und endet um $21^h55^m$ MEZ (4. Kontakt) am Ort 45°17′ westlicher Länge und 13°48′ südlicher Breite. Der Höhepunkt der Finsternis wird um $18^h59^m$ MEZ in Mittelamerika am Ort 83°04′ westlicher Länge und 11°22′ nördlicher Breite erreicht, wobei die Zone der ringförmigen Phase eine Breite von gut 187 Kilometer aufweist. Die Dauer der ringförmigen Verfinsterung erreicht dort $5^m17^s$. Zum Maximum steht die Sonne 68° über dem Südwesthorizont.

Der scheinbare Durchmesser der dunklen Neumondscheibe entspricht dabei 95,2 % des Durchmessers der Sonnenscheibe.

Diese Sonnenfinsternis ist die 44. im Saros-Zyklus 134, der insgesamt 71 Finsternisse umfasst.

# Finsternisse

2023

## PARTIELLE MONDFINSTERNIS AM 28. OKTOBER

Diese Mondfinsternis findet in den frühen Abendstunden am Samstag, 28. Oktober 2023 statt.

Zum Höhepunkt der Finsternis um $21^h14^m$ (= $22^h14^m$ Sommerzeit) befindet sich der Vollmond lediglich mit 12,7 % seines scheinbaren Durchmessers im Kernschatten der Erde.

Die Mondfinsternis nimmt folgenden Verlauf:

|  | MEZ | MESZ |
|---|---|---|
| Eintritt des Mondes in den Halbschatten | $19^h00^m$ | $20^h00^m$ |
| Eintritt des Mondes in den Kernschatten | $20^h35^m$ | $21^h35^m$ |
| Mitte der Finsternis | $21^h14^m$ | $22^h14^m$ |
| Austritt des Mondes aus dem Kernschatten | $21^h53^m$ | $22^h53^m$ |
| Austritt des Mondes aus dem Halbschatten | $23^h28^m$ | $0^h28^m$ |

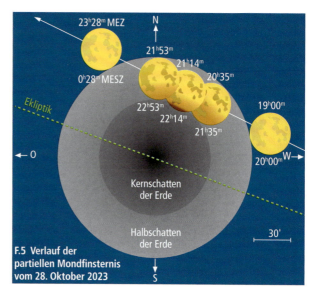

F.5 Verlauf der partiellen Mondfinsternis vom 28. Oktober 2023

Ein- und Austritt des Mondes aus dem Halbschatten bleiben prinzipiell unbeobachtbar.

Der Mondaufgang erfolgt am 28. Oktober 2023 für 50° Nord und 10° Ost um $16^h50^m$ MEZ (= $17^h50^m$ MESZ).

Die Größe der Finsternis beträgt das 0,127-Fache des scheinbaren Mondscheibendurchmessers. Diese Finsternis ist die Nr. 11 im Saros-Zyklus 146, der insgesamt 72 Mondfinsternisse umfasst. Die Finsternis ist sichtbar von Europa, Afrika, ganz Asien, von Arabien, dem indischen Subkontinent sowie vom Indischen Ozean und der Arktis.

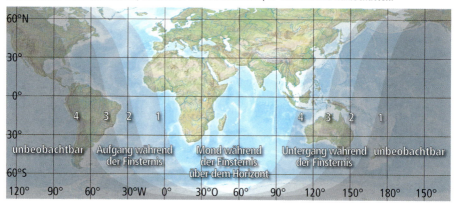

F.6 Sichtbarkeitsgebiet der partiellen Mondfinsternis vom 28. Oktober 2023. 1: Eintritt in Halbschatten; 2: Eintritt in Kernschatten; 3: Austritt aus Kernschatten; 4: Austritt aus Halbschatten.

# Das kostenlose Extra:
## Die App „KOSMOS PLUS"

Mit der KOSMOS PLUS App haben Sie alle wichtigen Informationen zum Lauf von Sonne, Mond und Planeten immer dabei.

**Und so geht's:**

1. Besuchen Sie den App Store oder Google Play.

2. Laden Sie die kostenlose App „KOSMOS PLUS" auf Ihr Mobilgerät.

3. Öffnen Sie die App und laden Sie die Inhalte für das Buch „Kosmos Himmelsjahr 2023" mit dem Kennwort „Beteigeuze" herunter.

4. Die App bietet Ihnen für jeden Monat einen übersichtlichen Himmelskalender mit allen wichtigen Ereignissen.

Weitere Informationen finden Sie unter plus.kosmos.de

# 1 Himmelskalender

JANUAR 2023

## Januar 2023

— Die Erde erreicht am 4. mit 147 Millionen Kilometer ihren geringsten Abstand von der Sonne.
— Venus eröffnet den Jahresreigen als Abendstern.
— Mars beherrscht mit seinem Glanz die abendliche Himmelsbühne.
— Merkur bietet im letzten Monatsdrittel eine bescheidene Morgensichtbarkeit.
— Jupiter strahlt abends am Westhimmel.
— Der Ringplanet Saturn zieht sich vom Abendhimmel zurück und wird Ende des Monats unbeobachtbar.

**Großer Wagen und Himmels-W Anfang Januar um 22 Uhr MEZ**

**1.1** Himmelsanblick am 25. Januar gegen $18^h15^m$ MEZ. Knapp über dem Südwesthorizont strahlt Venus, nahe bei ihr ist Saturn. Höher stehen Jupiter und die zunehmende Mondsichel.

# JANUAR 2023 — Himmelskalender 1

| | | |
|---|---|---|
| 1 So | Neujahr | |
| 2 Mo | | |
| 3 Di | | |
| 4 Mi | Erde in Sonnennähe | |
| 5 Do | | |
| 6 Fr | Heilige drei Könige | |
| 7 Sa | **Vollmond** Mond bei Pollux – abends | |
| 8 So | | |
| 9 Mo | | |
| 10 Di | Mond bei Regulus – abends | |
| 11 Mi | | |
| 12 Do | | |
| 13 Fr | | |
| 14 Sa | | |
| 15 So | Letztes Viertel Mond bei Spica – morgens | |
| 16 Mo | | |
| 17 Di | | |
| 18 Mi | Mond bei Antares – morgens | |
| 19 Do | | |
| 20 Fr | | |
| 21 Sa | **Neumond** | |
| 22 So | Venus bei Saturn – abends | |
| 23 Mo | Mond bei Venus – abends | |
| 24 Di | | |
| 25 Mi | Mond bei Jupiter – abends | |
| 26 Do | | |
| 27 Fr | | |
| 28 Sa | **Erstes Viertel** | |
| 29 So | | |
| 30 Mo | | |
| 31 Di | Mond bei Mars – morgens | |

# 1 Sonnenlauf
**JANUAR 2023**

## SONNE – STERNBILDER

**20. 1.   9ʰ:**
Sonne tritt in das Sternbild Steinbock

**20. 1.   9ʰ:**
Sonne tritt in das Tierkreiszeichen Wassermann

**Julianisches Datum am**
1. Januar, 1ʰ MEZ: 2 459 945,5

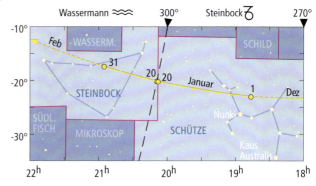

## SONNENLAUF

| Tag | Dämmerg. Anfang | Aufgang MEZ | Kulmination | Untergang MEZ | Dämmerg. Ende | Mittagshöhe | Zeitgleichg. | Rektaszension | Deklination |
|---|---|---|---|---|---|---|---|---|---|
|  | h m | h m | h m | h m | h m | ° | m | h m | ° |
| 1. | 6 59 | 8 19 | 12 23 | 16 28 | 17 48 | 17,0 | − 3 | 18 43 | −23,1 |
| 5. | 6 59 | 8 18 | 12 25 | 16 33 | 17 52 | 17,4 | − 5 | 19 01 | −22,7 |
| 10. | 6 58 | 8 16 | 12 27 | 16 39 | 17 57 | 18,0 | − 7 | 19 23 | −22,1 |
| 15. | 6 56 | 8 13 | 12 29 | 16 46 | 18 03 | 18,9 | − 9 | 19 44 | −21,3 |
| 20. | 6 52 | 8 09 | 12 31 | 16 54 | 18 10 | 19,9 | −11 | 20 06 | −20,3 |
| 25. | 6 48 | 8 03 | 12 32 | 17 02 | 18 17 | 21,0 | −12 | 20 27 | −19,2 |
| 31. | 6 41 | 7 55 | 12 33 | 17 12 | 18 26 | 22,6 | −13 | 20 52 | −17,6 |

## TAGES- UND NACHTSTUNDEN

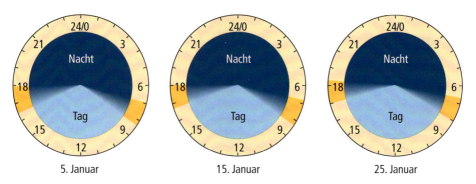

5. Januar     15. Januar     25. Januar

JANUAR 2023

# Mondlauf 1

## MONDLAUF

| Datum | Aufg. MEZ | Kulmi-nation | Unterg. MEZ | Rektas-zension | Dekli-nation | | Sterne und Sternbilder | Phase | MEZ |
|---|---|---|---|---|---|---|---|---|---|
| | h m | h m | h m | h m | ° | | | | |
| So 1. | 12 55 | 20 20 | 2 49 | 2 05 | +11,9 | * | Widder | Aufsteigender Knoten | |
| Mo 2. | 13 14 | 21 07 | 4 03 | 2 53 | +17,0 | | Widder | | |
| Di 3. | 13 38 | 21 56 | 5 17 | 3 43 | +21,2 | | Stier, Plejaden | | |
| Mi 4. | 14 09 | 22 46 | 6 28 | 4 34 | +24,5 | | Aldebaran | | |
| Do 5. | 14 49 | 23 38 | 7 33 | 5 27 | +26,6 | | Stier, Alnath | | |
| Fr 6. | 15 40 | – | 8 28 | 6 20 | +27,4 | | Zwillinge | | |
| Sa 7. | 16 41 | 0 29 | 9 12 | 7 14 | +27,0 | | Kastor, Pollux | **Vollmond** | 0$^h$ 08$^m$ |
| So 8. | 17 48 | 1 19 | 9 45 | 8 06 | +25,3 | | Pollux | Erdferne 406/29,4 | 10$^h$ |
| Mo 9. | 18 58 | 2 07 | 10 11 | 8 57 | +22,5 | | Krebs, Krippe | Größte Nordbreite | |
| Di 10. | 20 08 | 2 52 | 10 30 | 9 45 | +18,8 | | Löwe | | |
| Mi 11. | 21 17 | 3 35 | 10 46 | 10 31 | +14,3 | | Löwe, Regulus | | |
| Do 12. | 22 27 | 4 17 | 11 00 | 11 15 | + 9,3 | | Löwe | | |
| Fr 13. | 23 37 | 4 57 | 11 13 | 11 59 | + 3,8 | | Jungfrau | | |
| Sa 14. | – | 5 39 | 11 26 | 12 43 | – 1,9 | | Jungfrau | | |
| So 15. | 0 50 | 6 22 | 11 41 | 13 28 | – 7,7 | | Spica | **Letztes Viertel** | 3$^h$ 10$^m$ |
| Mo 16. | 2 06 | 7 08 | 11 58 | 14 16 | –13,3 | | Jungfrau | Absteigender Knoten Libration Ost | |
| Di 17. | 3 27 | 7 59 | 12 20 | 15 07 | –18,5 | | Waage | | |
| Mi 18. | 4 52 | 8 55 | 12 51 | 16 04 | –22,8 | | Antares | | |
| Do 19. | 6 15 | 9 58 | 13 36 | 17 06 | –26,0 | | Schlangenträger | | |
| Fr 20. | 7 29 | 11 04 | 14 40 | 18 12 | –27,4 | | Kaus Borealis | | |
| Sa 21. | 8 26 | 12 11 | 16 01 | 19 20 | –26,9 | | Schütze, Nunki | **Neumond Nr. 1238** Erdnähe 357/33,5 | 21$^h$ 53$^m$ 22$^h$ |
| So 22. | 9 07 | 13 15 | 17 33 | 20 27 | –24,3 | | Steinbock | Größte Südbreite | |
| Mo 23. | 9 36 | 14 14 | 19 05 | 21 30 | –20,0 | | Steinbock | | |
| Di 24. | 9 57 | 15 08 | 20 34 | 22 29 | –14,4 | | Wassermann | | |
| Mi 25. | 10 14 | 15 58 | 21 58 | 23 24 | – 8,1 | | Wassermann | | |
| Do 26. | 10 30 | 16 46 | 23 18 | 0 15 | – 1,6 | | Fische | | |
| Fr 27. | 10 44 | 17 31 | – | 1 04 | + 4,8 | * | Fische | Libration West | |
| Sa 28. | 11 00 | 18 17 | 0 36 | 1 52 | +10,7 | * | Widder | **Erstes Viertel** Aufsteigender Knoten | 16$^h$ 19$^m$ |
| So 29. | 11 18 | 19 04 | 1 52 | 2 41 | +16,0 | | Widder | | |
| Mo 30. | 11 41 | 19 53 | 3 07 | 3 30 | +20,5 | | Stier, Plejaden | | |
| Di 31. | 12 09 | 20 42 | 4 20 | 4 21 | +24,0 | | Stier, Hyaden | | |

## DER MOND NÄHERT SICH MARS

30. Jan. 18$^h$ — Mars, Plejaden, STIER

31. Jan. 4$^h$

# 1 Planetenlauf

JANUAR 2023

**MERKUR** bietet im letzten Monatsdrittel eine bescheidene Morgensichtbarkeit. Zunächst kommt er am 7. in untere Konjunktion mit der Sonne. Anschließend entfernt sich der flinke Planet rasch rückläufig von der Sonne, die ihm in der Ekliptik rechtläufig davonwandert. Am 18. wird Merkur stationär und ist anschließend wieder rechtläufig. Seine größte westliche Elongation erreicht er mit 24°58′ Winkelabstand von der Sonne am 30. in den Morgenstunden.

Ab 20. kann man mit Aussicht auf Erfolg nach dem flinken Planeten Ausschau halten. Nördlich von 53° geografischer Breite wird man Merkur allerdings kaum finden. In 50° Nord geht

**1.2** Heliozentrischer Anblick des Planetensystems im ersten Jahresviertel 2023. Eingetragen sind im linken Teil die Positionen der inneren Planeten für den 1. Januar (1), 1. Februar (2) sowie 1. März (3) und 1. April (4). Der rechte Teil zeigt das äußere Planetensystem samt einigen Planetoiden zu Anfang und Ende des ersten Jahresviertels. Die Pfeile deuten die Richtungen zu den ferneren Planeten sowie zum Frühlingspunkt an.

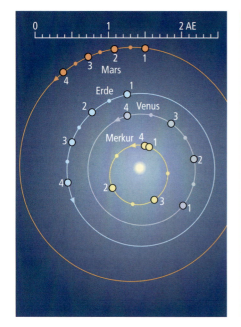

# JANUAR 2023 — Planetenlauf 1

der $0\overset{m}{.}2$ helle Merkur um $6^h40^m$ auf. Etwa 20 Minuten später macht er sich tief im Südosten bemerkbar. Bis zu seiner größten westlichen Elongation am 30. nimmt die Merkurhelligkeit auf $-0\overset{m}{.}2$ zu. Der Merkuraufgang verfrüht sich bis Ende Januar nur unwesentlich auf $6^h37^m$. Gegen $7^h30^m$ verblasst Merkur in der zunehmenden Morgenhelle, zu Monatsende schon eine Viertelstunde früher, da die Sonnenaufgänge immer früher erfolgen (siehe auch Abb. 1.6 und 1.7 auf Seite 37).

Im Teleskop zeigt sich das Merkurscheibchen am 24. halb beleuchtet bei einem scheinbaren Durchmesser von $7\overset{''}{.}5$. Die Halbphase wird als Dichotomie bezeichnet. Danach wird das Merkurscheibchen etwas kleiner, der Beleuchtungsgrad nimmt auf 66 % zu.

Am 2. eilt Merkur mit 59 Kilometer pro Sekunde durch sein Perihel, den sonnennächsten Punkt seiner elliptischen Bahn. An diesem Tag trennen ihn nur 46 Millionen Kilometer (= 0,307 AE) von der Sonne.

**VENUS** eröffnet den Jahresreigen als Abendstern. Noch ist sie allerdings nicht besonders auffällig. Wenn sie bald nach Sonnenuntergang sichtbar wird, steht sie tief am Südwesthimmel. Erst im Frühjahr wird sie zu einem auffälligen Gestirn am Abendhimmel (siehe Abb. 2.2 auf Seite 60).

Am 1. geht die $-3\overset{m}{.}9$ helle Venus um $17^h48^m$ unter, am 15. um $18^h30^m$ und am Monatsende erst um $19^h21^m$. Im Teleskop zeigt sich das nur $11''$ große Planetenscheibchen fast voll beleuchtet. In den nächsten Monaten nimmt der beleuchtete Teil des Planetenscheibchens ab, der scheinbare Venusdurchmesser hingegen wächst an.

Am 22. zieht Venus nur $0\overset{\circ}{.}4$ südlich an Saturn vorbei. Um

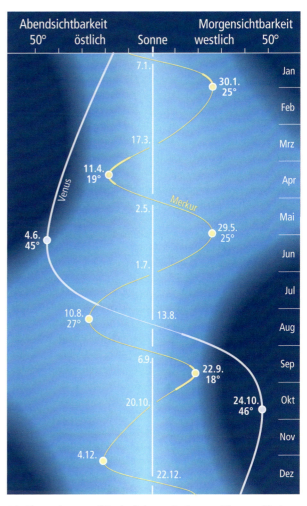

**1.3** Elongationen und Konjunktionen der inneren Planeten Merkur und Venus von bzw. mit der Sonne im Jahre 2023. Die Datumsangaben beziehen sich jeweils auf die größten Elongationen sowie die Konjunktionen. Fettgedrucktes Datum bedeutet: in Mitteleuropa mit freiem Auge sichtbar. Unterbrochener Sonnenbalken weist auf eine untere Konjunktion hin, unterbrochene Planetenlinie auf eine obere Konjunktion.

# 1 Planetenlauf

JANUAR 2023

Saturn noch zu erkennen, ist ein Fernglas zu empfehlen (siehe Abb. 1.10 auf Seite 39). Am 23. gesellt sich die schmale Sichel des zunehmenden Mondes zu Venus und Saturn. Das Dreigestirn ist gegen $18^h15^m$ tief am Südwesthimmel zu sehen (siehe Abb. 1.9 auf Seite 39). Auch Jupiter ist mit von der Partie.

Unser innerer Nachbarplanet tritt am 2. in das Sternbild Steinbock und wechselt am 24. in das Sternbild Wassermann (siehe Abb. 2.3 auf Seite 61).

**MARS** im Sternbild Stier ist als auffällig heller, rötlicher Planet am Abendhimmel hoch im Süden zu sehen. Er hat seine Opposition zur Sonne gerade hinter sich. Am 12. wird er stationär und beendet damit seine Oppositionsperiode. Anschließend wandert er wieder rechtläufig durch den Tierkreis (siehe Abb. 3.4 auf Seite 79). Er entfernt sich dabei aus dem Goldenen Tor der Ekliptik, das von den beiden offenen Sternhaufen Hyaden und Plejaden gebildet wird. Am Monatsletzten steuert der Mond im zweiten Viertel auf Mars zu (siehe Mondlaufgrafik auf Seite 33).

Das Ende der Oppositionsperiode macht sich auch an der rapide sinkenden Marshelligkeit bemerkbar. Sie nimmt fast um eine ganze Größenklasse ab und erreicht Ende Januar $-0\overset{m}{.}3$. Damit zählt Mars immer noch zu den hellsten Gestirnen am Nachthimmel. Nur Venus, Jupiter und Sirius übertreffen Mars an Strahlkraft.

Vom Morgenhimmel zieht sich der rote Planet allmählich zurück. Am 1. geht Mars um $6^h21^m$ unter, am 15. um $5^h22^m$ und am 31. bereits um $4^h29^m$.

Im Fernrohr bemerkt man das Schrumpfen des Marsscheibchens. Sein Durchmesser von knapp 15″ geht auf 11″ zurück.

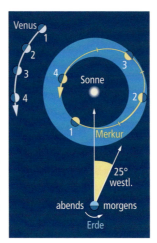

**1.5** Heliozentrische Bewegungen von Merkur und Venus *relativ* zur Erde. In den dicker ausgezogenen Bahnteilen sind die Planeten beobachtbar. Die Zahlen markieren die Positionen jeweils zum Monatsersten. Östlicher Winkelabstand bedeutet Abendsichtbarkeit, westliche Elongation: Planet steht am Morgenhimmel.

**1.4** Stellungen der Planeten Mars, Jupiter und Saturn im Jahr 2023. Im linken Teil sind die Positionen am Morgenhimmel jeweils eine Stunde vor Sonnenaufgang eingetragen, im rechten Teil die Positionen am Abendhimmel jeweils eine Stunde nach Sonnenuntergang. Im Mittelteil sind die Stellungen zur Kulminationszeit angegeben sowie die Kulminationshöhe.

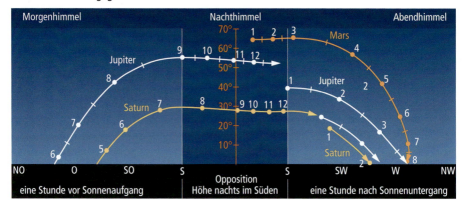

# JANUAR 2023 — Planetenlauf 1

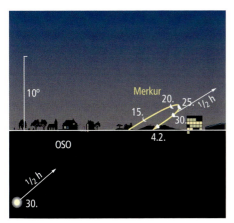

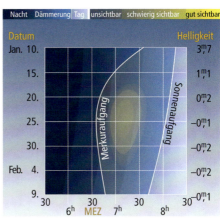

**1.6** Stellung von Merkur über dem Osthorizont zu den angegebenen Daten. Die Pfeile geben die Bewegungen von Merkur und Sonne während der nächsten halben Stunde an.

**1.7** Sichtbarkeitsdiagramm für Merkur. Es gilt genau für 50° nördlicher Breite und 10° östlicher Länge. Dunkelgelbe Fläche: Unter günstigen Sichtbedingungen kann man Merkur mit bloßen Augen erkennen.

**JUPITER**, rechtläufig im Sternbild Fische, strahlt nach Einbruch der Dunkelheit unübersehbar am Westhimmel. Sein Glanz wird nur noch von Venus übertroffen, die allerdings mit Saturn zusammen deutlich horizontnäher steht.

Der Riesenplanet geht zu Jahresanfang um $23^h42^m$ unter. Am 15. erfolgt der Jupiteruntergang um $22^h58^m$ und am 31. bereits um $22^h11^m$. Im Laufe des Monats geht die Jupiterhelligkeit leicht um $0^m\!.1$ auf $−2^m\!.2$ zurück. Am 25. erhält Jupiter Besuch vom Mond im ersten Bahnviertel (siehe Abb. 1.1 auf Seite 30). Die scheinbare Bahn von Jupiter durch den Tierkreis im Jahre 2023 findet man in Abb. 11.4 auf Seite 231.

**1.8** Konjunktionsschleife von Merkur im Sternbild Schütze.

Kurz vor der Monatsmitte kreuzt Jupiter den Himmelsäquator und wechselt auf die Nordhalbkugel des Himmels.

Am 20. ist es wieder einmal soweit: Jupiter passiert das Perihel seiner Bahn. An diesem Tag trennen ihn 740,7 Millionen Kilometer (= 4,95 AE) vom Glutball Sonne. Letztmals befand sich der Riesenplanet am 17. März 2011 in Sonnennähe. In Sonnenferne, also im Aphel, wird sich Jupiter am 28. Dezember 2028 befinden.

**SATURN** im Steinbock strebt seiner Konjunktion mit der Sonne zu, die er am 16. Februar erreicht. Der Ringplanet zieht sich vom Abendhimmel zurück und wird Ende des Monats unbeobachtbar. Die Untergänge des $0^m\!.9$ hellen Saturn erfolgen am 1. um $20^h05^m$, am 15. um $19^h18^m$ und am 31. schon um $18^h25^m$, das ist nur gut eine Stunde nach Sonnenuntergang.

Am 22. zieht die helle Venus nur 0°22′ südlich an Saturn vorbei (siehe Abb. 1.10 auf Seite 39).

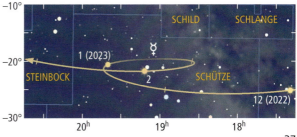

# 1 Planetenlauf — JANUAR 2023

## Stellungen der Jupitermonde

| Io | I | 5ᵐ8 |
| Europa | II | 5ᵐ8 |
| Ganymed | III | 5ᵐ2 |
| Kallisto | IV | 6ᵐ5 |

## JUPITERMONDE

| Tag | MEZ h m | | Vorgang |
|---|---|---|---|
| 2. | 18 05 | III | BA |
|    | 21 02 | III | BE |
| 3. | 20 13 | I | BA |
| 4. | 17 34 | I | DA |
|    | 18 53 | I | SA |
|    | 19 47 | I | DE |
|    | 21 05 | I | SE |
| 5. | 18 15 | I | VE |
|    | 20 18 | II | DA |
| 7. | 17 56 | II | BE |
|    | 18 03 | II | VA |
|    | 20 32 | II | VE |
| 9. | 22 16 | III | BA |
| 10. | 22 11 | I | BA |
| 11. | 19 32 | I | DA |
|    | 20 49 | I | SA |
|    | 21 45 | I | DE |
| 12. | 20 10 | I | VE |
| 13. | 17 29 | I | SE |
|    | 17 54 | III | SA |
|    | 20 24 | III | SE |
| 14. | 18 04 | II | BA |
|    | 20 40 | II | BE |
|    | 20 42 | II | VA |
| 18. | 21 31 | I | DA |
| 19. | 18 39 | I | BA |
| 20. | 18 14 | I | DE |
|    | 19 25 | I | SE |
|    | 19 45 | III | DE |
|    | 21 57 | III | SA |
| 21. | 20 50 | II | BA |
| 23. | 19 55 | II | SE |
| 26. | 20 39 | I | BA |
| 27. | 18 01 | I | DA |
|    | 19 10 | I | SA |
|    | 20 14 | I | DE |
|    | 21 11 | III | DA |
|    | 21 21 | I | SE |
| 28. | 18 30 | I | VE |
| 30. | 20 07 | II | SA |
|    | 20 23 | II | DE |
| 31. | 18 18 | III | VE |

Japetus
5.  10ᵐ8
10. 10ᵐ8
15. 10ᵐ8

Einen Tag später gesellt sich die dünne Sichel des zunehmenden Mondes zu den beiden Planeten. Das Dreigestirn Saturn, Venus und Mond bietet gegen 18ʰ15ᵐ einen netten Anblick über dem Südwesthorizont (siehe Abb. 1.9 auf Seite 39).

**URANUS** bremst seine ohnehin langsame rückläufige Wanderung durch das Sternbild Widder vollends ab und wird am 23. stationär. Damit endet seine Oppositionsperiode. Anschließend ist er wieder rechtläufig. Aus der zweiten Nachthälfte zieht sich

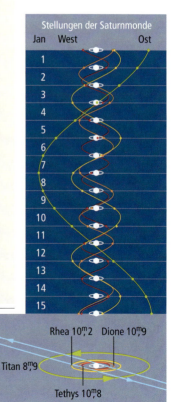

# Planetenlauf 1

JANUAR 2023

**1.10** Venus zieht am 22. Januar am fernen Saturn vorbei. Fernglasanblick in der Abenddämmerung bei 5° Gesichtsfelddurchmesser.

**1.11** Enge Begegnung von Uranus mit dem Mond am 1. Januar zwischen 20 Uhr und 24 Uhr. Fernglasanblick bei 5° Gesichtsfelddurchmesser.

ar. Die scheinbare Uranusbahn ist aus Abb. 11.5 auf Seite 232 ersichtlich.

Am Neujahrstag wird Uranus vom Mond im zweiten Bahnviertel bedeckt. In Mitteleuropa zieht der Mond knapp nördlich (0°,3) um Mitternacht an ihm vorbei. Die Uranusbedeckung ist von Nord- und Mittelamerika aus beobachtbar sowie von der Karibik, Island, Grönland und Teilen Nordeuropas (siehe Abb. 1.11 rechts).

**NEPTUN** ist der sonnenfernste und damit auch der lichtschwächste Planet unseres Sonnensystems. Um ihn zu sehen, ist ein lichtstarkes Fernglas oder ein Teleskop erforderlich sowie einige Übung im Aufsuchen von Objekten, die mit bloßen Augen nicht zu sehen sind.

Neptun, rechtläufig im Sternbild Wassermann, kann noch der grünliche Planet allmählich zurück. Der mit $5^m,7$ recht lichtschwache Planet sinkt am 1. um $3^h53^m$ unter die Horizontlinie, am 15. um $2^h57^m$ und am 31. Januar schon um $1^h54^m$.

Seine Kulminationszeiten verfrühen sich von $20^h26^m$ zu Jahresbeginn auf $18^h28^m$ Ende Januar. am Abendhimmel aufgespürt werden. Zum Monatsende wird es allerdings schwierig, den bläulichen Planeten aufzufinden. Am Monatsbeginn kulminiert der $7^m,9$ helle Neptun um $17^h12^m$ und geht um $22^h55^m$ unter. Etwa eineinhalb Stunden vor Untergang ist Neptun kaum noch zu erkennen. Die dichten Luftschichten in niederer Höhe verhindern dies. Am 15. erfolgt seine Meridianpassage um $16^h17^m$ und am 31. schon um $15^h16^m$. Zur Monatsmitte geht Neptun um $22^h02^m$ unter, am Monatsende aber bereits um $21^h01^m$. Damit bleibt nur noch eine knappe Stunde, um Neptun zu beobachten. Die Aufsuchkarte für Neptun in Abb. 9.5 findet sich auf Seite 195.

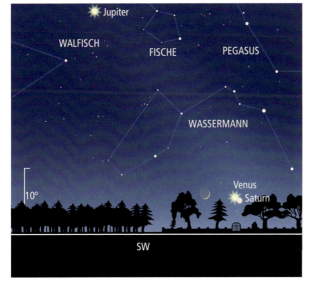

**1.9** Enge Konjunktion von Venus mit Saturn über dem Südwesthorizont am 23. Januar zusammen mit der dünnen Sichel des zunehmenden Mondes. Anblick gegen $18^h15^m$ MEZ.

# 1 Planetenlauf

JANUAR 2023

## PLANETOIDEN UND ZWERGPLANETEN

**PLUTO**, prominenter Zwergplanet mit der Planetoidennummer 134 340, steht im Sternbild Schütze am 18. in Konjunktion mit der Sonne. Zur Konjunktion ist Pluto 5336 Millionen Kilometer (= 35,67 AE) von der Erde entfernt. Seine Opposition erreicht der sonnenferne Zwergplanet am 22. Juli im Sternbild Schütze.

In der monatlichen Rubrik „Planetenlauf" ist Pluto in den Monaten März, Mai und Juli erwähnt. Die Aufsuchkarte in Abb. 7.4 für Pluto findet sich auf Seite 155.

**CERES** – Planetoid Nr. 1 – wandert rechtläufig durch das Sternbild Jungfrau (siehe Abb. 3.7 auf Seite 81). Sie steigert ihre Helligkeit um eine halbe Größenklasse und erreicht Ende Januar $7\overset{m}{.}7$. Somit ist sie in einem lichtstarken Fernglas bei guten Sichtbedingungen erkennbar. Am 1. geht der erstentdeckte Kleinplanet um $23^h16^m$ auf und Ende Januar schon um $21^h31^m$. Ihre Kulminationen erfolgen Anfang Januar um $6^h08^m$, Mitte Januar um $5^h24^m$ und am 31. bereits um $4^h28^m$. Am 21. März kommt Ceres zu einer günstigen Opposition zur Sonne. Der größte Kleinplanet im Planetoidengürtel zwischen der Mars- und der Jupiterbahn wird im Monatsthema März auf Seite 86 näher beschrieben.

**PALLAS** – Planetoid Nr. 2 – kommt am 8. im Sternbild Großer Hund in **Opposition** zur Sonne. Mit einer Helligkeit von $7\overset{m}{.}7$ kann man Pallas mit einem lichtstarken Fernglas ausmachen. Dazu hilft auch die Aufsuchkarte Abb. 1.12 auf Seite 41. Von Nachteil für Beobachter in unseren Breiten ist allerdings ihre weit südliche Position. Ihre Deklination beträgt am Oppositionstag lediglich $-31\overset{\circ}{.}3$. Damit hält sich Pallas weit südlich von Sirius auf.

Im Laufe des Monats strebt sie schnell nach Norden und erreicht Ende Januar eine Deklination von $-25\overset{\circ}{.}9$.

Am Oppositionstag geht Pallas um $20^h57^m$ auf und kulminiert drei Minuten vor Mitternacht. Am nächsten Morgen geht sie um $2^h56^m$ unter. Bis 31. verfrühen sich ihre Meridiandurchgänge auf $22^h11^m$ und ihre Untergänge auf $1^h56^m$.

Von der Erde erreicht sie am 21. mit 213 Millionen Kilometer (= 1,42 AE) ihre geringste Entfernung. Von der Sonne trennen Pallas zur Opposition 323 Millionen Kilometer (= 2,15 AE).

## KONSTELLATIONEN UND EREIGNISSE

| Datum | MEZ | Ereignis |
|---|---|---|
| 1. | $23^h$ | **Mond bei Uranus**, Mond $0\overset{\circ}{.}7$ nördlich, Abstand $0\overset{\circ}{.}3$ um $24^h$ |
| 2. | 21 | Merkur im Perihel |
| 3 | 21 | Mond bei Mars, Mond $0\overset{\circ}{.}5$ südlich |
| 4. | 6 | Merkur bei Uranus, Merkur $2\overset{\circ}{.}9$ südlich |
| 4. | 17 | Erde im Perihel (Sonnennähe), Abstand Erde – Sonne 147,099 Millionen Kilometer |
| 7. | 14 | Merkur in unterer Konjunktion mit der Sonne |
| 12. | 21 | Mars im Stillstand, anschließend rechtläufig |
| 18. | 13 | Merkur im Stillstand, anschließend rechtläufig |
| 18. | 16 | Pluto in Konjunktion mit der Sonne |
| 20. | 9 | Mond bei Merkur, Mond $6\overset{\circ}{.}9$ südlich |
| 20. | 13 | Jupiter im Perihel |
| 22. | 21 | **Venus bei Saturn**, Venus $0\overset{\circ}{.}4$ südlich, Abstand $0\overset{\circ}{.}4$ um $18^h$ |
| 23. | 4 | Uranus im Stillstand, anschließend rechtläufig |
| 23. | 8 | Mond bei Saturn, Mond $3\overset{\circ}{.}8$ südlich |
| 23. | 9 | **Mond bei Venus**, Mond $3\overset{\circ}{.}5$ südlich, Abstand $4\overset{\circ}{.}6$ um $17^h$ |
| 25. | 7 | Mond bei Neptun, Mond $2\overset{\circ}{.}7$ südlich |
| 26. | 3 | **Mond bei Jupiter**, Mond $1\overset{\circ}{.}8$ südlich, Abstand $5\overset{\circ}{.}6$ um $21^h$ am 25. |
| 29. | 5 | Mond bei Uranus, Mond $0\overset{\circ}{.}9$ nördlich |
| 30. | 7 | Merkur in größter westlicher Elongation (25°) |
| 31. | 5 | **Mond bei Mars**, Mond $0\overset{\circ}{.}1$ südlich, **Abstand $1\overset{\circ}{.}5$ um $4^h$** |

# Planetenlauf 1

JANUAR 2023

**JUNO** – Planetoid Nr. 3 – kommt am 20. Juni in Konjunktion mit der Sonne. Ihre Oppositionsstellung zur Sonne erreicht sie in diesem Jahr nicht. Sie bleibt das ganz Jahr über so lichtschwach (um $10^m$), dass sie kein lohnenswertes Beobachtungsziel ist.

## PERIODISCHE STERNSCHNUPPENSTRÖME

Von Jahresbeginn bis 10. Januar sind die **QUADRANTIDEN** (Ausstrahlungspunkt oder Radiant im Nordteil des Bootes) in der zweiten Nachthälfte zu erwarten. Der Radiant erreicht erst nach Mitternacht eine größere Höhe über dem Horizont, so dass die Morgenstunden am besten für Beobachtungen geeignet sind. Das spitze Maximum tritt diesmal gegen 3 Uhr morgens am 4. Januar auf. Allerdings erhellt der Mond den größten Teil der Nacht.

Die einzelnen Meteoroide haben mittlere Eintrittsgeschwindigkeiten in die Erdatmosphäre um 40 Kilometer pro Sekunde.

Die Quadrantiden haben vermutlich Beziehungen zum Kometen 96P/Machholz und zum Kleinplaneten 2003 EH1. Da der Radiant im Sternbild Bootes liegt, wird dieser Strom auch **BOOTIDEN** genannt.

Aus dem Bereich östlich des Oppositionspunktes zur Sonne ist ganzjährig eine Meteoraktivität zu beobachten. Der Schwerpunkt des breiten Radianten verlagert sich im Jahresverlauf entlang der Ekliptik und verursacht eine variable Aktivität. Im Januar verlagert sich dieser als **ANTIHELION**-Quelle bezeichnete großräumige Radiant durch das Sternbild Krebs in Richtung Löwe. Es handelt sich um langsame Sternschnuppen mit Geschwindigkeiten um 30 Kilometer pro Sekunde. Pro Stunde ist lediglich mit etwa vier Meteoren zu rechnen.

Ein relativ neuer Strom sind die **GAMMA-URSAE-MINORIDEN**. Während die bisher bekannten Ursiden in der zweiten Dezemberhälfte aufflammen, sind die Gamma-Ursiden um den 15. Januar zu erwarten. Der Radiant dieses Stromes liegt nahe bei γ Ursae Minoris. Die Geschwindigkeiten der Gamma-Ursae-Minoriden streuen um 30 Kilometer pro Sekunde.

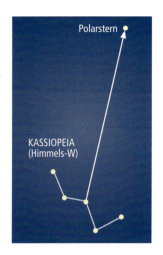

**1.13** Sternbild Kassiopeia (auch als Himmels-W bekannt) dient als Polweiser.

**1.12** Scheinbare Bahn des Kleinplaneten (2) Pallas im Sternbild Großer Hund.

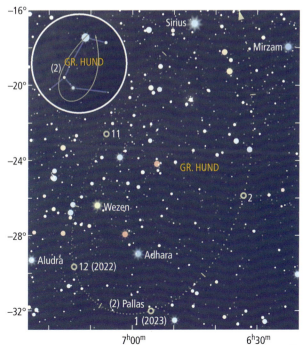

# 1 Fixsternhimmel

JANUAR 2023

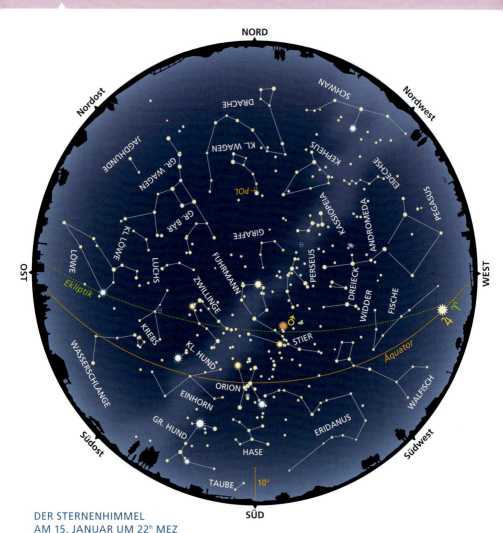

**DER STERNENHIMMEL
AM 15. JANUAR UM 22ʰ MEZ**

| Die Sternkarte ist auch gültig für: | | |
|---|---|---|
| | MEZ | MESZ |
| 1.10. | 5ʰ | 6ʰ |
| 15.10. | 4 | 5 |
| 1.11. | 3 | |
| 15.11. | 2 | |
| 1.12. | 1 | |
| 15.12. | 0 | |
| 1. 1. | 23 | |
| 15. 1. | 22 | |
| 31. 1. | 21 | |
| 15. 2. | 20 | |

Wer Sterne und Sternbilder finden will, der muss zunächst die Himmelsrichtungen an seinem Standort kennen. Denn die beste Sternkarte nützt wenig, wenn man nicht weiß, wo Norden, Osten, Süden und Westen ist. Am nächtlichen Sternenhimmel beginnt man seine Beobachtungen mit dem Aufsuchen des Polarsterns, denn er deutet uns die Nordrichtung an. Blickt man zum Polarstern, so ist rechter Hand Osten, linker Hand Westen und im Rücken hat man Süden.

Als Stern zweiter Größenklasse ist der Polarstern nicht übermäßig auffällig. Sowohl der Große Wagen als auch das Himmels-W, das Sternbild Kassiopeia, helfen, ihn zu finden. Ihre Stellungen relativ zum Nordhorizont sind jeweils für den Monatsanfang, 22 Uhr MEZ, in einer kleinen

JANUAR 2023                    Fixsternhimmel    1

1.14 Das Wintersechseck setzt sich aus den sechs hellen Sternen Kapella im Fuhrmann, Aldebaran im Stier, Rigel im Orion, Sirius im Großen Hund, Prokyon im Kleinen Hund und Pollux in den Zwillingen zusammen.

Grafik auf der Startseite zur Monatsübersicht festgehalten.

Die monatliche Beschreibung des abendlichen Fixsternhimmels gilt für eine Standardbeobachtungszeit, nämlich für $22^h$ MEZ (oder $23^h$ MESZ – Mitteleuropäische Sommerzeit) zur Monatsmitte (15.) und für die geografische Breite 50° Nord. Diesen Anblick zeigt auch die monatliche Übersichtskarte, die das Auffinden von Sternen und Sternbildern erleichtern soll.

Wer zu Monatsbeginn beobachtet, sollte die Sternkarte um $23^h$ MEZ benutzen. Zu Monatsende zeigt die Sternkarte den sichtbaren Himmelsausschnitt bereits um $21^h$ MEZ, denn pro Stunde dreht sich der Himmel um 15° weiter ($24^h = 360°$). Nach einem Monat gehen die Sterne und Sternbilder jeweils zwei Stunden früher auf, kulminieren zwei Stunden früher und gehen zwei Stunden früher unter wie am gleichen Tag des Vormonats.

„Kulminieren" bedeutet, die höchste Stellung im Süden einnehmen. Wenn ein Stern kulminiert, so passiert er die Mittagslinie, den Meridian.

Auch für andere Nachtstunden sind die Sternkarten zu verwenden. So zeigt die Januar-Sternkarte auch den Himmelsanblick, wie er dem Betrachter am 1. November um $3^h$ MEZ erscheint. Für welches Datum und welche Uhrzeit die jeweilige Monatssternkarte genutzt werden kann, ist in dem Kasten links unterhalb der Sternkarte vermerkt. Zu berücksichtigen ist, dass die eingetragenen Planetenpositionen nur für den aktuellen Monat gelten, in dem die Sternkarte platziert ist. Die jeweils gültigen Planetenpositionen entnehme man der monatlichen Grafik vor der Rubrik „Planetenlauf".

In der Monatssternkarte markiert die ausgezogene, rote Linie

### VERÄNDERLICHE STERNE

| Algol-Minima | | β-Lyrae-Minima | | δ-Cepheï-Maxima | | Mira-Helligkeit | |
|---|---|---|---|---|---|---|---|
| 5. | $1^h15^m$ | 1. | $8^h$ N | 5. | $12^h$ | 1. | $9^m$ |
| 7. | 22 03 | 7. | 19 H | 10. | 21 | 10. | 9 |
| 10. | 18 52 | 14. | 6 N | 16. | 6 | 20. | 10 |
| 25. | 2 59 | 20. | 18 H | 21. | 14 | 31. | 10 |
| 27. | 23 47 | 27. | 5 N | 26. | 23 | | |
| 30. | 20 38 | | | | | | |

# 1 Fixsternhimmel

JANUAR 2023

**1.15** Der Große Orionnebel (M 42), eine Gas- und Staubwolke in 1400 Lichtjahren Entfernung. Er ist ein Sternentstehungsnest. Aufnahme: Martin Gertz/Sternwarte Welzheim.

den Himmelsäquator, die gestrichelte, grüne Linie die Ekliptik (scheinbare Sonnenbahn), die zum Himmelsäquator um 23°,4 geneigt ist. In der Nähe der Ekliptik sind die Planeten zu finden. Die fünf hellen, mit freien Augen gut sichtbaren Planeten (Merkur, Venus, Mars, Jupiter und Saturn) sind mit ihren Symbolen in der Sternkarte eingetragen, wenn sie zur Standardbeobachtungszeit über dem Horizont stehen.

Die Planetensymbole findet man in der vorderen, inneren Umschlagklappe und in Abb. E.9 auf Seite 20. So kann man schnell erkennen, ob in einem Tierkreissternbild eventuell ein heller Planet steht. Beispielsweise findet sich im Januar 2023 am Abendhimmel der rote Planet Mars im Stier. Die eingetragenen Planetenpositionen gelten jeweils für die Monatsmitte.

Der abendliche Winterhimmel ist besonders reich an hellen Sternen. Zu keiner anderen Jahreszeit bietet der abendliche Sternenhimmel auf der Nordhalbkugel der Erde einen so schönen Anblick.

Von allen Wintersternbildern ist Orion das prominenteste. Er gilt als Leitsternbild des Winterhimmels. Viele Völker sahen im Orion einen Jäger oder Krieger. Seine einprägsame Sternenfigur steht im Januar zur Standardbeobachtungszeit halbhoch im Süden. Orion passiert gerade die Mittagslinie, den Meridian. Ein heller, rötlicher Stern deutet die östlich gelegene Schulter an. Er heißt Beteigeuze (α Orionis). Der zweite helle Stern erster Größe soll den westlichen Fuß des Jägers andeuten. Er funkelt in einem bläulich-weißen Licht und heißt Rigel (β Orionis). Beteigeuze und Rigel sind arabische Namen und bedeuten „Schulter" beziehungsweise „Fuß". Von Beteigeuze trennen uns nach neuesten Daten 650 Lichtjahre.

Rigel ist rund 850 Lichtjahre von uns entfernt. Da Rigel trotz seiner relativ großen Entfernung dennoch zu den hellsten Sternen am irdischen Firmament zählt, muss seine wahre Leuchtkraft enorm sein. Tatsächlich leuchtet er so hell wie 60 000 unserer Sonnen.

Zwischen Beteigeuze und Rigel stehen drei Sterne zweiter Größenklasse auffällig in einer Reihe. Sie sollen den Gürtel des Orion darstellen.

Tief im Südosten flackert unübersehbar der blau-weiße Sirius. Er ist der Hauptstern des Sternbildes Großer Hund (α Canis Maioris). Mit −1,5 Größenklassen ist Sirius der hellste Fixstern am irdischen Himmel. Nur noch Venus und Jupiter sowie gelegentlich Mars übertreffen Sirius an Helligkeit. Mit 8,6 Lichtjahren Entfernung zählt Sirius zu den Nachbarsternen unserer Sonne.

Ein wenig höher als Sirius steht der gelbliche Stern Prokyon (α Canis Minoris) im Kleinen Hund. Prokyon bedeutet auf Griechisch so viel wie „Vorhund", denn er geht in unseren Breiten vor Sirius auf und kündigt mit seinem Auftauchen am Osthorizont den baldigen Aufgang des Sirius an. Ebenso wie Sirius be-

# Fixsternhimmel 1

**JANUAR 2023**

sitzt Prokyon einen Weißen Zwergstern als Begleiter. Prokyon ist 11,5 Lichtjahre von uns entfernt und gehört damit wie Sirius zu den Nachbarsternen unserer Sonne.

Blickt man senkrecht nach oben, so sieht man einen hellen, gelblichen Stern erster Größenklasse, die Kapella (α Aurigae), Hauptstern des Fuhrmanns. Der Sage nach ist der Fuhrmann (lat.: Auriga) der Erbauer des Himmelswagens. Knapp südwestlich vom Fuhrmann ist der Stier beheimatet mit seinem orange-gelben Hauptstern Aldebaran (α Tauri) und den beiden offenen Sternhaufen Hyaden und Plejaden. Von Aldebaran trennen uns 67 Lichtjahre. In diesem Jahr hält sich wie erwähnt gerade der auffallend helle, rötlich-gelbe Mars im Stier auf.

Dem Stier folgen im Tierkreis die Zwillinge, die im Wesentlichen von zwei Sternketten dargestellt werden. An den östlichen Enden beider Ketten stehen zwei helle Sterne, Kastor (α Geminorum) und Pollux (β Geminorum).

An die Zwillinge schließt sich im Osten der unscheinbare Krebs an, in dem der offene Sternhaufen Krippe (Katalogbezeichnung: M 44) zu finden ist. Die Sterne der Krippe sind 600 Lichtjahre entfernt.

Die hellen Sterne Kapella, Aldebaran, Rigel, Sirius, Prokyon und Pollux bilden das Wintersechseck. Es ist gewissermaßen das Gegenstück zum Sommerdreieck (siehe Kapitel „Der Fixsternhimmel im Juli" auf Seite 157).

Tief am Osthimmel macht sich ein Vorbote des kommenden Frühlings bemerkbar: Der mächtige Löwe mit seinem Hauptstern Regulus ist soeben aufgegangen.

Auch die Milchstraße schmückt den Winterhimmel. Das Band der Milchstraße steigt im Südosten empor, durchläuft den Scheitelpunkt oder Zenit und sinkt zum Nordwesthorizont hinab.

Allerdings sieht man das zart schimmernde Lichtband nur fernab irdischer Lichtquellen, die leider den Nachthimmel immer mehr aufhellen.

1.16 Karte des Sternbildes Stier (Taurus) mit den offenen Sternhaufen Hyaden und Plejaden. Zwischen ihnen zieht die Ekliptik (scheinbare Sonnenbahn) hindurch. Nicht nur die Sonne, sondern auch der Mond und die Planeten wandern zwischen diesen Sternhaufen wie durch ein Tor hindurch. Deshalb spricht man vom *Goldenen Tor der Ekliptik*.

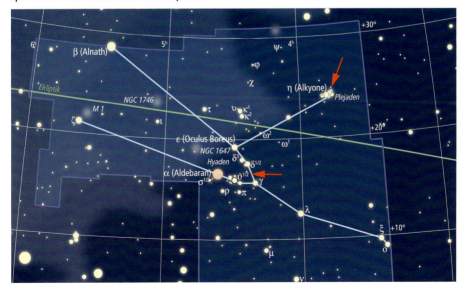

# 1 Monatsthema

JANUAR 2023

## Wie lange leuchten Sterne?

1.17 Der offene Sternhaufen „Schmuckkästchen" im Sternbild Kreuz des Südens. (ESO)

Einst dachte man, Sterne würden ewig leuchten und niemals erlöschen. Sterne wären als überirdische Gebilde für die Ewigkeit zur Freude und Erbauung der Menschen geschaffen. Doch dem ist nicht so. Sterne entstehen, leuchten eine Zeit lang und beenden ihr Dasein mehr oder minder spektakulär. Freilich dauert ein Sternenleben viele Millionen, ja Milliarden Jahre. Für menschliche Begriffe scheint dies eine Ewigkeit zu sein.

Schon mit bloßen Augen lassen sich zwei Eigenschaften der Sterne erfassen: Ihre Helligkeit, mit der sie uns am Himmel erscheinen, und ihre Farbe. Wie hell ein Stern am irdischen Firmament leuchtet, hängt von zwei Größen ab, nämlich von seiner Entfernung und von seiner wahren Leuchtkraft. Manche Sterne erscheinen uns sehr hell, obwohl sie recht weit entfernt sind. Es muss sich daher um recht leuchtkräftige Sterne handeln. So ist Rigel im Orion 850 Lichtjahre und Deneb im Schwan sogar 2500 Lichtjahre entfernt. Beide Sterne gehören aber zu den hellsten Sternen am irdischen Firmament. Andererseits erscheinen manche Sterne nur deswegen recht hell, weil sie sehr nahe sind. So ist Sirius im Großen Hund nur 8,6 Lichtjahre entfernt und leuchtet als hellster Fixstern am Nachthimmel. Andere Sterne sind noch näher, aber so lichtschwach, dass sie für das freie Auge gar nicht sichtbar sind. Barnards Pfeilstern im Sternbild Schlangenträger ist nur sechs Lichtjahre entfernt. Er scheint aber nur als lichtschwaches Sternchen mit $9^m\!,5$ Helligkeit, woraus zu schließen ist, dass seine wirkliche Leuchtkraft sehr gering sein muss. Tatsächlich gibt es Sterne, deren Leuchtkraft 10 000-mal größer ist als die unserer Sonne. Andere sind 10 000-mal lichtschwächer als sie.

Die wahren Leuchtkräfte der Sterne sind also recht unterschiedlich. Besonders werden Unterschiede deutlich, wenn man offene Sternhaufen betrachtet. In einem Sternhaufen sind alle Sterne etwa gleich weit von uns entfernt. Die scheinbar hellsten Sonnen im Haufen müssen somit auch die leuchtkräftigsten sein, während die schwächsten Sternchen auch diejenigen mit der geringsten Leuchtkraft sind.

Untersucht man die Sterne nach Helligkeit *und* Farbe, so fällt auf, dass die blauen Sterne meist heller sind als die weißen, die orangen weniger hell und die roten die lichtschwächsten sind. Andererseits fallen einige rote Sterne auf, die besonders hell sind und sogar noch die blauen Sterne an Helligkeit übertreffen.

### Ordnung in der Sternenwelt

Der amerikanische Astronom Henry Norris Russell (1877–1957), der an der Princeton University in New Jersey (USA) tätig war, hat die Sterne in ein Diagramm eingetragen, in dem er in die Ordinate (senkrechte Achse) die scheinbare Helligkeit und in die Abszisse (waagerechte Achse) die Farbe, genauer den Farbindex, aufgetragen hat. Der Farbindex ist ein Maß für die Farbe eines Sterns und wird in Größenklassen angegeben. Man misst die Helligkeit eines Sterns in zwei

Spektralbereichen und bildet die Differenz. Sie wird als Farbindex bezeichnet.

Ein solches Diagramm wird als Farben-Helligkeits-Diagramm, abgekürzt FHD, bezeichnet. In ihm sind die Sterne nicht wild verstreut, sondern die meisten Sterne liegen auf einem schmalen Band, das von links oben, von den blauen und hellen Sternen, über weiße gelbe und orange Sterne bis nach rechts unten verläuft, wo die roten und lichtschwachen Sterne ihren Platz haben. Einige Sterne finden sich jedoch nicht auf dem schmalen Band, sondern sind im FHD rechts oben angesiedelt. Dies sind rote und sehr helle Sterne. Sie liegen auf einem Ast, der von dem Band der meisten Sterne nach rechts oben abzweigt. Er wird Riesenast genannt, da er die größten Sterne beherbergt, deren Durchmesser den unserer Sonne um das Hundertfache und mehr übertreffen.

Russell hat sein Diagramm auf dem Meeting der American Astronomical Society am 29. Dezember 1913 in Atlanta, Georgia (USA), vorgestellt. Seither war es mehr als zehn Jahre lang unter Astronomen als Russell-Diagramm bekannt.

Statt dem Farbindex kann man in diesem Diagramm auf der Abszisse auch die Spektralklasse und damit die Temperatur auftragen. Erst zu Beginn des 20. Jahrhunderts konnte man die Temperaturen der Sternatmosphären bestimmen. Eine Schlüsselrolle spielte dabei die amerikanische Astronomin Annie Jump Cannon (1863–1941) vom Harvard College Observatory in Cambridge, Massachusetts (USA). Miss Cannon hat weit über hunderttausend Sternspektren (aufgenommen in schwarz-weiß) untersucht und klassifiziert. Dabei richtete sie sich in erster Linie nach den Stärken der Fraunhofer-Absorptionslinien, vornehmlich der des Wasserstoffs, und bezeichnete sie mit den Buchstaben A, B, C, D usw. in alphabetischer Reihenfolge. Russell wiederum erkannte, dass die Unterschiede in den Sternspektren in erster Linie durch die verschiedenen Temperaturen in den Sternatmosphären hervorgerufen werden und weniger von den chemischen Komponenten. Danach wurden die Spektren neu nach fallender Temperatur geordnet: O – B – A – F – G – K – M. Schon um 1900 hatte der Physiker Max Planck (1858–1947) festgestellt: Die Temperatur eines Gases bestimmt, bei welcher Wellenlänge die maximale Energie abgestrahlt wird. Heißere Sterne leuchten bläulich, kühlere gelblich und noch kühlere rötlich. Die nach Farbe sortierte waagerechte Achse im FHD ist eine nach fallender Temperatur von links nach rechts. Daher die Bezeichnung Farben-Helligkeits-Diagramm. Die O-Sterne sind mit 30 000 bis über 100 000 K die heißesten. K bedeutet Grad Kelvin der absoluten Temperaturskala:

0 K = −273 °C/273 K = 0 °C und 100 °C = 373 K.

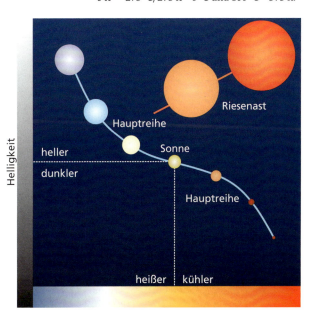

**1.18 Das Farben-Helligkeits-Diagramm.** Senkrechte Achse: Scheinbare Helligkeit, waagerechte Achse: Spektralfarben.

B-Sterne weisen 20 000 bis 30 000 K auf. Kühler sind mit 10 000 K die A-Sterne. Dann folgen die F-Sterne mit 8000 K. Die G-Sterne, zu denen auch unsere Sonne zählt, weisen in ihren Atmosphären Temperaturen von 5000 K bis 6000 K auf. Die K-Sterne schließlich zeigen Temperaturen von 4000 bis 5000 K, während die M-Sterne mit 3500 K im Mittel die kühlsten Sonnen sind.

## Der Stammbaum der Sterne

Rund zehn Jahre vor Russell hat der gebürtige Däne Ejnar Hertzsprung (1873–1967) darauf hingewiesen, dass bei den rötlichen Sternen große Unterschiede in den Leuchtkräften zu verzeichnen sind. Hertzsprung, der am Polytechnikum in Kopenhagen ein Chemie-Studium absolvierte und anschließend an der Sternwarte Kopenhagen, am Astrophysikalischen Observatorium in Potsdam und schließlich als Direktor der Sternwarte Leiden forschte, untersuchte die offenen Sternhaufen Hyaden und Plejaden. Dabei stellte er große Helligkeitsunterschiede bei den K- und

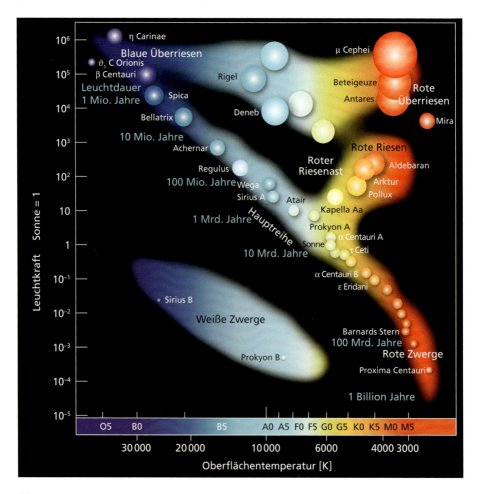

**1.19 Das Hertzsprung-Russell-Diagramm (HRD). Senkrechte Achse: Leuchtkraft (Sonne = 1), waagerechte Achse: Oberflächentemperatur in Kelvin.**

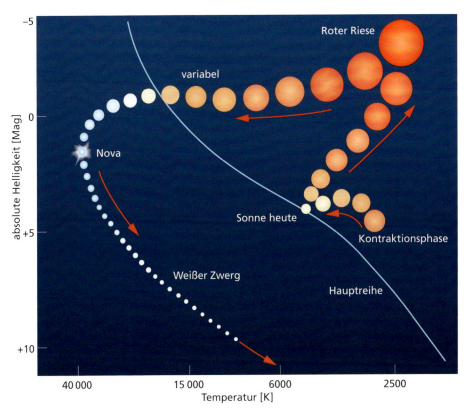

1.20 Entwicklung unserer Sonne im HRD

M-Sternen fest. Da alle Sterne eines Sternhaufens etwa gleich weit entfernt sind, müssen somit auch die wahren Leuchtkräfte der K- und M-Sterne entsprechend unterschiedlich sein.

Die wahre Leuchtkraft eines Sterns wird von zwei Parametern bestimmt: Oberflächentemperatur und Durchmesser. Je heißer ein Stern ist, desto mehr Energie strahlt er pro Flächeneinheit ab. Und je größer die Sternkugel ist, desto heller leuchtet der Stern. Die Leuchtkraft L eines Sterns ist daher proportional dem Quadrat seines Radius R. Die Energieabstrahlung ist proportional der vierten Potenz der Oberflächentemperatur T. Somit ergibt sich die wahre Helligkeit zu $L \sim R^2 T^4$. Haben zwei Sterne die gleiche Farbe und somit gleiche Oberflächentemperatur, so können ihre Leuchtkraftunterschiede nur durch ihre unterschiedliche Größe bedingt sein. Denn pro Flächeneinheit strahlen sie gleich viel Energie ab.

Hertzsprung hatte ein ähnliches Diagramm aufgestellt wie Russell. Dabei bezeichnete er das Band mit den meisten Sternen als Hauptreihe (engl.: Main Sequence). Da Hertzsprung seine Untersuchungen in einem den Astronomen wenig bekannten Journal für Photographie publizierte, waren diese zunächst nicht berücksichtigt worden. Erst der in Schweden geborene Bengt Strömgren und der in Holland geborene Gerard Kuiper bedrängten den Mitherausgeber des Astrophysical Journal in Chicago, Subrahmanyan Chandrasekhar, das Russell-Diagramm in Hertzsprung-Russell-Diagramm (HRD) umzubenennen. Nach einigem Zögern wurde dies erfüllt.

Inzwischen hat das HRD eine solche Bedeutung erlangt, dass man es als das Zentraldiagramm der Astrophysik bezeichnet.

## Masse bestimmt Sternentwicklung

Wenn in einem Sternhaufen ein roter Stern mit $5^m$ leuchtet, ein anderer aber nur mit $15^m$ glimmt, dann bedeutet dies eine Helligkeitsdifferenz von 1:10 000. Da aber beide Sterne pro Flächeneinheit gleich viel Energie abstrahlen, so kann die größere Helligkeit nur durch einen Unterschied im Sterndurchmesser bewirkt werden. Tatsächlich hat der hellere Stern einen hundert Mal größeren Durchmesser. Er ist ein roter Riese, der oben rechts im HRD seinen Platz findet, während der lichtschwächere Stern rechts unten am Ende der Hauptreihe als rote Zwergsonne sein Dasein fristet.

Ursprünglich wurde das HRD missinterpretiert. Als man noch nicht die atomare Fusion von Wasserstoff in Helium als Hauptenergiequelle der Sterne kannte, vermutete man, Sterne decken ihre Energieabstrahlung durch Schrumpfen. Ein Stern beginnt seinen Lebensweg aus einer sich durch Schwerkraftwirkung verdichtenden Gaswolke, die sich zu einer Kugel formt, wobei die Temperatur ansteigt. Schließlich leuchtet die Gaskugel als roter Überriesenstern auf. Durch weiteres Zusammenziehen wird er heißer und heller und landet auf der Hauptreihe. Weiter geht der Kontraktionsprozess, und der inzwischen gelb leuchtende Stern driftet langsam die Hauptreihe hinab, wobei er kleiner und kühler wird. Schließlich endet er als roter Zwergstern. So plausibel dieses Entwicklungsszenario eines Sternes klingt, so falsch ist es jedoch. Diese Interpretation des HRD hat sich als nicht zutreffend erwiesen.

Tatsächlich entstehen Sterne aus interstellaren Wasserstoffwolken, die sich aufgrund ihrer Gravitation zusammenziehen und dabei heißer werden. Wenn die Zentraltemperatur entspre-

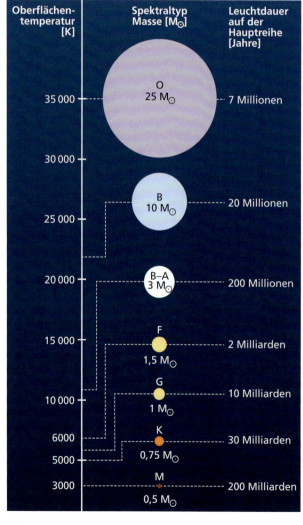

**1.21** Lebensspanne eines Sterns in Abhängigkeit seiner Masse

# Monatsthema 1

JANUAR 2023

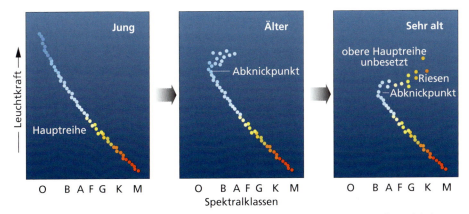

1.22 Aus der Besetzung der oberen Hauptreihe und dem Abknickpunkt zum Riesenast lässt sich das Alter eine Sternhaufens abschätzen.

chend angestiegen ist, zündet das Atomfeuer. Wasserstoffatomkerne verschmelzen in verschiedenen Prozessen zu Heliumkernen, wobei Energie freigesetzt wird (siehe auch Monatsthema März „Blick in den Sonnenofen" auf Seite 87 im *Kosmos Himmelsjahr 2022*).

Mit Zünden des Atomfeuers landet der Stern auf der Hauptreihe, wo er die längste Zeit seines Sternenlebens in einem relativ stabilen Zustand verbringt. Wo ein Stern seinen Platz auf der Hauptreihe findet, hängt von seiner Anfangsmasse ab. Massereiche und damit heißere Sterne sind auf der Hauptreihe links oberhalb der Sonne angesiedelt. Die massereichsten, heißesten und blauen Sterne vom Spektraltyp O und B sind dabei im höchsten Bereich der Hauptreihe zu finden. Masseärmere Sterne sind rechts unterhalb der Sonnenposition auf der Hauptreihe beheimatet. Ganz unten sitzen die düster vor sich hin glimmenden roten Zwergsterne von einer halben Sonnenmasse und weniger.

Die Zone, in der die Sterne nach Zünden des Atomfeuers, also nach ihrer Geburt, aufsetzen, heißt Null-Alter-Hauptreihe (engl.: Zero Age Main Sequence, abgekürzt ZAMS). Durchmesser und Oberflächentemperatur ändern sich während der Lebenszeit der Sterne nur wenig.

Wie lange ein Stern auf der Hauptreihe verharrt, hängt hauptsächlich von seiner Masse ab.

Je massereicher ein Stern ist, desto kürzer seine Lebenserwartung. Die Sonne verbringt hier zehn Milliarden Jahre. Mit einem Alter von 4,6 Milliarden Jahren hat sie die Hälfte ihres Lebens hinter sich. Sie ist gewissermaßen in der Blütezeit ihres Lebens.

Massereiche Sterne gehen viel verschwenderischer mit ihrem Wasserstoffvorrat um, dem Baustoff aller Sonnen. Ein O-Stern mit 25-facher Sonnenmasse verbleibt nur sieben Millionen Jahre auf der Hauptreihe, ein B-Stern mit zehn Sonnenmassen immerhin zehn Millionen Jahre.

Ein A-Stern mit drei Sonnenmassen bringt es auf 200 Millionen Jahre Lebenserwartung, während ein 1,5 Sonnenmassen schwerer F-Stern sich einer Dauer von zwei Milliarden Jahren auf der Hauptreihe erfreuen kann.

Ein K-Stern mit 0,75 Sonnenmassen geht recht bescheiden mit seinem Brennstoff um und erreicht mit 30 Milliarden Jahren auf der Hauptreihe die dreifache Lebensspanne unserer Sonne. Hat ein Stern dagegen nur eine halbe Sonnenmasse, so sitzt er 200 Milliarden Jahre auf der Hauptreihe – ein Vielfaches des heutigen Weltalters (siehe auch Abb. 1.21 auf Seite 50).

## Im Alter abseits der Hauptreihe

Ist im Zentrum eines Sterns der Wasserstoff verbraucht, so wandert die Brennzone nach außen, es setzt das Schalenbrennen ein. Der Stern beginnt die Hauptreihe zu verlassen. Er bläht sich allmählich auf, die Oberflächentemperatur sinkt, er wird zu einem Roten Riesen. Im HRD zieht er nach rechts oben und man findet ihn im Riesenast wieder. Ab einer bestimmten Größe der Heliumkugel, gewissermaßen die Asche des Wasserstoffbrennens, kollabiert diese infolge ihrer Schwerkraft. Die Zentraltemperatur schnellt auf über 100 Millionen Kelvin hinauf.

Dann zündet das Heliumbrennen. Drei Heliumatomkerne verschmelzen zu einem Kohlenstoffkern ($3\alpha$-Brennen). Der Stern hat nun zwei Energiequellen – im Zentrum die Heliumfusion (Salpeterprozess), weiter außen die Wasserstoffbrennschale.

Bei massereichen Sternen geht das atomare Spiel noch weiter. Hier werden durch Kernfusionsprozesse Neon, Sauerstoff, Silizium bis hin zum Eisen produziert. Bei diesen Prozessen blähen sich die Sterne auf und werden zu roten Riesen und roten Überriesen. Nach Verlassen der Hauptreihe wandern die Sterne relativ rasch in das Gebiet des Riesenastes. Dies wird auch an der Lücke zwischen der Hauptreihe und dem Riesenast deutlich, genannt Hertzsprung-Gap. Diesen Bereich durcheilen die Sterne relativ schnell. Die Sterne im Riesenast sind relativ instabil. Sie beginnen zu pulsieren und zu schwingen, sie werden zu Veränderlichen, bis sie schließlich je nach Masse als Weiße Zwerge, Neutronensterne oder gar als Schwarze Löcher enden.

Aus der Besetzung der oberen Hauptreihe und dem Abknickpunkt zum Riesenast kann man auf das Alter eines Sternhaufens schließen. Je älter der Haufen, desto mehr Sterne sind schon in den Riesenast abgewandert und desto tiefer ist der Abknickpunkt die Hauptreihe hinuntergerutscht. So erweisen sich die Kugelsternhaufen als die ältesten Sterngesellschaften, bei denen ihre Sonnen schon über zehn Milliarden Jahre leuchten. Offene Sternhaufen setzen sich aus den jüngsten Sonnen zusammen. So sind die Plejadensterne nur 60 bis 80 Millionen Jahre alt.

Die Altersbestimmung bei Sternen auf der Hauptreihe ist ein schwieriges Unterfangen. Bei den massereichen Sternen der oberen Hauptreihe verändern sich die Zustandsgrößen relativ schnell, woraus eine Altersschätzung möglich wird. Doch schon bei sonnenähnlichen Sternen wird eine Altersabschätzung nicht einfach. Eine Altersbestimmung kann kaum genauer als auf ein bis zwei Milliarden Jahre erfolgen. Eine Ausnahme bildet unsere Sonne. Bei ihr kann aus geologischen Prozessen die Dauer ihres Scheinens recht genau ermittelt werden. Die Sonne und das gesamte Planetensystem sind gemeinsam entstanden und somit gleich alt. Das Alter kann aus dem Isotopenverhältnis des Meteoritenmaterials ermittelt werden. Zu Beginn ihrer Existenz vor knapp fünf Milliarden Jahren war die Sonne nur 70 % so hell wie heute. Bis die Sonne die Hauptreihe in weiteren fünf Milliarden Jahren verlassen wird, erhöht sich ihre Oberflächentemperatur lediglich um 40°. Allerdings nimmt ihre Strahlkraft bis Ende des stabilen Wasserstoffbrennens um 70 % zu. Sie wird heller leuchten, da sie immer größer wird. Schon in etwa 800 Millionen Jahren wird die zunehmende Sonnenstrahlung die Erdoberfläche auf 100 °C aufheizen. Die Ozeane werden völlig verdampfen und die Erde in eine dichte Dampfwolke einhüllen. Damit wird auch alles Leben auf der Erde zu Ende gehen. Dieser Klimawandel lässt sich nicht aufhalten.

Die anderen Sterne haben keinen Einfluss auf das irdische Geschehen. Sie erscheinen nur als Punkte am Firmament. Um ihr Alter auf der Hauptreihe zu bestimmen, bedient man sich der Gyrochronologie. Alle Sterne drehen sich. Die Sonne rotiert in 25 Tagen (in Äquatornähe). Je jünger die Sterne sind, desto schneller drehen sie sich. Die Wega in der Leier rotiert in 12,4 Stunden einmal, Regulus im Löwen benötigt dazu 16 Stunden. Bei den jungen Sternen der Hauptreihe beträgt die Umdrehungsdauer zwischen einem und zehn Tagen. Die Rotation der Sterne wird durch Wechselwirkung der Sternwinde mit den globalen Magnetfeldern der Sterne im Laufe der Zeit abgebremst.

Die Sonne bläst permanent einen Plasmastrom ins All, den Sonnenwind. Er setzt sich hauptsäch-

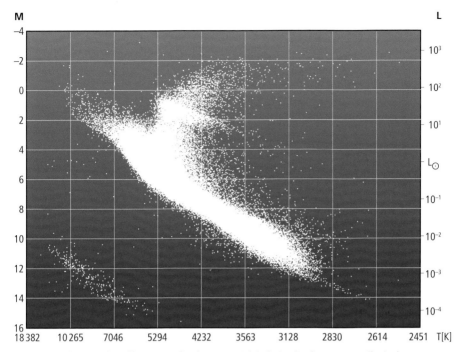

1.23 Oben: das HRD des offenen Sternhaufens M 45 (Plejaden). Die obere Hauptreihe ist besetzt. Unten: das HRD des kugelförmigen Sternhaufens M 3 in CVn. Die obere Hauptreihe ist kaum besetzt. Der Abknickpunkt zum Riesenast lässt auf das hohe Alter von M 3 schließen. Das Gebiet links unten zeigt die Weißen Zwerge. Nach Aufnahmen von Martin Gertz, Sternwarte Welzheim.

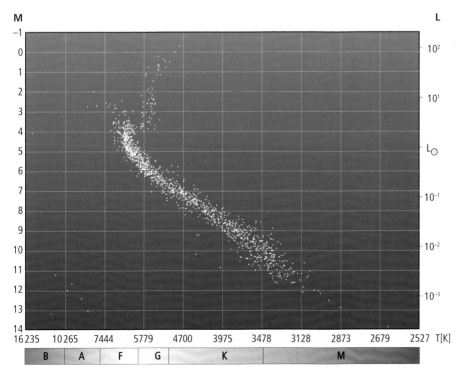

lich aus Protonen (Wasserstoffatomkernen) und α-Teilchen (Heliumatomkernen) sowie in geringem Maße auch aus schwereren Nukliden zusammen. Die Sonne verliert dabei ein Hundertmilliardstel ihrer Masse in tausend Jahren. In späteren Jahren wird dieser Teilchenstrom aber gewaltig anschwellen. Auch die anderen Sterne zeigen einen ähnlichen Plasmastrom. Die Magnetfelder wirken auf die Sternwinde ein und führen Drehimpuls ab. Wie Gummischnüre bremsen sie die Rotation der Sterne ab. Die vom Stern abströmenden, elektrisch leitenden Partikel folgen den Magnetfeldlinien wie Wasser in einer Röhre. Sie werden um den rotierenden Stern mitgerissen und herumgewirbelt. Schließlich brechen sie aus und nehmen einen Teil des Drehimpulses dabei mit. Die Modellrechnungen dazu sind recht anspruchsvoll und erfordern gründliche Kenntnisse der Magnetohydrodynamik.

Zwar kann aus der Rotationsgeschwindigkeit auf das Alter der Hauptreihensterne geschlossen werden, aber wie misst man die Umdrehungsraten von punktförmig erscheinenden Sternen? Bei der Sonne kann man auf ihrer Oberfläche dunkle Flecken und helle Fackeln erkennen und damit ihre Rotation verfolgen.

Bei Sternen bewirken Flecken und Fackeln Helligkeitsänderungen, wenn der Stern sich dreht. Sie sind allerdings extrem gering. Doch bei der Suche nach Exoplaneten hat man Beobachtungstechniken entwickelt, um selbst geringste Helligkeitsvariationen zu registrieren. Wandert ein Planet vor seiner Muttersonne vorbei, so schattet er einen winzigen Bereich von der Sternoberfläche ab, es kommt zu einem ganz geringen Helligkeitsrückgang. Die Weltraummission Kepler hat bei über 170 000 Sternen solch diffizile Helligkeitsmessungen vorgenommen und rund 5000 Exoplaneten gefunden. Dabei ist es auch gelungen, infolge der Helligkeitsvariationen die Rotationsdauer zahlreicher Sterne zu messen (siehe auch Monatsthema Juni „Wo ist die zweite Erde?" auf Seite 142 im *Kosmos Himmelsjahr 2023*). Allerdings muss man die Rotationsdauer und das jeweils dazugehörige Sternalter noch kalibrieren, das heißt: welche Umdrehungsdauer entspricht welchem Sternalter? Dazu verhilft die Astroseismologie. Die Oberfläche der Sonne und auch die der anderen Sterne schwingen und erzeugen Schallwellen. Sterne läuten wie eine Glocke. Diese akustischen Wellen geben Aufschluss über den inneren Aufbau der Sterne. Ihre Ausbreitung im Sterninneren ist abhängig von Dichte und Temperatur der Sternmaterie. Insbesondere lässt sich die Größe der zentralen Heliumkugel eruieren. An ihr werden die Plasmawellen abgelenkt und reflektiert. Die Heliumkugel, die Asche des Wasserstoffbrennens, hat eine höhere Dichte als die weiter außen liegenden Sternschichten. Diese Wellen führen auch zu ganz bestimmten subtilen Helligkeitsvariationen, die vom Kepler-Weltraumteleskop gemessen werden konnten. Allerdings ist dies bisher nur bei rund 500 Sternen gelungen.

Je größer die Heliumkugel im Vergleich zum Gesamtdurchmesser des Sterns, desto älter ist er und umso länger sitzt er schon auf der Hauptreihe.

### Indirekte Entfernungsbestimmung

Das Farben-Helligkeits-Diagramm eines Sternhaufens gibt auch Aufschluss über seine Entfernung. Das FHD zeigt in der Ordinate die scheinbare Helligkeit. Passt man das FHD des Sternhaufens derart in ein HRD ein, dass die beiden Hauptreihen zur Deckung kommen, so lässt sich an der Ordinate die Differenz scheinbarer (m) minus absoluter (M) Helligkeit direkt ablesen. Diese Methode wird „ZAMS-fitting" genannt.

Die Differenz (m – M) wird Entfernungsmodul genannt. Sie ist ein Maß für die Entfernung (r) eines Sternes. Es gilt:

$m - M + 5 = 5 \cdot \lg r$

Die Distanz des Sternhaufens ergibt sich in Parsec (1 pc = 3,26 Lichtjahre = 3,08 × $10^{13}$ km).

Fazit: Entsprechend ihrer Masse leuchten Sterne für wenige Millionen bis weit über hundert Milliarden Jahre, ein Vielfaches des heutigen Weltalters von 14 Milliarden Jahren. Unsere Sonne als gewöhnlicher Durchschnittsstern strahlt noch für weitere fünf Milliarden Jahre, bevor sie die Erde röstet und anschließend verschlingt.

# NIGHTSCAPE FÜR ALLE
## MiniTrack LX Quattro:
vollmechanische Fotomontierung für Kameras bis zu 4 kg.

**ab 219 €**

Foto: Cristian Fattinnanzi

Weitfeld-Aufnahmen wie oben abgebildet gelingen jetzt noch einfacher. Die MiniTrack LX Quattro ist ein Astrotracker, der Ihnen im Handumdrehen wundervolle Bilder vom Sternenhimmel liefert. Ohne Batterien, ohne Strom, aber mit erstaunlich schnellem Erfolg. Dahinter steckt ein präzises Uhrwerk und ausgeklügelte Mechanik. Schöne Astrofotos sind jetzt sogar für Einsteiger nur einen Tick entfernt.

### ✔ Uhrwerk-Mechanik
Die Montierung arbeitet über eine Uhrwerk-Mechanik mit einem 60 Minuten Tracking - alles ist unabhängig von Strom und Batterie. Einfach Kamera aufsetzen, Tracker wie eine Uhr aufziehen und loslegen.

### ✔ Schlank und kompakt
Egal ob Flugreise oder nächtliche Exkursion: Die MiniTrack passt in jedes Gepäck und lässt noch Platz für ein schönes Stativ oder ein zweites Teleobjektiv.

### ✔ Himmelsnordpol finden
Mit dem optischen Polsucher (im Lieferumfang enthalten) norden Sie die MiniTrack schnell und präzise ein. So sind Sie in wenigen Minuten startklar und können mit traumhaften Weitfeld-Aufnahmen beginnen.

### ✔ Neues und starkes Federsystem
Die neue LX besitzt ein stärkeres Federsystem mit Nadellager und führt auch Kameras bei starker, einseitiger Belastung zuverlässig nach. Für noch besser nachgeführte Astrofotos.

### ✔ Integriertes 1/4" Gewinde
Passt auf jedes Fotostativ und besitzt zwei 1/4" Anschlüsse: Sie können ohne die MiniTrack zum Beispiel mit einem Kugelkopf verbinden und erreichen damit jede Himmelsregion, die Sie wollen.

### ✔ CNC-Gehäuse aus Voll-Alu
Ein echter Hingucker: Der Body besteht aus einem Stück, das macht das Modell noch stabiler. Wo auch immer es hingeht, die MiniTrack Quattro ist der ideale Begleiter für jedes Astroabenteuer.

### ✔ Perfekt für die Reise
Die MiniTrack Quattro funktioniert überall, sogar auf der Südhalbkugel der Erde. Nehmen Sie den Astrotracker also ruhig in Ihren nächsten Urlaub nach Namibia mit. Perfekt für eine Astrosafari und auf jeder Reise.

### ✔ Bis 4 kg Zuladung
Die MiniTrack ist nun fitter geworden und stemmt auch Kameras bis zu 4 kg Gewicht. Dabei ist ihre alte Form gleichgeblieben. Wollten Sie schon immer ein leichtes Teleobjektiv einsetzen, das bisher zu schwer war? Das klappt jetzt wunderbar.

| MiniTrack LX Quattro NS | Art.-Nr. | Preis in € |
|---|---|---|
| Fotomontierung | | |
| HxBxT in mm 70x230x80, Gewicht 643 g | 69307 | **219,-** |
| Fotomontierung inkl. Kugelkopf | | |
| HxBxT in mm 165x230x120, Gewicht 950 g | 71926 | **249,-** |
| Fotomontierung inkl. Kugelkopf + Polhöhenwiege | | |
| HxBxT in mm 235x180x130, Gewicht 1585 g | 71927 | **399,-** |

Für mehr Informationen einscannen

Erhältlich bei **Astroshop.de**

🔍 Für Online-Bestellung Artikelnummer ins Suchfeld eingeben!

📞 08191-94049-1

# Februar 2023

- Venus verbessert ihre Abendsichtbarkeit.
- Mars bleibt heller Planet am Abendhimmel.
- Jupiter verkürzt seine Sichtbarkeitsdauer am Abendhimmel.
- Saturn und Merkur bleiben unbeobachtbar.

**Großer Wagen und Himmels-W Anfang Februar um 22 Uhr MEZ**

2.1 Anblick des abendlichen Westhimmels gegen 19$^h$ MEZ. Zu Venus und Jupiter gesellt sich am 22. Februar die schmale Sichel des zunehmenden Mondes.

# FEBRUAR 2023

## Himmelskalender 2

| | |
|---|---|
| 1 Mi | |
| 2 Do | |
| 3 Fr | Mond bei Pollux |
| 4 Sa | |
| 5 So | Vollmond |
| 6 Mo | Mond bei Regulus – abends |
| 7 Di | |
| 8 Mi | |
| 9 Do | |
| 10 Fr | |
| 11 Sa | Mond bei Spica – morgens |
| 12 So | |
| 13 Mo | Letztes Viertel |
| 14 Di | |
| 15 Mi | |
| 16 Do | |
| 17 Fr | |
| 18 Sa | |
| 19 So | |
| 20 Mo | Neumond |
| 21 Di | |
| 22 Mi | Aschermittwoch<br>Mond bei Venus und Jupiter – abends |
| 23 Do | |
| 24 Fr | |
| 25 Sa | |
| 26 So | |
| 27 Mo | Erstes Viertel |
| 28 Di | Mond bei Mars – morgens |

# 2 Sonnenlauf

FEBRUAR 2023

## SONNE – STERNBILDER

**16. 2. 20$^h$:**
Sonne tritt in das Sternbild Wassermann

**18. 2. 23$^h$:**
Sonne tritt in das Tierkreiszeichen Fische

**Julianisches Datum am**
1. Februar, 1$^h$ MEZ: 2 459 976,5

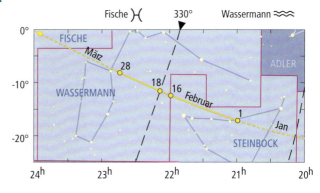

## SONNENLAUF

| Tag | Dämmerg. Anfang | Aufgang MEZ | Kulmination | Untergang MEZ | Dämmerg. Ende | Mittagshöhe | Zeitgleichg. | Rektaszension | Deklination |
|---|---|---|---|---|---|---|---|---|---|
| | h m | h m | h m | h m | h m | ° | m | h m | ° |
| 1. | 6 40 | 7 54 | 12 33 | 17 14 | 18 27 | 22,9 | –13 | 20 56 | –17,3 |
| 5. | 6 35 | 7 48 | 12 34 | 17 20 | 18 33 | 24,1 | –14 | 21 12 | –16,2 |
| 10. | 6 28 | 7 40 | 12 34 | 17 29 | 18 41 | 25,6 | –14 | 21 32 | –14,6 |
| 15. | 6 20 | 7 31 | 12 34 | 17 38 | 18 49 | 27,3 | –14 | 21 52 | –13,0 |
| 20. | 6 11 | 7 22 | 12 34 | 17 46 | 18 57 | 29,1 | –14 | 22 11 | –11,2 |
| 25. | 6 02 | 7 12 | 12 33 | 17 55 | 19 05 | 30,9 | –13 | 22 30 | – 9,4 |
| 28. | 5 56 | 7 06 | 12 33 | 18 00 | 19 10 | 32,0 | –13 | 22 42 | – 8,3 |

## TAGES- UND NACHTSTUNDEN

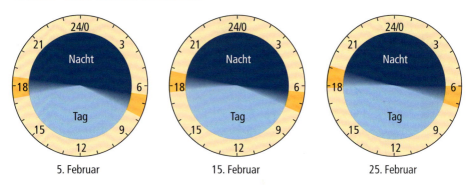

5. Februar         15. Februar         25. Februar

# FEBRUAR 2023 — Mondlauf 2

## MONDLAUF

| Datum | | Aufg. MEZ | Kulmi-nation | Unterg. MEZ | Rektas-zension | Dekli-nation | Sterne und Sternbilder | Phase | MEZ |
|---|---|---|---|---|---|---|---|---|---|
| | | h m | h m | h m | h m | ° | | | |
| Mi | 1. | 12 46 | 21 34 | 5 27 | 5 14 | +26,3 | Stier, Alnath | | |
| Do | 2. | 13 34 | 22 25 | 6 25 | 6 07 | +27,4 | Zwillinge | | |
| Fr | 3. | 14 32 | 23 15 | 7 12 | 7 00 | +27,3 * | Zwillinge | | |
| Sa | 4. | 15 38 | – | 7 48 | 7 53 | +25,9 | Pollux | Erdferne 406/29,4 | 10ʰ |
| So | 5. | 16 47 | 0 04 | 8 15 | 8 44 | +23,3 | Krebs, Krippe | **Vollmond** Größte Nordbreite | 19ʰ 29ᵐ |
| Mo | 6. | 17 58 | 0 50 | 8 36 | 9 33 | +19,7 | Löwe | | |
| Di | 7. | 19 08 | 1 34 | 8 53 | 10 19 | +15,4 | Löwe, Regulus | | |
| Mi | 8. | 20 18 | 2 16 | 9 08 | 11 04 | +10,4 | Löwe | | |
| Do | 9. | 21 28 | 2 57 | 9 20 | 11 48 | + 5,0 | Jungfrau | | |
| Fr | 10. | 22 39 | 3 38 | 9 33 | 12 31 | – 0,7 | Jungfrau | | |
| Sa | 11. | 23 53 | 4 19 | 9 47 | 13 16 | – 6,4 | Spica | | |
| So | 12. | – | 5 03 | 10 02 | 14 02 | –12,0 | Jungfrau | Absteigender Knoten | |
| Mo | 13. | 1 10 | 5 51 | 10 21 | 14 51 | –17,2 | Waage | **Letztes Viertel** Libration Ost | 17ʰ 01ᵐ |
| Di | 14. | 2 31 | 6 43 | 10 47 | 15 45 | –21,8 | Waage | | |
| Mi | 15. | 3 52 | 7 41 | 11 24 | 16 43 | –25,2 | Antares | | |
| Do | 16. | 5 09 | 8 43 | 12 16 | 17 45 | –27,3 | Schütze | | |
| Fr | 17. | 6 12 | 9 48 | 13 28 | 18 51 | –27,5 | Schütze, Nunki | | |
| Sa | 18. | 6 59 | 10 53 | 14 54 | 19 57 | –25,8 | Schütze | Größte Südbreite | |
| So | 19. | 7 33 | 11 54 | 16 27 | 21 01 | –22,2 | Steinbock | Erdnähe 358/33,4 | 10ʰ |
| Mo | 20. | 7 57 | 12 51 | 17 59 | 22 02 | –17,1 | Wassermann | **Neumond Nr. 1239** | 8ʰ 06ᵐ |
| Di | 21. | 8 16 | 13 44 | 19 27 | 22 59 | –11,0 | Wassermann | | |
| Mi | 22. | 8 33 | 14 34 | 20 52 | 23 52 | – 4,3 * | Wassermann | | |
| Do | 23. | 8 48 | 15 22 | 22 13 | 0 43 | + 2,4 | Walfisch | | |
| Fr | 24. | 9 04 | 16 09 | 23 33 | 1 33 | + 8,7 | Fische | Aufsteigender Knoten | |
| Sa | 25. | 9 21 | 16 57 | – | 2 23 | +14,5 * | Widder | Libration West | |
| So | 26. | 9 42 | 17 46 | 0 52 | 3 14 | +19,4 * | Widder | | |
| Mo | 27. | 10 08 | 18 37 | 2 07 | 4 06 | +23,3 | Stier, Plejaden | **Erstes Viertel** | 9ʰ 06ᵐ |
| Di | 28. | 10 43 | 19 28 | 3 18 | 4 59 | +26,0 | Stier, Alnath | | |

## DER MOND NÄHERT SICH MARS

# 2 Planetenlauf

FEBRUAR 2023

**MERKUR** hat seine bescheidene Morgensichtbarkeit beendet und kann nicht mehr in der Morgendämmerung gesehen werden. Der flinke Planet eilt der Sonne nach, die er aber erst Mitte nächsten Monats einholen wird. Merkur bleibt den ganzen Monat über unbeobachtbar.

Am 15. wandert Merkur durch das Aphel (Sonnenferne) seiner Bahn. An diesem Tag trennen ihn 70 Millionen Kilometer (= 0,467 AE) von der Sonne. Dies entspricht einer Lichtlaufzeit von drei Minuten und 53 Sekunden.

**VENUS** baut ihre Stellung als Abendstern aus. Sie strebt nach Norden und nähert sich dem Riesenplaneten Jupiter. Damit stehen die beiden hellsten Planeten am abendlichen Winterhimmel tief am Westhimmel. Am 19. wandert Venus ein Grad südlich am Frühlingspunkt vorbei und überschreitet am 21. den Himmelsäquator in nördlicher Richtung (siehe Abb. 2.3 auf Seite 61).

Geht Venus am 1. noch um $19^h24^m$ unter, so erfolgt der Untergang des $-3^m\!,9$ hellen Planeten am 28. erst um $20^h46^m$. Am 15. zieht sie nur $0°\!,01$ südlich am lichtschwachen Neptun im Wassermann vorbei. Der sonnenferne Planet ist allerdings auch im Fernglas nicht mehr beobachtbar. Ein spektakulärer Himmelsanblick ergibt sich am 22. gegen $19^h$, wenn sich die zunehmende Mondsichel zu Venus und Jupiter gesellt. Das Dreigestirn steht tief am Westhimmel (siehe Abb. 2.1 auf Seite 56).

Im Fernrohr zeigt das Venusscheibchen einen leichten Beleuchtungsdefekt. Am Monatsende sind 86 Prozent des 12" großen Planetenscheibchens beleuchtet.

**MARS**, wieder rechtläufig im Stier, steht als heller Planet hoch am westlichen Abendhimmel, wenn er auch wieder lichtschwächer wird.

Seine Helligkeit geht von $-0^m\!,3$ auf $0^m\!,4$ zurück. Damit bleibt er immer noch ein auffälliges Gestirn. Am 5. wandert er 8° nördlich an Aldebaran (α Tauri) vorbei (siehe Abb. 3.4 auf Seite 79). Ende Februar begegnet der zunehmende Halbmond dem roten Planeten (siehe Mondlaufgrafik auf Seite 59).

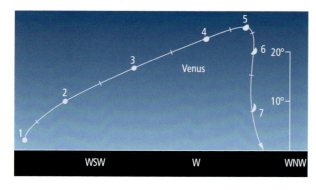

**2.2** Venusstellung über dem Westhorizont abends eine Stunde nach Sonnenuntergang.

# FEBRUAR 2023     Planetenlauf 2

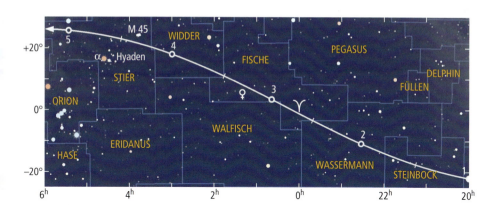

**2.3** Scheinbare Bahn der Venus von Januar bis Mai 2023 durch die Sternbilder Steinbock, Wassermann, Fische, Widder und Stier. Die Zahlen geben die Position der Venus zum jeweiligen Monatsersten an (2 = 1. Februar).

Die Marsuntergänge verfrühen sich von $4^h26^m$ am Monatsanfang auf $3^h50^m$ zur Monatsmitte und auf $3^h22^m$ am Monatsende. Das Planetenscheibchen schrumpft auf 8″ scheinbaren Durchmesser.

**JUPITER** kann noch am Abendhimmel gesehen werden. Allerdings verkürzt er seine Sichtbarkeitsdauer drastisch. Die Jupiteruntergänge erfolgen immer früher, die Abenddämmerung setzt jedoch immer später ein.

Der Riesenplanet wandert rechtläufig durch die Fische, wobei ihn sein Weg vom 6. bis 19. Februar durch die Nordostecke des Cetus (Walfisch) führt, was daran liegt, dass er sich gegenwärtig rund 1°,2 südlich der Ekliptik befindet (siehe auch Abb. 11.4 auf Seite 231). Geht Jupiter am 1. noch um $22^h08^m$ unter, so sinkt er am 28. bereits um $20^h53^m$ unter die westliche Horizontlinie.

Seine Helligkeit nimmt weiter leicht um $0^m,1$ ab und beträgt am Monatsende $-2^m,1$.

Am 22. gegen 19 Uhr ergibt sich ein schöner Anblick am Westhimmel, wenn die schmale Sichel des zunehmenden Mondes zwischen Venus und Jupiter steht (siehe Abb. 2.1 auf Seite 56). Venus pirscht sich an den Riesenplaneten heran und wird ihn am 2. März ein halbes Grad nördlich überholen.

**2.4** Der zunehmende Halbmond begegnet Mars am 28. Februar. Fernglasanblick gegen $3^h$ MEZ morgens.

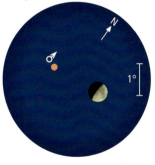

**SATURN** hält sich mit der Sonne am Taghimmel auf und bleibt nachts unbeobachtbar unter dem Horizont. Am 13. wechselt er aus dem Sternbild Steinbock in das des Wassermanns. Drei Tage später, nämlich am 16., wird er von der Sonne eingeholt und steht in Konjunktion mit ihr.

Am Tag der Konjunktion ist Saturn 1617 Millionen Kilometer (= 10,81 AE) von der Erde entfernt. Von der Sonne trennen ihn 1469 Millionen Kilometer (= 9,82 AE).

**URANUS**, wieder rechtläufig im Widder, kommt zunächst kaum voran (siehe Abb. 11.5 auf Seite 232).

Der grünliche Planet kann noch in der ersten Nachthälfte mit Fernglas oder Teleskop aufgefunden werden. Er verlegt seine Untergänge in die Zeit um Mitternacht. Seine Helligkeit sinkt leicht um $0^m,1$ und erreicht

# 2 Planetenlauf

**FEBRUAR 2023**

zu Monatsende $5^m\!.8$. Mit Einbruch der Dunkelheit hält er sich bereits in Meridiannähe auf. Am 1. kulminiert Uranus um $18^h24^m$ und am 28. um $16^h40^m$.

Am 1. erfolgt der Uranusuntergang um $1^h50^m$, am 15. um $0^h56^m$ und am 28. schon um $0^h07^m$.

Am 25. wird Uranus zum zweiten Mal in diesem Jahr vom Mond bedeckt. Da dies um die Mittagszeit erfolgt, entgeht uns in Mitteleuropa dieses Ereignis. Am Abend gegen $19^h$ hat Uranus bereits einen Abstand von $2°\!.8$ vom zunehmenden Halbmond.

**NEPTUN**, rechtläufig im Wassermann an der Grenze zu den Fischen, ist vom Beobachtungsprogramm zu streichen. Der sonnenfernste Planet strebt seiner Konjunktion mit der Sonne entgegen, die er Mitte nächsten

## JUPITERMONDE

| Tag | MEZ | | Vorgang |
|---|---|---|---|
| | h m | | |
| 1. | 17 43 | II | VE |
| 3. | 20 01 | I | DA |
| | 21 05 | I | SA |
| 4. | 20 26 | I | VE |
| 5. | 17 46 | I | SE |
| 6. | 20 38 | II | DA |
| 7. | 18 26 | III | BE |
| | 19 52 | III | VA |
| 8. | 20 20 | II | VE |
| 11. | 19 10 | I | BA |
| 12. | 18 46 | I | DE |
| | 19 41 | I | SE |
| 14. | 19 58 | III | BA |
| 15. | 18 38 | II | BA |
| 19. | 18 34 | I | DA |
| | 19 25 | I | SA |
| | 20 47 | I | DE |
| 20. | 18 46 | I | VE |
| 24. | 18 13 | II | DE |
| | 19 43 | II | SE |
| 25. | 18 11 | III | SA |
| | 20 34 | III | SE |
| 26. | 20 36 | I | DA |
| 27. | 20 41 | I | VE |

## KONSTELLATIONEN UND EREIGNISSE

| Datum | MEZ | Ereignis |
|---|---|---|
| 15. | $13^h$ | Venus bei Neptun, Venus $0°\!.01$ südlich |
| 15. | 21 | Merkur im Aphel |
| 16. | 18 | Saturn in Konjunktion mit der Sonne |
| 18. | 22 | Mond bei Merkur, Mond $3°\!.6$ südlich |
| 20. | 1 | Mond bei Saturn, Mond $3°\!.7$ südlich |
| 21. | 19 | Mond bei Neptun, Mond $2°\!.5$ südlich |
| 22. | 9 | **Mond bei Venus**, Mond $2°\!.1$ südlich, Abstand $4°\!.0$ um $18^h$ |
| 22. | 23 | **Mond bei Jupiter**, Mond $1°\!.2$ südlich, Abstand $3°\!.0$ um $21^h$ |
| 25. | 14 | **Mond bei Uranus**, Mond $1°\!.3$ nördlich, Abstand $2°\!.8$ um $19^h$ |
| 28. | 6 | **Mond bei Mars**, Mond $1°\!.1$ nördlich, Abstand $1°\!.7$ um $3^h$ |

Stellungen der Jupitermonde

| | |
|---|---|
| Io I | $5^m\!.8$ |
| Europa II | $6^m\!.0$ |
| Ganymed III | $5^m\!.3$ |
| Kallisto IV | $6^m\!.6$ |

# FEBRUAR 2023 — Fixsternhimmel 2

Monats erreicht. Erfahrene Beobachter mögen den bläulichen Planeten unter Zuhilfenahme der Aufsuchkarte Abb. 9.5 auf Seite 195 noch zu Monatsbeginn auffinden.

Am 1. geht Neptun um $20^h58^m$ unter, nachdem er bereits um $15^h12^m$ den Meridian passiert hat. Aber erst gegen $18^h40^m$ ist es dunkel genug, Neptun aufzuspüren. Bald darauf verschwindet er in den horizontnahen Dunstschichten.

Am 15. kommt es zu einer extrem nahen Begegnung mit Venus. Diese zieht um $13^h26^m$ nur 43″ südlich an Neptun vorbei. Die Konjunktion in Rektaszension erfolgt schon um $13^h19^m$, wobei der Abstand mit 47″ ein wenig größer ausfällt. Leider ist diese extrem enge Begegnung mit Amateurmitteln kaum beobachtbar.

## PLANETOIDEN UND ZWERGPLANETEN

**CERES** (1) bremst ihre rechtläufige Bewegung im Sternbild Jungfrau ab und wird am 8. stationär.

Das „stationär" bezieht sich lediglich auf ihre Bewegung in Rektaszension. In Deklination wandert sie nach Norden. Nach dem 8. nehmen ihre Rektaszensionswerte wieder ab, Ceres nähert sich ihrer Oppositionsstellung zur Sonne (siehe Abb. 3.7 auf Seite 81). Ihre Helligkeit nimmt abermals von $7\overset{m}{.}7$ auf $7\overset{m}{.}2$ zu.

Ihre Aufgänge verlagert Ceres von $21^h26^m$ zu Monatsbeginn auf $19^h22^m$ Ende Februar. Am 1. kulminiert Ceres um $4^h24^m$, am 15. um $3^h30^m$ und am 28. bereits um $2^h34^m$.

Am letzten Tag im Februar verlässt Ceres die Jungfrau und wechselt in das Sternbild Coma Berenices, wie auch aus Abb. 3.7 auf Seite 81 zu ersehen ist.

**PALLAS** (2) stand Anfang des Vormonats in Opposition zur Sonne.

Sie strebt im Sternbild Großer Hund rasch nach Norden und wandert zwischen Sirius und Mirzam (β CMa; $2\overset{m}{.}0$) im letzten Februardrittel hindurch. Am 12. wird sie in Rektaszension stationär und erzielt anschließend wieder Zuwächse in Rektaszension (siehe auch Abb. 1.12 auf Seite 41).

Die Pallashelligkeit geht leicht um $0\overset{m}{.}2$ auf $7\overset{m}{.}9$ zurück.

Am 1. geht Pallas um $22^h07^m$ durch den Meridian. Ihr Untergang erfolgt um $1^h54^m$. Ende Februar kulminiert sie schon um $20^h23^m$ und geht um $1^h11^m$ unter.

## PERIODISCHE STERNSCHNUPPENSTRÖME

Im Februar sind die wenigsten Meteorströme zu erwarten. Allerdings sind im Februar schon recht helle Feuerkugeln oder Boliden gesichtet worden.

Der **ANTIHELION**-Radiant verlagert sich weiter entlang der Ekliptik und erreicht zum Monatsende das Sternbild Jungfrau und damit geringere Höhen über dem Horizont.

Bisher haben allerdings systematische Auswertungen keine weiteren Ströme im Februar erkennen lassen. Die in den 1980er-Jahren in der ersten Monatshälfte beobachteten Aurigiden sind gegenwärtig offensichtlich inaktiv.

Das trifft auch auf Meteore aus dem Bereich der Sternbilder Kopf der Schlange und Waage am Monatsende zu, die sich derzeit nicht bestätigen lassen.

Seit einigen Jahren traten langsame Meteore (23 km/s) aus dem Bereich um δ Leonis auf, von denen es aber keine aktuellen Beobachtungen gibt.

# Der Fixsternhimmel

Der Anblick des abendlichen Sternenzeltes hat sich gegenüber dem Vormonat noch nicht wesentlich verändert. Das Himmelsgewölbe hat sich erst um 30° weitergedreht, wenn man zur gleichen Uhrzeit wie im Vormonat zum Sternenhimmel blickt. Da ein Sterntag $23^h56^m$ lang ist, kulminieren alle Sterne täglich vier Minuten früher als am Vortag. Nach einem Monat, also nach 30 Tagen, passieren alle Sterne den Meridian zwei Stunden früher als zu Monatsbeginn.

Orion hat um $22^h$ MEZ bereits den Himmelsmeridian durch-

# 2  Fixsternhimmel

FEBRUAR 2023

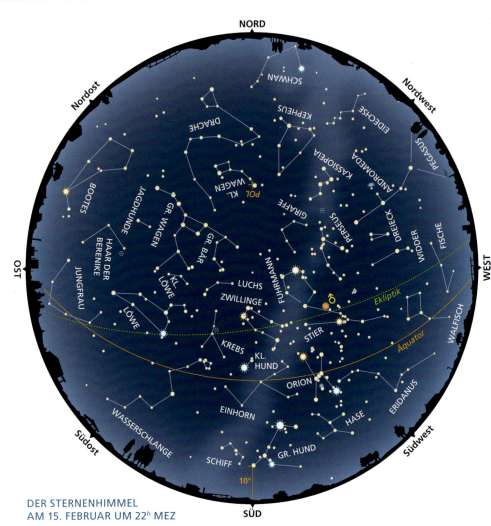

**DER STERNENHIMMEL
AM 15. FEBRUAR UM 22ʰ MEZ**

Die Sternkarte ist auch gültig für:

|        | MEZ | MESZ |
|--------|-----|------|
| 1.11.  | 5ʰ  |      |
| 15.11. | 4   |      |
| 1.12.  | 3   |      |
| 15.12. | 2   |      |
| 1. 1.  | 1   |      |
| 15. 1. | 0   |      |
| 1. 2.  |     | 23   |
| 15. 2. |     | 22   |
| 28. 2. |     | 21   |
| 15. 3. |     | 20   |

schritten. Sein rötlicher Schulterstern Beteigeuze und sein bläulicher Fußstern Rigel sind selbst am aufgehellten Stadthimmel gut zu erkennen, ebenso die drei in einer Linie stehenden Gürtelsterne. Nur unter guten Sichtbedingungen ist allerdings der Große Orionnebel (M 42) knapp südlich der drei Gürtelsterne mit freien Augen auszumachen. Dieses Sternentstehungsnest ist ein attraktives Objekt für Fernglasbeobachter. Eingebettet in dieser Staub- und Gaswolke sind zahlreiche junge, heiße, bläuliche Sterne. Der Orionnebel ist 1400 Lichtjahre entfernt.

Dem Himmelsjäger Orion folgt der Große Hund, dessen intensiv bläulich strahlender Hauptstern Sirius eben den Meridian passiert hat.

# Fixsternhimmel 2

FEBRUAR 2023

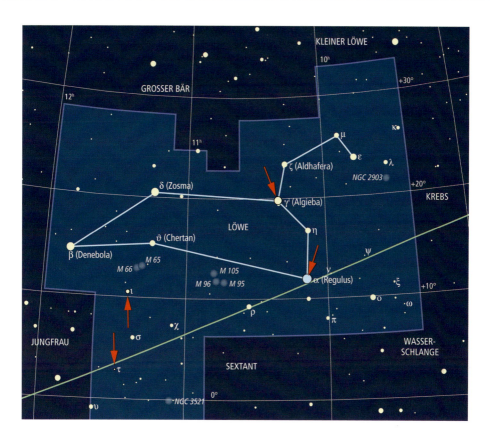

2.5 Skelettkarte des Sternbildes Löwe.

Am Osthimmel kündigt sich der kommende Frühling an: Der Löwe nimmt hier seinen Platz ein. Der Löwe ist das Leitsternbild des Frühlingshimmels. Sein Hauptstern Regulus fällt als einziger Stern erster Größe in dieser Gegend sofort auf. Von Regulus ist das Licht 79 Jahre zur Erde unterwegs. Hoch über unseren Köpfen stehen die Zwillinge.

Zwischen dem Löwen und den Zwillingen findet man den Krebs. Dem Namen nach kennt ihn fast jeder, da er zum Tierkreis gehört, dessen Bilder in Horoskopen regelmäßig erwähnt werden. Den Krebs aber am Sternenhimmel auszumachen, ist nicht einfach, da er sich nur aus lichtschwachen Sternen zusammensetzt.

Schon mit bloßen Augen kann man im Krebs den offenen Sternhaufen Praesepe (lat.: Krippe) sehen, allerdings nur als schwaches Lichtfleckchen unter guten Sichtbedingungen. In Sternkarten ist Praesepe häufig mit der Katalogbezeichnung M 44 eingetragen. Im Teleskop zeigt sich ein Gewimmel einzelner Sterne.

Das Wintersechseck mit Kapella im Fuhrmann, Aldebaran im Stier, Rigel im Orion, Sirius im Großen Hund, Prokyon im Kleinen Hund und Pollux in den Zwillingen hat sich deutlich nach Westen verschoben. Von den Herbstbildern sind nur noch Andromeda und Perseus erwähnenswert.

Im Nordosten schiebt sich der Große Wagen langsam höher, während das Himmels-W, die Kassiopeia, zum Horizont herabsinkt – ihn aber als Zirkumpolarbild nicht erreicht. Die sieben Wagensterne sind kein eigen-

# 2 Fixsternhimmel
FEBRUAR 2023

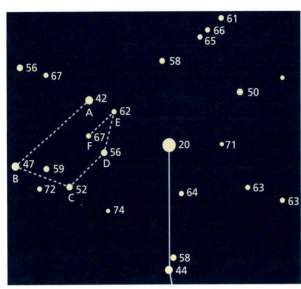

2.6 Testfeld für Ferngläser: Der Polarstern befindet sich im Zentrum (20 = $2^m_.0$). Die gerade Linie deutet das Deichselende des Kleinen Wagen an. Näheres siehe Text.

ständiges Sternbild, sondern gehören zum Großen Bären (lat.: Ursa Maior).

Am Südosthorizont schlängelt sich die Wasserschlange (lat.: Hydra) entlang. Ihr Kopf liegt knapp südlich des Sternbildes Krebs. Sie setzt sich nur aus lichtschwachen Sternen zusammen und ist darum nicht leicht auszumachen. Die Wasserschlange ist weiblich. Es gibt noch ein zweites Sternbild Wasserschlange, den Hydrus oder die männliche Wasserschlange. Der Hydrus steht jedoch so weit südlich, dass er in Mitteleuropa stets unter dem Horizont und damit unbeobachtbar bleibt.

## OBJEKTE FÜR FELDSTECHER UND FERNROHR

Wer mit seinem Fernglas oder Teleskop den Sternenhimmel beobachten will, sollte wissen, bis zu welcher Größenklasse man erwarten kann, Sterne zu erkennen. Gegenüber der Pupille des menschlichen Auges bringt ein Objektiv eines Fernrohres infolge seines gegenüber der Pupillenöffnung größeren Durchmessers mehr Licht auf die Netzhaut. Kurz: Der Helligkeitsgewinn ist abhängig vom Objektivdurchmesser (auch Apertur, Eintrittspupille oder freie Öffnung genannt). Je größer die freie Öffnung eines Teleskops, desto mehr Licht wird eingefangen und umso schwächere Sterne kann man sehen. Mit bloßen Augen kann man unter sehr günstigen Sichtbedingungen (klare Luft, gute Durchsicht, kein Mondlicht und kein durch irdische Beleuchtung aufgehellter Himmel, sondern pechschwarzes Firmament und dunkeladaptierte Augen) punktförmige Gestirne bis zur 6. Größenklasse ($6^m$) sehen. Ein dreizölliger Refraktor (Apertur: 7,5 cm) zeigt jedoch hundert Mal lichtschwächere Sterne (bis $11^m$).

Der Lichtgewinn nimmt mit dem Quadrat des Objektivdurchmessers D zu. Ein 20-cm-Objektiv sammelt viermal mehr Sternenlicht als eines mit nur 10 cm Durchmesser. Zu berücksichtigen ist, dass bei Refraktoren (Linsenteleskopen) die Glaslinsen einen Teil des Lichtes absorbieren. Bei Reflektoren (Spiegelteleskopen) wiederum schattet der Fangspiegel im

## VERÄNDERLICHE STERNE

| Algol-Minima | | β-Lyrae-Minima | | δ-Cepheï-Maxima | | Mira-Helligkeit | |
|---|---|---|---|---|---|---|---|
| 2. | $17^h 28^m$ | 2. | $16^h$ H | 1. | $8^h$ | 1. | $10^m$ |
| 11. | 7 55 | 9. | 4 N | 6. | 17 | 10. | 10 |
| 17. | 1 33 | 15. | 15 H | 12. | 2 | 20. | 10 |
| 19. | 22 23 | 22. | 2 N | 17. | 10 | 28. | 10 |
| 22. | 19 13 | 28. | 14 H | 22. | 19 | | |
| | | | | 28. | 4 | | |

Strahlengang einen Teil des Hauptspiegels ab. Um die Öffnung und damit die lichtsammelnde Eigenschaft eines Fernrohres voll auszunutzen, ist eine Mindestvergrößerung zu wählen, damit der Himmelshintergrund entsprechend dunkel erscheint und der Kontrast optimal wird, um Sternpünktchen zu erkennen.

Es empfiehlt sich, zunächst sein Instrument zu testen: Bis zu welcher Helligkeit kann man mit ihm noch Sterne erkennen? Als Testfeld benutze man die Nordpolarfolge (siehe Abb. 2.6 auf Seite 66 und Abb. 2.7 unten).

Sie hat den Vorteil, dass alle Sterne um den Pol in jeder klaren Nacht zu sehen sind, denn sie sind zirkumpolar, wie der Fachbegriff lautet. Außerdem stehen sie stets in gleicher Höhe über dem Nordhorizont entsprechend der geografischen Breite des Beobachters (Polhöhe = geografische Breite). Dadurch hat man auch immer die gleiche atmosphärische Extinktion (bei gleichen atmosphärischen Bedingungen). Ab 52° bis 90° Höhe kann man die Extinktion vernachlässigen. Von 36° bis 52° ist zu den in Abb. 2.7 vermerkten Helligkeiten $0^m\!.1$ zu addieren. Auch kreuzen bei der Nordpolarfolge niemals störende Planeten das Gesichtsfeld.

In Abb. 2.6 steht der Polarstern im Zentrum, Helligkeit $2^m\!.0$. Ein-

**2.7** Die Nordpolarfolge mit Helligkeitsangaben zum Testen von Teleskopen.

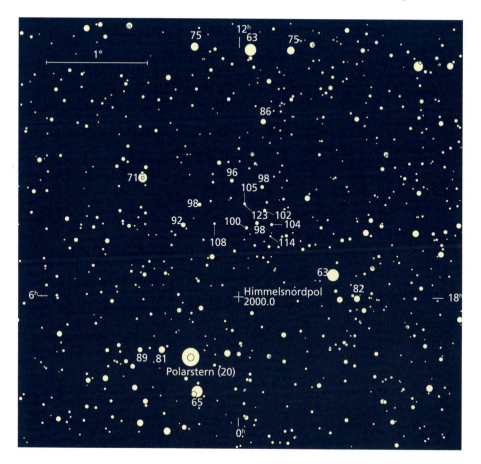

getragen sind die visuellen Helligkeiten in Zehntel Größenklassen. Dezimalpunkte sind vermieden, damit es nicht zur Verwechslung mit punktförmigen Sternen kommt und die Übersicht besser wird. „58" bedeutet somit $5^m\!.8$. Die ausgezogene Linie markiert das Deichselende des Kleinen Wagens. Die mit A – F gekennzeichneten Sterne sind mit gestrichelten Linien verbunden und markieren die Folge abnehmender Sternhelligkeiten.

Zu den prominenten Kandidaten am abendlichen Winterhimmel zählen die beiden offenen Sternhaufen Hyaden und Plejaden (M 45) im Stier sowie der große Orionnebel (M 42), ein gewaltiges Sternentstehungsnest in 1400 Lichtjahren Entfernung. Sie zählen zum Standardprogramm jeder Führung auf einer öffentlichen Sternwarte. Auch für Einsteiger in die Astronomie oder Gelegenheitsbeobachter sind sie Ziele erster Wahl, denn sie sind am Sternenhimmel leicht zu finden und schon mit bloßen Augen zu erkennen.

Die Hyadensterne sind zwischen 150 und 160 Lichtjahre entfernt. Die Plejaden hingegen sind mit 440 Lichtjahren dreimal so weit wie die Hyaden entfernt.

Ein weiterer offener Sternhaufen sei empfohlen: M 35 im Sternbild Zwillinge. Er liegt etwa $2°\!,5$ nordwestlich von Propus ($\eta$ Geminorum) und ist schon im Fernglas gut zu erkennen. Aber erst im Teleskop wirkt M 35 mit rund 300 Mitgliedssternen eindrucksvoll. Die Entfernung dieser Sternengesellschaft liegt bei 2800 Lichtjahren.

Auch M 44, die Krippe im Sternbild Krebs, zählt zu den Juwelen am Winterhimmel. Mit bloßen Augen als mattes, aber deutliches Lichtfleckchen sichtbar, entpuppt sich M 44 im Fernglas als prächtiger offener Sternhaufen. Im Gesichtsfeld wimmelt es nur so von Sternen. Die Amerikaner nennen diesen Sternhaufen Beehive, der Bienenstock, weil sie den Eindruck haben, Sterne wie schwirrende Bienen zu sehen. Die lateinische Bezeichnung für Krippe lautet Praesepe. Die rund 300 Sterne des Haufens sind 600 Lichtjahre von uns entfernt. Im Fernglas sieht man aber nur die 50 hellsten Sonnen von M 44. Der hellste Einzelstern im Haufen ist $\epsilon$ Cancri mit $6^m\!,3$, ein weißer Stern (Spektraltyp A2).

Im Krebs findet sich auch der offene Sternhaufen M 67 (NGC 2682). Er ist leicht zu finden, wenn man von Acubens ($\alpha$ Cancri) ausgeht. M 67 liegt etwa 2° westlich von Acubens (siehe Abb. 2.9). Im Fernglas sieht M 67 wie ein Nebelfleck aus, im Teleskop erahnt man seinen Sternenreichtum („rich") nach Trümplers Klassifikation: II 2 r). Der Haufen enthält rund 500 Mitgliedssterne, davon sind ein Dutzend orange Riesensterne vom Spektraltyp K. Hellster Stern ist ein K0-Riese mit $7^m\!,9$ scheinbarer Helligkeit. Der Haufen nimmt etwa die Fläche des Vollmondes ein. M 67 ist 2800 Lichtjahre weit weg.

Ein interessanter Dreifachstern im Krebs ist $\zeta$ Cnc (Tegmeni, auch Tegmine) in 79 Lichtjahren Entfernung. Die Hauptkomponente ist ein $4^m\!,9$ heller, gelber Stern (G0) mit einem Begleiter von $5^m\!,8$, der ebenfalls gelblich leuchtet. Die Separation beider beträgt 6", was jeder Dreizöller

**2.8** Aufnahme des offenen Sternhaufens Krippe (Praesepe) im Sternbild Krebs, M 44 mit der Katalogbezeichnung.

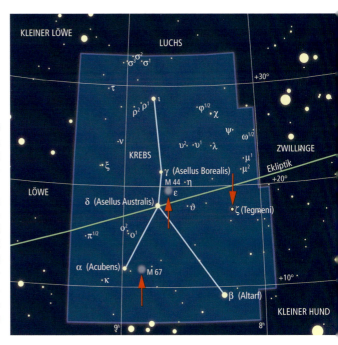

2.9 Karte des Sternbildes Krebs. Eingetragen sind die Positionen der Sternhaufen M 44, M 67 und des Dreifachsterns ζ Cancri (Tegmeni, auch Tegmine).

trennt. Die Hauptkomponente selbst ist ein enger Doppelstern von 1″,1 Distanz mit 5$^m$,3 und 6$^m$,2 Helligkeit der Einzelkomponenten.

Für Doppelsternjäger sei auch Kastor in den Zwillingen genannt (α Geminorum). Zwei weiße Sonnen (A2) mit 1$^m$,9 und 2$^m$,9 Helligkeit sind zurzeit 5″,6 voneinander getrennt. Sie umkreisen einander in 470 Jahren. Kastor ist 52 Lichtjahre entfernt. Genau genommen ist Kastor ein Sechsfachstern.

# Joseph Justus Scaliger und seine Tageszählung

Runde Jahreszahlen faszinieren die Menschen seit jeher. Wird ein Mensch 60 Jahre alt, findet der 400. Geburtstag einer berühmten Persönlichkeit oder die Gründung eines Staates vor 200 Jahren statt, wird das mehr oder minder groß gefeiert. Man spricht auch von einem Jubilar oder einem Jubiläum.

Wenn eine Jahreszahl eine, zwei, drei oder sogar mehrere Nullen am Ende aufweist, dann wird das dazugehörige Ereignis besonders beachtet. Doch nicht immer schenkt man solchen „runden" Daten eine besondere Aufmerksamkeit. Am 24. Februar 2023 lautet das Julianische Datum: JD 2 460 000!

Vier Nullen am Ende, doch wen kümmert das? Was ist ein „Julianisches Datum"? Vorweg: Das Julianische Datum (JD) hat nichts mit dem von Julius Caesar im Jahre 46 vor Chr. eingeführten Julianischen Kalender zu tun. Um Verwechslung zu vermeiden, wäre es besser, von Julianischer Tageszählung zu sprechen.

Unter einem „Datum" versteht man üblicherweise die Angabe von Jahreszahl, Monat und Nummer des Tages im jeweiligen Monat und gegebenenfalls noch des Wochentags, also beispielsweise Montag, 20. März 2023. Will man den Zeitpunkt eines Ereignisses genauer vermerken, so fügt man Stunden, Minuten, Sekunden und eventuell noch Bruchteile von Sekunden hinzu. Dies ist im täglichen Leben recht praktikabel und niemand denkt darüber länger nach.

Doch in der Astronomie machen solche bürgerlichen Datumsangaben bei der Berechnung periodischer astronomischer Ereignisse Schwierig-

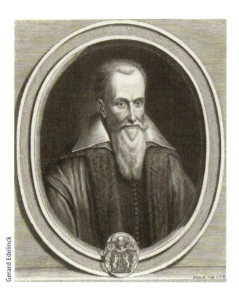

2.10 Joseph Justus Scaliger (1540 – 1609)

keiten, denn diese verschiedenen Zeiteinheiten entsprechen nicht dem Dezimalsystem. Zudem sind sie nicht einmal in ganzzahligen Vielfachen auszudrücken: Ein Jahr hat nicht genau 365 Tage, ein Monat hat 30 oder 31 Tage, der Februar 28 oder 29 Tage. Erreicht beispielsweise ein veränderlicher Stern alle zwölf Tage, sieben Stunden, 43 Minuten und 17 Sekunden sein Lichtminimum, so bereitet es einige Mühe, die Minimatermine auch nur ein Jahr im Voraus zu berechnen, um zu ermitteln, welche Lichtminima in die Nachtstunden fallen und damit beobachtbar sind. Auch Zeitdifferenzen sind nicht so leicht zu kalkulieren. Wie viele Tage liegen zwischen dem 7. September 2021 und dem 9. Juni 2024?

Um periodische astronomische Ereignisse oder Zeitdifferenzen rasch und vergleichsweise mühelos zu berechnen, benutzt man ein einheitliches Zeitmaß, nämlich die Länge eines mittleren Sonnentages. Jahr, Monat, Tag, Stunden, Minuten und Sekunden eines Zeitpunktes werden durch eine einzige Tageszahl ausgedrückt, die als Julianisches Datum bezeichnet wird. Zeitdifferenzen können zwischen zwei Julianischen Daten leicht durch einfache Subtraktion ermittelt werden.

## Das Julianische Datum

Eingeführt wurde diese fortlaufende Tageszählung durch Joseph Justus Scaliger ein Jahr nach der Gregorianischen Kalenderreform. Sie machte die Berechnung von Zeitdifferenzen noch komplizierter, da im Oktober 1582 zehn Tage aus dem Kalender gestrichen wurden: Auf Donnerstag, 4. Oktober, folgte unmittelbar Freitag, der 15. Oktober 1582. Von nun an gab es zwei Datumsabläufe, da nicht alle Welt den von Papst Gregor XIII. eingeführten Kalender „neuen Styls" übernahm. Mit einer eindeutigen Tagesnummerierung erhält jeder Tag in Vergangenheit und Zukunft eine eindeutige Kennzeichnung. Jeder Tag in der Vergangenheit und Zukunft hat seine eigene Nummer, unabhängig von allen Kalendersystemen.

Joseph Justus Scaliger wurde am 5. August 1540 in Agen, im Département Lot-et-Garonne (Frankreich), geboren und starb am 21. Januar 1609 in Leiden. Er war Sohn von Julius Caesar Scaliger und dessen Frau Andiette de Roques Lobejac. Im Alter von zwölf Jahren besuchte Joseph das Collège de Guyenne in Bordeaux. Er musste dort seine Ausbildung wegen Ausbruchs einer Pestepidemie abbrechen. 1555 kehrte er nach Agen zurück. Sein Vater übernahm seine weitere Ausbildung. Er lernte vor allem genaues Beobachten und gründliches Studium wissenschaftlicher Texte. Als sein Vater starb, ging er 1558 für vier Jahre an die Universität von Paris. Die Vorlesungen fand Scaliger nicht so spannend. Er bildete sich vor allem durch autodidaktische Studien weiter.

Er lernte Griechisch, Hebräisch und Arabisch. 1562 wurde er Calvinist. Als Angehöriger des Protestantismus ist es nicht verwunderlich, dass er die Gregorianische Kalenderreform von 1582 mit kritischen Augen sah. Nach den Ausschreitungen in der Bartholomäusnacht 1572 floh er nach Genf, wo er zum Professor an der Akademie berufen wurde. Im Jahre 1593 nahm er einen Lehrstuhl an der Universität Leiden ohne Lehrverpflichtung an. Er erhielt ein fürstliches Gehalt. In Leiden verbrachte er die letzten Jahre seines Lebens. Hier entwickelte er sich zu einem der bedeutendsten Gelehrten des 16. Jahrhunderts. Doch Scaliger hatte auch Schwachpunkte, insbesondere bei astronomischen und mathematischen Themen. Zudem kritisierte er den Katholizismus und machte sich damit die Jesuiten zu Feinden. Schließlich verfasste man Schriften, in denen Fehler in Scaligers Publikationen aufgeführt wurden, teils zu Recht, teils aber zu Unrecht. Scaliger verfasste eine Verteidigungsschrift *Confutatio fabulae Burdonum*, die jedoch wenig bewirkte.

Auch seine Abstammung von der Familie della Scala wurde in Zweifel gezogen. Nicht einmal ein Jahr nach Erscheinen seiner *Confutatio* starb Scaliger am 21. Januar 1609 in Leiden.

Unsterblichen Ruhm erlangte Scaliger insbesondere posthum durch die Einführung der fortlaufenden Tageszählung in seinem Werk *De Emendatione temporum*.

Die Bezeichnung „Julianisches Datum" soll Scaliger nach dem Vornamen seines Vaters gewählt haben. Dies ist historisch aber nicht haltbar. Vielmehr soll dieser Name an den alten, vom römischen Feldherren Gaius Julius Caesar eingeführten „Julianischen Kalender" erinnern, obwohl er mit diesem eigentlich nichts gemein hat. Vermutlich war dies eine Spitze von Scaliger gegen die Gregorianische Kalenderform. Besser wäre „Julianische Tagesnummer", weil dann eine Verwechslung mit dem Julianischen Kalender und seinen Daten ausgeschlossen wäre.

## Chronologische Zirkel als Basis

Als Epoche (Nullpunkt) des Julianischen Datums (JD) wählte Scaliger den 1. Januar −4712 (= 4713 vor Chr.), um negative Tagesnummern zu vermeiden. Der 1. Januar −4712, $12^h00^m$ UT, hat somit die Tagesnummer JD 0,00. Seit diesem Zeitpunkt werden alle Tage durchgezählt. Jeder Tag hat somit eine eigene Nummer. Im Englischen spricht man übrigens von JDN − Julian Day Number. Vor dem Jahr −4712 gibt es kaum historische Ereignisse, die tagesgenau bekannt sind.

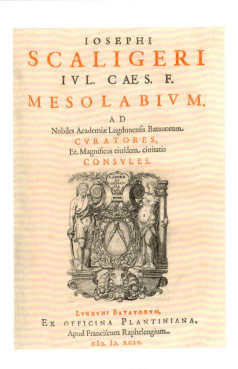

2.11 Scaligers Schrift *Mesolabium*

Das Jahr −4712 ist von Scaliger nicht zufällig als Start der Julianischen Tageszählung gewählt worden. In diesem Jahr begannen die drei chronologischen Zyklen Sonnenzirkel, Mondzirkel und Indiktion mit der Nummer 1. Der Sonnenzirkel zählt 28 Jahre. Nach dieser Zeitspanne fallen die Wochentage mit den gleichen Monatsdaten zusammen. Man kann einen 28 Jahre alten Kalender nach 28 Jahren nochmals verwenden. Der Mondzirkel (Metonscher Zyklus, Goldene Zahl) umfasst 19 Jahre, nach denen sich die Mondphasen zum gleichen Datum wiederholen. Die Indiktion (Römerzinszahl) ist eine Periode von 15 Jahren. Sie stammt aus dem römischen Steuerzyklus.

Da die drei Zahlen 28, 19 und 15 relativ prim sind, also keinen gemeinsamen Teiler haben, ergibt sich als kleinstes gemeinsames Vielfache eine Periode von 28 × 19 × 15 = 7980 Jahren, die als Julianische Periode bezeichnet wird.

# Monatsthema

**2.12** *De Emendatione temporum*

Für das Jahr 4713 vor Chr. lautet der Sonnenzirkel 1, die Goldene Zahl I und die Indiktion ebenfalls 1. Somit hat die Julianische Periode die Epoche:

Montag, 1. Januar −4712, 12:00 Uhr UT.

Die Tageszählung springt nicht um Mitternacht, sondern zu Mittag um eins weiter. Der Vormittag zählt noch zum vergangenen Tag. Dies hat historische Gründe. Früher wollten die Astronomen den Datumswechsel um Mitternacht aus protokollarischen Gründen vermeiden. Seit 1925 ist man von dieser Gepflogenheit abgegangen. Nur beim Julianischen Datum ist man vernünftigerweise dabeigeblieben:

JD 2 460 279,5 entspricht somit dem 1. Dezember 2023, $0^h00^m$ UT (= $1^h00^m$ MEZ).

Will man einen Zeitpunkt auf Sekunden genau angeben, so wählt man die Tagesbruchteile:

JD 2 459 986,78231 entspricht dem 11. Februar 2023 um $7^h46^m32^s$ MEZ.

Ein weiteres Beispiel:

JD 2 460 096,23786 entspricht dem 31. Mai 2023 um $18^h42^m31^s,1$ MEZ.

Zur Vermeidung großer Zahlen hat man im Geophysikalischen Jahr 1956/1957 das Modifizierte Julianische Datum, abgekürzt MJD, eingeführt. Epoche des MJD ist der 17. November 1858, $0^h00^m00^s$ UT. Es gilt: JD 2 400 000,5 = MJD 00 000,0.

| SÄKULARJAHRE | JULIANISCHES DATUM |
|---|---|
| jeweils 1. Januar für $12^h00^m00^s$ UT | |
| 4000 vor Chr. | 260 424 |
| 3000 | 625 674 |
| 2000 | 990 924 |
| 1000 vor Chr. | 1 356 174 |
| 0 | 1 721 058 |
| 1000 nach Chr. | 2 086 308 |
| 1100 | 2 122 833 |
| 1200 | 2 159 358 |
| 1300 | 2 195 883 |
| 1400 | 2 232 408 |
| 1500 | 2 268 933 |
| 1600 | 2 305 448 |
| 1700 | 2 341 973 |
| 1800 | 2 378 497 |
| 1900 | 2 415 021 |
| 1950 | 2 433 282 |
| 1960 | 2 436 935 |
| 1970 | 2 440 588 |
| 1980 | 2 444 240 |
| 1990 | 2 447 893 |
| 2000 | 2 451 545 |
| 2001 | 2 451 911 |
| 2010 | 2 455 198 |
| 2020 | 2 458 850 |
| 2030 | 2 462 503 |
| 2040 | 2 466 155 |
| 2050 | 2 469 808 |
| 2100 | 2 488 070 |
| 2500 | 2 634 167 |
| 3000 | 2 816 788 |
| 4000 | 3 182 030 |
| 5000 | 3 547 273 |

**FEBRUAR 2023**

# Monatsthema 2

## EINIGE AUSGEWÄHLTE JULIANISCHE TAGESNUMMERN

*Epoche des Julianischen Datums*
| | | |
|---|---|---|
| 1. Januar −4712 (= 4713 vor Chr.) | $00^h00^m00^s$ UT | −0,50000 JD |
| 1. Januar −4712 (= 4713 vor Chr.) | $12^h00^m00^s$ UT | 0,00000 JD |

*Epoche a.u.c. – Gründung Roms*
| | | |
|---|---|---|
| 1. April −752 (= 753 vor Chr.) | $12^h00^m00^s$ UT | 1 446 481,0 JD |

*Edikt von Canopus – Ägyptische Kalenderreform*
| | | |
|---|---|---|
| 1. Januar −237 (= 238 vor Chr.) | $12^h00^m00^s$ UT | 1 634 493,0 JD |

*Julianische Kalenderreform*
| | | |
|---|---|---|
| 1. März −45 (= 46 vor Chr.) | $12^h00^m00^s$ UT | 1 704 680,0 JD |

*Epoche der Christlichen Ära*
| | | |
|---|---|---|
| 1. Januar 0 (= 1 vor Chr.) | $12^h00^m00^s$ UT | 1 721 058,0 JD |
| 31. Dezember 0 (= 1 vor Chr.) | $12^h00^m00^s$ UT | 1 721 423,0 JD |
| 1. Januar 1 (= 1 nach Chr.) | $12^h00^m00^s$ UT | 1 721 424,0 JD |
| 31. Dezember 1 (= 1 nach Chr.) | $12^h00^m00^s$ UT | 1 721 788,0 JD |

*Gregorianische Kalenderreform*
| | | |
|---|---|---|
| 4. Oktober 1582 CE julianisch | $12^h00^m00^s$ UT | 2 299 160,0 JD |
| 15. Oktober 1582 CE gregorianisch | $12^h00^m00^s$ UT | 2 299 161,0 JD |

Der Tagesbeginn erfolgt beim MJD um Mitternacht wie beim Bürgerlichen Datum. Das MJD hat sich in der Astronomie nicht durchgesetzt, vermutlich weil die Astronomen gewohnt sind, mit großen Zahlen zu rechnen. In der Raumfahrt allerdings wird es verwendet.

Aus dem Julianischen Datum kann übrigens schnell der Wochentag bestimmt werden. Man teilt die Julianische Tagesnummer durch 7. Bleibt kein Rest, so ist der Tag ein Montag, Rest 1 = Dienstag, Rest 2 = Mittwoch, Rest 3 = Donnerstag, Rest 4 = Freitag, Rest 5 = Samstag und Rest 6 = Sonntag.

Für das Jahr Y des Julianischen beziehungsweise Gregorianischen Kalender errechnet sich das jeweilige Jahr der Julianischen Periode aus Sonnenzirkel (SZ), Goldener Zahl (GZ) und Indiktion (IN) wie folgt:

Jahreszahl der Julianischen Periode (JZP) =
mod ([4845 · SZ + 4200 · GZ + 6916 · IN] , 7980)
*Beispiel:* 2023: SZ = 16 / GZ = X / IN = 1
mod (126436, 7980) = 6736
Das Jahr 2023 entspricht somit dem Jahr 6736 der Julianischen Periode.

Es erweist sich als vorteilhaft, historische Ereignisse und Daten in Jahren der Julianischen Periode zu vermerken, denn man vermeidet dabei negative Jahreszahlen beziehungsweise muss nicht zwischen *vor* und *nach* Chr. unterscheiden. Vor dem Jahr −4712 liegen kaum exakte historische Daten vor.

Im *Kosmos Himmelsjahr* ist für jeden Monatsersten das Julianische Datum unter der Rubrik „Sonnenlauf" vermerkt, so dass für jeden Tag des Monats durch Addition des Monatstages die Julianische Tageszahl leicht bestimmbar ist.

# 3  Himmelskalender

MÄRZ 2023

## März 2023

- Der astronomische Frühling beginnt am 20. um 22$^h$24$^m$ MEZ.
- Venus und Jupiter treffen am 2. aufeinander.
- Venus wird zu einem auffälligen Gestirn am Abendhimmel.
- Mars ist immer noch auffällig am Abendhimmel vertreten.
- Am Monatsende taucht Merkur am westlichen Abendhimmel auf.
- Saturn bleibt noch unsichtbar.

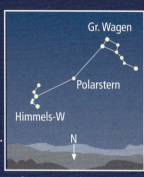

Großer Wagen und Himmels-W
Anfang März um 22 Uhr MEZ

3.1  Himmelsanblick am 28. März gegen 21$^h$ MEZ. Knapp über dem abendlichen Westhorizont

# Himmelskalender 3

**MÄRZ 2023**

|  |  |
|---|---|
| 1 Mi | |
| 2 Do | Mond bei Pollux – Mitternacht<br>Venus bei Jupiter – abends |
| 3 Fr | |
| 4 Sa | |
| 5 So | |
| 6 Mo | Mond bei Regulus – morgens |
| 7 Di | Vollmond |
| 8 Mi | |
| 9 Do | |
| 10 Fr | |
| 11 Sa | |
| 12 So | |
| 13 Mo | |
| 14 Di | Mond bei Antares – morgens |
| 15 Mi | Letztes Viertel |
| 16 Do | |
| 17 Fr | |
| 18 Sa | |
| 19 So | |
| 20 Mo | Frühlingsbeginn |
| 21 Di | Neumond |
| 22 Mi | Mond bei Jupiter – abends |
| 23 Do | |
| 24 Fr | Mond bei Venus – abends |
| 25 Sa | |
| 26 So | Beginn der Sommerzeit |
| 27 Mo | |
| 28 Di | Mond bei Mars – abends |
| 29 Mi | Erstes Viertel |
| 30 Do | |
| 31 Fr | |

# 3  Sonnenlauf

MÄRZ 2023

## SONNE – STERNBILDER

**12. 3. 21$^h$:**
Sonne tritt in das Sternbild Fische

**20. 3. 22$^h$24$^m$:**
Sonne tritt in das Tierkreiszeichen Widder

**Julianisches Datum am
1. März, 1$^h$ MEZ: 2 460 004,5**

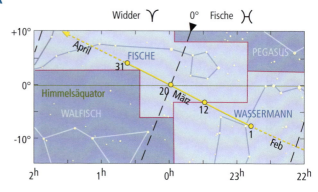

## SONNENLAUF

| Tag | Dämmerg. Anfang | Aufgang MEZ | Kulmi- nation | Untergang MEZ | Dämmerg. Ende | Mittags- höhe | Zeit- gleichg. | Rektas- zension | Dekli- nation |
|---|---|---|---|---|---|---|---|---|---|
|  | h m | h m | h m | h m | h m | ° | m | h m | ° |
| 1. | 5 54 | 7 04 | 12 32 | 18 01 | 19 11 | 32,4 | –12 | 22 45 | –7,9 |
| 5. | 5 46 | 6 56 | 12 31 | 18 08 | 19 18 | 33,9 | –11 | 23 00 | –6,4 |
| 10. | 5 36 | 6 45 | 12 30 | 18 16 | 19 26 | 35,9 | –10 | 23 19 | –4,4 |
| 15. | 5 25 | 6 35 | 12 29 | 18 24 | 19 34 | 37,9 | – 9 | 23 37 | –2,5 |
| 20. | 5 14 | 6 24 | 12 27 | 18 32 | 19 43 | 39,8 | – 7 | 23 56 | –0,5 |
| 25. | 5 02 | 6 13 | 12 26 | 18 40 | 19 51 | 41,8 | – 6 | 0 14 | +1,5 |
| 31. | 4 48 | 6 00 | 12 24 | 18 50 | 20 02 | 44,1 | – 4 | 0 36 | +3,8 |

Achtung: Ab Sonntag, 26. März 2023, gilt die Sommerzeit. Zu allen im Himmelsjahr angegebenen Zeiten eine Stunde addieren!

## TAGES- UND NACHTSTUNDEN

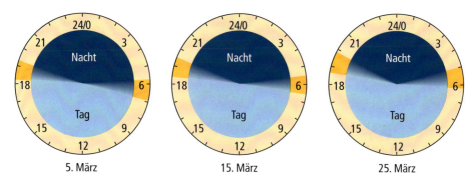

5. März         15. März         25. März

# Mondlauf 3

MÄRZ 2023

## MONDLAUF

| Datum | Aufg. MEZ | Kulmination | Unterg. MEZ | Rektaszension | Deklination | Sterne und Sternbilder | Phase | MEZ |
|---|---|---|---|---|---|---|---|---|
| | h m | h m | h m | h m | ° | | | |
| Mi 1. | 11 27 | 20 20 | 4 20 | 5 53 | +27,5 | Stier, Alnath | | |
| Do 2. | 12 23 | 21 11 | 5 11 | 6 46 | +27,6 | Zwillinge | | |
| Fr 3. | 13 26 | 22 00 | 5 50 | 7 39 | +26,5 * | Kastor, Pollux | Erdferne 406/29,4 | 19ʰ |
| Sa 4. | 14 35 | 22 47 | 6 20 | 8 30 | +24,2 | Krebs, Krippe | Größte Nordbreite | |
| So 5. | 15 46 | 23 32 | 6 43 | 9 20 | +20,8 | Krebs | | |
| Mo 6. | 16 57 | – | 7 00 | 10 07 | +16,6 | Löwe, Regulus | | |
| Di 7. | 18 08 | 0 14 | 7 15 | 10 52 | +11,7 | Löwe | **Vollmond** | 13ʰ 40ᵐ |
| Mi 8. | 19 18 | 0 56 | 7 28 | 11 37 | + 6,3 | Löwe | | |
| Do 9. | 20 30 | 1 37 | 7 41 | 12 20 | + 0,6 | Jungfrau | | |
| Fr 10. | 21 43 | 2 19 | 7 54 | 13 05 | – 5,2 | Spica | | |
| Sa 11. | 23 00 | 3 02 | 8 08 | 13 51 | –10,9 | Spica | Absteigender Knoten | |
| So 12. | – | 3 48 | 8 26 | 14 39 | –16,3 | Waage | Libration Ost | |
| Mo 13. | 0 19 | 4 39 | 8 49 | 15 31 | –21,0 | Waage | | |
| Di 14. | 1 40 | 5 33 | 9 21 | 16 27 | –24,7 | Antares | | |
| Mi 15. | 2 56 | 6 33 | 10 06 | 17 27 | –27,1 | Schlangenträger | **Letztes Viertel** | 3ʰ 08ᵐ |
| Do 16. | 4 03 | 7 35 | 11 08 | 18 30 | –27,9 | Schütze, Nunki | | |
| Fr 17. | 4 54 | 8 37 | 12 26 | 19 34 | –26,8 | Schütze | Größte Südbreite | |
| Sa 18. | 5 31 | 9 38 | 13 54 | 20 37 | –23,9 | Steinbock | | |
| So 19. | 5 58 | 10 35 | 15 24 | 21 37 | –19,4 | Steinbock | Erdnähe 363/32,9 | 16ʰ |
| Mo 20. | 6 19 | 11 29 | 16 53 | 22 34 | –13,8 | Wassermann | | |
| Di 21. | 6 36 | 12 20 | 18 19 | 23 29 | – 7,3 | Wassermann | **Neumond Nr. 1240** | 18ʰ 23ᵐ |
| Mi 22. | 6 51 | 13 09 | 19 43 | 0 21 | – 0,6 | Fische | | |
| Do 23. | 7 07 | 13 57 | 21 06 | 1 11 | + 6,1 | Fische | | |
| Fr 24. | 7 23 | 14 46 | 22 27 | 2 02 | +12,3 | Widder | Aufsteigender Knoten | |
| Sa 25. | 7 43 | 15 36 | 23 47 | 2 54 | +17,8 * | Widder | Libration West | |
| So 26. | 8 07 | 16 27 | – | 3 46 | +22,2 | Stier, Plejaden | | |
| Mo 27. | 8 38 | 17 19 | 1 02 | 4 40 | +25,4 | Stier | | |
| Di 28. | 9 19 | 18 12 | 2 10 | 5 35 | +27,4 | Stier, Alnath | | |
| Mi 29. | 10 11 | 19 04 | 3 06 | 6 30 | +27,9 * | Zwillinge | **Erstes Viertel** | 3ʰ 32ᵐ |
| Do 30. | 11 13 | 19 54 | 3 50 | 7 23 | +27,2 | Kastor, Pollux | | |
| Fr 31. | 12 20 | 20 42 | 4 23 | 8 15 | +25,2 | Krebs, Krippe | Erdferne 405/29,5 Größte Nordbreite | 12ʰ |

## DER MOND WANDERT AN POLLUX VORBEI

2. März 19ʰ — Kastor, Pollux, ZWILLINGE

3. März 5ʰ

# 3 Planetenlauf

MÄRZ 2023

**MERKUR** eilt durch das Sternbild Wassermann und wechselt am 16. in die Fische. Er läuft der Sonne nach und holt sie schließlich am 17. ein. An diesem Tag steht er in oberer Konjunktion mit ihr. Bis Monatsende wächst sein östlicher Winkelabstand von der Sonne auf 14° an. Spezialisten mit Beobachtungserfahrung und lichtstarken Ferngläsern mögen am Monatsende den flinken Planeten knapp über dem Westhorizont aufstöbern. Am 31. geht der $-1^m\!.1$ helle Merkur um $20^h10^m$ (= $21^h10^m$ Sommerzeit) unter. Gegen $19^h20^m$ wird er in der Dämmerung beobachtbar. Eine halbe Stunde später wird er von den horizontnahen Dunstschichten verschluckt.

Die Begegnung von Merkur mit Saturn am 2. entgeht uns ebenso wie die Begegnung mit Neptun am 16. März. Eventuell lässt sich sein Treffen mit Jupiter am 28., wo er $1°\!.5$ nördlich am Riesenplaneten vorbeiläuft, verfolgen, allerdings nicht mit bloßen Augen.

Am 31. eilt Merkur abermals durch sein Perihel.

**VENUS** wird zum auffälligen Gestirn am Abendhimmel. Schon bald nach Sonnenuntergang wird sie in der Abenddämmerung sichtbar, noch lange bevor Sterne zu erkennen sind. Der Volksmund spricht vom hellen Abendstern, obwohl Venus ein Planet und kein Stern ist. Man sieht sie nur, weil sie von der Sonne beleuchtet wird.

Venus wandert durch das Sternbild Fische und wechselt am 16. in den Widder. Schon am 2. gewinnt sie den Wettlauf mit Jupiter. Sie überholt den Riesenplaneten $0°\!.5$ nördlich (siehe Abb. 3.3 auf Seite 79). Am 23. ergibt sich ein spektakulärer Himmelsanblick gegen $19^h30^m$, wenn die schmale Sichel des zunehmenden Mondes zwischen

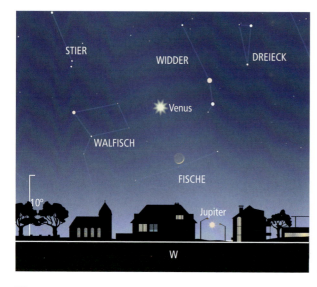

**3.2** Anblick des Westhimmels am 23. März gegen $19^h30^m$ MEZ. Zwischen Jupiter und Venus steht die schmale Sichel des zunehmenden Mondes.

# MÄRZ 2023 — Planetenlauf 3

**3.3** Venus zieht zu Monatsbeginn an Jupiter vorbei. Fernglasanblick abends bei 5° Gesichtsfelddurchmesser.

**3.5** Venus begegnet am 30./31. März dem lichtschwachen Planeten Uranus. Fernglasanblick gegen $20^h$ MEZ (= $21^h$ MESZ).

den beiden hellsten Planeten des irdischen Himmels steht (siehe Abb. 3.2 auf Seite 78). Am letzten Tag des März begegnet Venus dem grünlichen Uranus, den sie 1°,3 nördlich überholt (siehe Abb. 3.5 oben rechts).

Die Venusuntergänge verspäten sich von $20^h49^m$ am 1. auf $21^h31^m$ am 15., wobei ihre Helligkeit auf $-4^m{,}0$ leicht zunimmt. Am Monatsletzten erfolgt der Venusuntergang erst um $22^h20^m$ (= $23^h20^m$ Sommerzeit).

**3.4** Scheinbare Bahn des Planeten Mars von Jahresbeginn bis Anfang Juli 2023 durch die Sternbilder Stier, Zwillinge, Krebs und Löwe. Die Zahlen geben die Marsposition zum jeweiligen Monatsersten an (3 = 1. März).

Für Fernrohrbeobachter sei angemerkt, dass der scheinbare Venusdurchmesser auf gut 14″ anwächst und der Beleuchtungsgrad auf 77 Prozent zurückgeht.

**MARS** wandert rechtläufig durch die nördlichsten Gebiete des Tierkreises. Er zieht an Alnath (β Tauri) vorbei und wechselt am 26. aus dem Sternbild Stier in das der Zwillinge (siehe Abb. 3.4 unten). Am 25. passiert er 2°,1 nördlich den Sommerpunkt.

Obwohl seine Helligkeit um eine halbe Größenklasse auf $0^m{,}9$ abfällt, zählt Mars immer noch zu den Objekten erster Größe.

An Aldebaran kann man die Abnahme der Marshelligkeit verfolgen. Ende März sind beide Gestirne gleich hell. Beide leuchten auch in der gleichen rötlichen Farbe. Die Untergänge des roten Planeten verlagern sich von $3^h20^m$ am 1. auf $2^h52^m$ am 15. und auf $2^h22^m$ (= $3^h22^m$ Sommerzeit) am 31.

Der Scheibchendurchmesser des Marsglobus geht auf 6″,4 zurück. Damit wird der Kriegsplanet für Fernrohrbeobachter immer uninteressanter.

Am 28. besucht der zunehmende Halbmond den rötlichen Planeten (siehe Abb. 3.1 auf Seite 74).

**JUPITER** strebt im Tierkreis rechtläufig nach Norden. Er wandert durch die Fische (siehe Abb. 11.4 auf Seite 231). Vom 1. auf 2. überholt Venus den Riesenplaneten eine Vollmondbreite nördlich. Die beiden hellsten Planeten stehen nahe beieinander (siehe Abb. 3.3 oben). Am 23. sieht man die dünne zunehmende Mondsichel zwischen Jupiter und Venus (siehe Abb. 3.2 auf Seite 78).

Zu Monatsende nimmt der Riesenplanet Abschied vom Abendhimmel, die Konjunktion mit der Sonne steht unmittelbar bevor. Die Begegnung mit Mer-

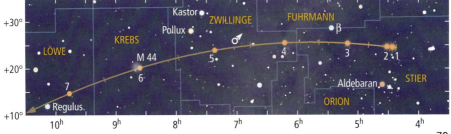

# 3 Planetenlauf

MÄRZ 2023

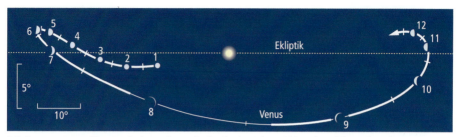

**3.6** Bewegung von Venus relativ zur Sonne im Laufe des Jahres 2023. Die Zahlen geben die Position von Venus zum jeweiligen Monatsbeginn an (3 = 1. März). Man beachte die eingetragenen Venusphasen.

kur am 28. ist allenfalls im Fernglas zu verfolgen. Der $-2\overset{m}{.}1$ helle Jupiter geht am 1. um $20^h50^m$ unter, am 10. um $20^h26^m$ und am 25. schon um $19^h47^m$. Danach entzieht er sich unseren Blicken.

**SATURN** stand Mitte des Vormonats in Konjunktion mit der Sonne. Er wandert gemächlich durch den Westteil des Wassermanns (siehe Abb. 8.3 auf Seite 171).

Bis Ende März wächst sein westlicher Winkelvorsprung vor der Sonne auf 38° an. Dies reicht noch nicht, um den $1\overset{m}{.}0$ hellen Ringplaneten am morgendlichen Osthimmel sichtbar wer-

### Stellungen der Jupitermonde

| Mrz | West | Ost |
|---|---|---|
| 1 | | |
| 2 | | |
| ... | | |

| Io | I | $5\overset{m}{.}8$ |
| Europa | II | $6\overset{m}{.}0$ |
| Ganymed | III | $5\overset{m}{.}3$ |
| Kallisto | IV | $6\overset{m}{.}5$ |

## KONSTELLATIONEN UND EREIGNISSE

| Datum | MEZ | Ereignis |
|---|---|---|
| 2. | $11^h$ | Merkur bei Saturn, Merkur $0\overset{\circ}{.}9$ südlich |
| 2. | 12 | **Venus bei Jupiter,** Venus $0\overset{\circ}{.}5$ nördl., Abstand $0\overset{\circ}{.}7$ um $19^h$ |
| 16. | 1 | Neptun in Konjunktion mit der Sonne |
| 16. | 16 | Merkur bei Neptun, Merkur $0\overset{\circ}{.}4$ südlich |
| 17. | 12 | Merkur in oberer Konjunktion mit der Sonne |
| 19. | 16 | Mond bei Saturn, Mond $3\overset{\circ}{.}6$ südlich |
| 20. | $22^h24^m$ | **Sonne im Frühlingspunkt, Tagundnachtgleiche** |
| 21. | 8 | Mond bei Neptun, Mond $2\overset{\circ}{.}4$ südlich |
| 22. | 1 | Mond bei Merkur, Mond $1\overset{\circ}{.}8$ südlich |
| 22. | 21 | **Mond bei Jupiter,** Mond $0\overset{\circ}{.}5$ südlich, Abstand $2\overset{\circ}{.}4$ um $19^h$ |
| 24. | 11 | **Mond bei Venus,** Mond $0\overset{\circ}{.}1$ südlich, Abstand $3\overset{\circ}{.}1$ um $19^h$ und $0\overset{\circ}{.}9$ um $12^h$ |
| 25. | 2 | **Mond bei Uranus,** Mond $1\overset{\circ}{.}5$ nördlich, Abstand $3\overset{\circ}{.}0$ um $21^h$ am 24. |
| 28. | 14 | **Mond bei Mars,** Mond $2\overset{\circ}{.}2$ nördlich, Abstand $3\overset{\circ}{.}0$ um $19^h$ |
| 28. | 16 | **Merkur bei Jupiter,** Merkur $1\overset{\circ}{.}5$ nördlich, Abstand $1\overset{\circ}{.}6$ um $19^h$ (Fernglas!) |
| 31. | 7 | **Venus bei Uranus,** Venus $1\overset{\circ}{.}3$ nördlich, Abstand $1\overset{\circ}{.}2$ um $20^h$ am 30. |
| 31. | 21 | Merkur im Perihel |

# Planetenlauf 3

MÄRZ 2023

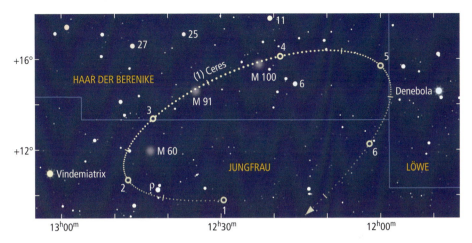

**3.7** Scheinbare Bahn des Zwergplaneten (1) Ceres durch die Sternbilder Jungfrau und Haar der Berenike von Januar bis Juni 2023

den zu lassen. Fazit: Saturn bleibt im März noch unsichtbar.

**URANUS**, rechtläufig im Widder, ist noch am frühen Abend beobachtbar. Im nächsten Monat verlässt Uranus den Abendhimmel und zieht sich an den Taghimmel zurück, womit er unbeobachtbar wird. Um Uranus mit einem guten Fernglas und Stativ (!) zu finden, soll die Aufsuchkarte Abb. 11.5 auf Seite 232 hilfreich sein.

Vom 29. bis 31. zieht die schnellere Venus an Uranus vorbei. Als Aufsuchhilfe dient Abb. 3.5 auf Seite 79.

Am 1. geht der $5^m_{.}8$ lichtschwache Uranus um $0^h03^m$ unter, am 15. um $23^h07^m$ und am 31. bereits um $22^h09^m$ (= $23^h09^m$ Sommerzeit). Die Uranuskulminationen verfrühen sich von $16^h36^m$ zu Monatsbeginn auf $14^h43^m$ Ende März.

**NEPTUN** kommt am 16. im Sternbild Fische in Konjunktion mit der Sonne, nachdem er bereits am 5. die Grenze vom Wassermann zu den Fischen überschritten hat. Der grünliche Planet hält sich am Taghimmel auf und bleibt nachts unbeobachtbar unter dem Horizont. Somit bleibt auch das Zusammentreffen mit Merkur am 16. unbeobachtbar.

Zur Konjunktion trennen Neptun 4623 Millionen Kilometer (= 30,90 AE) von der Erde. Von der Sonne ist Neptun an diesem Tag 4475 Millionen Kilometer (= 29,91 AE) entfernt.

## PLANETOIDEN UND ZWERGPLANETEN

**PLUTO** überschreitet am 1. rechtläufig die Grenze vom Schützen zum Steinbock (siehe Abb. 7.4 auf Seite 155).

**CERES** (1) kommt am 21. in **Opposition** zur Sonne. Sie beschleunigt ihre rückläufige Wanderung durch das Sternbild Haar der Berenike. In der Nacht vom 12. auf 13. zieht sie nur $0^{\circ}_{.}1$ nördlich an der Balkenspiralgalaxie M 91 vorbei. Am 27. kommt es zu einer Begegnung mit M 100, einer der schönsten Spiralgalaxien. Morgens noch knapp östlich, ist Ceres abends westlich von M 100 zu beobachten (siehe Abb. 3.7 oben).

Am 1. geht die $7^m_{.}2$ helle Ceres um $19^h17^m$ auf und kulminiert um $2^h30^m$. Bis zur Opposition am 21. steigert sie ihre Helligkeit auf $6^m_{.}9$, was sie zu einem leichten Fernglasobjekt werden lässt. An diesem Tag erfolgt ihr Aufgang um $17^h33^m$. In der Oppositionsnacht passiert sie um $0^h52^m$ den Meridian und geht am Morgen um $8^h11^m$ unter. Bis Ende März verfrüht sich ihr Untergang auf $7^h31^m$ (= $8^h31^m$ Sommerzeit). Zur Opposition ist Ceres 239 Millionen Kilometer (= 1,598 AE) von der Erde entfernt, dies entspricht einer Lichtlaufzeit von 13 Minuten. Ihre Son-

# 3 Fixsternhimmel

MÄRZ 2023

nendistanz misst hingegen 384 Mio. Kilometer (= 2,566 AE).

**PALLAS** (2) bietet nochmals eine Chance, sie nach Einbruch der Dunkelheit aufzufinden. Sie wandert durch den Großen Hund und wechselt am 11. in das Sternbild Einhorn (Monoceros). Ihre Helligkeit nimmt von $7^m\!\!.9$ auf $8^m\!\!.3$ im Laufe des Monats ab.

Am 1. kulminiert der zweite Planetoid um $20^h19^m$ und geht um $1^h09^m$ unter. Bis Monatsende verfrüht sich ihr Untergang auf $0^h34^m$. Am 31. geht Pallas schon um $18^h50^m$ (= $19^h50^m$ Sommerzeit) durch den Meridian. Zu diesem Zeitpunkt erfolgt gerade erst der Sonnenuntergang.

## PERIODISCHE STERNSCHNUPPENSTRÖME

Auch im März bleibt die Sternschnuppentätigkeit eher bescheiden.

Weder aus dem Bereich der **ANTIHELION**-Quelle noch von anderen Radianten sind nennenswerte Aktivitäten bekannt. Die früher als Virginiden bezeichneten Meteore aus dem Oppositionsbereich liefern weniger als fünf Meteore pro Stunde. Ein größerer Anteil von Meteoren kommt im gesamten Jahr aus Richtung des Apex der Erdumlaufbewegung um die Sonne, der um 6 Uhr Ortszeit kulminiert.

Am Morgen, wenn der Erdapex (Fluchtpunkt des Erdumlaufes um die Sonne) kulminiert, kollidiert unser Planet mit etlichen Meteoroiden, die ihm in der Ekliptikebene entgegenkommen.

Da im März die morgendliche Ekliptik über dem Südhorizont recht tief liegt, so ist die von unseren Breiten aus beobachtbare Zahl der frontal eintreffenden Sternschnuppen gering.

In Zeiten geringer Meteoraktivität ist die Chance für die Entdeckung schwacher Quellen günstig. Bisher haben aber systematische Auswertungen verschiedener Datensätze keine nachweisbaren Ströme gezeigt. Dies trifft auch für die Südhalbkugel zu.

## Der Fixsternhimmel

Der Winter neigt sich seinem Ende zu, wie am abendlichen Sternenhimmel zu erkennen ist. Der mächtige Orion und der auffallend hell strahlende Sirius im Südwesten ziehen zwar die Blicke noch auf sich. Auch der Stier mit dem roten Aldebaran ist noch halbhoch im Westen zu finden. Aber im Osten hat der Aufmarsch der Frühlingsbilder begonnen. Der Löwe, das Leitsternbild des Frühlings, setzt zu seinem Sprung durch den Meridian an. Der Löwe folgt im Tierkreis dem Krebs, der nun im Süden seine höchste Position erreicht hat.

Der Große Wagen hat sich emporgeschwungen. Seine Deichsel deutet auf den hellen, orangerot leuchtenden Arktur, den Hauptstern des Bootes, der inzwischen im Osten aufgegangen ist. Das Himmels-W, das Pendant zum Großen Wagen, sinkt weit im Nordwesten zum Horizont hinab. Als Zirkumpolarbild geht es allerdings in unseren Breiten nicht unter. „Zirkumpolar" heißt „um den (Himmels-)Pol herum". Sterne in der Nähe des Pols umkreisen ihn auf so engen Bahnen, dass sie nie den Horizont erreichen. Deshalb gehen sie auch nicht unter, man nennt sie zirkumpolar. Ob ein Stern zirkumpolar ist, hängt von seiner Entfernung vom Himmelspol, der sogenannten Poldistanz (p) und der geografischen Breite (φ) ab. Ist die Poldistanz eines Sterns kleiner als die geografi-

### VERÄNDERLICHE STERNE

| Algol-Minima | | β-Lyrae-Minima | | δ-Cepheï-Maxima | | Mira-Helligkeit | |
|---|---|---|---|---|---|---|---|
| 6. | $6^h30^m$ | 7. | $1^h$ N | 5. | $13^h$ | 1. | $10^m$ |
| 12. | 0 08 | 13. | 12 H | 10. | 22 | 10. | 9 |
| 14. | 20 57 | 19. | 24 N | 16. | 6 | 20. | 9 |
| 17. | 17 47 | 26. | 11 H | 21. | 15 | 31. | 9 |
| 29. | 5 05 | | | 26. | 24 | | |

**MÄRZ 2023**      Fixsternhimmel **3**

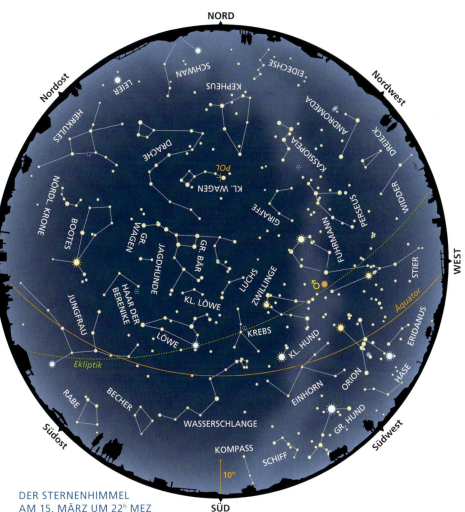

**DER STERNENHIMMEL
AM 15. MÄRZ UM 22ʰ MEZ**

| Die Sternkarte ist auch gültig für: | | |
|---|---|---|
| | MEZ | MESZ |
| 15.11. | 6ʰ | |
| 1.12. | 5 | |
| 15.12. | 4 | |
| 1. 1. | 3 | |
| 15. 1. | 2 | |
| 1. 2. | 1 | |
| 15. 2. | 0 | |
| 1. 3. | 23 | |
| 15. 3. | 22 | |
| 31. 3. | 21 | 22ʰ |

sche Breite, also p < φ, dann geht der Stern nicht unter, er ist also zirkumpolar. Denn die Höhe des Himmelspols (h) über dem Nordpunkt am Horizont entspricht stets der geografischen Breite (h = φ). Daraus folgt auch, dass an den Polen der Erde alle Sterne zirkumpolar sind – vom Zenit bis zum Horizont. Für Orte am Erdäquator gibt es jedoch keine Zirkumpolarsterne. Um die Poldistanz eines Sternes zu ermitteln, ziehe man einfach seine Deklination (δ) von 90° ab: p = 90−δ.

Hoch am Himmel sieht man die Sternenketten der Zwillinge mit ihren Hauptsternen Kastor und Pollux. Auch Kapella im Fuhrmann ist jetzt hoch im Westen zu sehen, während Aldebaran, der Hauptstern des Stiers, schon weit nach Westen gerückt

**3.8** Das Sternbild Jungfrau mit dem Doppelstern γ Virginis (Porrima).

ist und zu seinem Untergang ansetzt.

Im Südwesten ist noch Prokyon auszumachen, der hellste Stern in dem winzigen Bild Kleiner Hund (lat.: Canis Minor). Prokyon steht nördlich des Himmelsäquators, während Sirius sich südlich von ihm befindet.

Im Südosten ist die Jungfrau eben erschienen sowie das markante Viereck des Sternbildes Rabe. Der Jungfrauhauptstern, die Spica, gehört als Stern erster Größe zum Frühlingsdreieck, dessen beide andere Eckpunkte von Arktur und Regulus markiert werden. Wegen ihrer Horizontnähe ist Spica noch recht unauffällig und kaum zu sehen, was auch auf das Sternentrapez des Raben zutrifft. Spica (α Vir) strahlt mit $1^{m}_{.}0$ scheinbarer Helligkeit ein bläulich-weißes Licht aus. Sie ist 250 Lichtjahre von uns entfernt. Genau genommen setzt sich Spica aus zwei Sonnen zusammen, die einander in jeweils nur vier Tagen umkreisen. Sie sind sich so nahe, dass sie durch die Gezeitenkräfte ellipsoidisch verformt und nicht kugelrund sind. Dies führt zu einem Rotationslichtwechsel mit einer Amplitude von knapp $0^{m}_{.}1$.

Porrima ist der Eigenname von γ Virginis, benannt nach der Göttin der Weissagung. γ Vir ist ein prominenter Doppelstern, der immer weiter wird. Nach Spica ist ε Virginis der bekannteste Stern in der Jungfrau. Er heißt Vindemiatrix, die Winzerin. Vindemiatrix ist $2^{m}_{.}8$ hell und 109 Lichtjahre von uns entfernt.

### DAS STERNBILD RABE (CORVUS)

Obwohl der Rabe ein kleines Sternbild ist und sich nur aus Sternen dritter Größe und schwächer zusammensetzt, so ist er keineswegs unscheinbar oder schwer auffindbar. Im Gegenteil: Das markante Sternenviereck des Raben südwestlich von Spica in der Jungfrau fällt schnell auf und ist leicht zu erkennen. An Frühlingsabenden steht es in südlicher Richtung. Auch der Anfänger prägt sich dieses trapezähnliche Sternenviereck gut ein. Schon die alten Griechen nannten es ὁ κόραξ (Korax), der Rabe. Vor über 2000 Jahren war der Rabe ein äquatornahes Sternbild. Da außerdem die Mittelmeerländer weiter südlich liegen, war das Sternenviereck des Raben damals dort hoch am Himmel zu sehen und entsprechend auffällig. Durch die Präzession der Erde ist es nach Süden gerutscht (Schwerpunkt des Raben bei etwa –20° Deklination), so dass es sich in unseren Breiten nur rund 20° hoch über den Horizont erhebt. Die Araber erkannten in diesem Sternenviereck ein Zelt, was leichter nachvollziehbar ist. Hier die Gestalt eines Raben zu erkennen, fällt uns schon bedeutend schwerer. Die arabische Bezeichnung Alchiba für Zelt ist auf den Stern α Corvi übergegangen. Die Araber erkannten aber auch einen Thron und ein Kamel im Sternenviereck des Raben. Zeitweise waren die Sterne des Raben Teil des gewaltigen arabischen Löwen, sie markierten seine Hinterbacken, während Kastor und Pollux sowie die Sterne des Kleinen Hundes die Tatzen andeuteten, Praesepe die Nase, Regulus die Stirn, die Jungfrau die Flanken, Arktur und Spica die Läufe.

Die Bezeichnung Rabe stammt ursprünglich von den Babyloniern, wo er auch als Sturmvogel oder Wüstenvogel bekannt war. Aus der klassischen Mythologie leiten sich die zahlreichen Beinamen ab wie Phoebo Sacer Ales, der heilige Vogel von Phoebus Apollo. Er gilt als der ehrwürdige Weissagevogel, dessen prophetische Gabe von den Göttern und Menschen gerne in Anspruch genommen wird. Der Rabe symbolisiert Klugheit und Hilfsbereitschaft. Auch gilt er als Wetterprophet. Der römische Dichter Ovid nennt den Raben jedoch Garrulus Proditor, den geschwätzigen Verräter, der ständig von Durst geplagt wird – daher sein krächzendes Geschrei. Ein anderer poetischer Name lautet: Avis Ficarius, der Feigenvogel. In manchen Sternbilderatlanten findet man den Raben dargestellt, wie er gerade die Wasserschlange (Hydra) in seinen Fängen hält, daneben steht gekippt der Becher (Crater) kurz vor dem Umfallen (siehe Abb. 3.9 rechts). Hydra und Crater sind als Sternbilder in der Nachbarschaft des Raben zu finden – wenn sie auch viel unauffälliger und darum schwerer zu erkennen sind als der Rabe.

Eine Sage aus der klassischen Mythologie weiß vom Raben zu berichten: Apoll, Gott des Lichtes und der Lieder, wollte einst seinem Erzeuger, dem Götterboss Zeus, Herrscher über Himmel und Erde, ein würdiges Dankopfer darbringen. Nachdem der Altar geschmückt und hergerichtet war, fehlte nur noch das Wasser.

Da rief Apoll nach seinem Boten, einem silbrig-weiß glänzenden Raben, und trug ihm auf, in einem goldenen Becher aus einer Quelle frisches Wasser zu holen. Der Rabe machte sich gleich auf den Weg. Doch als er endlich das ferne Gebirge, in dem die Quelle sprudelte, erreicht hatte, da plagte ihn gewaltiger Hunger. Vor Erfüllung seines Auftrages wollte er sich erst stärken. Ein dichtbelaubter Baum voller Feigen erregte seine Aufmerksamkeit. Jedoch, die Feigen waren hart und ungenießbar. So ließ sich denn der Rabe nieder und wartete, bis die Feigen reif, süß und weich waren. Als er sein Verlangen gestillt hatte, machte er sich auf den Rückweg. Viel Zeit war inzwischen verstrichen.

Unterwegs packte der Rabe eine Wasserschlange mit seinen scharfen Krallen und trug sie heimwärts. Als Apoll endlich den Raben ohne Wasser heranfliegen sah, war er sehr erzürnt. Doch dreist behauptete der Rabe, er habe kein Wasser holen können, da die Wasserschlange die Quelle leergesoffen hätte und sie nun versiegt wäre. Apoll durchschaute die Lügengeschichte des Raben sofort. Vor Zorn bebend, verfluchte er den Raben und ließ zur Strafe sein Gefieder pechschwarz werden. Außerdem muss der Rabe ewigen Durst leiden.

Damit er keine Lüge mehr auftischen kann, werden alle Äußerungen des Raben zu einem hässlichen, unverständlichen Krächzen. Zur ewigen Erinnerung an dieses Geschehen wurden die Beteiligten unter die Sterne versetzt, wo wir heute noch Rabe, Becher, und Wasserschlange als Sternbilder beieinander sehen können.

**3.9** Skelettkarte des Sternbildes Rabe.

# 3 Monatsthema

MÄRZ 2023

## Die Königin des Planetoidengürtels

3.10 Giuseppe Piazzi (1746 – 1826), Direktor der Sternwarte Palermo

Die meisten Menschen begehen einen Jahreswechsel mehr oder minder ausgelassen. Feuerwerke werden gezündet, fröhliche Partys gefeiert, Tanz und Musik begleiten den Übergang vom alten in das neue Jahr. Ganz besonders tobt das Festgeschehen, wenn gar ein neues Jahrhundert zu begrüßen ist.

Nicht am allgemeinen Festtrubel nahm jedoch zu Beginn des 19. Jahrhunderts der Mönch, Astronom und Mathematiker Giuseppe Piazzi (1746–1826) teil. Er saß in der Neujahrsnacht von 1800 auf 1801 am Fernrohr in der Sternwarte von Palermo und beobachtete den Sternenhimmel. Bereits 1780 hatte Piazzi den Lehrstuhl für Mathematik an der Akademie von Palermo übernommen. Im Jahre 1787 wurde er an der gleichen Akademie zum Professor für Astronomie berufen. Piazzi gründete das südlichste astronomische Observatorium Europas auf dem Turm Santa Ninfa des königlichen Normannen-Palastes in Palermo. In jener Silvesternacht von 1800 auf 1801 war Piazzi damit beschäftigt, seinen Sternkatalog weiter zu führen, den Palermo Star Catalogue, der 7600 Fixsterne enthält. Dabei fiel ihm im Sternbild Stier an der Grenze zu den Zwillingen ein Sternpünktchen auf, das seine Position gegenüber der vorigen Nacht verändert hatte. Das Objekt konnte somit kein Fixstern sein. Wegen seines punktförmigen Aussehens schloss Piazzi einen Kometen aus. Bis zum 12. Februar beobachtete Piazzi das wandernde Objekt. Dann hinderte Schlechtwetter und Krankheit ihn, es weiter zu verfolgen. Als das Wetter es wieder zuließ, fahndete Piazzi vergeblich nach seinem wandernden Stern. Inzwischen hatte er seine Beobachtungen der Fachwelt kundgetan. Der Mathematiker Carl Friedrich Gauß berechnete aus den spärlichen Beobachtungsdaten die Bahn des mysteriösen Himmelskörpers. So konnte das von Piazzi aufgespürte Himmelsobjekt am 7. Dezember 1801 von Baron Franz Xaver von Zach, Direktor der Sternwarte Seeberg bei Gotha, wiederentdeckt werden.

Nach den Berechnungen von Gauß läuft das „Objekt Piazzi" in einem mittleren Abstand von 2,77 AE (= 414 Millionen Kilometer) in 4,6 Jahren um die Sonne. Piazzi hatte keinen Kometen, sondern einen Planeten entdeckt. Auf seinen Vorschlag hin wurde der neue Planet nach der römischen Göttin der Fruchtbarkeit „Ceres" getauft. Sizilien war die Kornkammer des römischen Weltreiches und Ceres die Schutzpatronin dieser Mittelmeerinsel. Mit der Entdeckung von Ceres wurde die Lücke zwischen der Mars- und der Jupiterbahn geschlossen, über die sich schon Johannes Kepler gewundert hatte.

Auch nach der Titius-Bode-Relation der Planetenentfernungen von der Sonne sollte eigentlich bei einer Entfernung von 2,8 AE ein Planet laufen. Die Entdeckung von Ceres bestätigte diese Regel glänzend.

## Ein ungewöhnlicher „Planet"

Ceres wurde zunächst als achter Planet geführt. Neptun war 1801 noch nicht entdeckt. Auffallend war nur, dass der neugefundene Planet selbst in großen Teleskopen nur punktförmig erscheint und kein Scheibchen erkennen lässt. Ceres muss also sehr klein sein, so schloss man richtig. Ungewöhnlich war auch die große Bahnneigung von fast 11° zur Ekliptik. Doch schon im ersten Jahrzehnt des 19. Jahrhunderts wurden drei weitere punktförmige Planeten entdeckt: Pallas, Juno und Vesta. Bis 1850 stieg die Zahl dieser kleinen Planeten auf 13 an, weshalb man sich entschloss, eine neue Klasse von Himmelskörpern einzuführen, nämlich die sogenannten Planetoiden oder Kleinplaneten (engl.: minor planets), auch als Asteroiden bezeichnet. Bis 1860 stieg die Zahl der entdeckten Planetoiden auf 62 an und im Jahre 1900, hundert Jahre nach der Entdeckung des ersten Asteroiden, kannte man schon 463.

Sie alle schwirren zum Großteil zwischen der Mars- und der Jupiterbahn um die Sonne. Man spricht daher vom Planetoidengürtel, ein gerechtfertigter Begriff, nachdem die Zahl der Kleinplaneten, die bis zum Jahr 2000 gefunden wurden, auf 19 910 hochgeschnellt war. Nur fünf Jahre später wurde die Zahl 120 000 registrierter Kleinplaneten überschritten. Inzwischen sind einige Hunderttausend Asteroiden katalogisiert. Bis Anfang 2022 ist die Zahl der aufgespürten Planetoiden auf 822 000 angestiegen.

Nachdem schon in den 1950er-Jahren der Sonnensystemforscher Gerard Kuiper vermutet hatte, dass jenseits der Bahnen von Neptun und Pluto weitere kleine Körper die Sonne umrunden, wurden von Mitte der 1990er-Jahre an zahlreiche weitere Asteroiden entdeckt, die einen Gürtel in jenen fernen Bezirken des Sonnensystems bilden. Man spricht daher heute vom Kuiper-Gürtel (engl.: Kuiper Belt). Unter den Kuiper-Belt-Objekten (KBOs) gibt es einige, die Pluto an Größe nahekommen. Objekte ab etwa 800 Kilometer Durchmesser und größer werden durch die Eigengravitation zu nahezu sphärischen (kugelförmigen) Gebilden geformt. Im August 2006 hat die IAU (International Astronomical Union), die weltweite Dachorganisation der Astronomen, auf ihrer Generalversammlung in Prag daher beschlossen, die neue Kategorie der Zwergplaneten (engl.: Dwarf Planets) einzuführen. Zwergplaneten sind Kleinplaneten mit so viel Masse, dass sie die Schwerkraft zu Kugeln formt.

Ceres wurde aufgrund ihrer Helligkeit und ihrer Albedo (Rückstrahlungsvermögen) schon früh auf einen Durchmesser von tausend Kilometern geschätzt.

Tatsächlich ist Ceres fast kugelförmig. Somit zählt sie nun zu den Zwergplaneten. Während boshafte Zungen behaupten, Pluto sei durch Einordnung in die Reihe der Zwergplaneten degra-

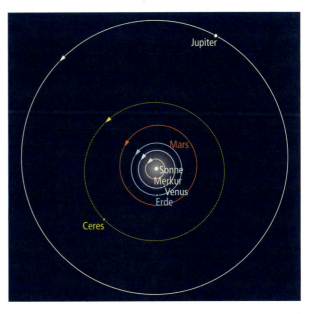

**3.11** Das Sonnensystem bis zur Jupiterbahn. Eingetragen ist auch die Ceres-Bahn.

# 3 Monatsthema

MÄRZ 2023

3.12 Ceres, aufgenommen von der Raumsonde Dawn im Jahre 2015

diert worden, so ist Ceres mit dem Prädikat „Zwergplanet" gewissermaßen geadelt worden. Die Ceres ist der einzige Zwergplanet im Planetoidengürtel und auch das größte Objekt. Pallas und Vesta sind mit 524 und 516 Kilometer mittlerem Durchmesser nur halb so groß. Damit darf man Ceres getrost als Königin des Planetoidengürtels titulieren. Einen König gibt es übrigens nicht.

Ceres umrundet die Sonne in einem mittleren Abstand von 413,8 Millionen Kilometer (= 2,766 AE). Bei einer numerischen Exzentrizität von 0,0785 kommt sie der Sonne im Perihel bis auf 381 Millionen Kilometer (= 2,547 AE) nahe. Im sonnenfernsten Bahnpunkt trennen die Ceres 447 Millionen Kilometer (= 2,985 AE) vom Zentralgestirn. Für eine Sonnenumrundung benötigt Ceres vier Jahre und 219 Tage. Im Mittel überholt die Erde alle 467 Tage die Ceres, das sind ein Jahr, drei Monate und zwölf Tage. Die geringste Oppositionsentfernung von der Erde beträgt 229 Millionen Kilometer (= 1,531 AE), die größte hingegen 299 Millionen Kilometer (2,001 AE). In günstiger Opposition erreicht Ceres eine scheinbare Helligkeit von $6^m_\cdot7$, weshalb man sie bereits mit einem Fernglas erkennen kann. Wegen ihres punktförmigen Aussehens kann man sie leicht mit einem Fixstern verwechseln.

## Weltraummission zu Ceres

Da sich Ceres auch in großen Teleskopen nur punktförmig zeigt (scheinbarer Durchmesser: $0''\!,339$ bis $0''\!,854$), konnte man nur wenig über sie in Erfahrung bringen. Immerhin hat das Weltraumteleskop Hubble 1995 im UV-Spektralbereich erstmals einen großen dunklen Fleck von geschätzt 250 Kilometer Durchmesser ausgemacht, den man zu Ehren des Entdeckers von Ceres „Piazzi" benannt hat.

Weitere Beobachtungen in den Jahren 2003 und 2004 ließen auch einen hellen Fleck erkennen. Weitere Oberflächendetails wurden in einer provisorischen Karte eingetragen. Aus den beobachteten Oberflächendetails konnte eine Rotationszeit von neun Stunden, vier Minuten und 27 Sekunden abgeleitet werden. Die Rotationsachse von Ceres steht fast senkrecht auf der Bahnebene. Ihre Neigung beträgt nur 4° zur Senkrechten auf der Bahnebene. Das Nordende der Achse zeigt auf einen Punkt mit den Koordinaten $\alpha = 19^h25^m40^s\!,3$ und $\delta = +66°45'50''$ (J2000.0). Der Nordpol von Ceres ist damit nur $1°\!,5$ vom Stern $\delta$ Draconis (Altais; $3^m_\cdot1$) entfernt.

Gewaltig erweitert wurde unser Wissen über die Welt von Ceres durch die NASA-Raumsonde Dawn (Morgendämmerung), die ihre Reise zu den Planetoiden Vesta und Ceres am 27. September 2007 vom Weltraumbahnhof Cape Canaveral Space Force Station begann. Nach einem Swing-by-Manöver am Mars im Februar 2009 traf Dawn am 16. Juli 2011 bei Vesta ein und begann, sie als künstlicher Mond zu umkreisen. Am 5. September 2012 entfernte sich Dawn nach getaner Beobachtungsarbeit in einer Spiralbahn wieder von Vesta und trat ihre Reise zu Ceres an, bei der sie am 6. März 2015 ankam und in eine polare Umlaufbahn einschwenkte, erstmals mit einem Bahnradius von 13 500 Kilometer. In vier Phasen wurde die Umlaufbahn abgesenkt. Zunächst wurde die Umlaufbahn auf einen Bahnradius von 4430 Kilometer verkleinert, dann auf 1450 Kilometer und schließlich auf 375 Kilometer über der Oberfläche. Dabei wurde eine Auflösung von 35 Meter pro Pixel (Bildpunkt) erzielt. Damit wären auch große Häuser zu erkennen, die es auf Ceres freilich nicht gibt. Bereits im Anflug erschien auf den ersten Aufnahmen ein heller Punkt auf der dunkelgrauen Ceresoberfläche, die nur neun Prozent des einfallenden Sonnenlichtes reflektiert. Schon auf den ersten Aufnahmen des Hubble-Teleskops war dieses helle Gebilde als winziges, weißes Pünktchen zu erkennen, womit auch die Rotationsdauer von Ceres bestätigt werden konnte.

In der obersten Umlaufbahn war es Aufgabe der Raumsonde Dawn, nach Minimonden von Ceres zu fahnden. Einen größeren Trabanten wie etwa Charon, der größte Mond von Pluto, hätte man schon von der Erde aus teleskopisch ausgemacht. Dawn entdeckte aber auch keine Minimonde. Der helle Fleck entpuppte sich als kegelstumpfartiger Zentralberg des Kraters Occator mit einer Höhe von 5000 Meter. Occator hat einen Durchmesser von 92 Kilometer. Seine steilen Flanken ragen 2000 Meter empor. Occator ist der römische Gott der Landwirtschaft. Der Zentralberg wurde Ahuna nach dem indischen Erntefest benannt. Die Steilhänge des Zentralberges Ahuna glänzen weißlich. Im Kraterboden sind noch weitere helle Flecken zu sehen, die im Kontrast zur grauen Oberfläche weiß erscheinen und im Sonnenlicht glänzen.

## Unerwartete Oberflächenaktivität

Die hellen Gebilde sind salzhaltige Mineralien, eingeschlossen in Wassereismassen, wobei das Wassereis relativ rasch sublimiert, das heißt in die Gasphase übergeht, wie beobachtete Dunstschwaden erkennen lassen. Durch die Abkühlung und Druckentlastung kristallisieren die Salze aus. Die hellen Gebiete werden Faculae (Einzahl: Facula, lat., Fackel) genannt. So heißen beispielsweise die hellen Gebiete in der Kratersohle von Occator Vinalia Faculae.

Der hohe Anteil von Kohlenstoff, Kohlenwasserstoffen und Ammonium spricht für eine Ent-

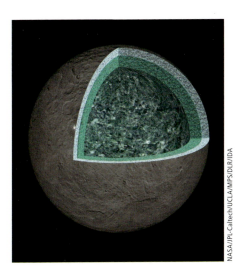

3.13 Innerer Aufbau von Ceres

stehung von Ceres vor 4,6 Milliarden Jahren in kühleren Gebieten, wobei Ceres durch Jupiter aus seiner ursprünglichen Bahn hinausgestört wurde. Dies ist allerdings eine nicht belegte Hypothese.

Die andere Möglichkeit, den hohen Kohlenstoffanteil zu erklären, liegt in der Vermutung, Ceres habe schon seit Beginn im jetzigen Orbit seine Bahn gezogen, wurde aber von einem heftigen Kometenbombardement heimgesucht.

Mit seinem Infrarotspektrometer konnte Dawn auf der Ceresoberfläche Natriumkarbonat (Soda – $Na_2CO_3$), Ammoniumkarbonat ($[NH_4]_2CO_3$), Magnesiumsulfat ($MgSO_4$) und Chlorsalze wie Aluminiumchlorid ($AlCl_3$) ausmachen. Die meisten Oberflächenstrukturen sind älter als zwei Milliarden Jahre. Die Umgebung von Occator einschließlich der hellen Flecken ist mit wenigen Millionen Jahren relativ jung, wie sich aus der Bestimmung der relativen Kraterdichte ergibt. Der Krater Occator dürfte 22 Millionen Jahre alt sein, die Vinalia Faculae sind mit zwei bis vier Millionen Jahren deutlich jünger.

Insgesamt wurden fast 45 000 Krater mit Durchmessern größer als ein Kilometer registriert. Davon wurden knapp über hundert inzwi-

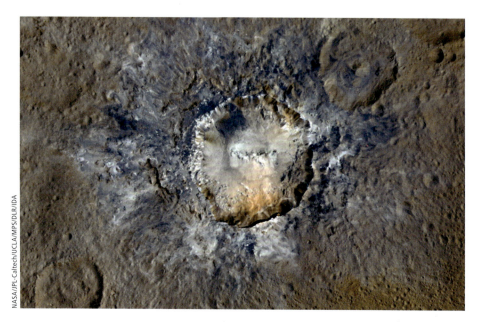

**3.14 Der Krater Haulani**

schen benannt, wie Haulani, der Pflanzengott der Hawaiianer, oder Ikarati, die Fruchtbarkeitsgöttin der Philippiner. Der nur 400 Meter im Durchmesser große Krater Kait markiert den Nullmeridian. Er teilt die Ceresoberfläche in eine Occator- und eine Kerwan-Hälfte.

Die mit −105 °C kalte Oberfläche ist von Schutt und Staub bedeckt. Die relativ weiche Kruste hat einen hohen Anteil von Eis, was ihr eine gewisse Plastizität verleiht. Bei Einschlägen federn die Oberflächenschichten zurück.

Aus der Umlaufbewegung von Dawn konnte die Ceresmasse zu $9{,}38 \times 10^{20}$ kg, dies entspricht 0,00016 Erdmassen, bestimmt werden. Bei einer Ausdehnung von 964 km Äquatordurchmesser und 892 km Poldurchmesser ergibt sich eine mittlere Dichte von 2,075 g/cm³. Die Fallbeschleunigung am Äquator beträgt 0,29 m/s², was eine Entweichgeschwindigkeit von 0,51 km/s ergibt.

Die Oberfläche von Ceres ist geologisch (besser: planetologisch) aktiv. Nicht nur bei Meteoriteneinschlägen quellen hydratisierte Mineralien aus der Kruste hervor, sondern auch heftige Vulkanausbrüche formen die Cereslandschaft. Dabei wird keine glühende Lava ausgeschleudert, sondern kaltes Material. Man spricht deshalb von Kryovulkanismus – ähnlich wie bei den Stickstoff-Geysiren auf dem Neptunmond Triton oder den Schwefelvulkanen auf dem Jupitermond Io. Was hervorquillt, ist eine Art flüssige Salzlauge mit erheblichem Eisenanteil, eine schlammige Masse hoher Viskosität. Das Material gefriert an der Oberfläche, wobei das Wassereis bald sublimiert, das heißt in die Gasphase übergeht und entweicht, was auch nebelartige Schwaden zeigen. Unter der 40 Kilometer dicken Kruste vermutet man einen zähflüssigen, teils festen Soleozean. Er liegt über dem 50 bis 90 Kilometer dicken Mantel, der den 720 Kilometer im Durchmesser großen Gesteinskern des Zwergplaneten aus Silikaten umschließt. Im Zentrum dürfte es keinen Eisen-Nickel-Kern geben, dazu ist die mittlere Dichte zu gering.

Die Kryovulkane zeigen teils heftige Eruptionen, was die Frage aufwirft, woher die Energie für die Ausbrüche stammt. Bei den Monden Io

3.15 Oben: Der Krater Occator mit weißen Flecken (Faculae).

3.16 Unten: Ahuna Mons, der fünf Kilometer hohe Zentralberg im Krater Occator.

und Triton sorgen die Gezeitenkräfte von Jupiter und Neptun für innere Erwärmung. Bei Ceres gibt es aber keine Gezeitenkräfte, die eine Aufheizung bewirken könnten. Kein großer Ceresmond ist dafür vorhanden. Nach 4,6 Milliarden Jahren sollte Ceres eigentlich völlig abgekühlt und damit planetologisch inaktiv sein. Meteoritisches Bombardement reicht nicht aus, die Cereskruste so stark zu erwärmen, um einen Kryovulkanismus hervorzurufen. Vielmehr dürften

# 3 Monatsthema

MÄRZ 2023

radioaktive Isotope wie Aluminium-26 eine entsprechende Aufheizung bewirken und den Kryovulkanismus antreiben.

Auch wenn die Zahl der entdeckten Planetoiden inklusiver kleinster Weltensplitter die Millionengrenze erreicht, bleibt Zwergplanet Ceres die Königin des Planetoidengürtels, die über ein Millionenheer an Untertanen herrscht. Am 21. März 2023 kommt Ceres im Sternbild Haar der Berenike in Opposition zur Sonne. Mit $6^m,9$ Oppositionshelligkeit ist sie bereits in einem Fernglas zu sehen. Die Gelegenheit ist günstig, die Königin des Planetoidengürtels in Augenschein zu nehmen.

## CERES IN ZAHLEN

| | |
|---|---|
| Name (Planetoiden-Nr.) | Ceres (1) |
| Entdecker | Giuseppe Piazzi |
| Datum | 1. Januar 1801 |
| Große Bahnhalbachse (mittlere Entfernung von der Sonne) | a = 2,766 AE ≙ 413,8 Million km |
| Periheldistanz | q = 2,547 AE ≙ 381,1 Million km |
| Apheldistanz | Q = 2,985 AE ≙ 446,5 Million km |
| Vorrücken des Perihels pro Jahr | 54″,1 |
| Oppositionsdistanz von der Erde | 1,531 AE ≙ 229,0 Million km (Minimum) |
| | 2,001 AE ≙ 299,4 Million km (Maximum) |
| Numerische Exzentrizität | e = 0,0785 |
| Bahnneigung zur Ekliptik | i = 10°,588 |
| Knotenrücklauf pro Jahr | 59″,2 |
| Siderische Umlaufzeit | $U_{sid}$ = 4,60358 a |
| Mittlere Bahngeschwindigkeit | 17,877 km/s |
| Mittlere synodische Umlaufzeit (von Opposition zu Opposition) | $U_{syn}$ = 467 d |
| Äquatordurchmesser | 964 km |
| Poldurchmesser | 892 km |
| Masse | M = 9,38 · $10^{20}$ kg ≙ 0,00016 Erdmassen |
| Mittlere Dichte | ρ = 2,075 g/cm³ |
| Dichte der Kruste | $ρ_K$ = 1,68 bis 1,95 g/cm³ |
| Dichte des Mantels | $ρ_M$ = 2,46 bis 2,90 g/cm³ |
| Schwerebeschleunigung | g = 0,29 m/s² |
| Entweichgeschwindigkeit | $v_E$ = 0,51 km/s |
| Rotationsdauer | $9^h 04^m 27^s$ |
| Neigung der Rotationsachse zur Senkrechten auf der Bahnebene | 4° |
| Himmelsnordpol von Ceres (2000.0) | α = $19^h 25^m 40^s,3$ / δ = +66°45′50″ |
| Scheinbare Oppositionshelligkeit Maximum (Mittel) | $6^m,7$ ($7^m,2$) |
| Absolute Helligkeit (R = 1 / Δ = 1 / Phase: 0°) | $3^m,34$ |
| Albedo | 0,09 |
| Scheinbarer Durchmesser | 0″,339 bis 0″,854 |
| Mittlere Oberflächentemperatur | −105 °C |
| Tageshöchsttemperatur | −38 °C |
| Geringste Temperatur (Nachtseite) | −163 °C |

# DAS HIMMELSJAHR
## — ALS ATTRAKTIVER WANDKALENDER

Sternkarten und Illustrationen aus dem Kosmos Himmelsjahr

**Kosmos Himmelsjahr-Kalender 2023**
54 Seiten, €/D 22,–
ISBN 978-3-440-17364-0

Der „Himmelsjahr-Kalender" zeigt das Beste aus dem „Kosmos Himmelsjahr": Mond- und Sonnenfinsternisse, Sternschnuppen, Planetenbegegnungen und andere spannende Himmelsschauspiele auf großartigen Fotos, Illustrationen und Karten. Woche für Woche sieht man hier das Himmelsgeschehen im Überblick: Sternkarten und Illustrationen kommender Ereignisse mit kurzer Beschreibung, außerdem Fotos himmlischer Highlights, darunter faszinierende Aufnahmen des Hubble-Teleskops. Das Kalendarium gibt die Mondphasen für jeden Tag und die Auf- und Untergangszeiten von Sonne und Mond an und nennt die Daten der wichtigsten Ereignisse. So verpasst man kein Schauspiel am Himmel.

kosmos.de

# 4 Himmelskalender

APRIL 2023

## April 2023

- Merkur bietet die einzige Abendsichtbarkeitschance in diesem Jahr.
- Venus ist Glanzpunkt am Abendhimmel.
- Mars zeigt sich nach Einbruch der Dunkelheit hoch am Westhimmel.
- Saturn taucht zur Monatsmitte am Morgenhimmel auf.
- Jupiter wird am 11. von der Sonne eingeholt. Er steht mit ihr am Taghimmel und bleibt unbeobachtbar.

Großer Wagen und Himmels-W
Anfang April um 22 Uhr MEZ

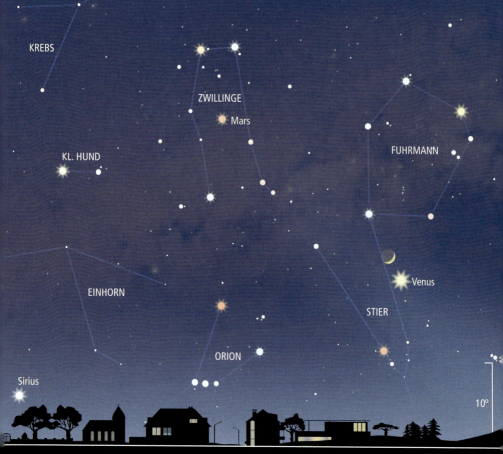

4.1 Abendlicher Himmelsanblick gegen 21ʰ MEZ (= 22ʰ MESZ). Über dem Westhorizont sind Venus und Mars zu sehen. Zu Venus gesellt sich am 23. April die Sichel des zunehmenden Mondes.

# 4 Sonnenlauf

APRIL 2023

## SONNE – STERNBILDER

**19.4. 9ʰ:**
Sonne tritt in das Sternbild Widder

**20.4. 9ʰ:**
Sonne tritt in das Tierkreiszeichen Stier

**Julianisches Datum am
1. April, 1ʰ MEZ: 2 460 035,5**

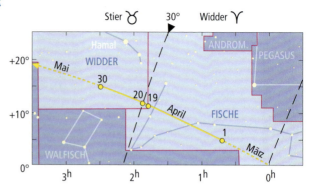

## SONNENLAUF

| Tag | Dämmerg. Anfang | Aufgang MEZ | Kulmi- nation | Untergang MEZ | Dämmerg. Ende | Mittags- höhe | Zeit- gleichg. | Rektas- zension | Dekli- nation |
|---|---|---|---|---|---|---|---|---|---|
| | h m | h m | h m | h m | h m | ° | m | h m | ° |
| 1. | 4 46 | 5 58 | 12 24 | 18 51 | 20 04 | 44,5 | −4 | 0 39 | + 4,2 |
| 5. | 4 36 | 5 49 | 12 23 | 18 58 | 20 11 | 46,1 | −3 | 0 54 | + 5,8 |
| 10. | 4 24 | 5 38 | 12 21 | 19 05 | 20 20 | 47,9 | −1 | 1 12 | + 7,6 |
| 15. | 4 12 | 5 28 | 12 20 | 19 13 | 20 30 | 49,8 | 0 | 1 31 | + 9,5 |
| 20. | 4 00 | 5 18 | 12 19 | 19 21 | 20 39 | 51,5 | +1 | 1 49 | +11,2 |
| 25. | 3 48 | 5 08 | 12 18 | 19 29 | 20 49 | 53,2 | +2 | 2 08 | +12,9 |
| 30. | 3 36 | 4 59 | 12 17 | 19 37 | 21 00 | 54,8 | +3 | 2 27 | +14,5 |

## TAGES- UND NACHTSTUNDEN

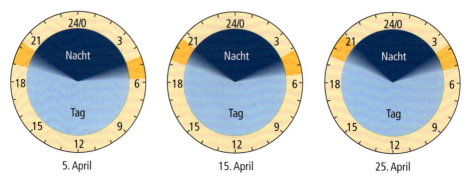

5. April   15. April   25. April

# APRIL 2023

# Mondlauf 4

## MONDLAUF

| Datum | | Aufg. MEZ h m | Kulmi- nation h m | Unterg. MEZ h m | Rektas- zension h m | Dekli- nation ° | | Sterne und Sternbilder | Phase | MEZ |
|---|---|---|---|---|---|---|---|---|---|---|
| Sa | 1. | 13 31 | 21 27 | 4 48 | 9 05 | +22,1 | | Krebs, Krippe | | |
| So | 2. | 14 42 | 22 11 | 5 07 | 9 53 | +18,1 | | Löwe, Regulus | | |
| Mo | 3. | 15 53 | 22 53 | 5 23 | 10 39 | +13,3 | | Löwe, Regulus | | |
| Di | 4. | 17 04 | 23 34 | 5 36 | 11 23 | + 8,0 | | Löwe | | |
| Mi | 5. | 18 16 | – | 5 49 | 12 07 | + 2,3 | | Jungfrau | | |
| Do | 6. | 19 30 | 0 16 | 6 01 | 12 52 | – 3,6 | | Jungfrau | **Vollmond** | 5$^h$35$^m$ |
| Fr | 7. | 20 47 | 0 59 | 6 15 | 13 38 | – 9,5 | | Spica | Absteigender Knoten | |
| Sa | 8. | 22 07 | 1 45 | 6 32 | 14 27 | –15,0 | | Waage | Libration Ost | |
| So | 9. | 23 29 | 2 35 | 6 53 | 15 18 | –20,0 | | Waage | | |
| Mo | 10. | – | 3 29 | 7 22 | 16 14 | –24,1 | * | Antares | | |
| Di | 11. | 0 48 | 4 27 | 8 02 | 17 13 | –26,8 | | Schlangenträger | | |
| Mi | 12. | 1 58 | 5 28 | 8 59 | 18 15 | –27,9 | | Kaus Borealis | | |
| Do | 13. | 2 53 | 6 30 | 10 11 | 19 19 | –27,3 | | Schütze, Nunki | **Letztes Viertel** | 10$^h$11$^m$ |
| Fr | 14. | 3 33 | 7 30 | 11 35 | 20 21 | –24,9 | | Steinbock | Größte Südbreite | |
| Sa | 15. | 4 02 | 8 26 | 13 02 | 21 20 | –21,0 | | Steinbock | | |
| So | 16. | 4 24 | 9 20 | 14 29 | 22 16 | –15,8 | | Wassermann | Erdnähe 368/32,′5 | 3$^h$ |
| Mo | 17. | 4 41 | 10 10 | 15 53 | 23 10 | – 9,7 | | Wassermann | | |
| Di | 18. | 4 57 | 10 58 | 17 16 | 0 01 | – 3,2 | | Fische | | |
| Mi | 19. | 5 11 | 11 46 | 18 38 | 0 51 | + 3,5 | | Fische | | |
| Do | 20. | 5 27 | 12 34 | 20 00 | 1 41 | + 9,9 | | Fische | **Neumond Nr. 1281** | 5$^h$13$^m$ |
| | | | | | | | | | Aufsteigender Knoten | |
| Fr | 21. | 5 44 | 13 23 | 21 21 | 2 32 | +15,7 | * | Widder | | |
| Sa | 22. | 6 06 | 14 15 | 22 40 | 3 25 | +20,6 | | Stier, Plejaden | Libration West | |
| So | 23. | 6 34 | 15 08 | 23 53 | 4 19 | +24,4 | | Stier, Hyaden | | |
| Mo | 24. | 7 11 | 16 01 | – | 5 14 | +26,9 | * | Stier, Alnath | | |
| Di | 25. | 7 59 | 16 55 | 0 56 | 6 10 | +27,9 | | Zwillinge | | |
| Mi | 26. | 8 58 | 17 46 | 1 46 | 7 05 | +27,6 | | Kastor, Pollux | | |
| Do | 27. | 10 04 | 18 35 | 2 24 | 7 58 | +26,0 | | Pollux | **Erstes Viertel** | 22$^h$20$^m$ |
| | | | | | | | | | Größte Nordbreite | |
| Fr | 28. | 11 14 | 19 22 | 2 51 | 8 49 | +23,3 | | Krebs, Krippe | Erdferne 404/29,′6 | 8$^h$ |
| Sa | 29. | 12 25 | 20 06 | 3 12 | 9 37 | +19,5 | | Löwe | | |
| So | 30. | 13 36 | 20 48 | 3 29 | 10 24 | +15,0 | | Löwe, Regulus | | |

## DER VOLLMOND WANDERT AN SPICA VORBEI

# 4 Planetenlauf

APRIL 2023

**MERKUR** bietet im April die einzige Abendsichtbarkeitschance des ganzen Jahres. Wer noch nie Merkur mit eigenen Augen gesehen hat, sollte die Gelegenheit nutzen, den schwierigen Planeten am Abendhimmel zu erspähen. Die günstigste Zeit, um Merkur zu beobachten, sind die Tage vom 3. bis 13. April. Am 1. wird der $-1\overset{m}{.}1$ helle Merkur kurz nach $19^h$ (= $20^h$ Sommerzeit) in der Abenddämmerung sichtbar. Bald nach $20^h$ verschwindet er im Horizontdunst.

Sein Untergang erfolgt am 1. um $20^h17^m$ (= $21^h17^m$ Sommerzeit). Bis 13. sinkt die Merkurhelligkeit auf $0\overset{m}{.}3$ ab, seine Untergänge verspäten sich auf $21^h08^m$ (= $22^h08^m$ Sommerzeit). Am 11. erreicht Merkur mit $19°29'$ seine

**4.2 Heliozentrischer Anblick des Planetensystems im zweiten Jahresviertel 2023.** Eingetragen sind links die Positionen der inneren Planeten für den 1. April (4), 1. Mai (5), 1. Juni (6) und 1. Juli (7). Der rechte Teil zeigt das äußere Planetensystem zu Anfang und Ende des zweiten Jahresviertels. Die Pfeile deuten die Richtungen zu den ferneren Planeten sowie zum Frühlingspunkt an.

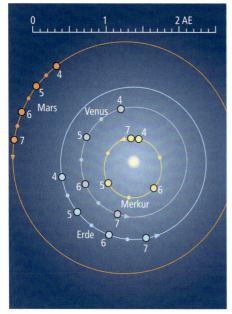

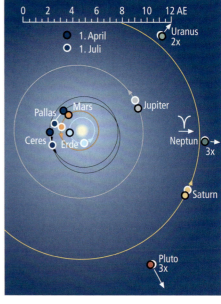

# APRIL 2023 — Planetenlauf 4

größte östliche Elongation von der Sonne. Bereits am 21. wird Merkur rückläufig und eilt auf die Sonne zu, die ihm im Tierkreis entgegenkommt. Am 1. Mai wird Merkur mit ihr zusammentreffen. Um Mitternacht steht er dann in unterer Konjunktion mit der Sonne.

Letztmals wird man Merkur unter guten Sichtbedingungen am 16. mit bloßen Augen sehen können. An diesem Tag geht der nur mehr $0^m\!.9$ helle Merkur um $21^h07^m$ (= $22^h07^m$ Sommerzeit) unter. Aus den Abb. 4.4 und 4.5 unten sind die Sichtbedingungen von Tag zu Tag abzulesen.

Im Teleskop zeigt sich das $7''\!.1$ große Merkurscheibchen am 9. halb beleuchtet, die Dichotomie (Halbphase) tritt ein. Danach nimmt der Beleuchtungsgrad rasch ab. Bis 20. nimmt der scheinbare Merkurdurchmesser

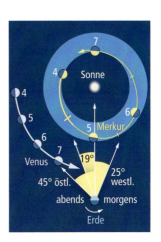

**4.3** Heliozentrische Bewegungen von Merkur und Venus *relativ* zur Erde. In den dicker ausgezogenen Bahnteilen sind die Planeten beobachtbar. Die Zahlen markieren die Positionen jeweils zum Monatsersten. Östlicher Winkelabstand bedeutet Abendsichtbarkeit, westliche Elongation: Planet steht am Morgenhimmel.

auf $9''\!.7$ zu, der Beleuchtungsgrad geht auf 15 % zurück, Merkur zeigt im Teleskop eine Sichel.

**VENUS** ist Glanzpunkt am Abendhimmel. Sie erklimmt die nördlichsten Bezirke des Tierkreises und passiert das Goldene Tor der Ekliptik, das von den beiden offenen Sternhaufen Hyaden und Plejaden gebildet wird. Am 10. zieht sie drei Grad südlich an den Plejaden (M 45) vorbei und passiert am 20. Aldebaran ($\alpha$ Tauri) 8° nördlich (siehe Abb. 2.3 auf Seite 61). Bis Ende April erreicht ihr östlicher Winkelabstand von der Sonne 42°, die maximale Elongation ist nicht mehr fern. Am 17. eilt Venus durch das Perihel ihrer Bahn. Von der Sonne ist sie da-

**4.4** Stellung von Merkur über dem Westhorizont zu den angegebenen Daten. Die Pfeile geben die Bewegungen von Merkur und Sonne während der letzten halben Stunde an.

**4.5** Sichtbarkeitsdiagramm für Merkur. Es gilt genau für 50° nördlicher Breite und 10° östlicher Länge. Dunkelgelbe Fläche: Unter günstigen Sichtbedingungen kann man Merkur mit bloßen Augen erkennen, hellgelbe Fläche: Merkur ist leicht zu sehen.

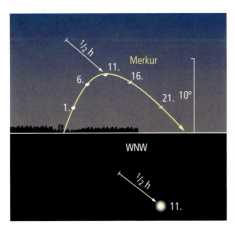

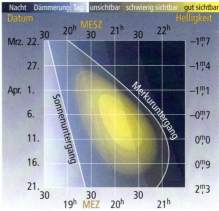

# 4 Planetenlauf

APRIL 2023

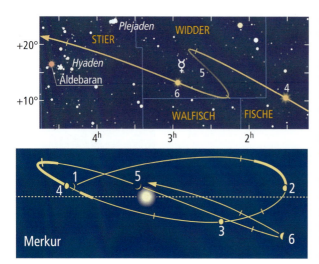

4.6 Konjunktionsschleife von Merkur im Sternbild Stier.

4.7 Bewegung von Merkur relativ zur Sonne im ersten Halbjahr 2023.

bei 107,48 Millionen Kilometer (= 0,718 AE) entfernt.

Die Untergänge unseres inneren Nachbarplaneten verspäten sich – allerdings auch die Sonnenuntergänge. Dennoch ergibt sich ein Gewinn an Sichtbarkeitsdauer. Der Venusuntergang erfolgt am 1. um $22^h23^m$ (= $23^h23^m$ Sommerzeit), am 15. um $23^h03^m$ und am 30. erst um $23^h37^m$. Berücksichtigt man die Sommerzeit, so geht Venus erst kurz nach Mitternacht unter. Die Venushelligkeit nimmt leicht auf $-4^m_.1$ zu. Auf seiner monatlichen Tour kommt der Mond am 23. bei Venus vorbei (siehe Abb. 4.1 auf Seite 94).

**MARS** wandert durch das Sternbild Zwillinge und kann nach Einbruch der Dunkelheit hoch am Westhimmel gesehen werden. Seine Glanzzeit ist allerdings vorüber, seine Helligkeit geht weiter um $0^m_.4$ zurück und beträgt am Monatsletzten $1^m_.3$. Damit ist Mars inzwischen lichtschwächer als Saturn. Am 14. wandert der rote Planet $0°,2$ südlich an Mebsuta ($\varepsilon$ Geminorum; $3^m_.1$) vorbei. Am 22. erreicht er seine größte heliozentrische Nordbreite, wobei er fast 2° nördlich der Ekliptik steht. Am 26. wird der rote Planet vom Mond im ersten Viertel besucht.

Die Marsuntergänge verfrühen sich von $2^h21^m$ am 1. auf $1^h53^m$ am 15. und auf $1^h22^m$ (= $2^h22^m$ Sommerzeit) am Monatsende.

**JUPITER** wird im Sternbild Fische am 11. von der Sonne eingeholt und steht in Konjunktion mit ihr. Der Riesenplanet steht am Taghimmel und bleibt nachts unbeobachtbar. Zur Konjunktion erreicht er seine größte Entfernung von der Erde, nämlich 891 Millionen Kilometer (= 5,96 AE). Bis Monatsende wächst sein westlicher Winkelabstand von der Sonne auf lediglich 14° an. Dies reicht noch nicht, um Jupiter am Morgenhimmel zu erspähen.

**SATURN** taucht allmählich am Morgenhimmel auf. Ab der Monatsmitte kann man mit Aussicht auf Erfolg nach dem Riesenplaneten fahnden. Saturn wandert rechtläufig durch das Sternbild Wassermann (siehe Abb. 8.3 auf Seite 171). Seine Helligkeit nimmt leicht um $0^m_.1$ auf $0^m_.9$ zu. Der Aufgang des Ringplaneten erfolgt am 1. um $4^h57^m$ (= $5^h57^m$ Sommerzeit), am 15. um $4^h05^m$ und am Monatsletzten um $3^h09^m$ (= $4^h09^m$ Sommerzeit). Der Ring ist zurzeit um 8° geöffnet. Man blickt auf die Nordseite des Ringes.

**URANUS** kann allenfalls noch Anfang April von erfahrenen Beobachtern mit lichtstarker Optik weit am Westhimmel aufgefunden werden. Der grünliche Planet hält sich rechtläufig im Sternbild Widder auf (siehe Aufsuchkarte Abb. 11.5 auf Seite 232). Am 1. kulminiert der $5^m_.8$ helle Uranus um $14^h39^m$ und geht um $22^h05^m$ (= $23^h05^m$ Sommerzeit) unter. Bis Ende April geht seine Helligkeit um $0^m_.1$ zurück auf $5^m_.9$. Sein Untergang erfolgt am 30. schon um $20^h20^m$, die Sonne geht erst um $19^h37^m$ unter. Spätestens eine Stunde

# APRIL 2023 — Planetenlauf 4

vor Sonnenuntergang ist Uranus vom Beobachtungsprogramm zu streichen.

**NEPTUN** stand Mitte des Vormonats in Konjunktion mit der Sonne. Der bläuliche Planet wandert rechtläufig durch das Sternbild Fische. Noch bleibt er in den Strahlen der Sonne verborgen.

## PLANETOIDEN UND ZWERGPLANETEN

**CERES** (1) stand im letzten Drittel des Vormonats in Opposition zur Sonne. Sie wandert rückläufig durch das Sternbild Coma Berenices (siehe Abb. 3.7 auf Seite 81). Ihre Helligkeit geht deutlich von $7^m\!.0$ auf $7^m\!.6$ während des Monats zurück.

Am 1. passiert sie um $0^h04^m$ (= $1^h04^m$ Sommerzeit) den Meridian, am 15. um $22^h53^m$ und am 30. schon um $21^h47^m$. Ihre Untergänge erfolgen am 1. um $7^h26^m$ und am Monatsletzten bereits um $5^h12^m$ (= $6^h12^m$ Sommerzeit).

**VESTA** – Planetoid Nr. 4 – kommt am 24. in Konjunktion mit der Sonne. Sie trennen an diesem Tag 525 Millionen Kilometer (= 3,509 AE) von der Erde. Ihre Sonnenentfernung beträgt dabei 376 Millionen Kilometer (= 2,51 AE).

## PERIODISCHE STERNSCHNUPPENSTRÖME

Mit den **LYRIDEN** durchquert die Erde nach längerer Pause wieder einen auffallenden Meteorstrom. Erste Meteore lassen sich ab dem 16. April finden. Das Maximum wird in der Nacht zum 23. erreicht. Rund 20 Meteore, darunter einige helle Exemplare, leuchten dann pro Stunde auf. Der Radiant befindet sich zum Maximum etwa 7° südwestlich von Wega und ist somit nach Mitternacht hoch am Himmel.

Die Lyriden sind schnelle Objekte. Im Mittel liegen ihre Eintrittsgeschwindigkeiten um 49 Kilometer pro Sekunde. Die Lyriden stammen von dem langperiodischen Kometen C/1861 G1 (Thatcher), dessen Umlaufzeit 415 Jahre beträgt.

Der **ANTIHELION**-Komplex wandert durch das Sternbild Jungfrau auf die Waage zu und erreicht somit immer südlichere Abschnitte der Ekliptik. Stündlich sind kaum fünf Meteore zu erwarten.

Ein weit südlicher Strom sind die regelmäßig aufflammenden π-Puppiden. Sie erscheinen um den 23. April. Ihr Radiant liegt, wie der Name sagt, im Sternbild Puppis (Hinterdeck des Argonautenschiffes), das in unseren Breiten nur zum Teil sichtbar ist. Wegen der südlichen Lage des Ausstrahlungspunktes sind sie erst südlich ab einer nördlichen Breite von 30° zu beobachten. In manchen Jahren erscheinen recht viele Puppiden. Ihr Radiant ist nur am Abendhimmel sichtbar. Es handelt sich um recht langsame Meteore mit Eintrittsgeschwindigkeiten von rund 15 Kilometer pro Sekunde. Als Ursprungskomet wurde 26P/ Grigg-Skjellerup ausgemacht.

Im letzten Aprildrittel tauchen die ersten **ETA-AQUARIDEN** auf (siehe „Sternschnuppenströme im Mai" auf Seite 118).

## KONSTELLATIONEN UND EREIGNISSE

| Datum | MEZ | Ereignis |
|---|---|---|
| 11. | $23^h$ | Jupiter in Konjunktion mit der Sonne |
| 11. | 23 | **Merkur in größter östlicher Elongation** von der Sonne (19°) |
| 16. | 5 | Mond bei Saturn, Mond $3^{\circ}\!.5$ südlich |
| 17. | 14 | Venus im Perihel |
| 17. | 18 | Mond bei Neptun, Mond $2^{\circ}\!.3$ südlich |
| 19. | 19 | Mond bei Jupiter, Mond $0^{\circ}\!.1$ nördlich |
| 20. | 5 | Ringförmig-totale Sonnenfinsternis – in Mitteleuropa unbeobachtbar (siehe Seite 24) |
| 21. | 8 | Mond bei Merkur, Mond $1^{\circ}\!.9$ südlich |
| 21. | 14 | Mond bei Uranus, Mond $1^{\circ}\!.7$ nördlich |
| 21. | 17 | Merkur im Stillstand, anschließend rückläufig |
| 23. | 14 | **Mond bei Venus**, Mond $1^{\circ}\!.3$ nördlich, Abstand $2^{\circ}\!.6$ um $20^h$ und $0^{\circ}\!.8$ um $13^h$ |
| 26. | 3 | **Mond bei Mars**, Mond $3^{\circ}\!.2$ nördl., **Abstand** $3^{\circ}\!.1$ um $1^h$ |

# 4 Fixsternhimmel APRIL 2023

Der Frühling hat Einzug gehalten, wie der abendliche Sternenhimmel erkennen lässt. Steil über unseren Köpfen, fast exakt im Zenit, steht der Große Wagen.

Hoch im Süden passiert gerade der Löwe den Meridian. Ein mächtiges Sternentrapez soll dabei den Rumpf dieses königlichen Tieres andeuten. Darauf sitzt nordwestlich ein kleines Trapez, das den Kopf markieren soll. Die Grundlinie des Löwentrapezes wird von den beiden Sternen Regulus (α Leonis) und Denebola (β Leonis) gebildet. Regulus ist der hellste Stern im Löwen (1ᵐ4). Der Name bedeutet so viel wie „Kleiner König" und kommt aus dem Lateinischen. Er wurde von Nikolaus Kopernikus vorgeschlagen.

Regulus steht nahe der scheinbaren Sonnenbahn und markiert somit recht gut die Lage der Ekliptik am Himmelszelt. Da Regulus nahe der Ekliptik zu finden ist, wird er gelegentlich vom Mond und in seltenen Fällen sogar von Planeten bedeckt. Um den 23. August zieht die Sonne an Regulus vorbei. Der Löwe steht dann am Taghimmel und bleibt nachts unsichtbar. Denebola ist mit 2ᵐ1 deutlich lichtschwächer als der Löwenhauptstern. Der Name stammt aus dem Arabischen und heißt so viel wie „Schwänzchen". Von Denebola ist das Licht 36 Jahre zu uns unterwegs, während Regulus mit 79 Lichtjahren doppelt so weit entfernt ist.

Blickt man zum Großen Wagen und folgt mit den Augen dem Bogenschwung der Deichsel, so trifft man auf den hellen, orangerot leuchtenden Arktur. Mit Sirius, Kanopus, Toliman und Wega gehört Arktur zu den fünf hellsten Fixsternen am irdischen Firmament. Seine scheinbare Helligkeit beträgt 0ᵐ0, womit er gut zweieinhalbmal heller strahlt als ein Stern erster Größenklasse. Mit 37 Lichtjahren Distanz ist Arktur fast genauso weit wie Denebola im Löwen entfernt. Da er uns aber trotz gleicher Entfernung viel heller erscheint als Denebola, so muss auch seine wahre Leuchtkraft viel größer sein. Arktur ist ein sogenannter roter Riesenstern, der sehr viel leuchtkräftiger als unsere Sonne ist.

**4.8** Das Frühlingsdreieck setzt sich aus den drei hellen Sternen Arktur im Bootes, Regulus im Löwen und Spica in der Jungfrau zusammen.

### VERÄNDERLICHE STERNE

| Algol-Minima | | β-Lyrae-Minima | | δ-Cepheï-Maxima | | Mira-Helligkeit | |
|---|---|---|---|---|---|---|---|
| 3. | 22ʰ43ᵐ | 1. | 22ʰ N | 1. | 9ʰ | 1. | 9ᵐ |
| 6. | 19 31 | 8. | 10 H | 6. | 18 | 10. | 8 |
| 18. | 6 49 | 14. | 21 N | 12. | 2 | 20. | 8 |
| 21. | 3 38 | 21. | 8 H | 17. | 11 | 30. | 7 |
| 26. | 21 15 | 27. | 20 N | 22. | 20 | | |
| 29. | 18 04 | | | 28. | 5 | | |

APRIL 2023

# Fixsternhimmel 4

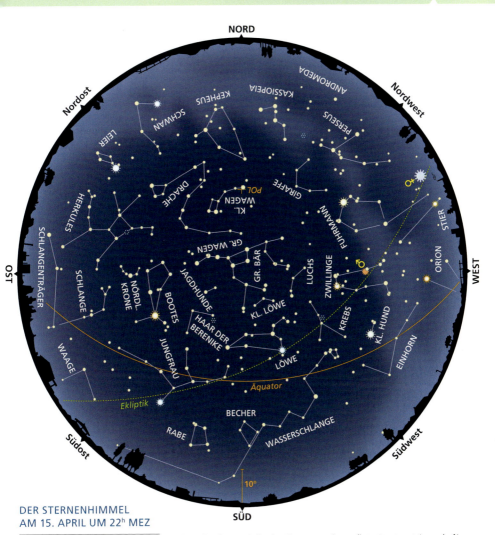

**DER STERNENHIMMEL
AM 15. APRIL UM 22ʰ MEZ**

| Die Sternkarte ist auch gültig für: | | |
|---|---|---|
| | MEZ | MESZ |
| 15.12. | 6ʰ | |
| 1. 1. | 5 | |
| 15. 1. | 4 | |
| 1. 2. | 3 | |
| 15. 2. | 2 | |
| 1. 3. | 1 | |
| 15. 3. | 0 | |
| 1. 4. | 23 | 24ʰ |
| 15. 4. | 22 | 23 |
| 30. 4. | 21 | 22 |

Arktur heißt so viel wie Bärenhüter oder -wächter. Er treibt gewissermaßen den Großen Bären um den Pol herum und bewacht auch den Kleinen Bären.

Arktur ist der hellste Stern im Bild des Bootes. Diese Bezeichnung stammt aus dem Griechischen und bedeutet Rinderhirt. Nach Vorstellung der alten Römer waren die sieben Sterne des Großen Wagens sieben Dreschochsen (lat.: Septemtriones), die im täglichen Trab um den Polarstern als Göpel laufen. Und der Bootes treibt sie ständig an. Die drachenähnliche Figur des Bootes prägt sich leicht ein.

Den Raum im Südosten nimmt die Jungfrau (lat.: Virgo) ein. Sie gehört wie der Löwe zum Tierkreis, also zu jenen 13 Sternbildern, durch die Sonne, Mond und die Planeten ihre Bahnen

# 4 Fixsternhimmel

APRIL 2023

ziehen. Der Hauptstern der Jungfrau heißt Spica, die Kornähre. Spica soll die Fruchtbarkeit symbolisieren. Im Gegensatz zu Arktur strahlt Spica ein bläulichweißes Licht aus, denn sie ist an ihrer Oberfläche viel heißer als Arktur. Mit 250 Lichtjahren ist sie auch erheblich weiter als Arktur entfernt. Mit $1^{m}\!\!.0$ scheinbarer Helligkeit ist Spica ein typischer Vertreter der Sterne erster Größenklasse. Spica ist ein sehr enger Doppelstern, der auch in großen Teleskopen nicht aufzulösen ist.

Die Wintersternbilder haben das Feld geräumt. Orion ist im Untergang begriffen und kann nicht mehr erkannt werden. Sirius ist unter die Horizontlinie gesunken. Lediglich Prokyon im Kleinen Hund blinkt noch im Südwesten.

Weit im Westen sind die beiden Sternenketten der Zwillinge zu sehen, die in der ersten Aprilhälfte von Mars besucht werden.

Im Nordwesten leuchtet deutlich sichtbar die Kapella im Fuhrmann. Auch sie ist wie Spica ein spektroskopischer Doppelstern.

Tief im Nordosten macht sich die Wega im Sternbild Leier bemerkbar. Sie deutet den kommenden Sommer an, bildet sie doch einen Eckstern des Sommerdreiecks. Zwischen Wega und Arktur liegen die lichtschwachen Bilder Herkules und Nördliche Krone. Während Herkules recht schwierig auszumachen ist, fällt die Nördliche Krone trotz nicht besonders heller Sterne leicht auf, denn sie bilden einen markanten Halbkreis. Ein Stern ragt wegen seiner deutlich größeren Helligkeit im Halbkreis heraus. Es ist der Hauptstern in der Nördlichen Krone, α Coronae Borealis. Sein Eigenname Gemma bedeutet Edelstein (im Geschmeide der Krone). Gemma ist ein heißer, bläulicher Stern in 75 Lichtjahren Entfernung. Seine scheinbare Helligkeit misst $2^{m}\!\!.2$. Ein anderer Name für α Coronae Borealis lautet Alphecca.

Tief am Südhimmel schlängelt sich die Wasserschlange am Horizont entlang. Neben ihr und südlich der Jungfrau steht das lichtschwache Sternbild Becher (lat.: Crater). Wasserschlange und Becher sind nicht leicht zu erkennen, da sie sich aus relativ lichtschwachen Sternen zusammensetzen und bei uns tief am Südhimmel stehen. Wesentlich einfacher zu entdecken und gut einprägsam ist das Sternentrapez des Raben (lat.: Corvus). Es steht südwestlich von Spica.

**4.9** Der Sternenhalbkreis der Nördlichen Krone mit dem Hauptstern α Coronae Borealis (Gemma oder Alphecca).

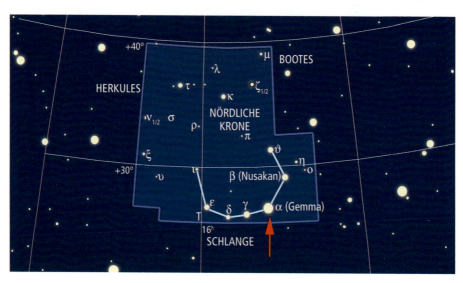

APRIL 2023　　　　　　　　　　　　　　　　Monatsthema　4

# Das Superteleskop ELT

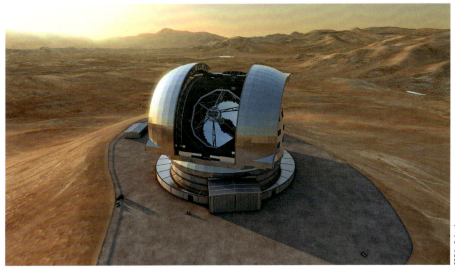

**4.10 Die geöffnete Kuppel des ELT**

Mit Erfindung des Fernrohrs im Jahre 1608 durch den Niederländer Hans Lipperhey begann das teleskopische Zeitalter der Astronomie, in dem das Tor zu den Tiefen des Universums weit aufgestoßen wurde. Mit Fernrohren sind mehr Details der Gestirne zu erkennen. Die höhere Auflösung gegenüber dem Auge ermöglicht beispielsweise, Doppelsterne als zwei getrennte Lichtpunkte zu sehen, während das bloße Auge nur einen Lichtpunkt sieht. Außerdem sammelt ein Teleskop mehr Licht, weshalb auch Gestirne zu sehen sind, die dem unbewaffneten Auge verborgen bleiben.

Die Leistungsfähigkeit eines Teleskops wird in erster Linie von der Größe des Objektivs bestimmt. Je größer der Durchmesser des Objektivs, auch als freie Öffnung oder Eintrittspupille bezeichnet, desto höher die Auflösung und desto mehr Licht fängt das Fernrohr auf. Das Auflösungsvermögen nimmt linear mit dem Objektivdurchmesser zu. Dreifacher Durchmesser ergibt eine dreifach bessere Auflösung. Das Lichtsammelvermögen steigt mit dem Quadrat des Objektivdurchmessers. Eine dreimal so große Eintrittspupille sammelt neun Mal mehr Licht. Es ist daher verständlich, wenn die Astronomen nach Teleskopen mit möglichst großen Objektiven streben.

Das mit 102 cm Öffnung größte Linsenteleskop der Welt, der große Refraktor des Yerkes-Observatoriums in Williams Bay nahe Chicago, sah 1897 sein erstes Sternenlicht. Noch größere Linsenfernrohre wurden nie gebaut, was technologische Gründe hat.

Für Spiegelteleskope oder Reflektoren lassen sich jedoch weit größere Objektive fertigen. Im November 1917 ging das 2,5-m-Spiegelteleskop des Mt.-Wilson-Observatoriums in Kalifornien in Betrieb, damals das größte Teleskop der Welt. Mit ihm wurden die Randpartien des Andromedanebels in Einzelsterne aufgelöst. Damit wurde nachgewiesen, dass dieses Lichtfleckchen im Sternbild der Andromeda ein Sternsystem, eine Galaxie weit außerhalb unserer eigenen Milchstraße ist. Auch entdeckte man mit dem für da-

# 4 Monatsthema

APRIL 2023

**4.11 Konstruktionsentwurf des Extremely Large Telescope (ELT)**

malige Verhältnisse Riesenteleskop die Expansion des Universums. Je weiter die Galaxien weg sind, desto schneller entfernen sie sich von uns.

Am 3. Juni 1948 wurde das 5-m-Spiegelteleskop auf dem Palomar Mountain nahe Los Angeles eingeweiht. Es ging 1949 in Betrieb und war mit 508 cm freier Öffnung für viele Jahre das größte Fernrohr der Welt. Es wurde schließlich 1976 übertrumpft, als der 6-m-Reflektor der Sowjetunion bei Selentschukskaja im Kaukasus seine Beobachtungen aufnahm.

Ende der 1990er und Anfang der 2000er-Jahre begann dann die Ära der 8-Meter-Teleskope und darüber hinaus. Schon 1993 wurde das 10-m-Keck-Teleskop auf dem erloschenen Vulkan Mauna Kea, Big Island, Hawaii aufgestellt. Es hat als Objektiv keinen monolithischen Spiegel, sondern ist ein Multi-Mirror-Reflektor. Sein knapp 10 m großes Objektiv besteht aus 36 einzelnen, 1,8 m großen Spiegeln. 1996 folgte das baugleiche Keck-II-Teleskop. Die beiden Keck-Teleskope können optisch zusammengeschaltet werden (interferometrisches Verfahren). Zwei Jahre später folgte auf dem Mauna Kea das monolithische 8,2-m-Subaru-Teleskop der Japaner (die Plejaden heißen auf japanisch Subaru). Im gleichen Jahr, 1998, wurde ebenfalls auf dem Mauna Kea das 8,1-m-Spiegelteleskop Gemini Nord errichtet. Zwei Jahre danach folgte das baugleiche Spiegelteleskop Gemini Süd, das auf dem Cerro Pachón in Chile installiert wurde.

In den Jahren 1998 bis 2001 realisierte die Europäische Südsternwarte (ESO) das Very Large Telescope (VLT), das sich aus vier Einzelspiegel-Teleskopen von je 8,2 m Öffnung zusammensetzt. Sie sind auf dem Cerro Paranal in Chile aufgestellt.

**4.12** Die Baustelle für die Kuppel des ELT auf dem Cerro Armazones im Norden Chiles

Auf dem Mt. Graham nahe Tucson, Arizona, ging 2002 das Large Binocular Telescope mit seinen zwei monolithischen 8,4-m-Spiegeln in Betrieb. Südafrika folgte 2004 mit dem South African Large Telescope (SALT), das ein 9,2-m-Multi-Mirror-Objektiv aus 91 Spiegelsegmenten besitzt. Das bisher größte Teleskop mit 10,4 m freier Öffnung, das Gran Telescopio Canarias (GTC), steht auf dem Roque de los Muchachos auf der Kanaren-Insel La Palma. Sein Multi-Mirror-Objektiv setzt sich aus 36 Spiegelsegmenten zusammen.

## Neue Großteleskope

All diese Großteleskope sollten durch zwei amerikanische Projekte übertrumpft werden, dem Giant Magellan Telescope (GMT) aus sieben Spiegeln zu je acht Meter Durchmesser und dem Thirty-Meter-Telescope (30-m-Reflektor).

Doch im Jahre 1998 beschloss die ESO, ein extrem großes Superteleskop zu bauen, das alle anderen Großteleskope übertrifft. ESO steht für European Southern Observatory (Europäische Südsternwarte). Sie wurde 1962 insbesondere zur Beobachtung des südlichen Sternenhimmels gegründet. Heute gehören der ESO 16 Mitgliedsstaaten an.

Das ESO-Superteleskop erhielt den Projektnamen Overwhelmingly Large Telescope (OWL) und sollte 100 Meter Objektivdurchmesser haben. OWL – gleichbedeutend mit Eule, dem Vogel mit den scharfen Augen –, das überwältigende Riesenteleskop sollte alle bisherigen und alle anderen geplanten Großteleskope in den Schatten stellen. Doch sowohl der technische Aufwand als auch die Kosten schienen so überwältigend, dass man von einer Verwirklichung absehen musste.

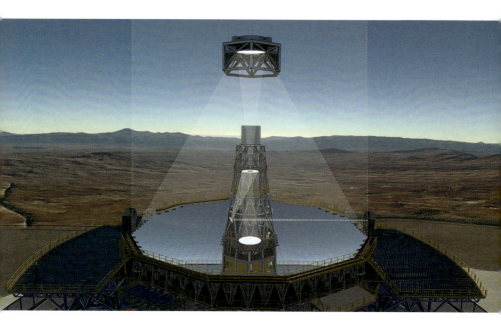

4.13 Der Strahlengang im ELT. Illustration: ESO.

Man speckte ab und beschloss, ein Teleskop mit 42 m freier Öffnung zu bauen und nannte das Unternehmen E-ELT (European Extremely Large Telescope – Europäisches extrem großes Teleskop). Im Jahre 2017 wurde das E für European gestrichen. Denn auch außereuropäische Länder haben sich zur Mitfinanzierung entschlossen, und schließlich steht das Teleskop in Chile.

Mehrere Standorte wurden untersucht, wo das Teleskop am besten aufzustellen ist. Unter anderem wurden Positionen in Argentinien, Marokko und der Antarktis ins Auge gefasst. Am 26. April 2010 fasste der ESO-Rat den Beschluss, das Superteleskop auf dem Cerro Armazones in 3046 m Höhe in der chilenischen Provinz Antofagasta zu platzieren (70°11′30″ West, 24°35′21″ Süd). Der Aufstellungsort liegt in der extrem trockenen Atacama-Wüste. Man erwartet dort 320 sternklare Nächte pro Jahr. Insbesondere für Beobachtungen im infraroten Spektralbereich ist das Fehlen von Wasserdampf in der Atmosphäre unabdingbar.

Der Standort des ELT liegt nun nur 20 Kilometer Luftlinie von den vier VLTs der ESO auf dem Cerro Paranal entfernt, was erhebliche logistische Vorteile bringt.

Die geplante Objektivgröße von 42 m wurde im Jahre 2011 nochmals auf 39,3 m reduziert. Dadurch wurde das Projekt um mehr als 200 Millionen Euro billiger, wobei das gesamte Projekt voraussichtlich eine Milliarde Euro kosten wird. Durch die Reduzierung des Objektivdurchmessers kann der Sekundärspiegel im Durchmesser ebenfalls etwas kleiner ausfallen, wobei auch das Gewicht reduziert wird, was zu einer leichteren Konstruktion der Halterung führt. Außerdem kann der Fertigstellungstermin vorgezogen werden.

Die ersten Vorarbeiten begannen bereits 2014 mit dem Bau einer Zufahrtsstraße und dem Einebnen des Berggipfels. Am 26. Mai 2017 erfolgte in einer feierlichen Zeremonie die Grundsteinlegung. Man rechnet mit einer Bauzeit von zehn Jahren. Der Probebetrieb („First Light") soll schon 2027 aufgenommen werden. Die volle wissenschaftliche Inbetriebnahme mit ihren ehrgeizigen Zielen ist für September 2027 vorgesehen.

4.14 Das Laser-System des ELT zur Bildstabilisierung. Illustration: ESO/L. Calçada/N. Risinger (skysurvey.org).

## Das optische System des ELT

Das Superteleskop ist geplant als ein Fünfspiegel-Anastigmat auf einer azimutalen Montierung mit zwei Nasmyth-Foki. Das Objektiv von 39,3 m freier Öffnung wird nicht aus einem Riesenspiegel gefertigt, der aus einem einzigen Glasblock besteht, sondern setzt sich aus 798 hexagonalen (sechseckigen) Einzelspiegeln mit je 1,4 m Durchmesser und nur 5 cm Dicke zusammen. Die Primärbrennweite des optischen Systems wird 743 Meter betragen. Die Auflösung des ELT wird 0,″005 erreichen. Dies ist eine 12 000-fach höhere Auflösung als ein normalsichtiges Auge erzielt und eine 16-mal bessere Auflösung als das Hubble-Teleskop mit 2,4 m Durchmesser erreicht. Auch wird das Objektiv 256-mal mehr Sternenlicht einfangen als das Hubble-Teleskop. Das vom Objektiv gesammelte Licht trifft auf den 4,2 m großen, asphärischen Sekundärspiegel aus der Glaskeramik Zerodur. Die Ausdehnung des Materials Zerodur ist nahezu konstant und bleibt unabhängig von der Temperatur.

Das vom Sekundärspiegel reflektierte Licht erreicht den 3,8 m großen Tertiärspiegel an der Basis des Hauptspiegels, der ebenfalls aus Zerodur besteht. Die kurvige Form des Tertiärspiegels ist ungewöhnlich. Bei anderen Teleskopen wie auch bei den VLTs sind lediglich zwei Spiegel gekrümmt. Durch die konkave Form des Tertiärspiegels wird eine bessere Bildqualität erreicht und ein größeres Gesichtsfeld von zehn Bogenminuten (10′), das ist ein Drittel des Vollmonddurchmessers, erhalten.

Das Strahlenbündel fällt auf den flachen, 2,4 m großen Quartärspiegel. Er ist nur zwei Millimeter dick und biegsam. Er ermöglicht die Korrektur der durch die atmosphärischen Turbulenzen gestörten Wellenfront nach dem Prinzip der adaptiven Optik. An einem Referenzstern wird die Bildverzerrung gemessen. Ein leistungsfähiger Computer berechnet die durch Stellglieder (Aktuatoren) erforderlichen Korrekturen, um die Störungen zu beseitigen und die Bildqualität wiederherzustellen. Da nicht immer ein genü-

# 4 Monatsthema

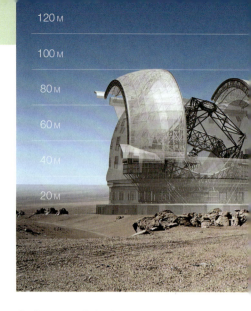

gend heller Leitstern nahe dem Beobachtungsobjekt vorhanden ist, benutzt man künstliche Leitsterne. Dazu dienen beim ELT acht Laser, deren Strahlen in etwa 80 Kilometer Höhe Natrium-Atome zum Leuchten anregen und acht Leuchtsterne erzeugen. Mit ihrer Hilfe werden die durch die unruhige Atmosphäre bedingten Distorsionen registriert. Der Computer berechnet, wie der Quartärspiegel mit den Aktuatoren zu verbiegen ist, um die Bildqualität wiederherzustellen. Dies geschieht tausend Mal durch fast 8000 Aktuatoren in jeder Sekunde, also mit einer Frequenz von einem Kilohertz. Die adaptive Optik verbessert das Auflösungsvermögen des Teleskops um das 500-Fache gegenüber einem Einsatz ohne adaptiver Optik.

Das Sternenlicht trifft schließlich auf den 2,2 × 2,7 Meter großen, flachen Quintärspiegel. Dieser fünfte Spiegel leitet das Licht zu den Empfangsapparaten (Kameras, Spektrografen) in dem jeweiligen Nasmyth-Fokus. Dafür sorgt der Quintärspiegel mittels eines Tip-Tilt-Systems für die Bildstabilisation. Er kompensiert Störungen durch Wind, Vibrationen und Schwingungen des Teleskops selbst.

## Die Sternwartenkuppel

Das Superteleskop ELT wird in der größten jemals gefertigten Sternwartenkuppel untergebracht. Sie besitzt einen Basisdurchmesser von 88 Meter und eine Höhe von 80 Meter. Die Höhe des Kuppelkranzes über Grund misst elf Meter. Die Gesamtmasse der Kuppel beträgt 6100 Tonnen. Der Kuppelspalt lässt sich auf eine Breite von 41 Meter öffnen. Die Kuppel ermöglicht es dem Teleskop, vom Zenit bis in eine Höhe von 20° über dem Horizont jeden Punkt des Firmaments zu beobachten. Der Umfang des Kuppelkranzes beträgt 270 Meter. Die Kuppel ruht auf 36 stationären Wagen von je 4 × 2 × 3 Meter Größe und je 27 Tonnen Masse. Sie ermöglichen eine Drehung der Kuppel um 2° pro Sekunde. Eine volle Umdrehung dauert drei Minuten. Die Fahrgeschwindigkeit am Kuppelrand beträgt fünf Kilometer pro Stunde. Im Kuppelkranz sorgen 89 Lüftungslamellen mit insgesamt 1240 m² Fläche für ein möglichst konstantes Klima. Die Leistungsaufnahme für Heizung, Ventilation und Kühlsystem liegt bei 3000 Kilowatt.

## Die Beobachtungsaufgaben

Zahlreich sind die Forschungsziele, die man mit diesem riesigen Superteleskop erreichen will. Man hofft Fragen beantworten zu können, die mit keinem anderen Teleskop zu lösen sind.

Zum einen gilt es, einen Blick in riesige Entfernungen zu werfen. Man möchte bis zum Anfang des Universums zurückblicken in eine ferne Vergangenheit von über 13 Milliarden Jahren, als die ersten Sterne entstanden und sich die ersten Galaxien bildeten. Wie ging die Bildung der ersten Sterngesellschaften vor sich, wie entwickelten sich die ersten großräumigen Strukturen im Kosmos? Welche Eigenschaften hatten die ersten Sterne, die nur wenige hundert Millionen Jahre nach dem Urknall erstmals aufflammten und das vorher noch stockdunkle Weltall erleuchteten?

Man hofft, hochaufgelöste Spektren von zahlreichen Supernova-Detonationen zu erhalten, um die Expansionsrate, mit der sich das Universum permanent und immer schneller ausdehnt, mit bis dahin unerreichter Genauigkeit messen zu können. Beobachtungen der expandierenden, honigwabenartigen Strukturen in großen Raumbereichen werden die beschleunigte Expansion

4.15 Größenvergleich des ELT mit dem VLT auf dem Cerro Paranal und dem Brandenburger Tor. Illustration: ESO

genauer als bisher messen und damit die Stärke der ominösen Dunklen Energie bestimmen lassen. Dann wird man erfahren, ob die Dunkle Energie eines fernen Tages zum Big Rip, zum großen Zerreißen führt, mit dem das Weltall und alle Strukturen in ihm wie Galaxien, Sterne, Planeten bis hin zu Molekülen, Atomen und Elementarteilchen enden.

Auch der Einfluss der Dunklen Materie, ihre Verteilung und Auswirkung auf die Sternbildung wird man besser kennenlernen.

Ein weiterer Forschungsschwerpunkt wird die Untersuchung von Planeten anderer Sterne als der Sonne sein. Man will die chemische Zusammensetzung der Atmosphäre von Exoplaneten analysieren. Sollte dabei freier Sauerstoff gefunden werden, so deutet dies auf Vorhandensein von Photosynthese hin, kurz auf Spuren biologischer Prozesse. Noch andere Biomarker wird man eventuell aufspüren. Die Frage nach Leben im All wird dann nicht nur rein spekulativ, sondern konkret zu beantworten sein.

Ein weiteres Ziel ist, die Bildung von supermassereichen Schwarzen Löchern in den Zentren großer Galaxien zu verstehen. Gab es solche Monster schon in den ersten Sternsystemen oder erst in jüngster Zeit? Wie sind die Strukturen in den Spiralarmen von Milchstraßensystemen entstanden, wie haben sich kugelförmige Sternhaufen gebildet? All diese Fragen soll das ELT zu beantworten helfen. Auch will man hochaufgelöste Bilder von Gas- und Staubscheiben um junge Sterne gewinnen, aus denen sich Planetensysteme entwickeln. Selbst in kosmisch gesehen unmittelbarer Nachbarschaft, nämlich in unserem eigenen Sonnensystem, gibt es eine Fülle von lohnenswerten Beobachtungsobjekten: Wie sieht es auf dem Saturnmond Titan aus, wie erfolgt die Bildung von Methanwolken und -flüssen und wie sieht die Aktivität der Schwefelvulkane auf dem Jupitermond Io aus? Auch Bilder von eisigen Stickstoffgeysiren auf Triton, dem größten Neptunmond, sind erwünscht. Wie spielt sich das Wettergeschehen auf Uranus und Neptun ab?

Dies sind nur einige der vielfältigen Forschungsaufgaben für das ELT. Möglicherweise wird man mit diesem Superteleskop auch Dinge entdecken, von deren Existenz heute noch niemand auch nur das Geringste ahnt. Doch die letzten Rätsel des Universums wird auch das Extremely Large Telescope nicht klären. Jede neue Entdeckung ruft wieder weitere Fragen auf, die Astronominnen wie Astronomen vor neue Aufgaben stellen werden.

# 5 Himmelskalender

MAI 2023

## Mai 2023

- Venus strahlt am Abendhimmel hoch im Nordwesten.
- Mars kann in der ersten Nachthälfte gesehen werden.
- Merkur zeigt sich nicht.
- Jupiter taucht im letzten Maidrittel am Morgenhimmel auf.
- Saturn baut seine Morgensichtbarkeit aus.

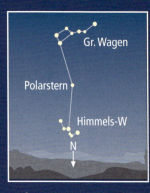

Großer Wagen und Himmels-W
Anfang Mai um 22 Uhr MEZ

5.1 Anblick des Westhimmels am 23. Mai gegen 22ʰ MEZ (= 23ʰ MESZ). Venus, Mars und die zunehmende Mondsichel halten sich im Gebiet der Sternbilder Zwillinge und Krebs auf.

# Himmelskalender 5
MAI 2023

| | |
|---|---|
| 1 Mo | Maifeiertag |
| 2 Di | |
| 3 Mi | |
| 4 Do | Mond bei Spica – morgens |
| 5 Fr | Vollmond |
| 6 Sa | |
| 7 So | |
| 8 Mo | |
| 9 Di | |
| 10 Mi | |
| 11 Do | |
| 12 Fr | Letztes Viertel |
| 13 Sa | |
| 14 So | |
| 15 Mo | |
| 16 Di | |
| 17 Mi | |
| 18 Do | Christi Himmelfahrt |
| 19 Fr | Neumond |
| 20 Sa | |
| 21 So | |
| 22 Mo | |
| 23 Di | Mond bei Venus und Pollux – abends |
| 24 Mi | Mond bei Mars – abends |
| 25 Do | |
| 26 Fr | Mond bei Regulus – abends |
| 27 Sa | Erstes Viertel |
| 28 So | Pfingstsonntag |
| 29 Mo | Pfingstmontag<br>Venus bei Pollux – abends |
| 30 Di | |
| 31 Mi | Mond bei Spica – abends |

# 5 Sonnenlauf

MAI 2023

## SONNE – STERNBILDER

**14. 5. 21ʰ:**
Sonne tritt in das Sternbild Stier

**21. 5. 8ʰ:**
Sonne tritt in das Tierkreiszeichen Zwillinge

**Julianisches Datum am
1. Mai, 1ʰ MEZ: 2 460 065,5**

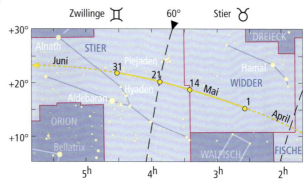

## SONNENLAUF

| Tag | Dämmerg. Anfang | Aufgang MEZ | Kulmination | Untergang MEZ | Dämmerg. Ende | Mittagshöhe | Zeitgleichg. | Rektaszension | Deklination |
|---|---|---|---|---|---|---|---|---|---|
| | h m | h m | h m | h m | h m | ° | m | h m | ° |
| 1. | 3 34 | 4 57 | 12 17 | 19 38 | 21 02 | 55,1 | +3 | 2 31 | +14,8 |
| 5. | 3 25 | 4 50 | 12 17 | 19 44 | 21 10 | 56,3 | +3 | 2 46 | +16,0 |
| 10. | 3 14 | 4 42 | 12 16 | 19 52 | 21 21 | 57,6 | +4 | 3 05 | +17,4 |
| 15. | 3 03 | 4 35 | 12 16 | 19 59 | 21 31 | 58,9 | +4 | 3 25 | +18,7 |
| 20. | 2 53 | 4 28 | 12 16 | 20 06 | 21 41 | 60,0 | +4 | 3 45 | +19,8 |
| 25. | 2 44 | 4 22 | 12 17 | 20 12 | 21 51 | 60,9 | +3 | 4 05 | +20,8 |
| 31. | 2 35 | 4 17 | 12 18 | 20 19 | 22 02 | 61,9 | +2 | 4 29 | +21,8 |

## TAGES- UND NACHTSTUNDEN

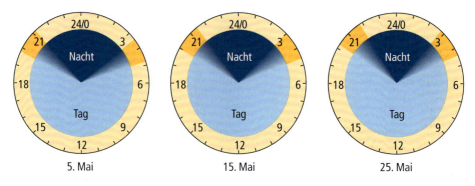

5. Mai — 15. Mai — 25. Mai

**MAI 2023**

# Mondlauf 5

## MONDLAUF

| Datum | Aufg. MEZ | Kulmi-nation | Unterg. MEZ | Rektas-zension | Dekli-nation | Sterne und Sternbilder | Phase | MEZ |
|---|---|---|---|---|---|---|---|---|
| | h m | h m | h m | h m | ° | | | |
| Mo 1. | 14 47 | 21 29 | 3 43 | 11 08 | + 9,9 | Löwe | | |
| Di 2. | 15 58 | 22 10 | 3 56 | 11 52 | + 4,3 | Jungfrau | | |
| Mi 3. | 17 11 | 22 53 | 4 08 | 12 36 | − 1,5 | Jungfrau | | |
| Do 4. | 18 27 | 23 38 | 4 22 | 13 22 | − 7,5 | Spica | Absteigender Knoten Libration Ost | |
| Fr 5. | 19 47 | − | 4 37 | 14 10 | −13,2 | Jungfrau | **Vollmond** | 18ʰ 34ᵐ |
| Sa 6. | 21 11 | 0 27 | 4 56 | 15 02 | −18,5 | Waage | | |
| So 7. | 22 33 | 1 21 | 5 23 | 15 57 | −23,0 | Antares | | |
| Mo 8. | 23 49 | 2 19 | 5 59 | 16 57 | −26,2 | Antares | | |
| Di 9. | − | 3 21 | 6 52 | 18 00 | −27,8 | Kaus Borealis | | |
| Mi 10. | 0 50 | 4 24 | 8 00 | 19 04 | −27,6 | Schütze, Nunki | | |
| Do 11. | 1 35 | 5 25 | 9 22 | 20 07 | −25,6 | Schütze | Erdnähe 369/32,4 Größte Südbreite | 6ʰ |
| Fr 12. | 2 07 | 6 22 | 10 48 | 21 07 | −22,0 | Steinbock | **Letztes Viertel** | 15ʰ 28ᵐ |
| Sa 13. | 2 30 | 7 16 | 12 14 | 22 03 | −17,1 | Wassermann | | |
| So 14. | 2 48 | 8 06 | 13 38 | 22 57 | −11,3 | Wassermann | | |
| Mo 15. | 3 04 | 8 53 | 14 59 | 23 47 | − 5,0 | Wassermann | | |
| Di 16. | 3 18 | 9 40 | 16 19 | 0 36 | + 1,5 | Walfisch | | |
| Mi 17. | 3 33 | 10 27 | 17 39 | 1 25 | + 7,9 | Fische | Aufsteigender Knoten | |
| Do 18. | 3 49 | 11 15 | 18 59 | 2 15 | +13,8 | Widder | | |
| Fr 19. | 4 08 | 12 04 | 20 19 | 3 06 | +19,0 | Widder | **Neumond Nr. 1242** Libration West | 16ʰ 53ᵐ |
| Sa 20. | 4 33 | 12 56 | 21 35 | 3 59 | +23,1 | Stier, Plejaden | | |
| So 21. | 5 06 | 13 50 | 22 42 | 4 54 | +26,1 * | Stier, Alnath | | |
| Mo 22. | 5 50 | 14 44 | 23 38 | 5 50 | +27,7 | Stier, Alnath | | |
| Di 23. | 6 45 | 15 37 | − | 6 46 | +27,8 | Zwillinge | | |
| Mi 24. | 7 49 | 16 28 | 0 21 | 7 40 | +26,6 * | Kastor, Pollux | Größte Nordbreite | |
| Do 25. | 8 58 | 17 15 | 0 53 | 8 32 | +24,2 | Krebs, Krippe | | |
| Fr 26. | 10 09 | 18 00 | 1 16 | 9 21 | +20,8 | Krebs | Erdferne 405/29,5 | 3ʰ |
| Sa 27. | 11 19 | 18 42 | 1 34 | 10 08 | +16,5 * | Löwe, Regulus | **Erstes Viertel** | 16ʰ 22ᵐ |
| So 28. | 12 29 | 19 23 | 1 49 | 10 53 | +11,7 | Löwe | | |
| Mo 29. | 13 39 | 20 04 | 2 02 | 11 36 | + 6,3 | Löwe | | |
| Di 30. | 14 50 | 20 46 | 2 14 | 12 20 | + 0,6 | Jungfrau | | |
| Mi 31. | 16 04 | 21 29 | 2 27 | 13 05 | − 5,3 | Spica | | |

## DER MOND NÄHERT SICH SPICA

# 5 Planetenlauf

MAI 2023

**MERKUR** kommt in der Nacht vom 1. auf 2. in untere Konjunktion mit der Sonne. Dabei erreicht er mit 84 Millionen Kilometer (= 0,56 AE) seine geringste Entfernung von der Erde. Der flinke Planet entfernt sich rasch rückläufig von der Sonne. Am 14. wird Merkur stationär und ist anschließend wieder rechtläufig.

Schließlich erreicht er am 29. mit 24°53′ seine größte westliche Elongation. Sie fällt recht groß aus, da Merkur am 14. das Aphel seiner Bahn passiert und somit relativ weit von der Sonne entfernt ist.

Trotz des großen Elongationswinkels kommt es nicht zu einer Morgensichtbarkeit. Denn wegen seiner rund 9° südlicheren Deklination gegenüber der Sonne fällt der Tagbogen kleiner aus als der der Sonne, die fast schon ihren Höchststand erreicht hat. Am 29. geht der $0^m\!.4$ helle Planet um $3^h36^m$ (= $4^h36^m$ Sommerzeit) auf, die Sonne folgt schon um $4^h20^m$ (= $5^h20^m$ Sommerzeit). Fazit: Merkur zeigt sich im Mai nicht mit dem bloßen Auge. Seine Konjunktionsschleife zieht Merkur im Sternbild Widder (siehe Abb. 4.6 auf Seite 100).

**VENUS** zieht schon in der Abenddämmerung die Blicke auf sich. Sie beherrscht mit ihrem Glanz die erste Hälfte der kurzen Mainächte. Ihre Helligkeit nimmt merkbar auf $-4^m\!.4$ zu. Sie entfernt sich von Alnath (β Tauri), dem nördlichen Stierhorn, an dem sie am letzten Tag des Vormonats in 3°,0 südlichem Abstand vorbeizog (siehe auch Abb. 2.3 auf Seite 61).

Am 8. wechselt sie aus dem Stier in das Sternbild Zwillinge, nachdem sie schon am 7. den

## KONSTELLATIONEN UND EREIGNISSE

| Datum | MEZ | Ereignis |
|---|---|---|
| 2. | $0^h$ | Merkur in unterer Konjunktion mit der Sonne |
| 3. | 0 | Pluto im Stillstand, anschließend rückläufig |
| 5. | 19 | Halbschattenfinsternis des Mondes – in Mitteleuropa unbeobachtbar (siehe Seite 25) |
| 9. | 21 | Uranus in Konjunktion mit der Sonne |
| 13. | 14 | Mond bei Saturn, Mond 3°,3 südlich |
| 14. | 8 | Merkur im Stillstand, anschließend rechtläufig |
| 14. | 20 | Merkur im Aphel |
| 15. | 2 | Mond bei Neptun, Mond 2°,2 südlich |
| 17. | 14 | Mond bei Jupiter, Mond 0°,8 nördlich |
| 18. | 3 | Mond bei Merkur, Mond 3°,6 nördlich |
| 19. | 1 | Mond bei Uranus, Mond 1°,8 nördlich |
| 23. | 13 | **Mond bei Venus**, Mond 2°,2 nördlich, Abstand 3°,0 um $20^h$ und 1°,8 um $13^h$ |
| 24. | 19 | **Mond bei Mars**, Mond 3°,8 nördlich, Abstand 2°,0 um $22^h$ |
| 29. | 7 | Merkur in größter westlicher Elongation (25°) |
| 30. | 21 | Mars im Aphel |

# MAI 2023 — Planetenlauf 5

Sommerpunkt 2°,6 nördlich passiert hat. Damit erreicht sie auch den Gipfel ihrer scheinbaren Bahn und hält sich 26° nördlich des Himmelsäquators auf. Zu Monatsende wandert Venus 4°,2 südlich an Pollux (β Geminorum) vorbei (siehe Abb. 6.2 auf Seite 134).

Zu Monatsbeginn geht Venus um $23^h39^m$ (= $0^h39^m$ Sommerzeit am 2.) unter. Am 18. erfolgt der Venusuntergang um $23^h54^m$. Dies ist der späteste Venusuntergang seit über 50 Jahren. Am 31. Mai geht Venus um $23^h46^m$ (= $0^h46^m$ Sommerzeit am 1. Juni) unter.

Ein netter Himmelsanblick ergibt sich am 23. abends, wenn die Sichel des zunehmenden Mondes mit Venus zusammentrifft (siehe Abb. 5.1 auf Seite 112) und auch Mars mit von der Partie ist.

Der scheinbare Durchmesser des Venusglobus wächst auf knapp 23″ an. Ende Mai zeigt sich das Venusscheibchen fast halb beleuchtet. Die Dichotomie wird aber erst Anfang Juni erreicht.

**MARS** kann in der ersten Nachthälfte beobachtet werden. Er wandert durch die Zwillinge und wechselt am 17. in den Krebs. Die Venus verfolgt Mars, holt ihn aber nicht ein, da sie vorher langsamer als Mars wird (siehe Abb. 6.3 auf Seite 135). Ein netter Himmelsanblick ergibt sich am 23. gegen $22^h$ (= $23^h$ Sommerzeit), wenn das Dreigestirn Mondhörnchen, Venus und Mars über dem Westhorizont zu

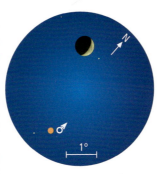

**5.2** Die zunehmende Mondsichel begegnet Mars am 24. Mai. Fernglasanblick gegen $22^h$ MEZ (= $23^h$ MESZ).

sehen ist (siehe Abb. 5.1 auf Seite 112). Einen Tag später zieht die zunehmende Mondsichel dann an Mars vorbei (siehe Abb. 5.2 oben).

Während des Mais sinkt die Marshelligkeit weiter von $1^m_{.}3$ auf $1^m_{.}6$ ab. Die Untergänge des Mars verlagern sich von $1^h20^m$ (= $2^h20^m$ Sommerzeit) auf $0^h49^m$ am 15. und auf $0^h10^m$ am 31. Der inzwischen unter 5″ geschrumpfte Durchmesser des Marsglobus bietet keine Anreize mehr für Fernrohrbeobachter.

Am 30. passiert Mars sein Aphel, wobei ihn 249,2 Millionen Kilometer (= 1,66 AE) von der Sonne trennen.

**JUPITER**, rechtläufig in den Fischen, stand gegen Mitte des Vormonats in Konjunktion mit der Sonne. Im letzten Maidrittel macht er sich am Morgenhimmel tief am Osthimmel bemerkbar. Am 20. geht der $-2^m_{.}1$ helle Riesenplanet um $3^h30^m$ (= $4^h30^m$ Sommerzeit) auf. Etwa eine Viertelstunde später hat er sich so-

weit über die ärgsten Dunstschichten am Horizont erhoben, dass man ihn erkennen kann. Rund 20 Minuten später verblasst er in der zunehmenden Morgenhelle. Bis Monatsende verfrühen sich die Jupiteraufgänge auf $2^h52^m$ (= $3^h52^m$ Sommerzeit). Die Morgensichtbarkeit des Riesenplaneten wächst auf rund eine Stunde an. Am 19. verlässt er die Fische und wechselt in den Widder (siehe Abb. 11.4 auf Seite 231).

**SATURN** baut seine Morgensichtbarkeit aus. Er wandert rechtläufig durch das Sternbild Wassermann, wobei er allerdings seine Geschwindigkeit merkbar verlangsamt (siehe Abb. 8.3 auf Seite 171). Sein Stillstand folgt Mitte nächsten Monats. Am 1. geht Saturn um $3^h05^m$ (= $4^h05^m$ Sommerzeit) auf und am 15. um $2^h12^m$. Ende Mai steigt der $0^m_{.}9$ helle Ringplanet bereits um $1^h11^m$ über die östliche Horizontlinie.

**URANUS** steht am 9. in den späten Abendstunden im Sternbild Widder in Konjunktion mit der Sonne. Der 1781 von Wilhelm Herschel rein zufällig entdeckte siebte Planet unseres Sonnensystems steht mit der Sonne am Taghimmel und bleibt nachts unter dem Horizont. Beide kulminieren fast gleichzeitig an diesem Tag.

Am Tag der Konjunktion ist Uranus 3091 Millionen Kilometer (= 20,66 AE) von der Erde entfernt. Dies ist die größte Distanz in diesem Jahr. Seine Sonnen-

# 5 Planetenlauf

MAI 2023

5.3 Das Sternbild Löwe

entfernung beträgt am 9. Mai 2023 2940 Millionen Kilometer (= 19,65 AE).

**NEPTUN**, rechtläufig im Sternbild Fische, kann noch nicht am Morgenhimmel beobachtet werden. Der mit $7^m\!.9$ recht lichtschwache Planet bleibt weiterhin unbeobachtbar.

## PLANETOIDEN UND ZWERGPLANETEN

**PLUTO** wird am 3. im Sternbild Steinbock stationär und ist anschließend rückläufig (siehe Abb. 7.4 auf Seite 155). Am 2. geht Pluto um $1^h48^m$ (= $2^h48^m$ MESZ) auf und kulminiert um $5^h53^m$. In Opposition zur Sonne kommt der $14^m\!.4$ helle Pluto am 22. Juli.

**CERES** (1) beschleunigt ihren südwärts gerichteten Lauf, wobei sie am 8. das Sternbild Coma Berenices (Haar der Berenike) verlässt und für wenige Tage in den Löwen wechselt. Am 13. wird sie stationär, was ihre Bewegung in Rektaszension betrifft. Damit beendet sie ihre Oppositionsperiode, was auch an der erheblich abnehmenden Helligkeit von $7^m\!.6$ auf $8^m\!.2$ deutlich wird. Schon am 18. kehrt sie in Coma Berenices für sechs Tage zurück und tritt am 24. in das Sternbild Jungfrau (siehe Abb. 3.7 auf Seite 81).

Am 1. passiert Ceres um $21^h43^m$ den Meridian und geht um $5^h07^m$ (= $6^h07^m$ Sommerzeit) unter. Bis 31. verfrüht sich ihr Untergang auf $2^h53^m$ (= $3^h53^m$ Sommerzeit) und ihr Meridiandurchgang erfolgt schon um $19^h47^m$, wenn es noch taghell ist.

## PERIODISCHE STERNSCHNUPPENSTRÖME

Die **ETA-AQUARIIDEN**, auch **MAI-AQUARIIDEN** genannt, flammen von Ende des Vormonats bis etwa Mitte Mai auf. Die letzten Aquariiden tauchen bis 28. Mai auf. Ihr Radiant liegt bei η Aquarii. Das ausgeprägte Maximum wird am 6. Mai erreicht. Der Mond erhellt jedoch die Nächte um das Maximum sehr stark. Die Rate lag in den letzten Jahren um 60 bis 70 Objekte pro Stunde. 2013 wurden sogar Raten über 100 beobachtet. Für Beobachter in Mitteleuropa sind die Bedingungen jedoch ungünstig, da der Radiant erst kurz vor der Morgendämmerung aufgeht. Je weiter südlich, desto länger wird die verfügbare Beobachtungszeit, auch durch den späteren Dämmerungsbeginn. Für Beobachter im Mittelmeerraum und weiter südlich gehört der Strom zu den aktivsten des Jahres. Die beste Beobachtungszeit ist ab etwa $3^h$ am Morgenhimmel in den Tropen. Ursprungsobjekt ist der Komet 1P/Halley.

Es handelt sich bei diesem Meteorstrom um schnelle Objekte (um 60 Kilometer pro Sekunde), die auffallend lange Leuchtspuren hinterlassen.

Zwischen dem 3. und 14. Mai erscheinen die **ETA-LYRIDEN**. Dieser recht schwache Strom konnte erst in den letzten Jahren einigermaßen sicher nachgewiesen werden. Bei seinem flachen Maximum am 8. Mai sind kaum mehr als fünf Sternschnuppen pro Stunde zu registrieren. Der helle Mond wird die Zahl der sichtbaren Meteore reduzieren.

Der Radiant befindet sich zwischen Wega und δ Cygni. Somit steht er im Mai die gesamte Nacht hoch am Firmament. Als Ursprungskomet wurde C/1983 H1 (IRAS-Araki-Alcock) identifiziert.

Im südlichsten Bereich der Ekliptik findet man den **ANTIHELION**-Radianten. In einigen Listen sind Scorpiiden und Sagittariiden extra aufgeführt – dies sind etwas aktivere Bereiche innerhalb des ausgedehnten Radianten aus dem ganzjährig aktiven Bereich wenige Grad östlich des Oppositionspunktes zur Sonne.

MAI 2023  Fixsternhimmel  5

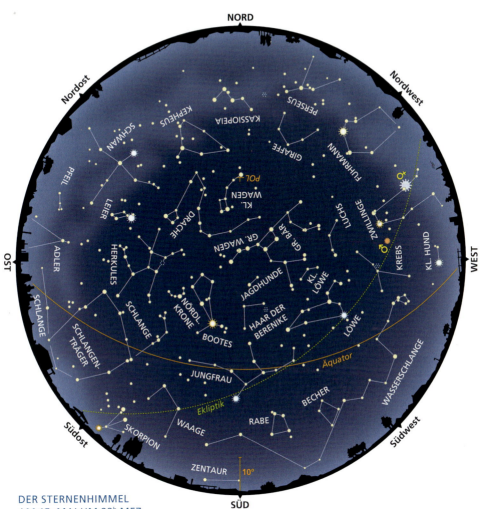

**DER STERNENHIMMEL
AM 15. MAI UM 22ʰ MEZ**

| Die Sternkarte ist auch gültig für: | | |
|---|---|---|
|  | MEZ | MESZ |
| 15. 1. | 6ʰ |  |
| 1. 2. | 5 |  |
| 15. 2. | 4 |  |
| 1. 3. | 3 |  |
| 15. 3. | 2 |  |
| 1. 4. | 1 | 2ʰ |
| 15. 4. | 0 | 1 |
| 1. 5. | 23 | 24 |
| 15. 5. | 22 | 23 |
| 31. 5. | 21 | 22 |

Steil über unseren Köpfen steht der Himmelswagen. Der letzte Deichselstern, Benetnasch, gelegentlich auch Alkaid genannt, steht eben im Meridian in oberer Kulmination. Auch die Kassiopeia, das Himmels-W, hält sich im Meridian auf. Allerdings steht die Kassiopeia knapp über dem Nordhorizont zwischen Himmelsnord*pol* und dem Nord*punkt* am Horizont. Diese Position nennt man „untere Kulmination". Im Gegensatz zur oberen Kulmination erreichen Sterne und Sternbilder in unterer Kulmination ihre tiefste Stellung und damit ihre größte Zenitdistanz. Ihre untere Kulmination erreichen die meisten Sternbilder unter dem Horizont, bleiben also unsichtbar. Diejenigen Sternbilder, die in unterer Kulmination über dem Horizont

# 5 Fixsternhimmel     MAI 2023

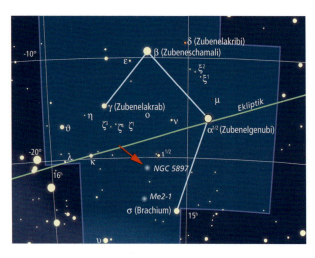

**5.4** Skelettkarte des Sternbildes Waage.

stehen, nennt man zirkumpolar. Zirkumpolarsterne und -bilder sind das ganze Jahr über in jeder klaren Nacht zu sehen, da sie nie untergehen. Der Große Wagen und das Himmels-W sind beispielsweise zirkumpolar.

Von den Wintersternbildern sind lediglich die beiden Sternenketten der Zwillinge mit Kastor und Pollux noch tief im Westen zu erkennen. Im Nordwesten sieht man die auffällig helle Kapella im Fuhrmann, die in unseren Breiten zirkumpolar ist. Tief im Westen kann noch Prokyon, der Hauptstern im Kleinen Hund, erspäht werden.

Spica in der Jungfrau passiert gerade die Mittagslinie. Südlich der Jungfrau, ebenfalls noch in Meridiannähe, entdeckt man das Sternenviereck des Raben (lat.: Corvus). Der Rabe ist nicht besonders auffällig. Wer ihn aber einmal gefunden hat, prägt sich seine trapezartige Figur leicht ein.

Der Himmelslöwe hat seinen Meridiandurchgang schon hinter sich und steht hoch im Südwesten. Seine markante Figur ist leicht auszumachen. Hoch im Südosten leuchtet unübersehbar der rötliche Arktur im Sternbild Bootes. Arktur ist ein roter Riesenstern und gehört zu den Fixsternen mit den größten Eigenbewegungen.

Neben dem Bootes stößt man auf die Nördliche Krone. Ihr einprägsamer Sternenhalbkreis ist bei genügender Dunkelheit leicht zu finden. Schwieriger wird es schon mit dem ausgedehnten Bild des Herkules. Hier gehört einige Übung dazu, ihn zu erkennen.

Im Nordosten geht gerade das Sommerdreieck auf. Wega und Deneb sind schon über die Horizontlinie gestiegen, während sich Atair noch unter dem Horizont befindet.

Der Osten wird vom Schlangenträger (lat.: Ophiuchus) und der Schlange (lat.: Serpens) eingenommen. Beide Bilder sind sehr ausgedehnt und setzen sich nur aus lichtschwachen, weit verstreuten Sternen zusammen. Sie sind daher am Firmament über unseren lichtüberfluteten Städten und Gemeinden kaum mehr zu finden.

Im Südosten nimmt die Waage ihren Platz ein. Als Tierkreisbild kennt man die Waage dem Namen nach gut. Aber nur wenige finden sie am Sternenhimmel. Die Waage ist der einzige Gegenstand im Tierkreis – alle anderen Bilder stellen Lebewesen dar. Einst lag der Herbstpunkt im Sternbild Waage, heute findet man ihn in der Jungfrau. Trotzdem spricht man immer noch vom Waagepunkt, wenn man

## VERÄNDERLICHE STERNE

| Algol-Minima | | β-Lyrae-Minima | | δ-Cepheï-Maxima | | Mira-Helligkeit | |
|---|---|---|---|---|---|---|---|
| 11. | $5^h21^m$ | 4. | 7$^h$ H | 3. | 13$^h$ | 1. | 7$^m$ |
| 14. | 2 09 | 10. | 18 N | 8. | 22 | 10. | 6 |
| 19. | 19 47 | 17. | 6 H | 14. | 7 | 20. | 5 |
| | | 23. | 17 N | 19. | 16 | 31. | 4 |
| | | 30. | 4 H | 25. | 1 | | |
| | | | | 30. | 9 | | |

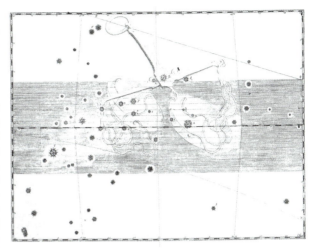

**5.5** Figürliche Darstellung des Sternbildes Waage in dem Sternatlas *Uranometria* von Johannes Bayer aus dem Jahre 1603.

den Herbstpunkt meint. Nur vier Sterne in der Waage sind so hell, dass man sie mühelos mit bloßen Augen sehen kann. Es sind dies die Sterne α ($2^{m}_{.}6$), β ($2^{m}_{.}6$), γ ($3^{m}_{.}9$) und σ Librae ($3^{m}_{.}3$). Nach dem Bonner Astronomen Friedrich Wilhelm Argelander (1799–1875) gehören 28 Sterne bis zur sechsten Größenklasse (und damit theoretisch freiäugig zu erkennen) zur Waage.

In der Antike deuteten die Sterne der Waage noch die Scheren des Skorpions an. Aus dieser Zeit stammen auch die arabischen Namen für die beiden hellsten Sterne, α und β Librae. α Librae heißt Zubenelgenubi, was „südliche Schere" bedeutet, und β Librae wird Zubenelschemali genannt, was entsprechend „nördliche Schere" heißt.

### OBJEKTE FÜR FELDSTECHER UND FERNROHR

Zu den schönsten und größten Spiralgalaxien zählt die Windmühlen- oder Feuerradgalaxie (auch Pinwheel Galaxy) M 101 (NGC 5457). Sie liegt im Sternbild Ursa Maior (Großer Bär) etwa 5°,5 östlich von Mizar, dem mittleren Deichselstern. Laut Messiers Katalog beträgt ihre scheinbare Größe 29′ × 27′. Dies entspricht fast dem Durchmesser der Vollmondscheibe. Man blickt senkrecht auf die Spirale. Mit $7^{m}_{.}7$ Helligkeit ist sie leicht zu übersehen. Schon bald nach Einsatz von größeren Teleskopen wurde M 101 als Sterneninsel im Weltall bezeichnet.

Auf Farbaufnahmen erscheinen die Spiralarme blau mit roten Einschlüssen. Rot erscheinen die interstellaren Gaswolken des glühenden, ionisierten Wasserstoffs (H-II-Gebiete). Zur

**5.6** Die Windmühlen- oder Feuerradgalaxie (M 101) im Sternbild Großer Bär (Aufnahme von Martin Gertz, Sternwarte Welzheim).

# 5 Fixsternhimmel

MAI 2023

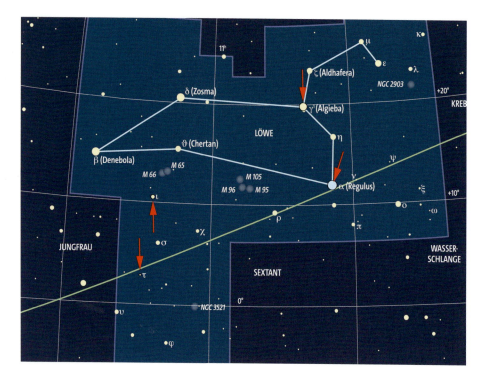

**5.7** Das Sternbild Löwe mit den Positionen der Doppelsterne α, γ, τ und ι Leonis.

Beobachtung von M 101 sollte man eine mondlose, sehr klare Nacht wählen und einen Beobachtungsplatz fernab irdischer Lichtquellen. Ein Sechs-Zoll-Refraktor (15 cm Objektivdurchmesser) ist empfehlenswert. Ab 20 cm Objektivöffnung (Achtzöller) kann man auch den hellen Kern erkennen. Diese Welteninsel ist von uns 22 Millionen Lichtjahre entfernt. Mit 185 000 Lichtjahren wahrem Durchmesser ist sie fast doppelt so groß wie unsere Milchstraße.

Schon im Fernglas 10 × 50 zu trennen sind die beiden Doppelsterne Regulus (α Leonis) und τ Leonis. Auch der prominente Doppelstern γ Leonis – Halsstern des Löwen – wird häufig ins Visier genommen. Allerdings ist ein Fernrohr nötig, um ihn zu trennen. Weniger bekannt ist, dass Regulus selbst ein weiter Doppelstern ist. Die bläulich-weiße, mit $1^m\!\!.4$ recht helle Hauptkomponente besitzt in 176″ Distanz einen schwachen Begleiter achter Größenklasse. Wäre der gelbliche Begleiter so hell wie Regulus selbst, so sähe man selbst mit bloßen Augen Regulus als doppeltes Sternpünktchen. Wegen der Lichtschwäche des Regulusbegleiters gelingt dies nur mit einem Fernglas.

Im Prinzip noch etwas leichter ist τ Leonis als Doppelstern im Fernglas auszumachen. Ein $4^m\!\!.8$ gelber Riese (G8) besitzt in 88″ Abstand einen $7^m\!\!.4$ hellen Begleiter. Hier ergibt sich eher das Problem, τ Leonis erst einmal zu finden. Man gehe dabei am besten von ϑ Leonis aus. ϑ Leonis liegt auf der Basislinie Regulus – Denebola (β Leonis), näher bei β Leo. Von hier gehe man südlich über ι Leonis und σ Leonis. Noch ein Stückchen südlicher stößt man auf τ Leonis, der in der westlichen Nachbarschaft von β Virginis (Zawijawa) liegt. In der Umgebung von τ Leonis sieht man eine ganze Gruppe von Sternen sechster und siebenter Größe (siehe auch Sternkarte E12 im Atlas von Karkoschka). Von τ Leonis trennen uns 320 und 550 Lichtjahre. Er ist somit ein optischer Doppelstern. Beide Komponenten stehen hintereinander und sind nicht gravitativ gebunden.

Wenn man schon bei ι Leonis vorbeikommt: Auch dieser Stern zeigt sich doppel, allerdings erst in einem Instrument ab 15 cm Öffnung, einem Sechszöller also. Der 4$^m$,1 helle, weißlichgelbe Hauptstern hat in nur 1",4 Distanz einen 6$^m$,7 hellen Begleiter gleicher Farbe.

Wer schon im Gebiet des Löwen den Nachthimmel mit lichtstarker Optik absucht, stößt auf eine ganze Gruppe interessanter Galaxien, alles ferne Milchstraßensysteme mit Hunderten Milliarden von Sonnen. Auf der Verbindungslinie α Leonis – β Leonis liegen die Galaxien M 65, M 66, M 95, M 96 und M 105. Zwischen β Leonis und ε Virginis stößt man auf ein ganzes Galaxiennest (M 58, M 59, M 60, M 84, M 85, M 86, M 87, M 88, M 91, M 98 und M 100). Es handelt sich um die hellsten Exemplare des Virgo-Galaxienhaufens, der mehrere tausend Milchstraßensysteme umfasst und von dessen Zentrum wir rund 60 Millionen Lichtjahre entfernt sind.

Ähnlich viele Galaxien sind im Haar der Berenike (Coma Berenices) sowie im Gebiet Nördliche Krone und Herkules anzutreffen. Allerdings sind sie erheblich lichtschwächer und nur besser ausgerüsteten Amateurastronomen zugänglich. Man spricht vom Coma-Galaxienhaufen, vom Herkules- und Corona-Borealis-Haufen. Der Coma-Galaxienhaufen ist nicht zu verwechseln mit dem Coma-Sternhaufen, der schon mit einem kleinen Fernglas oder Operngucker zu sehen ist. Bei sehr guten Sichtbedingungen kann man fünf bis zehn Sterne sogar mit bloßen Augen sehen.

Dieser offene Sternhaufen umfasst rund 50 Sterne, ist 280 Lichtjahre entfernt und uns damit näher als die Plejaden im Stier, wenn auch längst nicht so auffällig. Der Coma-Sternhaufen trägt auch die Bezeichnung Melotte 111.

M 53 ist ein ferner Kugelhaufen (60 000 Lichtjahre) im Haar

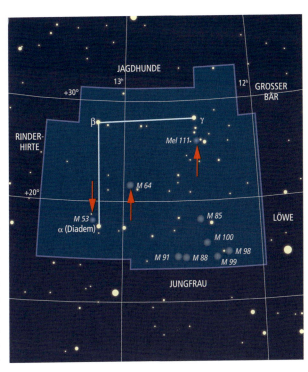

**5.8 Das Sternbild Haar der Berenike (Coma Berenices) mit dem Sternhaufen Melotte 111 sowie dem Kugelhaufen M 53 und der Galaxie M 64.**

der Berenike. Er ist im Teleskop nur als kleines, rundes, diffuses Lichtfleckchen zu erkennen – im Fernglas sieht man kaum etwas. M 53 liegt ein wenig nordöstlich von α Com, Diadem mit Namen. Ebenfalls im Sternbild Coma Berenices findet sich die Galaxie M 64, gelegentlich auch als Milchstraße mit dem dunklen Auge bezeichnet. Interstellare Staubmassen absorbieren hier das Sternenlicht. Rund 20 Millionen Lichtjahre trennen uns von M 64.

# Der rußende Stern in der Nördlichen Krone

5.9 Das Sternbild Corona Borealis (Nördliche Krone) mit R CrB, aufgenommen von Martin Gertz auf der Sternwarte Welzheim.

Mitten im Sternenhalbkreis der Nördlichen Krone steht ein Stern, der den Astronomen schon seit mehr als 200 Jahren Rätsel aufgibt. Er ist als Stern 6. Größe unter extrem guten Sichtbedingungen sogar freiäugig zu sehen, manchmal aber auch nicht. Dann bleibt er verschwunden und ist auch in lichtstarken Ferngläsern nicht zu erkennen. Schließlich taucht er wieder auf und verschwindet wieder.

Dies aber völlig unregelmäßig, ohne dass er eine Periode seines Lichtwechsels erkennen ließe. Er gehört zu den am häufigsten beobachteten Sternen mit einem Lichtwechsel, die kurz als „Veränderliche" bezeichnet werden. Der Bonner Astronom Friedrich Wilhelm Argelander hat ihm die Bezeichnung „R in der Nördlichen Krone" verpasst. Inzwischen spricht man von R Coronae Borealis oder abgekürzt von R CrB. Nach Argelander wird der erste in einem Sternbild entdeckte Veränderliche mit R und dem Genetiv des lateinischen Sternbildnamens bezeichnet, der zweite dann mit S, der dritte mit T (z. B. T Tauri) und so weiter. Ist das Alphabet zu Ende, nimmt man Doppelbuchstaben wie RR Lyrae, der Prototyp der kurzperiodischen Cepheïden. Sind auch diese Kombinationen alle vergeben, so bezeichnet man weitere Veränderliche mit V plus einer laufenden Nummer und dem Sternbild, in dem er steht.

Obwohl schon viel über den Stern R in der Nördlichen Krone geforscht wurde und so manche Tatsachen bekannt geworden sind, gilt es noch manche Fragen zu klären. Diesen widmen sich in verstärktem Maße auch Astronominnen, um mit sehr großen Teleskopen diesem mysteriösen Stern seine letzten Geheimnisse zu entreißen. Es wird ihnen sicher gelingen.

Entdeckt wurde R CrB im Jahre 1795 als einer der ersten veränderlichen Sterne von dem englischen Amateurastronomen Edward Fairfax Pigott (1753–1825). Er war ein Freund von John Goodricke und Mitentdecker von Algol im Perseus sowie Delta im Kepheus (siehe auch Monatsthema „Tanzende Eier" im *Kosmos Himmelsjahr 2022*, Seite 168). Pigott beobachtete auch den Venustransit vom 3. Juni 1769 sowie den Merkurtransit vom 3. Mai 1786. Ausführlich studierte er ferner die Jupitermonde. Außerdem entdeckte er den kurzperiodischen Kometen D/1783 W1.

Schon den ersten Beobachtern fiel auf, dass R in der Nördlichen Krone, abgesehen von geringen Variationen seiner Helligkeit von $\pm 0^m\!.1$, Monate bis Jahre lang mit $6^m$ leuchtet, dann aber ziemlich rasch an Helligkeit verliert.

Innerhalb von nur drei bis fünf Wochen sinkt seine Helligkeit in zwei oder drei Stufen bis auf die 15. Größenklasse ab und ist damit bis zu zehntausend Mal lichtschwächer als vorher. Über kurz oder lang wird er dann wieder heller. Auch dies erfolgt in mehreren Stufen, bis er seine ursprüngliche Helligkeit wiedererlangt hat. Halb ironisch nannte man ihn deshalb eine inverse, also umgekehrte Nova.

Bei einer Nova geschieht der Helligkeitsausbruch extrem schnell, der Abfall dauert hingegen Wochen und Monate. Bei R CrB hingegen erfolgt der Helligkeitsabfall schnell, der Anstieg aber langsam. Im Helligkeitsminimum zeigt dieser mysteriöse Stern kein konstantes Licht, sondern eher ein Flackern. Manchmal beginnt ein rascher Anstieg, gefolgt von einem Rückfall, dem ein erneuter Anstieg folgt.

**5.10** Aufsuchkarte für R Coronae Borealis (R CrB) mit Vergleichssternen

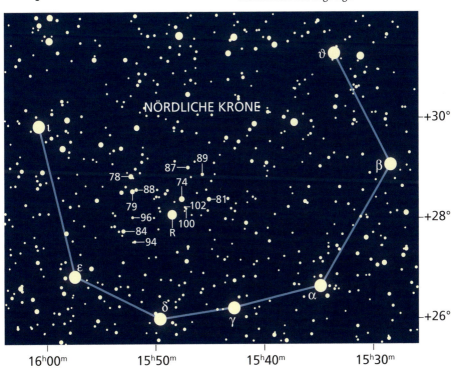

# 5 Monatsthema

MAI 2023

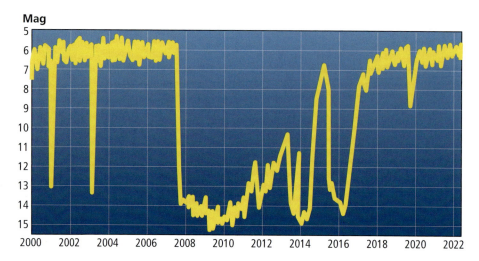

**5.11** Lichtkurve von R CrB von 2000 bis 2022 (Datenquelle: AAVSO)

Gelegentlich ist auch eine Zeit lang kein Helligkeitsabfall zu beobachten. Von 1925 bis 1934 gab es keinen Lichtabfall, von 1942 bis 1949 hingegen einige. Auch in jüngerer Zeit hat sich das Verhalten von R CrB nicht verändert.

Im Jahr 2007 sah man ihn zunächst als normalen Stern 6. Größe. Im August beobachtete man einen drastischen Abfall auf $14^m$, also einen Intensitätsrückgang an Helligkeit fast um den Faktor 2000, und das in nur 33 Tagen. Dann fiel er bis zum Juni 2009 weiter auf $15^m$ ab. Am Ende des Jahres 2011 kletterte er wieder auf $12^m$ hoch und erreichte schließlich $7^m$ Ende 2014.

Dann ging es wieder bergab auf $15^m$ bis 2016. Schon 2017 kam er wieder auf $7^m$. 2019 ging es kurzfristig auf $9^m$, bis er wieder seine übliche Helligkeit von $6^m$ erreichte.

## Ein seltener gelber Überriese

Natürlich wollte man zunächst einmal wissen: Wie weit ist R CrB eigentlich entfernt? Denn für die Ableitung der Zustandsgrößen ist die Kenntnis der Entfernung eines Sterns enorm wichtig. Kennt man die Entfernung eines Sterns, kann man aus seiner beobachteten scheinbaren Helligkeit auf seine wahre Leuchtkraft schließen. So hat man am Allegheni-Observatorium in Pittsburgh in Pennsylvania (USA) versucht, die trigonometrische Parallaxe von R CrB zu messen. Man erhielt einen Wert von $\pi = 0{,}''04$. Dies ergibt eine Entfernung von 25 Parsec oder 82 Lichtjahren. Ein lächerlicher, viel zu kleiner Wert, der keinesfalls stimmen konnte, so war es allen Fachkolleginnen und Fachkollegen sofort klar.

Völlig ungelöst blieb die Frage auf der Strecke, was oder wer blockt das Licht so enorm ab, dass die beobachtete Helligkeit bis zum Zehntausendfachen abnimmt? Ein Pulsationsmechanismus konnte es nicht sein, ebenso wenig ein Bedeckungseffekt durch einen Himmelskörper. Denn dann gäbe es eine eindeutige Periode. Was tun in so einem Fall? Der Schlüssel liegt im Verständnis des Sternspektrums!

R CrB zeigt sich als gelber Überriesenstern (G0 Ia) mit einer absoluten Helligkeit von $-5^M$, was einer Leuchtkraft von 19 000 Sonnenleuchtkräften entspricht. Damit war klar: Seine Entfernung beträgt rund 4500 Lichtjahre.

Solche gelben Riesensterne mit gewaltigen Helligkeitsausbrüchen gibt es sehr selten. In den Magellanschen Wolken wurden bisher 25 gefunden. In unserer Milchstraße gibt es vermutlich etwa 5000. Nach dem Prototyp R CrB werden sie R-Coronae-Borealis-Sterne oder kurz RCBs genannt. Neuste Untersuchungen gehen davon aus, dass deutlich weniger als tausend RCB-Sterne die Galaxis bevölkern.

Noch weitere Eigenschaften verrät des Spektrum von R CrB: Es findet sich kaum Wasserstoff in der Sternatmosphäre, die Wasserstofflinien sind extrem schwach. Dafür ist R CrB reich an Helium. Aus dem Spektrum schließt man auf eine Temperatur von 6480 °C. Die meisten RCB-Sterne haben Oberflächentemperaturen von 5000 bis 7000 Grad. Es sind aber vier helle Kandidaten bekannt mit Temperaturen von 15 000 bis 25 000 Grad: MV Sagittarii, V348 Sagittarii und DY Centauri. Der vierte, HV 2671, wurde in der Großen Magellanschen Wolke aufgespürt.

Besonders verwunderlich bei R CrB ist die geringe Masse von nur 80 bis 90 Prozent der Sonnenmasse für einen so leuchtkräftigen Stern. Im Normallicht zeigt dieser sonderbare Stern in der Nördlichen Krone leichte Helligkeitsvariationen von etwa ±0$^m$.1 mit Perioden von 40 bis 100 Tagen. Bei der gemessenen Oberflächentemperatur kann die enorme Leuchtkraft nur durch einen großen Durchmesser erklärt werden. Der Sternglobus hat den 170-fachen Sonnendurchmesser. Unser inneres Sonnensystem bis zur Venusbahn hätte bequem in ihm Platz. R CrB ist somit ein Überriesenstern.

Neben Helium enthält die Sternatmosphäre einen hohen Anteil an Kohlenstoff. Das Verhältnis von Kohlenstoff zu Sauerstoff ist umgekehrt wie das bei unserer Sonne, wo der Sauerstoffanteil höher ist als der von Kohlenstoff. R CrB ist ein alter Stern, was auch seine Position verrät. Er befindet sich 2500 Lichtjahre nördlich der Milchstraßenhauptebene und gehört somit zur Halo-Population, auch als Population II bezeichnet.

### Kohlenstoff vernebelt die Sicht

Als alternder Stern bläst er einen heftigen Sternwind ab, dessen Intensität den Sonnenwind 100 000-fach übertrifft. In einzelnen Windstößen schleudert er kohlenstoffreiches Gas ab. Dieses kühlt sich ab, das Gas kondensiert zu Kohlen-

### R CORONAE BOREALIS IN ZAHLEN

| | |
|---|---|
| Bezeichnungen | R CrB, R Coronae Borealis |
| Katalognummer | BD+28°2477 / HD 141 527 / SAO 84015 / HR 5880 / AAVSO 1544+28A / HIP 77 442 / TYC 2039-1605-1 |
| Äquatoriale Koordinaten (J2000.0) | $\alpha = 15^h 48^m 34^s$ / $\delta = +28°09'24''$ |
| Scheinbare Helligkeit im Maximum | V = 5$^m$.7 bis 15$^m$.2 |
| Farbindices | U – B = 0$^m$.13 |
| | B – V = 0$^m$.60 |
| | R – I = 0$^m$.18 |
| Spektraltyp | G0 Ib |
| Trigonometrische Parallaxe | $\pi$ = 0,73 ± 0,27 mas |
| Entfernung | 1370 pc ≙ 4470 Lichtjahre |
| Eigenbewegung | $\mu_\alpha$ = –2,10 mas pro Jahr |
| | $\mu_\delta$ = –11,52 mas pro Jahr |
| Radialgeschwindigkeit | RG = 28 km/s |
| Absolute Helligkeit im Maximum | –5$^M$ |
| Oberflächentemperatur | T = 6480 °C |
| Durchmesser | D = 170 Sonnendurchmesser |
| Masse | M = 0,9 Sonnenmassen |
| Leuchtkraft | L = 19 000 Sonnenleuchtkräfte |

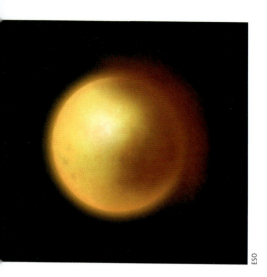

5.12 Abstoßung einer Rußwolke (Illustration)

stoffstaub und hüllt den Stern in eine warme Rußwolke ein, die intensive Infrarotstrahlung aussendet. Kurz, R CrB ist ein rauchender, himmlischer Kamin. Er ist der Zentralstern eines sich bildenden Planetarischen Nebels. Wird eine solche Kohlenstaubwolke in Richtung Erde abgestoßen, so wird der Stern verdunkelt. Erst wenn die Rußwolke sich weiter vom Stern entfernt und ihre Dichte entsprechend abgenommen hat, kehrt der Stern zu seiner ursprünglichen Normalhelligkeit zurück.

Die kohlenstoffhaltigen Gasströme werden mit einigen hundert Kilometer pro Sekunde Geschwindigkeit abgeblasen. Die Rußwolke bildet sich noch relativ nahe der Oberfläche. Mit einem der vier 8-Meter-VLTs des ESO-Observatoriums auf dem Cerro Paranal in Chile konnten im Jahr 2003 erstmals Kohlenstoffwolken in rund 30 AE (= 4,5 Milliarden Kilometer) Entfernung über der Oberfläche beobachtet werden, dies entspricht der Distanz Sonne – Neptun. Auch das Hubble-Weltraumteleskop detektierte kohlenstoffhaltige Gaswolken in etwa 2000 AE, das sind 300 Milliarden Kilometer Entfernung von R CrB. Man schätzt, dass ein typischer Materieausstoß im Mittel etwa ein Hundertmillionstel der Masse unserer Sonne enthält, das sind 20 Trilliarden ($2 \cdot 10^{22}$) Kilogramm.

Woher kommen der hohe Kohlenstoffanteil und auch das viele Helium in den äußeren Sternschichten? Neben 90 Prozent Helium beträgt der Kohlenstoffanteil neun Prozent. Im Rest finden sich viele weitere schwere Elemente sowie geringe Mengen an Wasserstoff. Nach der Theorie der Sternentwicklung kommt es zum Ende der Existenz des R-CrB-Sterns zu einem finiten Heliumblitz, gewissermaßen das letzte Aufbäumen des Sterns. Es ist dies der zweite Heliumblitz (second helium flash oder final helium flash) im Leben eines RCB-Sterns.

Einen Großteil seiner Existenz deckt ein Stern seine Energieausstrahlung durch Fusion von Wasserstoff zu Helium im Zentralbereich bei Temperaturen von etlichen Millionen Grad. Mit der Zeit bildet sich im Sterninneren eine immer größer werdende Heliumkugel, die nichts zur Energiefreisetzung beiträgt. Mangels internen Strahlungsdrucks schrumpft die zentrale Heliumkugel auf Grund ihrer eigenen Schwerkraft. Dabei steigt die Temperatur an. Ab etwa 120 Millionen Grad zündet das Heliumbrennen, auch 3α- oder Salpeterprozess genannt. Je drei Heliumkerne fusionieren über Beryllium zu einem Kohlenstoffkern. Der Stern besitzt nun zwei Energiequellen: Im Zentrum das Heliumbrennen und weiter außen die Wasserstoffbrennschale, die sich langsam nach außen frisst. Der Stern heizt sich auf und bläht sich zum Roten Riesen auf.

Bei einigen Roten Riesen erzeugt die Wasserstoffbrennschale so viel Helium, dass es in der neu entstehenden Helium-Schale zu einem zweiten Helium-Blitz kommt. Schon beim Zünden des Helium-Brennens im Sternzentrum kommt es zu einem Helium-Blitz, denn dieser Kernfusionsprozess setzt schlagartig ein. Der zweite Heliumblitz in der äußeren Heliumschale bläht den Roten Riesen zu einem mächtigen Überriesenstern auf. Ein Hinweis für diesen finalen Heliumflash ist das Vorkommen eines signifikanten Anteils von Lithium, wie das Sternspektrum zeigt. Lithium ist das Nebenprodukt des Heliumflash-Prozesses. Allerdings ist der Anteil des Isotops Sauerstoff-18 nicht durch den Heliumflash erklärbar.

### Die Folge einer Verschmelzung

Daher bevorzugen die Astrophysiker heute mehrheitlich eine andere Erklärung für die Zusammensetzung der äußeren Schichten aus Helium und Kohlenstoff. Man vermutet, dass R CrB das Produkt der Kollision zweier Weißer Zwerge ist. Weiße Zwerge besitzen kaum Wasserstoff. Sie setzen sich aus Helium, Kohlenstoff, Stickstoff und Sauerstoff zusammen. Kreisen zwei Weiße Zwerge umeinander, so strahlen sie Gravitationswellen ab. Sie verlieren dabei Drehimpuls. Ihre Bahnradien werden kleiner, sie nähern einander in Spiralbahnen an, bis der weniger dichte Weiße Zwerg durch die Gezeitenkräfte zerrissen wird. Bei ihm handelt es sich um einen Weißen Zwerg, bei dem die Dichte und Temperatur des Ursprungsstern zu gering war, um Heliumbrennen zu ermöglichen.

Das Material des zerrissenen Weißen Zwergs regnet auf den dichteren Weißen Zwerg aus Helium, Kohlenstoff und Sauerstoff herab. Das Material ist dicht und heiß genug, um Heliumbrennen auszulösen. Im Endstadium ergibt sich ein Weißer Zwerg mit einer Heliumbrennschale, umgeben von einer Hülle aus Heliumgas.

Ein Nebeneffekt ist die Produktion von O-18 in einem signifikanten Anteil gegenüber O-16, genau wie er auch beobachtet wird. In der Regel kommt es bei einem Verschmelzungsprozess zu einer Supernova-Detonation vom Typ Ia, da die Chandrasekhar-Massengrenze überschritten wird. Nur wenn vorher genügend Material abgeblasen wird, bleibt ein Weißer Zwerg übrig, der infolge des finalen Heliumblitzes (second helium flash) zu einem RCB-Stern wird. Der Stern unterzieht sich gewissermaßen einer Art Verjüngungskur.

Wer sich der Beobachtung veränderlicher Sterne widmen will, für den ist R CrB das ideale Übungsobjekt. In unseren mitteleuropäischen Gefilden lassen sich infolge der unsteten Wetter-

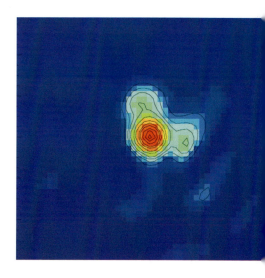

5.13 Die Rußwolke um RY Sagittarii (ESO)

verhältnisse nur schwerlich komplette Lichtkurven von Bedeckungsveränderlichen oder Pulsationsvariablen erfassen.

Aber bei Eruptivvariablen ist bereits jede einzelne Helligkeitsbestimmung wertvoll. Auch lassen sich bei Amplituden von bis zu neun Größenklassen Helligkeitsänderungen auch von Anfängern kaum übersehen.

Ein weiterer heller RCB-Stern, der ebenfalls als Beobachtungsobjekt für Amateure infrage kommt, ist RY Sagittarii. Wegen seiner südlichen Position im Schützen ist er schwieriger als R CrB zu beobachten. Auch ist er nur in den Sommermonaten einer Beobachtung zugänglich. Im Normallicht leuchtet RY Sgr mit $5^\text{m}_.8$, im tiefsten Minimum aber lediglich mit $14^\text{m}$. Entdeckt als Veränderlicher wurde er im Jahre 1893 von Colonel Ernest Markwick, einst Offizier der Britischen Armee.

Eigene Beobachtungen veränderlicher Sterne kann man der BAV (Bundesdeutsche Arbeitsgemeinschaft für Veränderliche Sterne e. V., Kontaktdaten siehe Seite 303) melden. Von der BAV erhält man auch wertvolle Hinweise und Anregungen für eigene Beobachtungen.

# 6 Himmelskalender

JUNI 2023

## Juni 2023

- Die Sonne passiert am 21. um $16^h58^m$ Sommerzeit den höchsten Punkt ihrer Jahresbahn – der astronomische Sommer beginnt.
- Venus beherrscht nach wie vor den Abendhimmel. Am 4. erreicht sie mit 45° ihre größte östliche Elongation von der Sonne.
- Mars kann noch am Abendhimmel gesehen werden.
- Jupiter ist Planet am Morgenhimmel.
- Saturn kann in der zweiten Nachthälfte gesehen werden.
- Merkur bleibt unbeobachtbar.

Großer Wagen und Himmels-W Anfang Juni um 22 Uhr MEZ

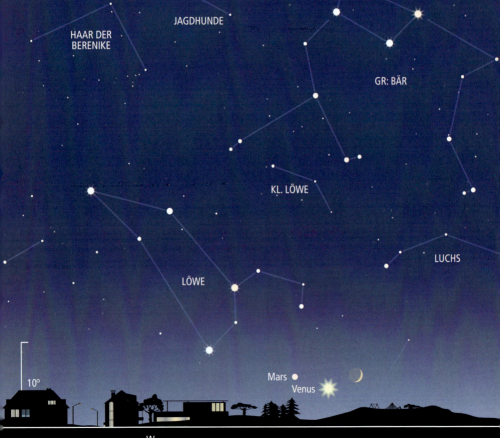

6.1 Anblick des Westhimmels am 21. Juni gegen $22^h30^m$ MEZ (= $23^h30^m$ MESZ). Das Dreigestirn zunehmende Mondsichel, Venus und Mars hält sich knapp über dem Westhorizont auf.

## JUNI 2023 — Himmelskalender 6

| | |
|---|---|
| 1 Do | |
| 2 Fr | |
| 3 Sa | Mond bei Antares – abends |
| 4 So | **Vollmond** — Venus am Abendhimmel |
| 5 Mo | |
| 6 Di | |
| 7 Mi | |
| 8 Do | Fronleichnam |
| 9 Fr | Mond bei Saturn – Mitternacht |
| 10 Sa | Letztes Viertel |
| 11 So | |
| 12 Mo | |
| 13 Di | |
| 14 Mi | Mond bei Jupiter – morgens |
| 15 Do | |
| 16 Fr | |
| 17 Sa | |
| 18 So | Neumond |
| 19 Mo | |
| 20 Di | |
| 21 Mi | Sommerbeginn — Mond bei Venus – abends |
| 22 Do | Mond bei Mars – abends |
| 23 Fr | |
| 24 Sa | |
| 25 So | |
| 26 Mo | Erstes Viertel |
| 27 Di | Mond bei Spica – abends |
| 28 Mi | |
| 29 Do | |
| 30 Fr | |

# 6 Sonnenlauf
**JUNI 2023**

## SONNE – STERNBILDER

**21. 6. 15$^h$58$^m$:**
Sonne tritt in das Tierkreiszeichen Krebs

**22. 6. 4$^h$:**
Sonne tritt in das Sternbild Zwillinge

**Julianisches Datum am**
1. Juni, 1$^h$ MEZ: 2 460 096,5

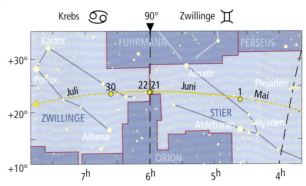

## SONNENLAUF

| Tag | Dämmerg. Anfang | Aufgang MEZ | Kulmi- nation | Untergang MEZ | Dämmerg. Ende | Mittags- höhe | Zeit- gleichg. | Rektas- zension | Dekli- nation |
|---|---|---|---|---|---|---|---|---|---|
|  | h m | h m | h m | h m | h m | ° | m | h m | ° |
| 1. | 2 33 | 4 16 | 12 18 | 20 20 | 22 04 | 62,1 | +2 | 4 33 | +21,9 |
| 5. | 2 28 | 4 14 | 12 18 | 20 24 | 22 10 | 62,5 | +2 | 4 50 | +22,5 |
| 10. | 2 24 | 4 11 | 12 19 | 20 28 | 22 16 | 63,0 | +1 | 5 10 | +22,9 |
| 15. | 2 21 | 4 10 | 12 20 | 20 31 | 22 21 | 63,3 | 0 | 5 31 | +23,3 |
| 20. | 2 20 | 4 10 | 12 21 | 20 33 | 22 23 | 63,4 | −1 | 5 52 | +23,4 |
| 25. | 2 22 | 4 12 | 12 23 | 20 33 | 22 23 | 63,4 | −3 | 6 13 | +23,4 |
| 30. | 2 25 | 4 14 | 12 24 | 20 33 | 22 21 | 63,2 | −4 | 6 33 | +23,2 |

## TAGES- UND NACHTSTUNDEN

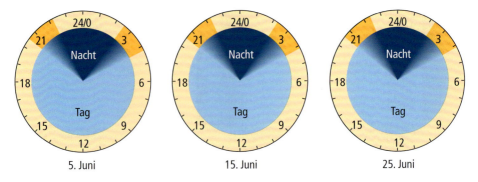

5. Juni     15. Juni     25. Juni

**JUNI 2023**

# Mondlauf 6

## MONDLAUF

| Datum | | Aufg. MEZ | Kulmi- nation | Unterg. MEZ | Rektas- zension | Dekli- nation | Sterne und Sternbilder | Phase | MEZ |
|---|---|---|---|---|---|---|---|---|---|
| | | h m | h m | h m | h m | ° | | | |
| Do | 1. | 17 22 | 22 16 | 2 41 | 13 51 | −11,1 | Spica | Absteigender Knoten Libration Ost | |
| Fr | 2. | 18 45 | 23 08 | 2 59 | 14 41 | −16,6 | Waage | | |
| Sa | 3. | 20 09 | − | 3 22 | 15 36 | −21,4 | Waage | | |
| So | 4. | 21 31 | 0 05 | 3 54 | 16 35 | −25,2 | Antares | **Vollmond** | 4ʰ 42ᵐ |
| Mo | 5. | 22 40 | 1 07 | 4 41 | 17 38 | −27,4 | Schlangenträger | | |
| Di | 6. | 23 32 | 2 12 | 5 45 | 18 44 | −27,8 | Schütze, Nunki | Erdnähe 365/32,8 | 24ʰ |
| Mi | 7. | − | 3 16 | 7 05 | 19 49 | −26,3 | Schütze | Größte Südbreite | |
| Do | 8. | 0 09 | 4 16 | 8 33 | 20 52 | −22,9 | Steinbock | | |
| Fr | 9. | 0 35 | 5 12 | 10 01 | 21 50 | −18,2 | Steinbock | | |
| Sa | 10. | 0 55 | 6 04 | 11 26 | 22 45 | −12,5 | Wassermann | **Letztes Viertel** | 20ʰ 31ᵐ |
| So | 11. | 1 11 | 6 52 | 12 48 | 23 36 | − 6,3 | Wassermann | | |
| Mo | 12. | 1 26 | 7 38 | 14 07 | 0 25 | + 0,1 | Fische | | |
| Di | 13. | 1 40 | 8 24 | 15 26 | 1 13 | + 6,5 | Fische | | |
| Mi | 14. | 1 55 | 9 11 | 16 45 | 2 02 | +12,4 | Widder | Aufsteigender Knoten Libration West | |
| Do | 15. | 2 13 | 9 59 | 18 03 | 2 52 | +17,7 | Widder | | |
| Fr | 16. | 2 36 | 10 49 | 19 19 | 3 44 | +22,1 | Stier, Plejaden | | |
| Sa | 17. | 3 05 | 11 42 | 20 30 | 4 38 | +25,3 | Stier | | |
| So | 18. | 3 45 | 12 36 | 21 30 | 5 33 | +27,3 | Stier, Alnath | **Neumond Nr. 1243** | 5ʰ 37ᵐ |
| Mo | 19. | 4 35 | 13 29 | 22 17 | 6 29 | +27,9 | Zwillinge | | |
| Di | 20. | 5 36 | 14 21 | 22 53 | 7 23 | +27,0 | Kastor, Pollux | | |
| Mi | 21. | 6 44 | 15 09 | 23 19 | 8 16 | +25,0 | Krebs, Krippe | Größte Nordbreite | |
| Do | 22. | 7 55 | 15 55 | 23 39 | 9 06 | +21,8 | Krebs, Krippe | Erdferne 405/29,5 | 19ʰ |
| Fr | 23. | 9 05 | 16 38 | 23 55 | 9 54 | +17,8 | Löwe, Regulus | | |
| Sa | 24. | 10 14 | 17 19 | − | 10 39 | +13,1 | Löwe, Regulus | | |
| So | 25. | 11 23 | 17 59 | 0 08 | 11 22 | + 7,9 | Löwe | | |
| Mo | 26. | 12 33 | 18 40 | 0 20 | 12 05 | + 2,4 | Jungfrau | **Erstes Viertel** | 8ʰ 50ᵐ |
| Di | 27. | 13 44 | 19 21 | 0 32 | 12 48 | − 3,4 | Jungfrau | | |
| Mi | 28. | 14 58 | 20 06 | 0 46 | 13 33 | − 9,1 | Spica | Absteigender Knoten Libration Ost | |
| Do | 29. | 16 17 | 20 54 | 1 01 | 14 21 | −14,6 | Jungfrau | | |
| Fr | 30. | 17 40 | 21 48 | 1 21 | 15 13 | −19,7 | Waage | | |

## DER VOLLMOND WANDERT KNAPP AN ANTARES VORBEI

# 6  Planetenlauf — JUNI 2023

![Himmelskarte mit Planetenpositionen: Jupiter, Saturn (morgens), Mars, Venus (abends)]

**MERKUR** eilt der Sonne rechtläufig nach, die ihm im Tierkreis vorangeht. Bis Monatsende hat er sie fast eingeholt. In obere Konjunktion mit ihr kommt er dann am 1. Juli.

In unseren Gegenden bleibt Merkur im Juni unbeobachtbar. Aber in den Mittelmeerländern und in den Tropen kann Merkur in der ersten Juniwoche in der Morgendämmerung knapp über dem Osthorizont aufgespürt werden.

**6.2** Scheinbare Bahn des Planeten Venus von Juni bis zum Jahresende 2023. Venus zieht ihre Konjunktionsschleife im Gebiet der Sternbilder Krebs und Löwe.

Am Abend des 27. passiert der schnelle Merkur abermals sein Perihel, wobei ihn nur 46,00 Millionen Kilometer (= 0,307 AE) von der Sonne trennen.

**VENUS** beherrscht nach wie vor den Abendhimmel. Am 4. erreicht sie mit 45°24′ ihre größte östliche Elongation von der Sonne. Sie verlässt am 3. das Sternbild Zwillinge und wechselt in den Krebs. Schon am 26. tritt sie dann in das Sternbild Löwe und steuert auf Regulus (α Leonis) zu (siehe Abb. 6.2 unten). Noch am 13. streift sie den Nordrand der Krippe (M 44) im Krebs. Auch steuert sie auf Mars zu, der aber unauffällig ist und sich vom Abendhimmel zurückzuziehen beginnt. Allerdings erreicht sie ihn nicht, da sie vorher langsamer wird (siehe Abb. 6.3 auf Seite 135).

Am 21. sieht man gegen $22^h30^m$ (= $23^h30^m$ Sommerzeit) das Dreigestirn zunehmende Mondsichel, Venus und Mars knapp über dem Westhorizont (siehe Abb. 6.1 auf Seite 130).

Am 1. geht Venus um $23^h45^m$ unter, am 15. um $23^h19^m$ und am 30. erfolgt der Untergang der inzwischen $-4^m{,}7$ hellen Venus bereits um $22^h37^m$ (= $23^h37^m$ Sommerzeit).

Am 4. zeigt sich das knapp 24″ große Venusscheibchen halb beleuchtet, die Phase abnehmende Halbvenus wird erreicht. Anschließend wird das Planeten-

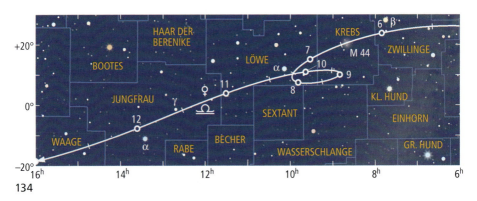

# JUNI 2023 — Planetenlauf 6

**6.3** Begegnung von Venus mit Mars im Juni bis Anfang Juli. Abendlicher Opernglasanblick mit einem Gesichtsfelddurchmesser von 15°.

**6.4** Die abnehmende Mondsichel begegnet Jupiter am 14. Juni. Fernglasanblick gegen $3^h$ MEZ (= $4^h$ MESZ) bei 5° Gesichtsfelddurchmesser.

scheibchen größer und langsam bildet sich eine Sichel.

**MARS** kann noch am Abendhimmel gesehen werden. Ein auffälliges Gestirn ist er nicht mehr. Seine Helligkeit sinkt weiter um $0^m\!.1$. Am Monatsende beträgt sie $1^m\!.7$.

Der rote Planet wandert durch das Sternbild Krebs. Am 2. geht er knapp nördlich am Zentrum der Krippe (M 44) vorbei. Er verlässt den Krebs am 20. und wechselt in den Löwen (siehe Abb. 3.4 auf Seite 79). Venus kann helfen, den viel lichtschwächeren Mars knapp über dem Westhorizont zu erspähen. Sie nähert sich Mars, kehrt aber um, ohne ihn zu erreichen (siehe Abb. 6.3 oben).

Die Sichel des zunehmenden Mondes gesellt sich am 22. zu Mars. Einen Tag vorher sieht man sie bei Venus (siehe auch Abb. 6.1 auf Seite 130).

Der Marsuntergang erfolgt am 1. um $0^h08^m$, am 15. um $23^h29^m$ und am letzten Junitag um $22^h49^m$ (= $23^h49^m$ Sommerzeit).

**JUPITER** ist Planet am Morgenhimmel. Der Riesenplanet wandert rechtläufig durch das Sternbild Widder. Dabei gewinnt er immer nördlichere Positionen (siehe Abb. 11.4 auf Seite 231).

Die Jupiteraufgänge verfrühen sich erheblich. Geht der Riesenplanet am 1. noch um $2^h49^m$ (= $3^h49^m$ Sommerzeit) auf, so erfolgt sein Aufgang am 15. bereits um $2^h00^m$. Zum Monatsende überschreitet der $-2^m\!.2$ helle Jupiter schon um $1^h07^m$ die östliche Horizontlinie.

Die Sichel des abnehmenden Mondes wandert am 14. rund 1°,5 nördlich an Jupiter vorbei – ein netter Anblick am Morgenhimmel (siehe Abb. 6.4 oben).

**SATURN** wird zum Planeten der zweiten Nachthälfte. Am 1. erfolgt sein Aufgang um $1^h07^m$ (= $2^h07^m$ Sommerzeit), am 15. um $0^h13^m$ und am 30. bereits um $23^h10^m$, nach Sommerzeit sind

## KONSTELLATIONEN UND EREIGNISSE

| Datum | MEZ | Ereignis |
|---|---|---|
| 4. | $6^h$ | Merkur bei Uranus, Merkur 2°,9 südlich |
| 4. | 12 | **Venus in größter östlicher Elongation** (45°) |
| 9. | 21 | **Mond bei Saturn**, Mond 3°,0 südlich, Abstand 3°,8 um $1^h$ am 10. |
| 11. | 9 | **Mond bei Neptun**, Mond 2°,0 südlich |
| 14. | 8 | **Mond bei Jupiter**, Mond 1°,5 nördlich, Abstand 1°,7 um $3^h$ |
| 15. | 11 | Mond bei Uranus, Mond 2°,0 nördlich |
| 16. | 22 | Mond bei Merkur, Mond 4°,3 nördlich |
| 18. | 16 | Saturn im Stillstand, anschließend rückläufig |
| 21. | $15^h58^m$ | **Sonne im Sommerpunkt, Sommersonnenwende** |
| 22. | 2 | **Mond bei Venus**, Mond 3°,7 nördlich, Abstand 4°,2 um $22^h$ am 21. |
| 22. | 11 | **Mond bei Mars**, Mond 3°,8 nördlich, Abstand 4°,5 um $22^h$ |
| 27. | 20 | Merkur im Perihel |

# 6 Planetenlauf  JUNI 2023

dies zehn Minuten nach Mitternacht.

Im Laufe des Junis steigert sich die Saturnhelligkeit leicht um $0\overset{m}{.}2$ und erreicht $0\overset{m}{.}7$.

Am 18. wird der Ringplanet im Sternbild Wassermann stationär und wandert anschließend rückläufig durch den Wassermann, zunächst jedoch noch kaum merklich (siehe Abb. 8.3 auf Seite 171).

Mit seinem ersten Stillstand in diesem Jahr beginnt Saturn seine Oppositionsperiode. Der abnehmende Halbmond begegnet Saturn am 10. rund eine Stunde nach Mitternacht.

**URANUS**, rechtläufig im Sternbild Widder, hat seine Konjunktion mit der Sonne gerade hinter sich. Der grünliche Planet hält sich noch in Sonnennähe auf und kann nicht gesehen werden. Auch die Begegnung mit Merkur am 4. entgeht uns.

**NEPTUN**, rechtläufig in den Fischen, ist immer noch kein Beobachtungsobjekt, wenn auch der $7\overset{m}{.}9$ lichtschwache Planet am Monatsende bereits um $23^h45^m$ (= $0^h45^m$ Sommerzeit) aufgeht. Seine Kulmination erfolgt am 30. um $5^h41^m$ (= $6^h41^m$ Sommerzeit). Zu dieser Zeit ist es längst taghell und die Sonne lacht vom Himmel.

## PLANETOIDEN UND ZWERGPLANETEN

**CERES** (1) eilt wieder rechtläufig in südöstlicher Richtung durch das Sternbild Jungfrau. In der ersten Junihälfte kann man sie noch aufspüren. Im Laufe des Monats nimmt ihre Helligkeit von $8\overset{m}{.}2$ auf $8\overset{m}{.}6$ deutlich ab. Zum Aufsuchen der Königin der Planetoiden nutze man die Sternkarte Abb. 3.7 auf Seite 81.

Am 1. geht Ceres um $2^h49^m$ (= $3^h49^m$ Sommerzeit) unter, am 15. um $1^h51^m$ und am 30. bereits

Stellungen der Jupitermonde

| | | |
|---|---|---|
| Io | I | $5\overset{m}{.}9$ |
| Europa | II | $6\overset{m}{.}0$ |
| Ganymed | III | $5\overset{m}{.}4$ |
| Kallisto | IV | $6\overset{m}{.}3$ |

Japetus
5.  $11\overset{m}{.}1$
10. $10\overset{m}{.}8$
15. $10\overset{m}{.}7$
20. $10\overset{m}{.}6$
25. $10\overset{m}{.}6$
30. $10\overset{m}{.}6$

Rhea $10\overset{m}{.}0$   Dione $10\overset{m}{.}7$
Titan $8\overset{m}{.}6$
Tethys $10\overset{m}{.}5$

um $0^h51^m$. Sie kulminiert am Monatsanfang um $19^h44^m$ und am 15. schon um $18^h56^m$.

**JUNO** (3) steht am 20. nachmittags in Konjunktion mit der Sonne. An diesem Tag ist sie 455 Millionen Kilometer (= 3,04 AE) von uns entfernt. Ihre Sonnendistanz beträgt am 20. Juni 306 Millionen Kilometer (= 2,04 AE).

## PERIODISCHE STERN-SCHNUPPENSTRÖME

Seit etwa 25 Jahren werden die **JUNI-LYRIDEN** in der Zeit vom 11. bis 21. Juni beobachtet. Ihr Ausstrahlungspunkt liegt in der Leier. Ein Ursprungskomet ist noch nicht bekannt.

Im letzten Junidrittel sind die **JUNI-BOOTIDEN** zu beobachten. Sie sind seit 1916 bekannt, wo sie eine große Aktivität entfalteten. Auch in den Jahren 1998 und 2004 waren sie recht aktiv mit rund hundert Meteoren pro Stunde. Ursache dafür sind Teilchen, die sich recht konzentriert in der Nähe einer 2:1-Resonanz zum Jupiterumlauf befinden, also die doppelte Umlaufzeit von Jupiter haben. Bisherige Maxima traten zwischen dem 23. und dem 28. Juni auf. Auch wenn Modellrechnungen für 2023 keine hohe Aktivität erwarten lassen, kann man in den kurzen Nächten nach eventueller Aktivität Ausschau halten. Der Radiant dieser sehr langsam (18 km/s) in die Atmosphäre eindringenden Objekte befindet sich ganz im Norden des Bootes. Komet 7P/Pons-Winnecke gilt als Quelle dieses Stromes.

Zwischen dem 25. Juni und dem 2. Juli tauchen die **CORVIDEN** auf, deren Radiant im Sternbild Rabe liegt. Am 27. Juni erreicht die Corvidenaktivität ihr Maximum.

Um den 16. Juni sind die **JUNI-DRACONIDEN** zu erwarten, ein schwacher Strom, der in den letzten 30 Jahren allerdings nicht zu beobachten war. Der Radiant liegt im Sternbild Drache, also hoch im Norden.

## ASTRONOMIE FÜR ALLE

**DAS GRÖSSTE NETZWERK DER AMATEURASTRONOMIE**

Die Vereinigung der Sternfreunde e.V. ist für alle Hobbyastronomen da. Wir sind aktiv in der Bildung und Beobachtung, setzen uns gegen Lichtverschmutzung ein, veranstalten den Astronomietag und geben viermal im Jahr das „Journal für Astronomie" heraus.

Mitmachen – Mitglied werden: www.sternfreunde.de

Hintergrundbild: © Carsten Jonas

# 6 Fixsternhimmel  JUNI 2023

Beginnt man die Beobachtung des Sternenzelts zur Standardzeit um $22^h$ MEZ, das entspricht $23^h$ Sommerzeit, so zeigt ein Blick zum Himmel, dass sich die Umstellung zum Sommerhimmel noch nicht vollständig vollzogen hat.

Der Bootes mit dem kräftig leuchtenden Arktur zieht die Blicke auf sich. Er steht hoch im Süden, nahe der Mittagslinie. Der Rinderhirt oder Ochsentreiber beherrscht die Himmelsszene.

Der Himmelswagen befindet sich schon in der westlichen Hemisphäre. Den Meridian hat er bereits passiert.

Nahe dem Nordhorizont findet man das Himmels-W, die Kassiopeia. Das Himmels-W steht dem Großen Wagen stets gegenüber, wenn man den Himmelspol als Zentrum nimmt, um den sich das Himmelsgewölbe dreht. Sein Ort wird bekanntlich durch den Polarstern angedeutet.

Der westliche Teil des Firmaments wird noch von den Frühlingssternbildern geprägt. Weit im Westen sieht man das große Sternentrapez, das den Rumpf des Löwen bildet, schräg zum Horizont gerichtet. Im Südwesten trifft man auf die Jungfrau mit ihrem bläulichen Hauptstern Spica.

Während die westliche Himmelshälfte vom Frühlingsdreieck beherrscht wird, das von den drei hellen Hauptsternen Arktur, Regulus und Spica gebildet wird, kündigt sich in der östlichen Himmelshälfte bereits der Sommer an. Das Sommerdreieck ist inzwischen vollständig aufgegangen. Drei Sterne markieren es: Wega in der Leier, Deneb im Schwan und Atair im Adler. Auf der Linie Arktur – Wega liegen die Sternbilder Nördliche Krone (lat.: Corona Borealis) und Herkules mit seinem prächtigen Kugelsternhaufen M 13.

Die Pracht des Kugelhaufens M 13 kommt allerdings erst in größeren Teleskopen (ab etwa 20 cm freier Öffnung) zur Geltung, wenn man eine möglichst hohe Vergrößerung wählt.

Südlich des Herkules nimmt der Schlangenträger mit der Schlange ein ausgedehntes Himmelsareal ein. Die Schlange ist zweigeteilt: Der westliche Teil heißt Serpens Caput (lat., Kopf der Schlange), der östliche hingegen Serpens Cauda (lat., Schwanz der Schlange).

Tief im Süden steht gerade die Waage im Meridian. Ihr folgt das auffällige Sternbild Skorpion mit dem hellen, tiefroten Hauptstern Antares ($\alpha$ Scorpii). Antares ist eine rote Überriesensonne in 550 Lichtjahren Entfernung.

Antares ist so riesengroß, dass bequem die Sonne samt der Erdbahn in seinem riesigen Gasleib Platz fände. Er ist leicht veränderlich ($0^m_.86$ bis $1^m_.06$, in Extremfällen bis $1^m_.6$) mit einer mittleren Periode von vier bis fast sechs Jahren. Antares hat in $2''.7$ Distanz einen $5^m_.2$ hellen Begleiter.

Der Skorpion ist Mitglied des Tierkreises, gehört also zu jenen 13 Sternbildern, durch die Sonne, Mond und Planeten wandern. Nur eine Woche, vom 23. bis 30. November, hält sich die Sonne im Sternbild Skorpion auf. Dies ist die kürzeste Zeitspanne, die die Sonne in einem Tierkreissternbild verbringt. Die nördlichen Teile des ehemals noch zum Skorpion zählenden Himmelsareals gehören heute zum Sternbild Schlangenträger (Ophiuchus). Die Ekliptik verläuft somit nur ein recht kurzes Stück durch den Skorpion. Steht ein Planet in Konjunktion mit Antares ($\alpha$ Scorpii), so befindet er sich ein wenig nördlich im Schlangenträger, obwohl er mitten im Skorpion zu stehen scheint.

In unseren Breiten ist der Skorpion nie vollständig zu sehen. Der lange Schwanz mit dem Giftstachel bleibt bei uns stets unter dem Horizont.

## VERÄNDERLICHE STERNE

| Algol-Minima | | $\beta$-Lyrae-Minima | | $\delta$-Cepheï-Maxima | | Mira-Helligkeit | |
|---|---|---|---|---|---|---|---|
| 3. | $3^h52^m$ | 5. | $16^h$ N | 4. | $18^h$ | 1. | $4^m$ |
| 6. | 0 41 | 12. | 3 H | 10. | 3 | 10. | 3 |
| 23. | 5 33 | 18. | 14 N | 15. | 12 | 20. | 3 |
| 26. | 2 22 | 25. | 2 H | 20. | 21 | 30. | 3 |
| 28. | 23 12 | | | 26. | 5 | | |

JUNI 2023  Fixsternhimmel  **6**

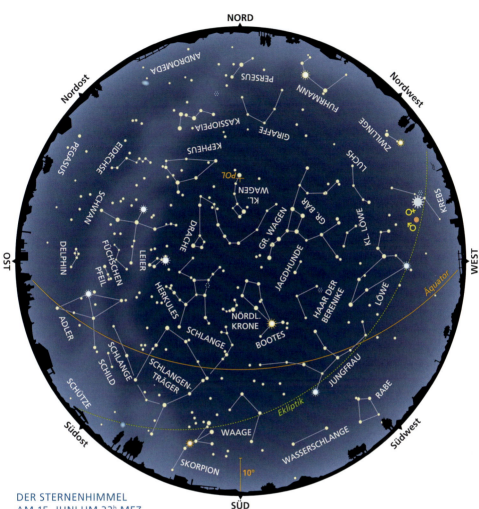

DER STERNENHIMMEL
AM 15. JUNI UM 22ʰ MEZ

| Die Sternkarte ist auch gültig für: | | |
|---|---|---|
| | MEZ | MESZ |
| 15. 2. | 6ʰ | |
| 1. 3. | 5 | |
| 15. 3. | 4 | |
| 1. 4. | 3 | 4ʰ |
| 15. 4. | 2 | 3 |
| 1. 5. | 1 | 2 |
| 15. 5. | 0 | 1 |
| 1. 6. | 23 | 24 |
| 15. 6. | 22 | 23 |
| 30. 6. | 21 | 22 |

## DAS STERNBILD HAAR DER BERENIKE (COMA BERENICES)

Das Haar der Berenike gehört zu den lichtschwachen und darum unauffälligen Sternbildern. Es setzt sich nur aus Sternen vierter Größe und schwächer zusammen. In sehr dunkler und klarer Nacht bemerkt man dennoch eine etwas höhere Konzentration an schwächeren Sternen zwischen dem Löwen und dem Bootes, etwa auf der Höhe von Arktur. Im Norden wird das Haar der Berenike von den Jagdhunden, im Süden von der Jungfrau begrenzt. Etwas Fantasie vorausgesetzt, kann man sich unter dieser Ansammlung von schwächeren Sternen das vom Wind zerzauste Haupthaar einer Frau vorstellen. Anfang April kulminiert das Haar der Bereni-

# 6 Fixsternhimmel   JUNI 2023

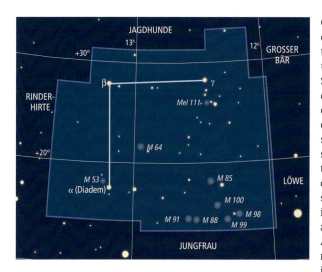

**6.5** Skelettkarte des Sternbildes Haar der Berenike (Coma Berenices).

ke um Mitternacht Ortszeit, Anfang Juni steht es nach Einbruch der Dunkelheit bereits hoch im Süden.

Während sich bei den meisten der Sternbilder, die uns aus der Antike überliefert sind, ihr Ursprung im Dunkel der Mythologie verliert, kennt man die Entstehung des Bildes Coma Berenices recht genau. Es wurde von dem Astronomen und Mathematiker Konon von Samos im Jahre 247 vor Chr. eingeführt. Konon war der Hofastronom von König Ptolemaios III. Euergetes, der im dritten vorchristlichen Jahrhundert über Ägypten herrschte. Seine Gemahlin hieß Berenike und war wegen ihrer strahlenden Schönheit weit über die Grenzen des Landes hinaus berühmt. Vor allem ihr Haupthaar lockte Könige, Feldherren und Priester aus aller Herren Länder herbei, um es zu bestaunen: Das leicht gewellte Haar glänzte wie fließendes Gold in den Strahlen der Sonne. König Ptolemaios III. war zu Recht stolz auf seine Gattin und genoss die Bewunderung und den heimlichen Neid anderer Herrscher.

Doch der König konnte sich seines Glückes nicht beständig erfreuen. An der Spitze seines Heeres zog er in den Krieg und ließ seine Gemahlin am Königshof zurück. Jahre vergingen, ohne dass der König an den Hof zurückkehrte. Berenike wurde immer schwermütiger und sann auf Abhilfe. Schließlich suchte sie den Tempel der Aphrodite auf und flehte zu den Göttern, sie mögen die gesunde und baldige Heimkehr ihres Gemahls erwirken. Zum Dank dafür wollte sie ihren kostbarsten Besitz, ihr goldglänzendes, langes, blondes Haupthaar opfern. Die Götter erwiesen sich gnädig und erhörten ihre Bitten. Schon bald traf ein Bote am Königshof ein und brachte die Nachricht vom Sieg des Königs über seine Feinde. Ptolemaios III. sei bereits auf dem Heimweg und werde bald eintreffen. Berenike war außer sich vor Freude. Sofort begab sie sich in den Tempel der Aphrodite, um das versprochene Dankopfer zu bringen. Mit einem scharfen Messer schnitt sie sich ihren goldlockigen Haarschopf ab und legte ihn auf den Altar. Als der König die Residenz erreichte, eilte ihm Berenike mit ihrem Gefolge entgegen. Ptolemaios III. erschrak heftig, als er seine kurzgeschorene Gemahlin erblickte.

Berenike berichtete ihm von ihrem Flehen und dem Opfer zum Dank für seine gesunde Wiederkehr. Sofort suchte der König den Tempel der Aphrodite auf, um einen Blick auf das wunderschöne Haar seiner Frau zu werfen, das er so lange vermisst hatte. Doch der Altar war leer, das Haar blieb verschwunden. Traurig kehrte der König in seinen Palast zurück. Als die glutrote Sonne längst hinter dem Horizont versunken war und tiefe Nacht das Land umfing, da trat der weise Konon auf Ptolemaios III. zu und bat ihn, ihm zu folgen. Konon führte den König auf die Plattform des höchsten Turmes des Palastes. Dort angekommen, wies er mit der Hand auf einen Haufen schwacher, glitzernder Sternchen und sprach: „Erhabener Herrscher, die Götter haben das Dankopfer Bereni-

**6.6** Figürliche Darstellung des Sternbildes Haar der Berenike in dem Sternatlas von Johannes Hevelius *Firmamentum Sobiescianum* aus dem Jahre 1690.

kes gnädig angenommen. Dort oben, wo die vielen kleinen Sternchen funkeln, ist das Haar der Berenike zu sehen. Die Unsterblichen haben die Haarpracht deiner Frau Berenike zur ewigen Erinnerung an ihre Treue und Liebe unter die Sterne versetzt." Und so war es. Noch heute kann man das Haar der Berenike am nächtlichen Firmament – am besten in der Zeit von März bis Juni – leuchten sehen.

Bei den Arabern sah man in diesem Sternenareal „das struppige Fell von Schafen". Bei Ulugh Bek findet man die Bezeichnung „Locke", in den Alphonsinischen Tafeln wird es als „Haufen wirrer Haare" beschrieben.

Eine arabische Bezeichnung lautet Al Dafirah, das grobe Haar (des Löwenschwanzes). Eine andere arabische Version lautet Al Huzmat, was so viel wie ein Haufen von Früchten oder Getreidekörnern bedeutet. Bei Eratosthenes findet man im 3. vorchristlichen Jahrhundert die Vorstellung, hier das Haar der Ariadne zu sehen. Die Prinzessin Ariadne half bekanntlich mit einem Knäuel Garn („Faden der Ariadne") dem Held Theseus, dem Labyrinth des Minotauros auf Kreta zu entfliehen.

Auch Samsons Haupthaar glaubten die frühen Christen hier zu erkennen. Erst später hat Julius Schiller aus Augsburg in seinem 1627 erschienenen Werk *Coelum stellatum christianum* dieses Bild als die Geißel, mit der Christus geschlagen wurde, dargestellt. In der Renaissance dagegen sah man hier eine Garbe bzw. ein Bündel Weizen, das die Jungfrau als Symbol der Fruchtbarkeit in der Hand hält.

**6.7** Der Galaxienhaufen Coma Berenices. Die Milchstraßensysteme sind als kleine, längliche Gebilde erkennbar. Die Entfernung des Coma-Galaxienhaufens beträgt rund 350 Millionen Lichtjahre. Aufnahme von Bernhard Hubl, Nussbach (A).

# Das Magnetfeld der Erde

6.8 Farbenprächtige Polarlichter – eine sichtbare Erscheinung als Folge des Erdmagnetfeldes. Aufnahme von Stefan Seip, Stuttgart.

Magnetfelder sind äußerst geheimnisvolle Kraftfelder. Man kann sie weder sehen noch hören, schmecken, riechen, fühlen oder sonst wie spüren. Keines unserer Sinnesorgane reagiert auf Magnetfelder. Gravitationsfelder erlebt man hingegen ständig. Wenn Gegenstände herabfallen, wenn man Koffer schleppt oder Stiegen steigt. Stets spürt man die Wirkung der Schwerkraft.

Schon in der Antike bemerkte man, dass manche Steine einander anziehen oder aber abstoßen. Man nannte solche Steine Magnetite nach der Stadt Magnesia in Kleinasien, wo sie gefunden wurden. Chinesen und Mongolen kannten bereits im elften Jahrhundert den Magnetkompass, mit dem man die Himmelsrichtungen bestimmen konnte. Dies war insbesondere bei bewölktem Himmel nützlich, wenn man sich nicht nach Sonne oder Sternen orientieren konnte.

Magnete ziehen bestimmte Stoffe an, vornehmlich Eisen. Am bekanntesten sind Stabmagnete. Sie besitzen an ihren Enden jeweils einen Pol. Man spricht vom Nord- und Südpol, seltener vom magnetischen Plus- und Minuspol. Dabei stellt man schnell fest: Hat man zwei Stabmagnete, so stoßen sich gleichnamige Pole ab, ungleichnamige Pole ziehen einander hingegen an. Magnetpole treten immer paarweise auf. Einzelpole gibt es offensichtlich nicht. Zersägt man einen Stabmagnet in zwei Teile, so hat jedes Teil wieder einen Nord- und einen Südpol. Magnetische Monopole entstanden nach gängiger Theorie des Urknalls nur in der Frühphase des Universums. Heute sind keine mehr zu finden. Die Suche nach ihnen war bisher vergeblich.

Die Kräfte, die Magnete aufeinander ausüben, sind Wirkungen magnetischer Felder. Diese sind keine Flächen, sondern dreidimensionale Gebilde. Der Raum, in dem ein Magnet seine Kraftwirkung entfaltet, heißt magnetisches Feld. Ein magnetisches Feld wird durch Feldlinien beschrieben, die sich bei einem Stabmagneten vom Nord- zum Südpol ziehen. Magnetische Feldlinien geben die Richtung des Feldes an. Ihre Dichte entspricht der Feldstärke.

Offensichtlich wirken Magnetfelder auf elektrische Ströme. Bringt man einen Draht in ein Magnetfeld und lässt elektrischen Strom durch ihn fließen, so wirkt auf ihn eine Kraft. Der Draht wird abgelenkt, und zwar senkrecht zu den Feldlinien. Diese Erscheinung wird Induktion genannt. Sie dient auch zur Beschreibung der Stärke oder, genauer, der Flussdichte eines magnetischen Feldes. Sie wird in der Einheit Tesla angegeben, so genannt nach dem Physiker Nikola Tesla (1856–1943). Ein Magnetfeld hat eine Stärke von einem Tesla, wenn durch einen Leiter von einem Meter Länge ein Strom von einem Ampere fließt und das Magnetfeld eine Kraft von einem Newton auf den Leiter ausübt: $1\,T = 1\,N/(A \times m)$.

Umgekehrt erzeugen elektrische Ströme auch Magnetfelder, allgemeiner ausgedrückt: Bewegte elektrische Ladungen induzieren Magnetfelder. Bei einem Draht sind es die Elektronen, die durch ihn wandern und ein Magnetfeld erzeugen. Elektrizität und Magnetismus sind zwei Seiten einer Medaille. Die Elektrizität ist die Zwillingsschwester des Magnetismus. Deshalb spricht man auch von Elektromagnetismus.

## Ohne elektr. Strom kein Magnetfeld

Doch wo ist der Strom bei einem Permanentmagneten? Die Atome setzen sich aus elektrisch negativ geladenen Elektronen zusammen, die um positiv geladene Atomkerne kreisen. Außerdem haben sowohl Elektronen als auch Atomkerne einen Eigendrehimpuls (Spin), weshalb Atome ein magnetisches Moment besitzen. Sie sind gewissermaßen Elementarmagnete. Normalerweise zeigen die Magnetfeldachsen der Elementarmagnete in einem Körper in beliebige Richtungen. Ihre Orientierungen sind statistisch verteilt. Nach außen hin ist der Körper dann magnetisch neutral, er besitzt kein Magnetfeld. Bringt man einen Eisenstab in ein Magnetfeld entsprechender Stärke, so werden die Elementarmagnete parallel ausgerichtet, der Eisenstab wird zum permanenten Stabmagneten. Erhitzt man ihn über eine bestimmte Temperatur, so geht die gemeinsame Ausrichtung der Elementarmagnete verloren, der Stab verliert seine magnetische Eigenschaft, er wird entmagnetisiert. Durch die thermische Molekularbewegung wird die parallele Ausrichtung der Elementarmagnete aufgehoben. Diese Schwellentemperatur, oberhalb derer Magnetfelder verschwinden, wird nach Pierre Curie (1859–1906) Curie-Temperatur genannt, der 1903 den Nobelpreis für Physik erhielt. Für Eisen beträgt die Curie-Temperatur 768 °C (= 1041 K) für Nickel 360 °C und für Kobalt 1130 °C.

Wird umgekehrt eine äußerlich unmagnetische Stricknadel mit einem Permanentmagneten in stets gleicher Richtung längere Zeit überstrichen, dann wird sie zum Stabmagneten, weil ihre Elementarmagnete parallel ausgerichtet werden.

**6.9 Die Magnetfeldlinien eines Hufeisenmagneten**

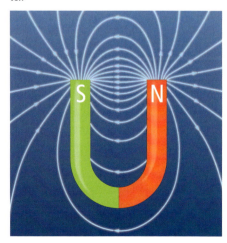

# Monatsthema

**6.10 Die Erde als ein Dipolmagnet**

Bildbeschriftungen: Dipolachse, Erdachse, Geomagnetischer Südpol (Geografischer Nordpol), Inklination, Erdmantel, äußerer Kern, innerer Kern, Geomagnetischer Nordpol (Geografischer Südpol), Magnetfeldlinien

Das erste wissenschaftliche Werk über Magnete verfasste der britische Arzt und Naturforscher William Gilbert oder Gylberde (1544–1603). Es erschien 1600 unter dem Titel *De Magnete, Magneticisque Corporibus, et de Magno Magnete Tellure* („Von Magneten, Magnetischen Körpern und dem großen Magneten Erde"). Es wurde zum Bestseller. In den Jahren 1628 und 1633 wurden Neuauflagen gedruckt. Auch Johannes Kepler schätzte das Werk von Gilbert.

Gilbert studierte ab 1558 am St. John's College in Cambridge und erlangte dort 1564 den Master der freien Künste. Sein weiteres Studium beendete er 1570 mit der Promotion. Anschließend ließ er sich als Arzt in London nieder. Im Regierungsauftrag kümmerte er sich um die medizinischen Belange der königlichen Marine (Royal Navy). Bald zählte er zu den berühmtesten Ärzten mit vielen prominenten Patienten. Schließlich wurde er zum Hofarzt von Königin Elisabeth I. berufen. Nach ihrem Tod blieb er in seiner Position und behandelte auch König James I.

Gilbert erforschte ausführlich magnetische Erscheinungen und experimentierte gründlich mit magnetischen Erzen. Er räumte mit zahlreichen abergläubischen Ansichten über den Magnetismus auf, wie beispielsweise, dass Knoblauch einen Permanentmagneten unmagnetisch machen würde. Auch erklärte er die Vorstellung, der Polarstern würde die Kompassnadel nach Norden ausrichten, für Unsinn.

Gilbert erkannte die Erde als gigantischen Stabmagneten. Tatsächlich besitzt die Erde in erster Näherung ein magnetisches Dipolfeld. Ihre Feldlinien ziehen sich vom Nordpol in großen Bögen durch das Weltall bis zum Südpol. Dabei fallen die Magnetpole nicht mit den geografischen Polen der Rotationsachse der Erde zusammen. Die Magnetfeldachse ist leicht zur Rotationsachse (um etwa 11°) geneigt und geht auch nicht exakt durch den Erdmittelpunkt, sondern etwa 450 Kilometer an ihm vorbei.

Da die Kompassnadel auf die beiden Erdpole zeigt, spricht man von einem magnetischen Nord- und einem Südpol. So werden ganz allgemein die Pole eines Magneten bezeichnet. Da der Nordpol einer Kompassnadel nach Norden zeigt, muss der geomagnetische Pol, der nahe dem geografischen Nordpol liegt, ein Südpol sein. Die nach Süden weisende Spitze der Kompassnadel wiederum deutet auf den magnetischen Nordpol, der in der Antarktis, also in der Nähe des geografischen Südpols liegt.

## Die unsichtbare Schutzhülle

Das Erdmagnetfeld ist ein Vektorfeld mit den drei Komponenten N, O und Z. N und O liegen in der Horizontebene, wobei N nach Norden und O nach Osten gerichtet ist. Z ist die auf die Erdoberfläche gerichtete Komponente. Die Horizontalintensität ist demnach $H = (N^2 + O^2)^{0,5}$, die Gesamtintensität ergibt sich zu $I = (N^2 + O^2 + Z^2)^{0,5}$. Die Deklination D gibt die Abweichung der Kompassnadel von der geografischen Nordrichtung an: $D = \arctan(O/N)$.

Die Z-Komponente entspricht der Feldstärke mal dem Sinus der Inklination. Die Inklination gibt den Winkel an, mit dem die Feldlinien die Erdoberfläche treffen. Sie beträgt an den magnetischen Polen 90°. Hier treffen die Feldlinien senkrecht auf die Erdoberfläche. Verbindet man alle Punkte, bei denen die Inklination Null wird, die Feldlinien also parallel zur Erdoberfläche verlaufen, so erhält man den magnetischen Erdäquator. Er ist zum geografischen Erdäquator um 11° geneigt.

Die Feldlinien, die sich vom magnetischen Nord- zum Südpol ziehen und weit in das Weltall hinausreichen, umspannen unseren Globus wie eine Art Käfig. Tatsächlich wirken die Feldlinien als magnetischer Käfig, in dem die Erde sitzt. Er soll nicht eine Flucht verhindern, sondern schützt das Leben auf der Erde vor gefährlicher kosmischer Strahlung und vor dem Sonnenwind. Von der Sonne geht ein permanenter Strom elektrisch geladener Teilchen (vornehmlich Elektronen, Protonen und α-Teilchen) aus, der als Sonnenwind bezeichnet wird. Er bläst in Erdumgebung mit rund 400 Kilometer pro Sekunde. Manchmal wird er zu einem Sturm mit 2000 Kilometer pro Sekunde Geschwindigkeit und mehr. Der schützende magnetische Käfig wird Magnetosphäre genannt. Sie wird durch den Sonnenwind verformt. Auf der der Sonne zugewandten Seite werden die Feldlinien gestaucht, auf der sonnenabgewandten Seite werden sie in die Länge gezogen, es entsteht ein ausgedehnter Magnetschweif, auch als Plasmaschweif bezeichnet. Denn der elektrisch leitende Sonnenwind ist ein energiereiches Plasma.

Prallt der Sonnenwind auf die Erdmagnetosphäre, so bildet sich eine Stoßfront. Die Partikel des Sonnenwindes werden abgelenkt und gleiten wie auf Schienen entlang der Feldlinien auf die Magnetpole der Erde zu. Es kommt zu Kollisionen

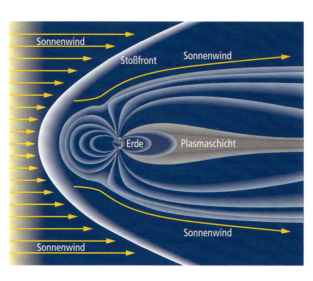

**6.11 Die Magnetosphäre der Erde**

mit den Molekülen und Atomen der irdischen Atmosphäre. Dabei entstehen oft malerische Leuchterscheinungen, bekannt als Polarlichter. Es handelt sich dabei um Rekombinations- und Anregungsleuchten.

Außer Gilbert ist noch der irische Astronom Edward Sabine (1788–1883) als Pionier der Erforschung des Erdmagnetfeldes zu nennen. Er machte ab 1803 eine Ausbildung auf der Königlichen Militärakademie in Woolwich und unternahm zahlreiche Expeditionen, wobei er die jeweilige Erdbeschleunigung mit Hilfe eines Sekundenpendels bestimmte. Er führte genaue Messungen des Erdmagnetfeldes durch und fand 1852, dass die aktive Sonne im Fleckenmaximum zu Variationen des Erdmagnetfeldes führt. Ihm zu Ehren wurde 1935 ein 30 Kilometer großer Mondkrater Sabine getauft. Er liegt am Südostrand des Mare Tranquillitatis, nahe dem Landepunkt von Apollo 11. Die kleinen Nebenkrater Sabine B, D und E wurden inzwischen nach den Apollo-11-Astronauten Aldrin, Collins und Armstrong benannt.

Die magnetischen Pole bleiben nicht ortsfest, sondern wandern, wie schon Henry Gellibrand

(1597–1636) im Jahre 1635 feststellte. Der schwedische Physiker Anders Celsius (1701–1744), bekannt für seine Temperaturskala, beobachtete beim Auftreten von Polarlichtern ein Zittern der Magnetnadel.

Alexander von Humboldt (1769–1859) wies schließlich nach, dass Gellibrands Entdeckung von der Wanderung der Magnetpole tatsächlich zutrifft.

Der Göttinger Mathematiker Carl Friedrich Gauß (1777–1855) hat das irdische Magnetfeld ausführlich erforscht. Er gründete das erste geophysikalische Observatorium. Ihm zu Ehren wurde die Einheit der magnetischen Flussdichte „Gauß" benannt, abgekürzt Gs. Zehntausend Gauß entsprechen einem Tesla (10 000 Gs = 1 T).

Die Stärke des irdischen Magnetfeldes variiert örtlich und zeitlich. An den Polen wurde eine magnetische Flussdichte von etwa 0,6 Gs registriert, am magnetischen Äquator von 0,3 Gs. Auch scheint der Mond einen gewissen Einfluss auf das irdische Magnetfeld auszuüben, wie Karl Kreil (1798–1862), Direktor der „Centralanstalt für Meteorologie und Erdmagnetismus" in Wien im Jahre 1851 erforschte. Die Inklination unterliegt geringen kurzfristigen, aber messbaren Schwankungen, die mit den Monddeklinationen korreliert sind. Dies war der erste Hinweis auf die Existenz eines Geodynamos.

### Verliert die Erde ihr Magnetfeld?

Der vornehmlich aus Eisen und Nickel bestehende Erdkern ist elektrisch leitend. Der innere Erdkern, auf den man in 5140 Kilometer Tiefe stößt, ist bei einer geschätzten Temperatur von 5500 °C fest. Ihn umgibt der feurig-flüssige äußere Erdkern, der ab einer Tiefe von 2900 Kilometer beginnt, an der Grenze zum Erdmantel, der zähflüssig ist. An dieser Grenze herrscht eine Temperatur von 3500 °C, wobei die Dichte rasch in Richtung Erdmittelpunkt von fünf auf zehn Gramm pro Kubikzentimeter ansteigt. Umschlossen wird der Erdmantel von der Erdkruste, deren Dicke je nach Ortslage von 30 bis 60 Kilometer variiert.

Der etwas rascher rotierende Erdkern eilt dem Erdmantel etwas voraus. Es kommt zu Reibungseffekten zwischen innerem und äußerem Erdkern. Infolge der von innen nach außen herrschenden Temperaturdifferenzen kommt es zu konvektiven Strömungen in radialer Richtung, die von den Coriolis-Kräften abgelenkt werden. Dabei bilden sich Wirbel im feurig-flüssigen äußeren Erdkern. Es kommt infolge des rotierenden Erdkerns zur Bildung eines Magnetfeldes, wobei magnetische Flussröhren entstehen, die neben der Thermik für zusätzlichen Auftrieb sorgen. Die rotierende Erde wirkt gewissermaßen als Dynamo, der das globale Magnetfeld induziert.

Wie aus paläomagnetischen Untersuchungen hervorgeht, ist das Erdmagnetfeld jedoch nicht

**6.12** Der innere Aufbau der Erde. Im Erdmantel herrscht Konvektion.

# Monatsthema 6

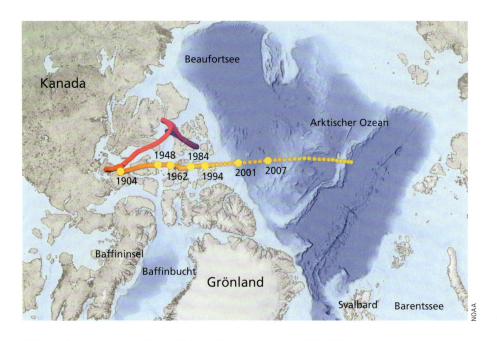

6.13 Wanderung des magnetischen Südpols über die nördliche Erdoberfläche

stabil. Aus dem Mineral Magnetit ($Fe_3O_4$), das im von Vulkanen ausgestoßenen Basaltgestein vorkommt, lässt sich Stärke und Richtung der Magnetfelder im Laufe der Erdgeschichte ermitteln. Die paläologischen Magnetfeldlinien sind gewissermaßen im Magnetit eingefroren.

Das Erdmagnetfeld variierte im Laufe von Millionen Jahren nicht nur, was die Feldstärke betrifft, sondern es kam zu zahlreichen Umpolungen. In den letzten 170 Millionen Jahren ereigneten sich mindestens 300 Feldumkehrungen. Die Perioden zwischen den Polaritätswechseln liegen zwischen 300 000 und 700 000 Jahren. Bei unserer Sonne geht dies schneller: Mit ziemlicher Regelmäßigkeit kommt es alle elf Jahre zu einer Umpolung des globalen Magnetfeldes, so dass der physikalische Zyklus der Sonnenaktivität 22 Jahre dauert.

Durch die Umpolungen des Erdmagnetfeldes verschwindet jeweils für einige tausend Jahre (etwa 4000 bis 10 000 Jahre) die Magnetosphäre. Die Erde entbehrt dann ihres Schutzschildes. Die letzte Umpolung des Erdmagnetfeldes fand vor 780 000 Jahren statt. Andererseits gab es in der Kreidezeit vor 120 bis 80 Millionen Jahren offensichtlich keine Umpolungen. Gegenwärtig nimmt die Stärke des Erdmagnetfeldes permanent ab (rund 0,05 % pro Jahr). Vor 4000 Jahren war das Erdmagnetfeld relativ schwach, vor 2000 Jahren aber vergleichsweise stark. Seit 1830 wurde eine Abschwächung des irdischen Magnetfeldes von zehn Prozent gemessen, davon allein sechs Prozent im 20. Jahrhundert. Wann es wieder zu einer Umpolung des Erdmagnetfeldes kommt, kann man nicht kalkulieren.

Während der Phase einer Umpolung verliert die Erde ihr magnetisches Schutzschild. Die verstärkte Strahlung aus dem Weltall verursacht mehr genetische Veränderungen, die Mutationen nehmen zu. Die Biologen sehen darin beschleunigende Schübe in der Evolution des irdischen Lebens.

# 7 Himmelskalender — JULI 2023

## Juli 2023

- Die Erde passiert ihren sonnenfernsten Bahnpunkt am 6. Juli. An diesem Tag ist sie 152 Millionen Kilometer von der Sonne entfernt.
- Venus strahlt am 7. in größtem Glanz am Abendhimmel.
- Mars gibt seine Abschiedsvorstellung am Abendhimmel.
- Jupiter beherrscht die zweite Nachthälfte.
- Saturn wird zum Planeten der gesamten Nacht.
- Merkur bleibt unsichtbar.

Großer Wagen und Himmels-W
Anfang Juli um 22 Uhr MEZ

7.1 Himmelsanblick gegen 2$^h$ MEZ (= 3$^h$ MESZ) am 11. Juli. Über dem Osthorizont strahlt Jupiter,

# JULI 2023 — Himmelskalender 7

| | | |
|---|---|---|
| | 1 Sa | Venus bei Mars – abends |
| | 2 So | |
| | 3 Mo | Vollmond |
| | 4 Di | |
| | 5 Mi | |
| | 6 Do | Erde in Sonnenferne |
| | 7 Fr | Mond bei Saturn – morgens<br>Venus in größtem Glanz – abends |
| | 8 Sa | |
| | 9 So | |
| | 10 Mo | Letztes Viertel |
| | 11 Di | Mond bei Jupiter – Mitternacht |
| | 12 Mi | |
| | 13 Do | |
| | 14 Fr | |
| | 15 Sa | |
| | 16 So | |
| | 17 Mo | Neumond |
| | 18 Di | |
| | 19 Mi | |
| | 20 Do | |
| | 21 Fr | |
| | 22 Sa | |
| | 23 So | |
| | 24 Mo | |
| | 25 Di | Erstes Viertel |
| | 26 Mi | |
| | 27 Do | |
| | 28 Fr | Mond bei Antares – abends |
| | 29 Sa | |
| | 30 So | |
| | 31 Mo | |

# 7 Sonnenlauf — JULI 2023

## SONNE – STERNBILDER

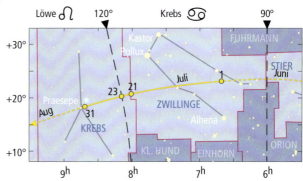

**21.7. 9ʰ:**
Sonne tritt in das Sternbild Krebs

**23.7. 3ʰ:**
Sonne tritt in das Tierkreiszeichen Löwe

**Julianisches Datum am**
1. Juli, 1ʰ MEZ: 2 460 126,5

## SONNENLAUF

| Tag | Dämmerg. Anfang | Aufgang MEZ | Kulmination | Untergang MEZ | Dämmerg. Ende | Mittagshöhe | Zeitgleichg. | Rektaszension | Deklination |
|---|---|---|---|---|---|---|---|---|---|
|  | h m | h m | h m | h m | h m | ° | m | h m | ° |
| 1. | 2 26 | 4 15 | 12 24 | 20 33 | 22 21 | 63,1 | −4 | 6 37 | +23,2 |
| 5. | 2 31 | 4 18 | 12 25 | 20 31 | 22 18 | 62,8 | −5 | 6 54 | +22,9 |
| 10. | 2 38 | 4 22 | 12 25 | 20 28 | 22 12 | 62,2 | −5 | 7 14 | +22,3 |
| 15. | 2 46 | 4 27 | 12 26 | 20 24 | 22 05 | 61,5 | −6 | 7 35 | +21,7 |
| 20. | 2 55 | 4 33 | 12 26 | 20 19 | 21 56 | 60,7 | −6 | 7 55 | +20,8 |
| 25. | 3 05 | 4 39 | 12 27 | 20 13 | 21 47 | 59,7 | −7 | 8 15 | +19,8 |
| 31. | 3 17 | 4 47 | 12 26 | 20 05 | 21 34 | 58,3 | −6 | 8 39 | +18,5 |

## TAGES- UND NACHTSTUNDEN

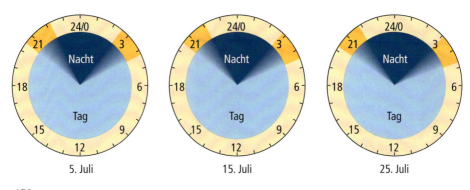

5. Juli — 15. Juli — 25. Juli

# JULI 2023

## Mondlauf 7

## MONDLAUF

| Datum | Aufg. MEZ | Kulmination | Unterg. MEZ | Rektaszension | Deklination | Sterne und Sternbilder | Phase | MEZ |
|---|---|---|---|---|---|---|---|---|
| | h m | h m | h m | h m | ° | | | |
| Sa 1. | 19 04 | 22 48 | 1 48 | 16 10 | −23,9 | Antares | | |
| So 2. | 20 20 | 23 52 | 2 27 | 17 11 | −26,7 | Schlangenträger | | |
| Mo 3. | 21 22 | − | 3 24 | 18 17 | −27,9 | Kaus Borealis | **Vollmond** | 12ʰ 39ᵐ |
| Di 4. | 22 06 | 0 58 | 4 40 | 19 24 | −27,0 | Schütze, Nunki | Erdnähe 360/33′,2 Größte Südbreite | 23ʰ |
| Mi 5. | 22 37 | 2 02 | 6 08 | 20 29 | −24,2 | Steinbock | | |
| Do 6. | 23 00 | 3 02 | 7 40 | 21 31 | −19,7 | Steinbock | | |
| Fr 7. | 23 17 | 3 57 | 9 09 | 22 29 | −14,1 | Wassermann | | |
| Sa 8. | 23 32 | 4 48 | 10 34 | 23 22 | − 7,8 | Wassermann | | |
| So 9. | 23 47 | 5 36 | 11 56 | 0 13 | − 1,2 | Fische | | |
| Mo 10. | − | 6 22 | 13 16 | 1 02 | + 5,2 | Fische | **Letztes Viertel** | 2ʰ 48ᵐ |
| Di 11. | 0 02 | 7 09 | 14 34 | 1 51 | +11,3 | Widder | Aufsteigender Knoten Libration West | |
| Mi 12. | 0 19 | 7 57 | 15 53 | 2 40 | +16,7 | Widder | | |
| Do 13. | 0 40 | 8 46 | 17 09 | 3 31 | +21,3 | Stier, Plejaden | | |
| Fr 14. | 1 07 | 9 37 | 18 21 | 4 24 | +24,8 | Stier, Hyaden | | |
| Sa 15. | 1 42 | 10 30 | 19 24 | 5 19 | +27,0 | Stier, Alnath | | |
| So 16. | 2 29 | 11 23 | 20 15 | 6 14 | +27,9 | Zwillinge | | |
| Mo 17. | 3 27 | 12 15 | 20 54 | 7 09 | +27,4 | Kastor, Pollux | **Neumond Nr. 1244** | 19ʰ 32ᵐ |
| Di 18. | 4 33 | 13 05 | 21 22 | 8 02 | +25,6 | Pollux | Größte Nordbreite | |
| Mi 19. | 5 43 | 13 52 | 21 44 | 8 53 | +22,7 | Krebs, Krippe | | |
| Do 20. | 6 54 | 14 35 | 22 01 | 9 41 | +18,8 | Löwe | Erdferne 406/29′,4 | 8ʰ |
| Fr 21. | 8 03 | 15 17 | 22 15 | 10 26 | +14,3 | Löwe, Regulus | | |
| Sa 22. | 9 12 | 15 57 | 22 27 | 11 10 | + 9,2 | Löwe | | |
| So 23. | 10 20 | 16 37 | 22 39 | 11 52 | + 3,8 | Jungfrau | | |
| Mo 24. | 11 29 | 17 17 | 22 51 | 12 35 | − 1,9 | Jungfrau | | |
| Di 25. | 12 41 | 17 59 | 23 05 | 13 18 | − 7,5 | Spica | **Erstes Viertel** | 23ʰ 07ᵐ |
| Mi 26. | 13 56 | 18 45 | 23 22 | 14 04 | −13,0 | Jungfrau | | |
| Do 27. | 15 15 | 19 35 | 23 45 | 14 53 | −18,1 * | Waage | Absteigender Knoten Libration Ost | |
| Fr 28. | 16 37 | 20 30 | − | 15 47 | −22,5 | Waage | | |
| Sa 29. | 17 56 | 21 31 | 0 17 | 16 45 | −25,9 | Antares | | |
| So 30. | 19 05 | 22 36 | 1 04 | 17 48 | −27,7 | Schütze | | |
| Mo 31. | 19 57 | 23 42 | 2 10 | 18 55 | −27,7 | Schütze, Nunki | | |

## DER MOND NÄHERT SICH SATURN

# 7 Planetenlauf

JULI 2023

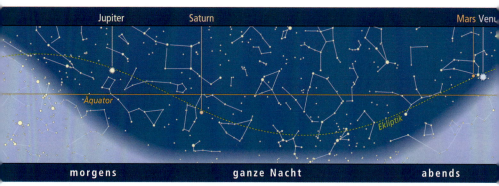

**MERKUR** erreicht am 1. seine obere Konjunktion mit der Sonne. Von uns aus betrachtet befindet er sich hinter der Sonne, allerdings nicht exakt. Er wandert ein wenig nördlich hinter der Sonne vorbei. Zur oberen Konjunktion ist Merkur mit 198 Millionen Kilometer (= 1,32 AE) fast maximal von der Erde entfernt.

Merkur entfernt sich nach seiner oberen Konjunktion langsam rechtläufig von der Sonne. Bis Monatsende nimmt sein östlicher Winkelabstand von ihr auf knapp 26° zu. Dies reicht nicht für eine Abendsichtbarkeit. Merkur bleibt im Juli unsichtbar. Auch die Begegnung mit Venus am 26. und mit Regulus im Löwen am 29., an dem

**7.2** Heliozentrischer Anblick des Planetensystems im dritten Jahresviertel 2023. Eingetragen sind im linken Teil die Positionen der inneren Planeten für den 1. Juli (7), 1. August (8), 1. September (9) und 1. Oktober (10). Der rechte Teil zeigt das äußere Planetensystem samt einigen Planetoiden zu Anfang und Ende des dritten Jahresviertels. Die Pfeile deuten die Richtungen zu den ferneren Planeten sowie zum Frühlingspunkt an.

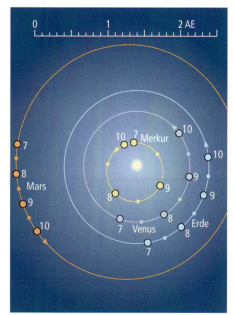
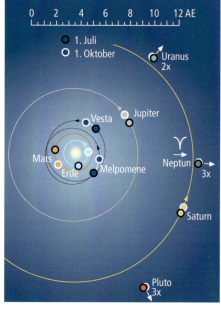

Merkur nur 0°,1 südlich vorbeizieht, bleibt unbeobachtbar.

**VENUS** erstrahlt am 7. in größtem Glanz (–4ᵐ,7) am Abendhimmel. Im letzten Monatsdrittel zieht sie sich schnell vom Abendhimmel zurück und wird unsichtbar. Am 21. wird sie stationär und eilt anschließend rasch rückläufig auf die Sonne zu, mit der sie Mitte August zusammentrifft.

Zu Monatsbeginn nähert sich Venus dem roten Planeten bis auf 3°,6, erreicht ihn aber nicht, da sie ihre Bewegung abbremst und sich ab dem 21. rückläufig von Mars entfernt (siehe Abb. 6.3 auf Seite 135).

Im Teleskop zeigt sich Venus am 1. als dicke Sichel von knapp 34″ Durchmesser. Bis 25. nimmt der scheinbare Venusdurchmesser auf fast 54″ zu, die Sichel wird extrem schmal. Bis 25. nimmt die Helligkeit auf –4ᵐ,5 ab. Geht Venus am 1. um $22^h34^m$ (= $23^h34^m$ Sommerzeit) unter und am 15. um $21^h38^m$, so sinkt sie am 25. bereits um $20^h47^m$ unter den westlichen Horizont. Nach dem 25. wird man vergeblich nach dem Planeten der Liebesgöttin Ausschau halten.

**MARS** gibt seine Abschiedsvorstellung am Abendhimmel. Nach dem 10. wird man vergeblich nach dem roten Planeten Ausschau halten. Am 10. wandert er rechtläufig nur 0°,6 nördlich an Regulus im Löwen vorbei. Um beide Gestirne zu erkennen, sollte man ein Fernglas benutzen (Abb. 3.4 auf Seite 79).

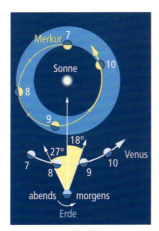

7.3 Heliozentrische Bewegungen von Merkur und Venus *relativ* zur Erde. In den dicker ausgezogenen Bahnteilen sind die Planeten beobachtbar. Die Zahlen geben die Positionen jeweils zum Monatsersten an. Östlicher Winkelabstand bedeutet Abendsichtbarkeit; westliche Elongation: Planet steht am Morgenhimmel.

Der Marsuntergang erfolgt am 1. um $22^h46^m$ und am 10. um $22^h21^m$. Am 20. geht der inzwischen nur noch 1ᵐ,8 helle Mars um $21^h53^m$ (= $22^h53^m$ Sommerzeit) unter. Ende Juli sinkt der rote Planet schon um $21^h22^m$ unter die westliche Horizontlinie. Bereits eine halbe Stunde vorher verschluckt ihn der Horizontdunst.

Am 13. beginnt auf der Marsnordhalbkugel der Sommer. Er dauert bis Herbstbeginn am 12. Januar 2024.

**JUPITER** beherrscht die zweite Nachthälfte. Er wandert rechtläufig durch den Widder, wobei er seinen Lauf deutlich abbremst. Sein Stillstand ist nicht mehr fern (siehe Abb. 11.4 auf Seite 231). Auch die auf –2ᵐ,4 zunehmende Helligkeit lässt die kommende Opposition erahnen.

Der Riesenplanet verlagert seine Aufgänge in die Zeit vor Mitternacht. Zu Monatsbeginn geht er um $1^h04^m$ (= $2^h04^m$ Sommerzeit) auf, am Monatsletzten bereits um $23^h12^m$. Ein netter Himmelsanblick ergibt sich am 12. gegen $2^h$ morgens. Knapp über dem Osthorizont leuchtet der eben aufgegangene Jupiter, zu dem sich der abnehmende Mond kurz nach Halbmond gesellt (siehe Abb. 7.1 auf Seite 148).

**SATURN** beschleunigt seine rückläufige Bewegung durch den Wassermann. Der Ringplanet nähert sich seiner Oppositionsstellung zur Sonne, die er Ende August erreicht (siehe Abb. 8.3 auf Seite 171).

Die Saturnaufgänge erfolgen immer früher. Zum Monatsende wird er fast zum Planeten der gesamten Nacht, sieht man von der ersten Stunde nach Sonnenuntergang ab.

Am 1. geht der Ringplanet um $23^h06^m$ auf, am 15. um $22^h10^m$ und am 31. schon um $21^h06^m$ (= $22^h06^m$ Sommerzeit). Die Saturnhelligkeit steigt weiter leicht von 0ᵐ,7 auf 0ᵐ,6 an. Wegen der abnehmenden Ringneigung wird Saturn nicht so hell wie noch vor wenigen Jahren.

In der Nacht vom 6. auf 7. Juli begegnet der abnehmende

# 7 Planetenlauf  JULI 2023

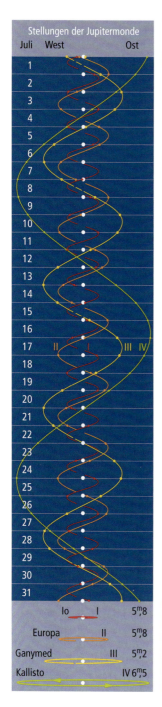

## JUPITERMONDE

| Tag | MEZ h m | | Vorgang | |
|---|---|---|---|---|
| 1. | 2 | 29 | II | BE |
| | 4 | 32 | III | VA |
| 5. | 1 | 35 | III | DE |
| | 4 | 58 | I | VA |
| 6. | 2 | 10 | I | SA |
| | 3 | 23 | I | DA |
| | 4 | 19 | I | SE |
| 7. | 2 | 53 | I | BE |
| 8. | 2 | 42 | II | VE |
| | 2 | 52 | II | BA |
| 12. | 0 | 42 | III | SE |
| | 4 | 09 | III | DA |
| 13. | 4 | 03 | I | SA |
| 14. | 1 | 21 | I | VA |
| 15. | 0 | 41 | I | SE |
| | 1 | 58 | I | DE |
| | 2 | 56 | II | VA |
| 17. | 0 | 15 | II | SE |
| | 0 | 38 | II | DA |
| | 2 | 55 | II | DE |
| 19. | 2 | 45 | III | SA |
| | 4 | 41 | III | SE |
| 21. | 3 | 15 | I | VA |
| 22. | 0 | 26 | I | SA |
| | 1 | 46 | I | DA |
| | 2 | 34 | I | SE |
| | 3 | 54 | I | DE |
| | 23 | 52 | III | BE |
| 23. | 1 | 15 | I | BE |
| 24. | 0 | 33 | II | SA |
| | 2 | 52 | II | SE |
| | 3 | 19 | II | DA |
| 25. | 23 | 50 | II | BE |
| 28. | 5 | 09 | I | VA |
| 29. | 2 | 19 | I | SA |
| | 3 | 41 | I | DA |
| | 4 | 28 | I | SE |
| | 23 | 38 | I | VA |
| 30. | 2 | 28 | III | BA |
| | 3 | 11 | I | BE |
| | 3 | 56 | III | BE |
| 31. | 0 | 18 | I | DE |
| | 3 | 10 | II | SA |

Japetus
5.   10ᵐ,7
10.  10ᵐ,9
15.  11ᵐ,2
20.  11ᵐ,6
25.  12ᵐ,0
30.  12ᵐ,3

# JULI 2023 — Planetenlauf 7

Mond dem Ringplaneten (siehe Mondlaufgrafik auf Seite 151).

**URANUS**, rechtläufig im Widder, kann unter sehr guten Sichtbedingungen ab der Monatsmitte mit Fernglas oder Teleskop aufgespürt werden. Am 15. geht der $5^m_\cdot8$ helle, grünliche Planet um $0^h34^m$ (= $1^h34^m$ Sommerzeit) auf und kulminiert um $8^h08^m$.

Die Aufgangszeit verfrüht sich bis Ende Juli auf $23^h29^m$. Erst jeweils eine Stunde nach Aufgang ist es sinnvoll, nach dem sonnenfernen Planeten zu suchen. Die Aufsuchkarte Abb. 11.5 auf Seite 232 kann dabei helfen, Uranus zu finden.

**NEPTUN** wird am 1. im Sternbild Fische stationär und setzt zu seiner Oppositionsschleife an. Anschließend wandert er rückläufig durch die Fische. Allerdings ist die Neptunbewegung zunächst kaum zu erkennen, der bläuliche Planet bewegt sich nur recht zögerlich (siehe Abb. 9.5 auf Seite 195).

Mit guter Optik besteht die Chance, Neptun ins Visier zu nehmen. Am 1. geht der $7^m_\cdot9$ helle Neptun um $23^h41^m$ auf und kulminiert um $5^h38^m$. Am 15. erfolgt der Aufgang des inzwischen mit $7^m_\cdot8$ etwas helleren Neptun um $22^h46^m$ (= $23^h46^m$ Sommerzeit) und seine Meridianpassage um $4^h42^m$. Ende Juli übersteigt Neptun bereits um $21^h43^m$ die östliche Horizontlinie und erreicht seinen Höchststand um $3^h39^m$ (= $4^h39^m$ Sommerzeit). Zu dieser Zeit ist es im Juli allerdings schon längst hell.

## PLANETOIDEN UND ZWERGPLANETEN

**PLUTO**, der Zwergplanet, steht am 22. frühmorgens in **Opposition** zur Sonne. Er kehrt am 7. rückläufig in das Sternbild Schütze als lichtschwaches Sternchen von nur $14^m_\cdot4$ scheinbarer Helligkeit zurück. Vom 20. bis 25. befindet sich Pluto etwa $1°\!\!.1$ südlich vom Kugelsternhaufen M 75.

Der prominente Zwergplanet Nr. 134 340 geht am Oppositionstag um $20^h23^m$ (= $21^h23^m$ MESZ) auf, passiert um $0^h26^m$ den Meridian und geht um $4^h28^m$ am nächsten Morgen unter. Um den extrem lichtschwachen Pluto zu finden, sollen die Aufsuchkärtchen Abb. 7.4 unten helfen.

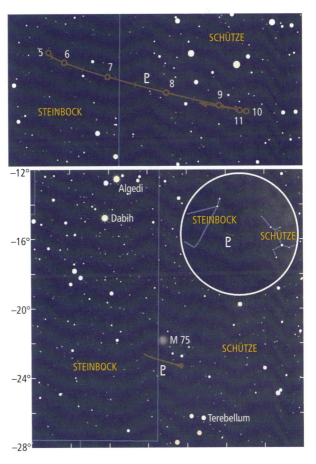

**7.4** Scheinbare Bahn des Zwergplaneten Pluto im Gebiet der Sternbilder Schütze/Steinbock von Mai bis Ende November 2023.

# 7 Planetenlauf

*JULI 2023*

NASA, ESA, A. Simon (GSFC), M.H. Wong (University of California) and the OPAL team

## 7.5 Der Ringplanet Saturn

**DELTA-AQUARIIDEN** als stärkster Strom im Juli auf. Sie heißen auch **JULI-AQUARIIDEN**. Die Meteore sind zwischen $3^m$ und $5^m$ hell, also nicht besonders auffällig. Ihr Radiant liegt etwa 3° westlich von δ Aquarii. Das Maximum ist nicht in jedem Jahr am selben Tag zu erwarten. In diesem Jahr dürfte es in den Stunden nach Mitternacht am 30. Juli auftreten. Im Maximum sind etwa 20 bis 25 Sternschnuppen pro Stunde zu erwarten. Wegen der südlichen Position des Radianten sind aber von Deutschland aus nur etwa 10 bis 15 in der Zeit nach Mitternacht zu sehen. Die Eintauchgeschwindigkeit der Sternschnuppen liegt um 40 Kilometer pro Sekunde.

Vom 3. Juli bis 15. August treten die **ALPHA-CAPRICORNIDEN** (Radiant im Steinbock) auf. Sie sind die ganze Nacht über beobachtbar. Der Ursprungskomet ist 45P/Honda-Mrkos-Pajdusáková.

Um das Maximum am 30. Juli sind nur etwa fünf Objekte pro Stunde zu erwarten. Es handelt sich um recht langsame Meteore (im Mittel 23 Kilometer pro Sekunde).

Ab 16. Juli ist mit den ersten **PERSEÏDEN** zu rechnen, dem weithin bekanntesten Sternschnuppenstrom. Sein Radiant liegt zunächst südlich der Kassiopeia und wandert bis zum Maximum im August in die nördlichen Gebiete des Perseus.

Zur Opposition ist Pluto 5055 Millionen Kilometer (= 33,79 AE) von der Erde entfernt. Dies entspricht einer Lichtlaufzeit von vier Stunden und 41 Minuten. Von der Sonne trennen Pluto am Oppositionstag 5207 Millionen Kilometer (= 34,81 AE).

### PERIODISCHE STERNSCHNUPPENSTRÖME

Um den 10. Juli kann man eine schwache Aktivität der **PEGASIDEN** beobachten, die mit hoher Geschwindigkeit in die Atmosphäre eindringen. Vom 12. Juli bis 19. August leuchten die

## KONSTELLATIONEN UND EREIGNISSE

| Datum | MEZ | Ereignis |
|---|---|---|
| 1. | 6ʰ | Merkur in oberer Konjunktion mit der Sonne |
| 1. | 14 | Neptun im Stillstand, anschließend rückläufig |
| 6. | 21 | Erde im Aphel (Sonnenferne), Abstand Erde – Sonne 152,093 Millionen Kilometer |
| 7. | 4 | **Mond bei Saturn**, Mond 2°7 südlich, Abstand 3°9 um 3ʰ |
| 7. | 21 | **Venus in größtem Glanz** (–4ᵐ7) |
| 8. | 15 | Mond bei Neptun, Mond 1°7 südlich |
| 11. | 22 | **Mond bei Jupiter**, Mond 2°2 nördlich, Abstand 2°8 um 1ʰ am 12. |
| 12. | 19 | Mond bei Uranus, Mond 2°3 nördlich |
| 19. | 10 | Mond bei Merkur, Mond 3°5 nördlich |
| 20. | 10 | Mond bei Venus, Mond 7°8 nördlich |
| 21. | 0 | Venus im Stillstand, anschließend rückläufig |
| 21. | 5 | Mond bei Mars, Mond 3°3 nördlich |
| 22. | 5 | **Pluto in Opposition** zur Sonne |
| 26. | 14 | Merkur bei Venus, Merkur 5°3 nördlich |

# Fixsternhimmel 7

JULI 2023

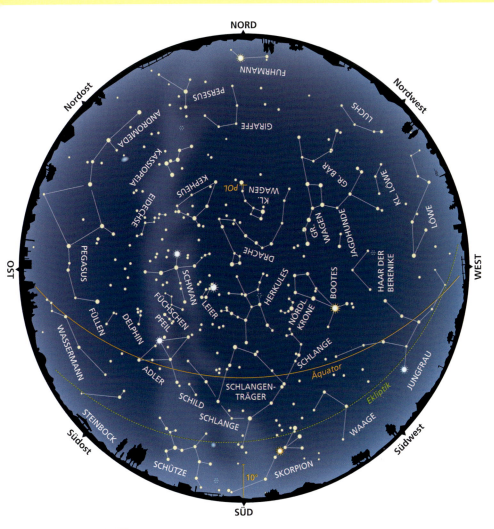

**DER STERNENHIMMEL AM 15. JULI UM 22ʰ MEZ**

Die Sternkarte ist auch gültig für:

|  | MEZ | MESZ |
|---|---|---|
| 15. 4. | 4ʰ | 5ʰ |
| 1. 5. | 3 | 4 |
| 15. 5. | 2 | 3 |
| 1. 6. | 1 | 2 |
| 15. 6. | 0 | 1 |
| 1. 7. | 23 | 24 |
| 15. 7. | 22 | 23 |
| 31. 7. | 21 | 22 |

Nach Einbruch der Dunkelheit ist am abendlichen Sternenhimmel das große und leicht erkennbare Sternendreieck Wega – Deneb – Atair schon hoch im Osten zu sehen. Man nennt es deshalb auch Sommerdreieck. Das Sternbild Bootes mit dem hellen Arktur ist bereits in die westliche Himmelshälfte gerückt. Im Südwesten ist noch das Sternbild Jungfrau mit ihrem bläulichen Hauptstern Spica zu finden.

Arktur und Spica markieren zwei Eckpunkte des Frühlingsdreiecks. Der dritte Eckpunkt, Regulus im Löwen, ist bereits untergegangen, das Frühlingsdreieck hat sich aufgelöst.

Hoch im Süden schreitet gerade der Held Herkules durch den Meridian. Der Herkules ist ein ausgedehntes Sternbild, das sich

# 7  Fixsternhimmel  JULI 2023

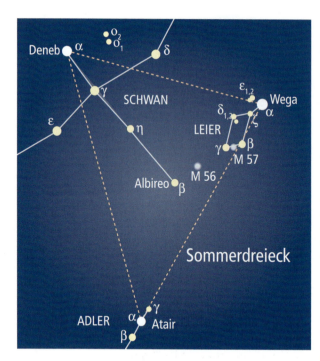

7.6 Das Sommerdreieck setzt sich aus den drei hellen Sternen Wega in der Leier, Deneb im Schwan und Atair im Adler zusammen.

23 000 beziehungsweise 27 000 Lichtjahre von uns entfernt.

Zwischen dem Bootes und dem Herkules liegt ein auffälliger Halbkreis von Sternen, die Nördliche Krone. Ihr etwas hellerer Hauptstern, α Coronae Borealis, heißt Gemma und markiert den Edelstein in der Goldkrone. Knapp südlich der Krone liegt der Kopf der Schlange (lat.: Serpens Caput). Die Sternenkette der Schlange knickt weiter südlich nach Osten ab und zieht durch den Schlangenträger (lat.: Ophiuchus). Der Schlangenträger findet sich südlich vom Herkules und ist ebenfalls ein ausgedehntes, lichtschwaches Sternbild. Der östliche Teil der Schlange heißt Serpens Cauda, was so viel wie „Schwanz der Schlange" bedeutet. Der Schlangenschwanz ist kerzengerade und deutet in Richtung des hellen Atair, Hauptstern des Adlers. Das Sternbild Schlange wird durch den Schlangenträger in zwei Felder getrennt.

Tief im Südwesten hält sich noch die Waage, ein schlichtes und nicht auffallendes Sternbild. Im Gegensatz zur Waage ist der Skorpion, der der Waage im Tierkreis unmittelbar folgt, recht einprägsam.

Vor allem sein roter Hauptstern Antares funkelt jetzt unübersehbar tief im Süden. Antares zählt zu den Sternen erster

nur aus lichtschwachen Sternen zusammensetzt. Sterne erster und zweiter Größenklasse fehlen vollständig im Herkules. Daher ist dieses Bild nicht leicht zu erkennen. Am aufgehellten Stadthimmel geht es ganz unter. Noch schwieriger ist es, sich die Figur des Herkules vorzustellen. Denn von unseren Breiten aus betrachtet hängt der Kopf des Herkules nach unten, also in Südrichtung, die Füße sind oben und deuten nach Norden. Ein Bein ist angewinkelt, der Held kniet.

Der Herkules beherbergt zwei schöne Kugelsternhaufen: M 13 und M 92. M 13 ist der prominenteste Kugelhaufen auf der Nordhalbkugel des Himmels. Die beiden Kugelhaufen sind

## VERÄNDERLICHE STERNE

| Algol-Minima | | β-Lyrae-Minima | | δ-Cepheï-Maxima | | Mira-Helligkeit | |
|---|---|---|---|---|---|---|---|
| 16. | $4^h03^m$ | 1. | $13^h$ N | 1. | $14^h$ | 1. | $3^m$ |
| 19. | 0 53 | 8. | 0 H | 6. | 23 | 10. | 4 |
| 21. | 21 41 | 14. | 12 N | 12. | 8 | 20. | 4 |
|  |  | 20. | 23 H | 17. | 17 | 31. | 4 |
|  |  | 27. | 10 N | 23. | 1 |  |  |
|  |  |  |  | 28. | 10 |  |  |

## JULI 2023

Größenklasse und ist leicht veränderlich. Die Bezeichnung Antares für α Scorpii stammt aus dem Griechischen. Ares ist der Name für den Kriegsgott, der bei den Römern Mars heißt. Antares bedeutet somit „marsähnlicher (Stern)".

In den Tropen gehört der Skorpion zu den eindrucksvollsten Bildern. In den Monaten Juni und Juli steht er dort abends in Zenitnähe hoch über dem Betrachter. Der bei uns sichtbare Teil des Skorpions gleicht eher einer Hand. Die Sterne ν, β, δ, π und ρ Scorpii markieren die Fingerspitzen, σ Scorpii die Mittelhand und α Scorpii (Antares) die Handwurzel.

Tief im Süden bereitet sich der Schütze (lat.: Sagittarius) auf den Meridiandurchgang vor. In seiner Richtung liegt auch das Zentrum unserer Milchstraße. Der Schütze beherbergt zahlreiche galaktische Nebel, Kugel- und offene Sternhaufen – eine wahre Fundgrube für Fernglasbeobachter!

Der Große Wagen ist hoch im Westen zu finden. Er steigt langsam ab. Man sollte auch einmal versuchen, den Kleinen Wagen zu erkennen. Am Ende seiner Deichsel sitzt der Polarstern. Außer den beiden hinteren Kastensternen sind die übrigen Sterne deutlich lichtschwächer als die des Großen Wagens. Zwischen Großem und Kleinem Wagen schlängelt sich der Drache (lat.: Draco) hindurch. Das kleine Sternenviereck, das den Kopf des Drachen markieren soll, liegt nördlich vom Herkules.

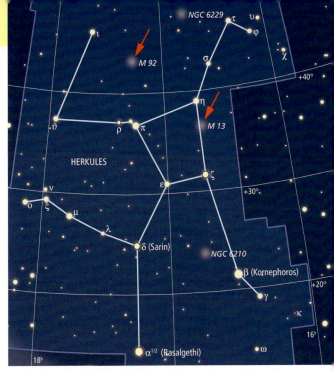

**7.7** Skelettkarte des Sternbildes Herkules mit den Positionen der Kugelsternhaufen M 13 und M 92.

**7.8** Skelettkarte des Sternbildes Skorpion.

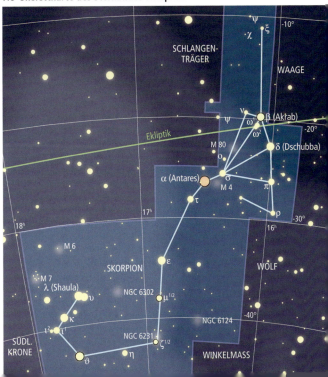

# Der Perseïdenstrom

7.9 Einige helle Perseïden-Meteore, aufgenommen von Mario Weigand, Oberursel

Der August ist in der Bevölkerung weithin als Sternschnuppenmonat bekannt. Um den 12. August, so scheint es, tauchen besonders viele Meteore auf. Als Meteor wird in Fachkreisen eine Sternschnuppe bezeichnet. Diese Bezeichnung kommt aus dem Griechischen und heißt so viel wie „in der Luft schwebend" oder einfach „Himmelserscheinung". Verlängert man die Leuchtspuren der Meteore nach hinten, also entgegengesetzt zu ihrer Flugrichtung, so scheinen sie aus einem eng begrenzten Gebiet im Sternbild Perseus zu kommen. Deshalb spricht man von den Perseïden.

Der Ausstrahlungsbereich wird auf einen Punkt reduziert, den man Fluchtpunkt oder Radiant bezeichnet. Helle Meteore, die manchmal die Helligkeit des Vollmondes erreichen oder sogar übertreffen, nennt man Boliden oder Feuerkugeln.

Meteore sind nicht mit Kometen zu verwechseln. Als Sternschnuppen flitzen Meteore über das nachtdunkle Himmelszelt. Man sieht ihre Leuchtspuren oft nur in Bruchteilen von Sekunden. Kometen hingegen wandern auf langgestreckten Ellipsenbahnen um die Sonne und sind oft wochenlang Nacht für Nacht mit ihren manchmal imposanten langen Schweifen zu beobachten.

Es war John Locke (1792–1856), Arzt und Leiter eines Mädchencolleges in Cincinnati, Ohio, dem auffiel, dass die zahlreichen Sternschnuppen im August aus dem Sternbild Perseus zu kommen scheinen. Er gilt als Entdecker des Perseïden-Meteorstromes. Aber schon vor mehr als zwei Jahrtausenden wurden in China und Japan Aufzeichnungen gemacht, aus denen hervorgeht, dass im August besonders viele Sternschnuppen auftauchen. In Europa wurden um 800 nach Chr. erste Beobachtungen der erhöhten Sternschnuppentätigkeit gemeldet. Im Jahre 1762 wies der niederländische Amateurastronom Pieter van Musschenbroek auf die große Zahl von Meteoren in den Nächten Mitte August hin.

Meteorerscheinungen werden von sehr kleinen Partikeln hervorgerufen, die mit hohen Geschwindigkeiten von zehn bis 70 Kilometern pro Sekunde von außen in die Erdatmosphäre eindringen und in Höhen von 120 bis 70 Kilometern verglühen. Größere Brocken dieses kosmischen Kleinschrotts erreichen gelegentlich die Erdoberfläche und schlagen mehr oder minder große Löcher in den Boden. Solche vom Himmel gefallenen Steine werden Meteorite genannt.

Die Partikel, die im interplanetaren Raum auf Kepler-Bahnen die Sonne umrunden, heißen Meteoroide, also Meteorkörper, während man unter Meteor die Leuchterscheinung selbst, also die Sternschnuppe mit ihrem glimmenden Pfad versteht. Die meisten Meteoroide sind nur wenige Millimeter groß. Tennisballgroße Objekte rufen schon gewaltige Leuchterscheinigungen hervor.

Lange war man der Auffassung, Meteore würden von Steinen hervorgerufen, die von Vulkanen ausgeschleudert wurden. Aus den ewigen und unveränderlichen überirdischen Bereichen konnten so profane Objekte wohl nicht herrühren. Erst der Physiker Ernst Florens Friedrich Chladni (1756–1827) gab im Jahre 1819 eine Publikation heraus mit dem Titel *Über Feuer-Meteore und über die mit denselben herabgefallenen Massen*. In ihr erklärt Chladni, Meteore werden von Steinen aus dem Weltall hervorgerufen, die mit hohen Geschwindigkeiten in die Erdatmosphäre eindringen, wobei sie sich erhitzen. Chladni war ein berühmter Wissenschaftler.

### Sternschnuppen nach Fahrplan

Schon Alexander von Humboldt (1769–1859) fiel auf, dass in bestimmten Nächten des Jahres ungewöhnlich viele Meteore aufleuchten. Er selbst sah in der Nacht vom 11. auf 12. November 1799 einen außerordentlichen Meteorschauer. Er beobachtete von Cumaná in Venezuela in dieser Nacht extrem viele Sternschnuppen. Humboldt

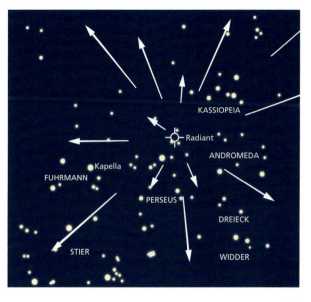

**7.10** Der Fluchtpunkt oder Radiant des Perseïden-Meteorstromes liegt im Sternbild Perseus.

# 7 Monatsthema

**JULI 2023**

**7.11** Die Bahn des Kometen Swift-Tuttle, Ursprungskomet der Perseïden.

aktiven Meteorschauer meist, wenn auch nicht immer, die Auflösungsprodukte von Kometen, die ihre Staubpartikel und auch größere Brocken entlang ihren Bahnen verstreuen. Kreuzt die Erde eine solche Kometenbahn, so kollidiert sie mit den Überresten des Ursprungskometen. Je nachdem, wie dicht die Trümmerwolke ist, sind die Fallraten unterschiedlich. In manchen Jahren tauchen viele Sternschnuppen eines Stromes auf, dann wieder ist die Meteorhäufigkeit eher bescheiden. Angegeben wird die Häufigkeit in Zahl der Sternschnuppen, die pro Stunde aufflammen, wenn der Radiant im oder nahe dem Zenit steht (ZHR – Zenithal Hourly Rate). Befindet sich der Radiant nur etwa 30° über dem Horizont, so bekommt man nur die Hälfte der Sternschnuppen zu Gesicht.

Die vielen Meteore im August scheinen dem Sternbild Perseus zu entströmen – ein rein perspektivischer Effekt. Man nennt sie deshalb Perseïden. Ihr Radiant liegt somit im Perseus. Da der Radiant zirkumpolar ist, sind die Perseïden die ganze Nacht über beobachtbar. Die Perseïden sind die Auflösungsprodukte des Kometen 109P/Swift-Tuttle, der seine Trümmer inzwischen auf eine Bahnbreite von 60 Millionen Kilometer verstreut hat, weshalb die ersten Perseïdenmeteore schon um den 20. Juli und die letzten um den 20. August auftauchen. Das Maximum der Perseïdenaktivität tritt in den Nächten um den 12./13. August auf. Meist wird eine ZHR von 100 angegeben. Dies ist nur der Fall, wenn man bei absolut dunklem Himmel ohne Mondlicht und ohne künstliche Beleuchtung bei sehr klarem Himmel beobachtet. Nur wenn die Grenzgröße $6^m\!.5$ beträgt, kann man bis zu hundert Meteore pro Stunde sehen. Das ist selten der Fall. Man darf daher keinen „Sternschnuppenregen" erwarten, sondern muss schon ein paar Minuten warten, um eine Perseïde zu sehen.

hatte den Eindruck, am nächtlichen Firmament seien mehr Meteore als Sterne vorhanden.

Nicht nur im August zeigen sich gehäuft Meteore. Anfang Januar ist der Meteorschauer der Quadrantiden aktiv, im November machen sich die Leoniden bemerkbar und Mitte Dezember sind die Geminiden zu erwarten. Diese Ströme sind allerdings nicht so prominent wie die Perseïden im August. Dies liegt vermutlich daran, dass in lauen Augustnächten viele Menschen ihren Feierabend im Freien verbringen, während man sich in den Winternächten meist in geschlossenen Räumen aufhält. Außerdem verhindern Wolken und Nebel häufiger den Blick auf den Sternenhimmel.

Neben den sporadisch auftauchenden Sternschnuppen sind die jedes Jahr zu gleicher Zeit

Auch sind die Fallraten von Jahr zu Jahr unterschiedlich. So wurden im Jahr 2017 nur 78 Sternschnuppen der Perseïden registriert, in den Jahren 1993, 1994 und 2004 jedoch weit über 200 Meteore.

Zum Maximum am 12. August liegt der Radiant bei α = 3$^h$12$^m$ und δ = +58°. Dieser Punkt liegt in der Nähe von η Perseï (3.$^m$8).

### Relikte eines Kometen

Der Ursprungskomet der Perseïden wurde unabhängig voneinander am 16. Juli 1862 von dem amerikanischen Amateurastronom Lewis A. Swift (1820–1913) mit einem 11-cm-Refraktor und dem ebenfalls amerikanischen Astronomen Horace Parnell Tuttle (1837–1923) am Harvard College Obervatory nur drei Tage später entdeckt. Swift fand insgesamt 13 Kometen und 1248 (!) damals noch nicht katalogisierte stellare Nebel. Astronom Tuttle wieder fand acht Kometen und zwei neue Planetoiden. Die mittlere Umlaufzeit von Swift-Tuttle beträgt 134 Jahre. Die große Halbachse seiner Bahn misst 26,186 AE (= 3917 Millionen Kilometer). Sein Perihelabstand von der Sonne beträgt 0,960 AE, das sind 143,6 Millionen Kilometer. Das Perihel liegt knapp innerhalb der Erdbahn. Komet Swift-Tuttle zählt somit zu den Erdbahnkreuzern. Im Jahre 4479 wird es zu einer sehr nahen Begegnung mit der Erde kommen.

Mit einer numerischen Exzentrizität von e = 0,9632 ist seine Bahn eine langgestreckte Ellipse, die ihn bis auf 51,2 AE (= 7659 Millionen Kilometer) von der Sonne entfernt.

Sein Aphel liegt somit noch außerhalb der Plutobahn. Im sonnenfernsten Bahnpunkt beträgt seine Geschwindigkeit nur 0,8 Kilometer pro Sekunde. Seine Wiederkehr ist im Jahre 2126 zu erwarten.

Letztmals eilte Swift-Tuttle am 11. Dezember 1992 mit einer Geschwindigkeit von 42,6 Kilometer pro Sekunde, das sind 153 000 Kilometer pro Stunde, durch sein Perihel. Bereits im September 1992 fand ihn der japanische Amateur-

**7.12** Wanderung des Radianten des Perseïden-Meteorstromes von Mitte Juli bis Ende August.

# 7 Monatsthema JULI 2023

**7.13 Erdapex und Meteorhäufigkeit**

mit bloßen Augen einwandfrei sehen. Im Jahr 4479 soll er dann noch viel näher an der Erde vorbeifliegen. Zu einem Zusammenprall mit dem rund 30 Kilometer im Durchmesser großen Kometenkern wird es voraussichtlich nicht kommen. Das wäre das Ende der Menschheit und vieler Lebensformen auf der Erde.

Als erster erkannte Giovanni Schiaparelli, Direktor der Mailänder Sternwarte, im Jahre 1866, dass Komet 109P (damals noch unter der Bezeichnung 1862 III) der Ursprungskomet der Perseïden ist. Berühmt geworden ist Schiaparelli durch seine spekulativen Beobachtungen von „Marskanälen", die er bei der günstigen Marsopposition im September 1877 zu sehen meinte.

astronom Tsuruhiko Kiuchi wieder. Er näherte sich damals bei seiner letzten Perihelpassage auf 1,160 AE (= 173,5 Millionen Kilometer) der Erde. Der Komet blieb als Objekt 5. Größe unscheinbar und konnte nur im Fernglas ausgemacht werden. Bei seiner Wiederkehr im Jahre 2126 wird er bis auf 0,17 AE (= 25 Millionen Kilometer) an die Erde herankommen. Man wird ihn dann schon

Wie Rückrechnungen ergaben, war Swift-Tuttle auch für die spektakulären Kometenerscheinungen in den Jahren 69 vor Chr. und 188 nach Chr. verantwortlich, die auch von chinesischen Astronomen aufgezeichnet wurden.

Die Sternschnuppen der Perseïden werden auch Laurentius-Tränen genannt. Der Diakon Laurentius wurde am 10. August 258 auf glühendem Rost zu Tode gefoltert.

Am Abend des gleichen Tages gab es einen Schauer von Meteoren. Das Volk von Rom meinte: „Seht, das sind die Tränen des Laurentius!" Seither gilt Laurentius als Erzmärtyrer.

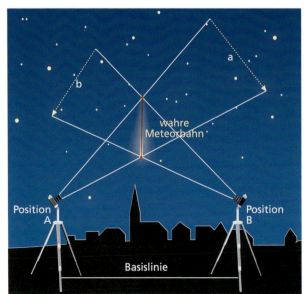

**7.14** Zur Bestimmung der räumlichen (wahren) Bahn eines Meteors mit zwei Kameras.

# VOM MEISTER
## — DER NATURDOKUMENTATIONEN

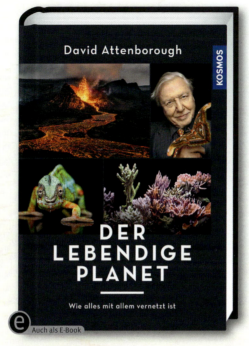

Sir David Attenborough
**Der lebendige Planet**
432 Seiten, €/D 28,–
ISBN 978-3-440-17628-3

Der legendäre Tierfilmer und Naturforscher Sir David Attenborough beschreibt in seiner unnachahmlichen Art die Lebensräume auf unserem Planeten und erklärt, auf welche geheimnisvolle Weise alles Lebendige zusammenhängt. Das Buch führt uns in eisige Zonen, durch Tundra, Wald, Wüsten und Ozeane bis in die einsamen Höhen des Himalaya. Man staunt über die Anpassungsfähigkeit einzelner Arten und begreift die wunderbaren Kräfte der Natur, die die komplexen Bedürfnisse von Tieren und Pflanzen in den verschiedenen Lebensräumen ins Gleichgewicht bringt. Die aktualisierte Ausgabe des Klassikers berücksichtigt den neuesten Stand der Forschung und beschreibt eindringlich die Verletzlichkeit unseres Planeten durch Klimawandel, Umweltzerstörung und Artensterben.

kosmos.de

# 8  Himmelskalender

AUGUST 2023

## August 2023

— Venus hat ihre Abendsternperiode beendet und erscheint im letzten Monatsdrittel am Morgenhimmel.
— Mars hat sich vom Abendhimmel für dieses Jahr verabschiedet.
— Jupiter erscheint am späten Abend am Osthimmel und beherrscht die zweite Nachthälfte.
— Saturn kommt am 27. in Opposition zur Sonne und ist die gesamte Nacht beobachtbar.
— Merkur bleibt unsichtbar.

**Großer Wagen und Himmels-W Anfang August um 22 Uhr MEZ**

8.1 Anblick des Osthimmels am 8. August gegen $3^h$ MEZ (= $4^h$ MESZ). Der Riesenplanet Jupiter erhält Besuch vom abnehmenden Halbmond.

# AUGUST 2023 — Himmelskalender 8

| | | |
|---|---|---|
| 1 Di | **Vollmond** Schweizer Bundesfeier | |
| 2 Mi | | |
| 3 Do | | |
| 4 Fr | | |
| 5 Sa | | |
| 6 So | | |
| 7 Mo | | |
| 8 Di | **Letztes Viertel** Mond bei Jupiter – morgens | |
| 9 Mi | | |
| 10 Do | | |
| 11 Fr | | |
| 12 Sa | Sternschnuppen Perseïden im Maximum | |
| 13 So | | |
| 14 Mo | | |
| 15 Di | Liechtensteiner Staatsfeiertag | |
| 16 Mi | **Neumond** | |
| 17 Do | | |
| 18 Fr | | |
| 19 Sa | | |
| 20 So | | |
| 21 Mo | | |
| 22 Di | | |
| 23 Mi | | |
| 24 Do | **Erstes Viertel** Mond bei Antares – abends | |
| 25 Fr | | |
| 26 Sa | | |
| 27 So | Saturn in Opposition – ganze Nacht | |
| 28 Mo | | |
| 29 Di | | |
| 30 Mi | Mond bei Saturn – abends | |
| 31 Do | **Vollmond** | |

# 8 Sonnenlauf

AUGUST 2023

## SONNE – STERNBILDER

**11. 8. 8ʰ:**
Sonne tritt in das Sternbild Löwe

**23. 8. 10ʰ:**
Sonne tritt in das Tierkreiszeichen Jungfrau

**Julianisches Datum am**
1. August, 1ʰ MEZ: 2 460 157,5

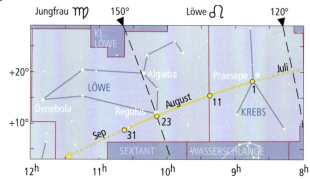

## SONNENLAUF

| Tag | Dämmerg. Anfang | Aufgang MEZ | Kulmination | Untergang MEZ | Dämmerg. Ende | Mittagshöhe | Zeitgleichg. | Rektaszension | Deklination |
|---|---|---|---|---|---|---|---|---|---|
|  | h m | h m | h m | h m | h m | ° | m | h m | ° |
| 1. | 3 19 | 4 49 | 12 26 | 20 03 | 21 32 | 58,0 | −6 | 8 42 | +18,2 |
| 5. | 3 27 | 4 54 | 12 26 | 19 57 | 21 23 | 57,0 | −6 | 8 58 | +17,2 |
| 10. | 3 37 | 5 02 | 12 25 | 19 48 | 21 12 | 55,6 | −5 | 9 17 | +15,8 |
| 15. | 3 47 | 5 09 | 12 25 | 19 39 | 21 00 | 54,1 | −5 | 9 36 | +14,3 |
| 20. | 3 57 | 5 16 | 12 23 | 19 29 | 20 48 | 52,4 | −3 | 9 55 | +12,7 |
| 25. | 4 06 | 5 24 | 12 22 | 19 19 | 20 36 | 50,8 | −2 | 10 13 | +11,0 |
| 31. | 4 18 | 5 33 | 12 20 | 19 07 | 20 22 | 48,6 | 0 | 10 35 | + 8,9 |

## TAGES- UND NACHTSTUNDEN

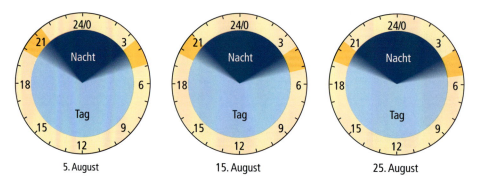

5. August       15. August       25. August

# AUGUST 2023

## Mondlauf 8

## MONDLAUF

| Datum | Aufg. MEZ | Kulmi-nation | Unterg. MEZ | Rektas-zension | Dekli-nation | Sterne und Sternbilder | Phase | MEZ |
|---|---|---|---|---|---|---|---|---|
|  | h m | h m | h m | h m | ° |  |  |  |
| Di 1. | 20 34 | – | 3 34 | 20 01 | –25,6 | Schütze | **Vollmond** | 19ʰ 32ᵐ |
|  |  |  |  |  |  |  | Größte Südbreite |  |
| Mi 2. | 21 01 | 0 45 | 5 06 | 21 05 | –21,7 | Steinbock | Erdnähe 357/33',4 | 7ʰ |
| Do 3. | 21 21 | 1 43 | 6 40 | 22 06 | –16,4 | Wassermann |  |  |
| Fr 4. | 21 37 | 2 38 | 8 10 | 23 02 | –10,0 | Wassermann |  |  |
| Sa 5. | 21 52 | 3 28 | 9 36 | 23 55 | – 3,3 | * Fische |  |  |
| So 6. | 22 07 | 4 17 | 10 59 | 0 46 | + 3,5 | Fische |  |  |
| Mo 7. | 22 24 | 5 05 | 12 21 | 1 37 | + 9,9 | Fische | Aufsteigender Knoten |  |
| Di 8. | 22 43 | 5 53 | 13 41 | 2 27 | +15,7 | Widder | **Letztes Viertel** | 11ʰ 28ᵐ |
|  |  |  |  |  |  |  | Libration West |  |
| Mi 9. | 23 09 | 6 43 | 15 00 | 3 19 | +20,5 | Stier, Plejaden |  |  |
| Do 10. | 23 41 | 7 34 | 16 14 | 4 12 | +24,3 | Stier, Plejaden |  |  |
| Fr 11. | – | 8 26 | 17 20 | 5 06 | +26,8 | Stier, Alnath |  |  |
| Sa 12. | 0 25 | 9 20 | 18 14 | 6 01 | +27,9 | Zwillinge |  |  |
| So 13. | 1 19 | 10 12 | 18 56 | 6 56 | +27,7 | Zwillinge |  |  |
| Mo 14. | 2 23 | 11 02 | 19 27 | 7 49 | +26,2 | Kastor, Pollux | Größte Nordbreite |  |
| Di 15. | 3 32 | 11 49 | 19 50 | 8 40 | +23,5 | Krebs, Krippe |  |  |
| Mi 16. | 4 43 | 12 34 | 20 08 | 9 29 | +19,8 | Löwe | **Neumond Nr. 1245** | 10ʰ 38ᵐ |
|  |  |  |  |  |  |  | Erdferne 407/29',4 | 13ʰ |
| Do 17. | 5 54 | 13 16 | 20 22 | 10 15 | +15,4 | Löwe, Regulus |  |  |
| Fr 18. | 7 03 | 13 56 | 20 35 | 10 59 | +10,4 | Löwe |  |  |
| Sa 19. | 8 11 | 14 36 | 20 46 | 11 41 | + 5,0 | Jungfrau |  |  |
| So 20. | 9 20 | 15 16 | 20 58 | 12 24 | – 0,6 | Jungfrau |  |  |
| Mo 21. | 10 30 | 15 57 | 21 11 | 13 07 | – 6,3 | Spica |  |  |
| Di 22. | 11 42 | 16 40 | 21 26 | 13 51 | –11,8 | Spica | Absteigender Knoten |  |
| Mi 23. | 12 58 | 17 27 | 21 46 | 14 38 | –17,0 | Waage |  |  |
| Do 24. | 14 17 | 18 19 | 22 13 | 15 29 | –21,5 | * Waage | **Erstes Viertel** | 10ʰ 57ᵐ |
|  |  |  |  |  |  |  | Libration Ost |  |
| Fr 25. | 15 36 | 19 16 | 22 51 | 16 24 | –25,1 | Antares |  |  |
| Sa 26. | 16 48 | 20 17 | 23 47 | 17 24 | –27,4 | Schlangenträger |  |  |
| So 27. | 17 46 | 21 21 | – | 18 28 | –28,1 | * Kaus Borealis |  |  |
| Mo 28. | 18 29 | 22 24 | 1 01 | 19 33 | –26,9 | * Schütze | Größte Südbreite |  |
| Di 29. | 19 00 | 23 25 | 2 29 | 20 37 | –23,7 | * Steinbock |  |  |
| Mi 30. | 19 22 | – | 4 02 | 21 39 | –18,9 | Steinbock | Erdnähe 357/33',5 | 17ʰ |
| Do 31. | 19 40 | 0 21 | 5 36 | 22 37 | –12,9 | Wassermann | **Vollmond** | 2ʰ 36ᵐ |

## DER VOLLMOND ENTFERNT SICH VON SATURN

# 8 Planetenlauf

AUGUST 2023

**MERKUR** kommt am 10. in größte östliche Elongation von der Sonne. Da er am gleichen Tag sein Aphel passiert, erreicht sein östlicher Winkelabstand von der Sonne mit 27°24′ fast den maximal möglichen Wert. Trotz des großen östlichen Winkelabstandes kommt es in unseren Breiten nicht zu einer Abendsichtbarkeit. Wegen seiner elf Grad südlicheren Deklination gegenüber der Sonne fällt der Tagbogen von Merkur entsprechend kleiner aus. Der $0^m\!.3$ helle Merkur geht am 10. um $20^h30^m$ (= $21^h30^m$ Sommerzeit) unter, der Sonnenuntergang erfolgt jedoch erst um $19^h48^m$ (= $20^h48^m$ Sommerzeit). In südlichen Gefilden (südlich von 43° Nord) bietet Merkur jedoch eine Abendsichtbarkeitschance zu Monatsanfang. Am 9. tritt die Dichotomie ein, das $7''\!.5$ große Merkurscheibchen zeigt sich halb beleuchtet.

Am 23. wird Merkur stationär und eilt anschließend schnell rückläufig auf die Sonne zu, die ihm entgegenkommt. Anfang September trifft er mit ihr zusammen, die untere Konjunktion wird erreicht. Seine Konjunktionsschleife vollführt Merkur im Sternbild Löwe (siehe Abb. 8.2 unten).

**VENUS** hat ihre Abendsternperiode beendet und wechselt die Seiten. Im letzten Monatsdrittel erscheint sie am Morgenhimmel. Sie läuft zunächst auf die Sonne zu, die ihr entgegenkommt. Am 13. trifft sie mit der Sonne zusammen, sie steht in unterer Konjunktion mit ihr. Ihre Konjunktionsschleife zieht sie im Gebiet der Sternbilder Krebs/Löwe (siehe Abb. 6.2 auf Seite 134). In unterer Konjunktion überholt Venus die Erde auf der Innenbahn. Dabei kommt sie der Erde so nahe wie kein anderer Planet, auch Mars nicht. Sie nähert sich unserem Planeten bis auf 43,2 Millionen Kilometer (= 0,289 AE).

Ab 22. kann man versuchen, Venus tief am Osthimmel bis knapp vor Sonnenaufgang aufzuspüren. Am 22. erfolgt der Venusaufgang um $4^h38^m$ (= $5^h38^m$ Sommerzeit). Eine Viertelstunde später sollte man die $-4^m\!.2$ helle Venus erkennen. Bis Ende August verfrühen sich die Venusaufgänge auf $3^h45^m$ (= $4^h45^m$ Sommerzeit), die Venushelligkeit nimmt deutlich auf $-4^m\!.6$ zu.

Im Teleskop zeigt sich eine große schmale Sichel, die kleiner und dicker wird. Ende August sind 11 % des 50″ großen Venusscheibchens beleuchtet.

Am 7. geht Venus durch das Aphel ihrer fast kreisförmigen

**8.2** Konjunktionsschleife von Merkur im Sternbild Löwe.

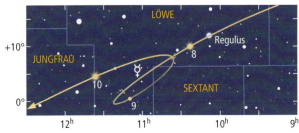

**8.3** Die scheinbare Bahn des Ringplaneten Saturn im Jahr 2023 im Steinbock und Wassermann. Die Zahlen geben die Planetenposition zum jeweiligen Monatsbeginn an (6 = 1. Juni).

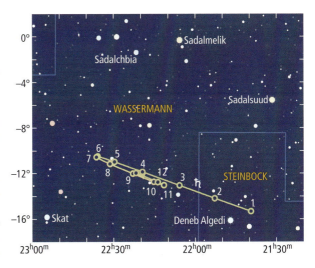

Bahn, wobei sie 108,9 Millionen Kilometer (= 0,728 AE) von der Sonne entfernt ist.

**MARS** wandert rechtläufig durch den Löwen und wechselt am 17. in das Sternbild Jungfrau. Vom Abendhimmel hat sich der rote Planet für dieses Jahr endgültig zurückgezogen. Er bleibt den ganzen Monat über unsichtbar. Zu Monatsende überschreitet Mars den Himmelsäquator in südlicher Richtung.

**JUPITER** wird allmählich zum Planeten der gesamten Nacht. Seine rechtläufige Bewegung bremst er stark ab und tritt im Sternbild Widder fast auf der Stelle. Anfang nächsten Monats kommt er vollends zum Stillstand (siehe Abb. 11.4 auf Seite 231).

Damit leitet der Riesenplanet seine Oppositionsperiode ein, was auch an der auf $-2^m\!,6$ ansteigenden Helligkeit bemerkbar wird. Jupiter ist das dominierende Gestirn der Nacht, das unübersehbar hell strahlt.

Der Jupiteraufgang erfolgt am 1. um $23^h08^m$, am 15. um $22^h16^m$ und am 31. bereits um $21^h15^m$ (= $22^h15^m$ Sommerzeit), nur etwa zwei Stunden nach Sonnenuntergang.

Am 8. passiert der abnehmende Halbmond knapp 3° nördlich den Riesenplaneten (siehe Abb. 8.1 auf Seite 166).

**SATURN**, rückläufig im Sternbild Wassermann, kommt am 27. in **Opposition** zur Sonne. Der Aufgang des $0^m\!,6$ hellen Ringplaneten erfolgt am 1. um $21^h02^m$. Bis 15. verfrühen sich die Saturnaufgänge auf $20^h05^m$ (= $21^h05^m$ Sommerzeit). Bis zum Oppositionstag nimmt die Saturnhelligkeit nochmals zu und erreicht $0^m\!,5$.

Am Oppositionstag geht Saturn schließlich um $19^h16^m$ auf. In der Oppositionsnacht kulminiert der Ringplanet um $0^h22^m$ und geht anschließend morgens um $5^h31^m$ (= $6^h31^m$ Sommerzeit) unter. Der fast volle Mond passiert den Ringplaneten in der Nacht vom 30. auf 31. August (siehe Mondlaufgrafik auf Seite 169).

Am 27. mittags erreicht Saturn mit 1310 Millionen Kilometer (= 8,76 AE) seine geringste Entfernung von der Erde. Ein Lichtstrahl benötigt somit von Saturn bis zum Eintreffen auf der Erde eine Stunde und 13 Minuten. Von der Sonne trennen Saturn am Tag der Opposition 1461 Millionen Kilometer (= 9,77 AE).

Im Teleskop zeigt sich die abgeplattete Saturnkugel (Abplattung 1:9) mit einem scheinbaren Äquatordurchmesser von $19''\!,0$ und einem Poldurchmesser von $17''\!,0$.

Der mit $9°\!,0$ gering geneigte Saturnring weist eine scheinbare Längsausdehnung von $43''\!,1$ und einen Querdurchmesser von $6''\!,8$ auf.

Zurzeit kehrt uns der Ring seine Nordseite zu. Im März 2025 wird die Erde die Ringebene durchqueren.

**URANUS** verzögert seine ohnehin langsame rechtläufige Bewegung im Widder und kommt am 29. vollends zum Stillstand (sie-

# 8 Planetenlauf

**AUGUST 2023**

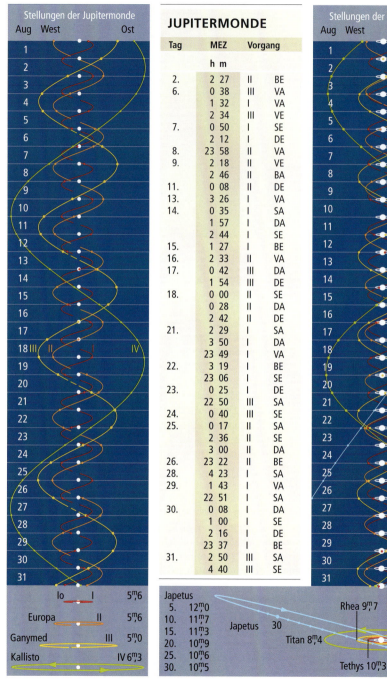

## JUPITERMONDE

| Tag | MEZ h m | Vorgang | |
|---|---|---|---|
| 2. | 2 27 | II | BE |
| 6. | 0 38 | III | VA |
| | 1 32 | I | VA |
| | 2 34 | III | VE |
| 7. | 0 50 | I | SE |
| | 2 12 | I | DE |
| 8. | 23 58 | II | VA |
| 9. | 2 18 | II | VE |
| | 2 46 | II | BA |
| 11. | 0 08 | II | DE |
| 13. | 3 26 | I | VA |
| 14. | 0 35 | I | SA |
| | 1 57 | I | DA |
| | 2 44 | I | SE |
| 15. | 1 27 | I | BE |
| 16. | 2 33 | II | VA |
| 17. | 0 42 | III | DA |
| | 1 54 | III | DE |
| 18. | 0 00 | II | SE |
| | 0 28 | II | DA |
| | 2 42 | II | DE |
| 21. | 2 29 | I | SA |
| | 3 50 | I | DA |
| | 23 49 | I | VA |
| 22. | 3 19 | I | BE |
| | 23 06 | I | SE |
| 23. | 0 25 | I | DE |
| | 22 50 | III | SA |
| 24. | 0 40 | III | SE |
| 25. | 0 17 | II | SA |
| | 2 36 | II | SE |
| | 3 00 | II | DA |
| 26. | 23 22 | II | BE |
| 28. | 4 23 | I | SA |
| 29. | 1 43 | I | VA |
| | 22 51 | I | SA |
| 30. | 0 08 | I | DA |
| | 1 00 | I | SE |
| | 2 16 | I | DE |
| | 23 37 | I | BE |
| 31. | 2 50 | III | SA |
| | 4 40 | III | SE |

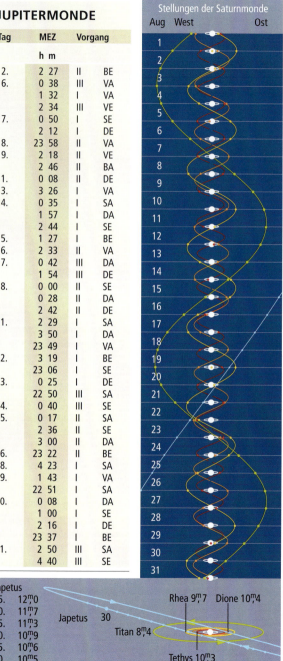

Io I 5ᵐ.6
Europa II 5ᵐ.6
Ganymed III 5ᵐ.0
Kallisto IV 6ᵐ.3

Japetus
5. 12ᵐ.0
10. 11ᵐ.7
15. 11ᵐ.3
20. 10ᵐ.9
25. 10ᵐ.6
30. 10ᵐ.5

Japetus 30

Rhea 9ᵐ.7   Dione 10ᵐ.4
Titan 8ᵐ.4
Tethys 10ᵐ.3

he Abb. 11.5 auf Seite 232). Anschließend wandert er kaum merkbar rückläufig durch die Sternenwelt. Mit seinem Stillstand in diesem Monat beginnt seine Oppositionsperiode und damit beste Beobachtungszeit. Seine Helligkeit nimmt leicht von $5^m\!.8$ auf $5^m\!.7$ zu.

Uranus geht am 1. um $23^h25^m$ auf. Etwa eine Stunde später kann man mit geeigneter Optik (Fernglas + Stativ!) nach dem grünlichen Planeten Ausschau halten. Am 1. kulminiert Uranus um $7^h03^m$, am 15. um $6^h09^m$ und am 31. schon um $5^h07^m$. Der Uranusaufgang erfolgt am Monatsletzten um $21^h27^m$ (= $22^h27^m$ Sommerzeit).

Der abnehmende Halbmond passiert am 9. den grünlichen Planeten gegen $2^h$ morgens (siehe Abb. 8.4 rechts).

**NEPTUN** beschleunigt seine rückläufige Wanderung durch die Fische ein wenig und nähert sich seiner Opposition zur Sonne, die er gegen Ende des zweiten Drittels nächsten Monats erreicht. Er steuert auf den Stern 20 Piscium zu (siehe Abb. 9.5 auf Seite 195).

Seine Aufgänge verlagert der bläuliche Planet in die Abendstunden. Am 1. geht der sonnenfernste Planet um $21^h39^m$ (= $22^h39^m$ Sommerzeit) auf, am 15. um $20^h43^m$ und am 31. schon um $19^h40^m$. Zu Monatsanfang kulminiert Neptun um $3^h35^m$. Am Monatsende passiert der lichtschwache Planet den Meridian bereits um $1^h34^m$ (= $2^h34^m$ Sommerzeit).

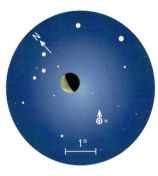

**8.4** Der abnehmende Halbmond begegnet am 9. August dem fernen Uranus. Fernglasanblick gegen $1^h$ MEZ ($2^h$ MESZ).

### PERIODISCHE STERN-SCHNUPPENSTRÖME

Der wohl aktivste Sternschnuppenmonat ist der August. In seinen lauen Sommernächten sind besonders viele Sternschnuppen zu sehen. Die Ursache liegt in den **PERSEÏDEN**, deren maximale Tätigkeit in diesem Jahr am 13. August nach Tagesanbruch zu erwarten ist.

Bis zum Morgen sollte daher die Anzahl der Perseïden stetig zunehmen. Die Perseïden sind noch bis 24. August zu verfolgen.

Helle Objekte (um $0^m$ und heller, sogenannte Feuerkugeln oder Boliden) sind keine Seltenheit. Als schönster und reichster Strom des Jahres bescheren die Perseïden im Maximum bis zu 100 Sternschnuppen pro Stunde. In den Tagen davor und danach sind immer noch stündlich um die 50 Meteore zu erwarten. Ihren Ursprung führen die Perseïden auf den Kometen

### KONSTELLATIONEN UND EREIGNISSE

| Datum | MEZ | Ereignis |
|---|---|---|
| 3. | $11^h$ | Mond bei Saturn, Mond $2°\!.5$ südlich |
| 4. | 23 | Mond bei Neptun, Mond $1°\!.5$ südlich |
| 7. | 24 | Venus im Aphel |
| 8. | 11 | **Mond bei Jupiter**, Mond $2°\!.9$ nördlich, Abstand $3°\!.0$ um $5^h$ |
| 9. | 2 | **Mond bei Uranus**, Mond $2°\!.6$ nördlich, Abstand $1°\!.8$ um $1^h$ |
| 10. | 3 | Merkur in größter östlicher Elongation von der Sonne (27°) |
| 10. | 19 | Merkur im Aphel |
| 13. | 12 | Venus in unterer Konjunktion mit der Sonne |
| 15. | 18 | Mond bei Venus, Mond $13°\!.3$ nördlich |
| 18. | 12 | Mond bei Merkur, Mond $6°\!.9$ nördlich |
| 19. | 0 | Mond bei Mars, Mond $2°\!.2$ nördlich |
| 23. | 6 | Merkur im Stillstand, anschließend rückläufig |
| 27. | 9 | **Saturn in Opposition** zur Sonne |
| 29. | 4 | Uranus im Stillstand, anschließend rückläufig |
| 30. | 19 | **Mond bei Saturn**, Mond $2°\!.5$ südlich, Abstand $3°\!.3$ um $21^h$ |

# 8 Fixsternhimmel                         AUGUST 2023

109P/Swift-Tuttle zurück. Die beste Beobachtungszeit liegt zwischen 22$^h$ und 4$^h$ morgens. Die Perseïden-Sternschnuppen sind mit 60 Kilometer pro Sekunde recht schnelle Objekte. Im Volksmund heißen sie auch Laurentius-Tränen nach dem Märtyrer Laurentius (gest. 258 nach Chr.).

Meteore aus dem Gebiet des **ANTIHELION**-Radianten erscheinen aus dem Bereich des Sternbildes Wassermann. So sind in der ersten Monatshälfte noch späte **DELTA-AQUARIIDEN** sowie **ALPHA-CAPRICORNIDEN** zu verfolgen.

Zu erwähnen sind ferner die **KAPPA-CYGNIDEN**, deren bei uns zirkumpolarer Radiant im Sternbild Schwan liegt. Sie sind im gesamten August aktiv. Allerdings sind sie kein besonders reicher Strom. Zur Zeit des Maximums um den 18. August ist nur mit etwa fünf bis zehn Meteoren pro Stunde zu rechnen. Mit 25 Kilometer pro Sekunde mittlerer Geschwindigkeit zählen die Cygniden zu den langsamen Sternschnuppen.

Die Umlaufzeit dieses Stromes beträgt sieben Jahre. Der Ursprungskomet dürfte sich aufgelöst haben.

## Der Fixsternhimmel

Das schimmernde Band der sommerlichen Milchstraße erschließt sich jetzt, wenn man den Sternenhimmel weitab von irdischem Lichtsmog und aufgehelltem Firmament beobachtet.

Dieses zart leuchtende Band aus Abertausenden glitzernden Sternen ist ein Naturphänomen, das man in unserer Zeit kaum mehr zu Gesicht bekommt. Um das Phänomen der Milchstraße zu erkennen, muss man auch störendes Mondlicht meiden. Bei wirklich dunklem Himmelshintergrund entfaltet das Lichtband der Galaxis seine volle Pracht. Zur Standardbeobachtungszeit spannt es sich in hohem Bogen über das Firmament. Im Nordosten steigt die Milchstraße empor, von Perseus und Kapella im Fuhrmann ausgehend, zieht sie sich durch Kassiopeia, Kepheus und Schwan fast zum Zenit empor, spaltet sich und geht über Adler, Schild und Schütze zum Südwesthorizont hinab. Nur einen winzigen Bruchteil der einige hundert Milliarden Sonnen der Galaxis können wir mit bloßen Augen oder Ferngläsern sehen. Die meisten bleiben hinter einem dichten Vorhang aus Staub und Sternen verborgen. Über hunderttausend Jahre lang ist das Licht unterwegs, um einmal die Galaxis zu durchqueren. Sie ist unsere kosmische Heimat. Denn Milliarden anderer Milchstraßensysteme oder Galaxien beherbergt das von uns überschaubare Universum.

Das Sommerdreieck steht nun hoch im Süden. Steil über unseren Köpfen, fast im Zenit, erblickt man die 25 Lichtjahre entfernte Wega in der Leier. Gut zu erkennen ist der kleine Sternenrhombus der Leier sowie $\varepsilon_{1,2}$ Lyrae, der berühmte Vierfachstern. Gute Augen sollten $\varepsilon_{1,2}$ Lyrae doppelt, zumindest länglich, sehen. Schon ein kleines Fernglas trennt $\varepsilon$ Lyrae spielend. Aber erst im Teleskop wird sichtbar, dass beide Komponenten, also $\varepsilon_1$ und $\varepsilon_2$, jeweils doppelt sind. Das System $\varepsilon$ Lyrae ist 170 Lichtjahre entfernt.

Neben der Leier breitet der Schwan seine Flügel aus. Markiert wird er durch ein großes Sternenkreuz, zu dem man auch „Kreuz des Nordens" sagt. Man hat sich in dieser Sternenfigur einen Schwan im Flug vorge-

### VERÄNDERLICHE STERNE

| Algol-Minima | | β-Lyrae-Minima | | δ-Cepheï-Maxima | | Mira-Helligkeit | |
|---|---|---|---|---|---|---|---|
| 5. | 5$^h$45$^m$ | 2. | 22$^h$ H | 2. | 19$^h$ | 1. | 4$^m$ |
| 8. | 2 33 | 9. | 9 N | 8. | 4 | 10. | 4 |
| 10. | 23 22 | 15. | 20 H | 13. | 12 | 20. | 5 |
| 13. | 20 09 | 22. | 8 N | 18. | 21 | 31. | 5 |
| 28. | 4 13 | 28. | 19 H | 24. | 6 | | |
| 31. | 1 02 | | | 29. | 15 | | |

AUGUST 2023  Fixsternhimmel 8

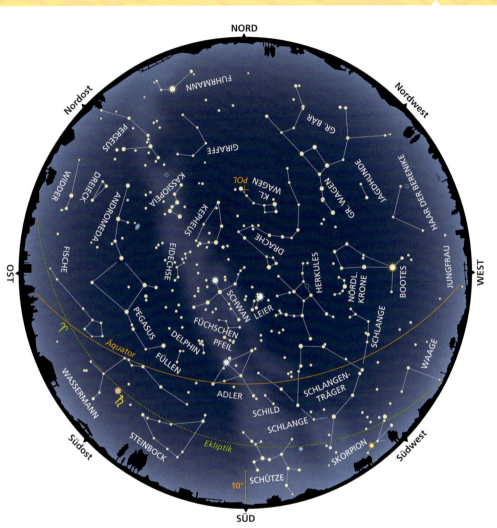

**DER STERNENHIMMEL
AM 15. AUGUST UM 22ʰ MEZ**

Die Sternkarte ist auch gültig für:

|  | MEZ | MESZ |
|---|---|---|
| 15. 6. | 2ʰ | 3ʰ |
| 1. 7. | 1 | 2 |
| 15. 7. | 0 | 1 |
| **1. 8.** | **23** | **24** |
| **15. 8.** | **22** | **23** |
| **31. 8.** | **21** | **22** |
| 15. 9. | 20 | 21 |
| 30. 9. | 19 | 20 |

stellt, wobei Deneb, der hellste Stern, die Schwanzspitze markiert. Deneb, α Cygni nach Johannes Bayers Sternatlas *Uranometria*, kommt aus dem Arabischen und heißt schlicht Schwanz. Mit 2500 Lichtjahren Entfernung ist Deneb der entfernteste aller Sterne erster Größenklasse.

Am anderen Ende des Längsbalkens vom Sternenkreuz stößt man auf Albireo (β Cygni), den Kopfstern des Schwans. Er liegt etwa im Schwerpunkt des Sommerdreiecks. Albireo ist ein schöner, farbkontrastreicher Doppelstern. Die beiden Albireo-Sonnen sind 395 Lichtjahre von uns entfernt.

Atair, der dritte Stern des Sommerdreiecks, bildet den Hauptstern des Adlers (lat.: Aquila), der sich auf seine Beute stürzt. Der

# 8 Fixsternhimmel

8.5 Aufnahme der sommerlichen Milchstraße von Martin Gertz, Sternwarte Welzheim.

Name stammt aus dem Arabischen und bedeutet so viel wie „fliegender Adler". α Aquilae trägt die Flamsteed-Nr. 53. Mit $0^m\!.8$ scheinbarer Helligkeit gehört Atair zu den 20 hellsten Fixsternen. Er ist ein weißer Hauptreihenstern der Spektralklasse A7 V. Mit knapp 17 Lichtjahren Entfernung zählt Atair zu den Nachbarsternen unserer Sonne. Atair strahlt fast zehn Mal so hell wie unsere Sonne und hat den eineinhalbfachen Sonnendurchmesser. Die Atair-Sonne rotiert unglaublich schnell. Eine Umdrehung dauert nur 6,5 Stunden! Unsere Sonne benötigt dafür etwas mehr als 25 Tage. Infolge der schnellen Rotation ist Atair ein stark abgeplattetes Rotationsellipsoid. Sein Äquatordurchmesser ist fast doppelt so groß wie sein Poldurchmesser.

Ein wenig östlich vom Adler stößt man auf das kleine, aber einprägsame Bild des Delphins. Knapp nördlich von Atair liegt das kleine und unscheinbare Bild des Pfeils (lat.: Sagitta). Der Pfeil liegt auf der Linie Deneb – Atair, allerdings näher bei Atair. Nur Sterne 4. Größenklasse und schwächer sind im Pfeil zu finden. Abgesehen davon beherbergt der Pfeil den Kugelsternhaufen M 71, eine Sternengesellschaft in 13 000 Lichtjahren Entfernung.

## OBJEKTE FÜR FELDSTECHER UND FERNROHR

Die sommerliche Milchstraße lädt dazu ein, sie einmal mit einem Fernglas abzutasten, wobei man ein möglichst lichtstarkes Instrument mit weitem Gesichtsfeld einsetzen sollte. Ihr glitzerndes Lichtband löst sich im Feldstecher in Abertausende feiner Lichtpünktchen auf – unzählige Sonnen in der Galaxis, unserer Milchstraße. Irdisches Streulicht ist ebenso zu vermeiden wie störendes Mondlicht. Man liege am besten auf dem Rücken und beginne im Nordosten mit dem Sternbild Kassiopeia. Langsam lasse man die Sternfelder wandern, indem man das Fernglas über den Zenit schwenkt. Nacheinander kommen die Milchstraßengebiete im Schwan, Adler, Schild und im Süden schließlich der Schütze ins Gesichtsfeld. An einigen Stellen im Leuchtband der Milchstraße scheinen Sterne zu fehlen. Man meint, hier gäbe es sternleere Gebiete. Doch die Milchstraße hat keine Löcher. Vielmehr werden diese vermeintlichen „Sternleeren" nur vorgetäuscht. Interstellare Staubwolken absorbieren das Licht der dahinterliegenden Sterne mehr oder minder stark. Wer gemächlich das Band der

8.6 Skelettkarte des Sternbildes Schild. Eingetragen ist die Position des offenen Sternhaufens M 11, auch als Wildentenhaufen bekannt.

Milchstraße absucht, stößt im Sternbild Schild (lat.: Scutum) auf ein kleines, weißes Wölkchen. Dieser helle Nebelfleck entpuppt sich im Teleskop als offener Sternhaufen. Der Kometenjäger Charles Messier hat dieses Nebelfleckchen im Mai 1764 beobachtet und ihm die Nummer 11 in seinem Katalog der Nebel verpasst. Entdeckt hat dieses Gebilde aber schon vorher Gottfried Kirch, und zwar im Jahre 1681. Im kleinen Fernrohr sieht man etwa zwei Dutzend Sterne, doch dieser offene Sternhaufen hat viel mehr Mitglieder. Bis zur 14. Größenklasse lassen sich 500 Sterne erfassen. Die Gesamtzahl aller Sonnen in M 11 liegt bei 3000. Damit ist er einer der sternreichsten und kompaktesten galaktischen Sternhaufen. Die Gesamthelligkeit beträgt $6^m$. Der scheinbare Durchmesser liegt bei 12′. Da M 11 gut 6100 Lichtjahre entfernt ist, ergibt sich ein linearer Durchmesser von nur 25 Lichtjahren. In diesem vergleichsweisen kleinen Raumgebiet drängen sich einige Tausende Sterne. M 11 ist auch unter dem Namen Wildentenhaufen bekannt.

Noch zwei weitere interessante Messier-Objekte kann man in der Nachbarschaft aufspüren, wenn man das Fernglas wieder nach oben richtet. Knapp nördlich vom Adler liegen die beiden kleinen Sternbilder Sagitta (Pfeil) und Vulpecula cum Anser (Füchschen mit der Gans). Im Sternbild Pfeil stößt man auf M 71, einen dicht gedrängten Sternhaufen. Man könnte meinen, hier einen offenen Sternhaufen vor sich zu haben. Doch der $8^m_.5$ helle Haufen M 71 zählt zu den Kugelhaufen und ist 13 000 Lichtjahre entfernt. Bei einem scheinbaren Durchmesser von etwa von 5′ ergibt sich eine lineare Größe von 20 Lichtjahren.

Im Sternbild Füchschen lässt sich der weithin bekannte Hantelnebel (M 27) ins Visier nehmen. Er zählt mit $7^m$ zu den hellsten Planetarischen Nebeln und ist leicht im Fernglas zu erkennen. Im Teleskop erscheint er grünlich und zeigt Strukturen, die wesentlich deutlicher werden, wenn man einen Nebelfilter einsetzt. Hier hat ein alternder Stern seine äußere Gashülle abgesprengt. M 27 nimmt ein Gebiet von 6′ × 8′ am Himmel ein. Die Entfernung des Hantelnebels liegt bei 1200 Lichtjahren, jedoch mit einer Unsicherheit von ±150 Lichtjahren.

8.7 Aufnahme des Wildentenhaufens (Messier 11) von Bernhard Hubl, Nussbach (A).

# 8 Fixsternhimmel

AUGUST 2023

8.8 Der Hantelnebel (M 27) im Sternbild Füchschen. Aufnahme: Capella Observatory.

Wer mit einem lichtstarken Fernglas die sternreiche Gegend der Sternbilder Leier und Schwan aufmerksam durchmustert, stößt dabei zwischen den Sternen Sheliak (β Lyrae) und Sulaphat (γ Lyrae) im Sternenrhombus der Leier auf einen unscharf erscheinenden Stern knapp 9. Größe. Er liegt ziemlich genau in der Mitte zwischen β und γ Lyr, ein wenig näher bei Sheliak (s. Abb. 7.6 auf S. 158).

In einem kleinen Fernrohr erscheint dieses Objekt bei etwa 50-facher Vergrößerung als kleines, rundliches, grün-blaues Scheibchen von gut einer Bogenminute Durchmesser. Von der Größe her sieht es aus wie das Jupiterscheibchen, nur erheblich blasser. Der Farbe nach gleicht es eher dem Planeten Uranus. Friedrich Wilhelm Herschel, Entdecker des Planeten Uranus, sprach daher von einem „Planetarischen Nebel", wohl wissend, dass es sich bei diesem Objekt weder um einen Planeten noch um einen Kometen handeln kann. Denn das nebelhafte Gebilde behält seinen Ort im Sternbild der Leier bei und bewegt sich nicht. Es muss daher im interstellaren Raum liegen. In größeren Teleskopen erkennt man bei höherer Vergrößerung (ab etwa 100-fach) einen leicht ovalen Ring. Daher kommt die Bezeichnung Ringnebel in der Leier.

Entdeckt wurde dieses rundliche Nebelfleckchen am 31. Januar 1779 von dem Kometenjäger Charles Messier, der ihm in seinem Katalog nebelhafter Objekte die Nummer 57 verpasste. Die Entfernung des Ringnebels ist schwierig zu bestimmen. Der inzwischen beste Wert liegt bei 2200 Lichtjahren – allerdings mit einer Unsicherheit von ±500 Lichtjahren. Demnach hat der Ringnebel eine lineare Ausdehnung von 0,7 × 0,9 Lichtjahren.

Zu den prominenten Doppelsternen des Sommerhimmels zählen der Vierfachstern in der Leier, $\varepsilon_{1,2}$ Lyrae, sowie Albireo oder β Cygni, der Kopfstern des Schwans, der einen schönen Farbkontrast zeigt.

Auch δ Cygni ist ein bekannter Doppelstern. Ein $2\overset{m}{.}8$ heller, bläulich-weißer Stern (B9 V) hat in $2\overset{\prime\prime}{.}9$ Distanz einen weißen Begleiter (F1 V), der allerdings nur $6\overset{m}{.}2$ hell ist (Positionswinkel: P = 218°). Beide Sonnen umkreisen einander in 780 Jahren. Das Sternenpärchen ist 165 Lichtjahre von uns entfernt.

Im Sternbild Adler sei π Aquilae ($5\overset{m}{.}7$) als Doppelstern genannt. In 500 Lichtjahren Entfernung von uns umkreisen zwei weiße Sterne (F2 und A2) einander. Ihre Separation beträgt $1\overset{\prime\prime}{.}2$, der Positionswinkel hat den Wert P = 105°. Die Komponenten sind $6\overset{m}{.}2$ und $6\overset{m}{.}8$ hell.

Zwei Sternpaare seien im Sternbild Schlangenträger empfohlen: 70 Ophiuchi und λ Ophiuchi (Marfik). Der erstere setzt sich aus den Komponenten A = $4\overset{m}{.}2$ und B = $6\overset{m}{.}1$ zusammen, die $6\overset{\prime\prime}{.}7$ voneinander getrennt sind (P = 127°). Beide Sterne leuchten orange, was allerdings nur in größeren Teleskopen deutlich wird (Spektraltyp K0 V und K6 V). 70 Ophiuchi ist ein sonnennaher Doppelstern in 17 Lichtjahren Entfernung.

Recht eng beieinander, mit nur $1\overset{\prime\prime}{.}4$ Distanz, stehen die beiden Komponenten von λ Oph. Sie sind $4\overset{m}{.}2$ und $5\overset{m}{.}1$ hell. Beide leuchten als Hauptreihensterne vom Spektraltyp A weiß. Positionswinkel: P = 40°. Ihre Umlaufzeit wurde zu 129 Jahren ermittelt. λ Oph ist 165 Lichtjahre entfernt.

# Mondgeschichten …

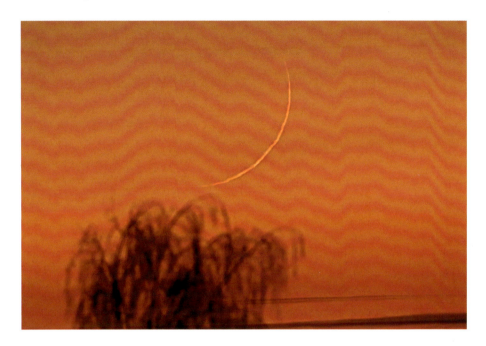

**8.9** Die extrem schmale Sichel des Mondes einen Tag nach Neumond. Aufnahme von Martin Gertz, Sternwarte Welzheim.

Zwölf Menschen haben bisher die Mondoberfläche betreten. Für viele Naturliebhaberinnen und Naturliebhaber hat die Mondbeobachtung dadurch nichts an Romantik verloren. Ein Blick zu unserem Nachbarn im Weltall lohnt allemal. Den Lauf des Mondes von Neumond zu Neumond zu verfolgen, gehört für viele naturverbundene Mitmenschen zu den schönsten Beobachtungen, die man so nebenbei ohne Instrumentarium und ohne großen Zeitaufwand betreiben kann.

Ein bis zwei Tage nach Neumond erscheint die messerscharfe Mondsichel am westlichen Abendhimmel. Noch kurz bevor der Mond untergeht, erkennt man in der beginnenden Dunkelheit die gesamte Mondscheibe. Denn auch die von der Sonne nicht beleuchteten Teile des Mondes sind einwandfrei in einem blassen, fahlen Licht zu sehen. Man nennt es das Aschgraue Mondlicht (lat.: lumen cinereum). Es ist das vom Mond reflektierte Erdlicht, denn kurz nach Neumond erscheint die Erde vom Mond aus gesehen noch fast voll beleuchtet. Obwohl der Mond nur 7 % des einfallenden Sonnenlichtes reflektiert – der Fachmann spricht von 0,07 Albedo – reicht das Erdlicht dennoch, um auch die nicht im Sonnenlicht liegenden Mondlandschaften sichtbar werden zu lassen. Vom Mond aus betrachtet erscheint die Erde vier Mal so groß wie der Vollmond von der Erde, die leuchtende Fläche ist daher 16-mal größer. Außerdem reflektiert die Erde je nach Bewölkungsgrad 40 bis 60 % des einfallenden Sonnenlichtes.

Eine Woche nach Neumond sieht man den zunehmenden Halbmond am Abend im Süden. Die helle und die dunkle Hälfte des Mondes werden

# 8 Monatsthema

**8.10** Der zunehmende Halbmond. Bei Sonnenuntergang steht der Mond im Süden, der Terminator steht senkrecht zum Südhorizont. Aufnahme: Mario Weigand.

durch eine scharfe Linie getrennt, den Terminator.

Aristarch von Samos (320–250 vor Chr.) hat erkannt, dass die Sonne viel weiter als der Mond entfernt ist. Er bestimmte den Winkelabstand Halbmond – Erde – Sonne zu 87°. Daraus folgt, dass die Sonne 19-mal weiter als der Mond von der Erde entfernt ist. Richtig schloss Aristarch, dass die Sonne dann auch 19-mal größer sein muss als der Mond, da beide am irdischen Firmament gleich groß erscheinen. Tatsächlich weicht der Winkel α, unter dem Sonne und Mond bei Halbmond erscheinen, nicht 3° von einem rechten Winkel ab, sondern lediglich um neun Bogenminuten (9′).

Nach Halbmond nimmt der Mond weiter zu, bis er nach weiteren sieben Tagen im Osten abends als Vollmond aufgeht. Zwischen Halb- und Vollmond zeigt sich der Mond in einer Gestalt, die die Amerikaner als gibbous moon (Buckelmond) bezeichnen.

Sieht man die schmale Mondsichel am Himmel, so muss man nicht lange nachdenken, ob der Mond zunehmend oder abnehmend ist. Denn steht die Mondsichel abends am Westhimmel, dann nimmt der Mond zu. Ist sie hingegen morgens vor Sonnenaufgang über dem Osthorizont zu sehen, dann ist er abnehmend.

Die alten Römer nannten den Mond einen Lügner (luna mendax). Zunehmender Mond hieß bei ihnen Luna **C**rescens, der abnehmende hieß Luna **D**ecrescens. Das C hat jedoch die Form der abnehmenden Mondsichel und der Bogen des D die Form des zunehmenden Mondes. Daher hieß es eben: Der lügnerische Mond.

## Vielfältige Monderscheinungen

Bei Auf- und Untergang erscheint der Mond deutlich gerötet wie die Sonne auch. Denn das Licht der Gestirne legt in Horizontnähe einen längeren Weg durch die irdische Lufthülle zurück, als wenn die Gestirne hoch am Firmament stehen. Die Luftmoleküle streuen das kurzwellige (blaue) Licht stärker als das langwellige (rote). Der Vollmond erscheint in geringer Höhe kupferrot. Auch bei einer Mondfinsternis sieht man den Mond gerötet, teils in dunkelroter Kupferfarbe, denn die durch die Erdatmosphäre gefilterten und gebrochenen Sonnenstrahlen, die auf den Mond im Schatten der Erde gelenkt werden, sind überwiegend rötlich. Das stärker gestreute kurzwellige Licht erscheint als Himmelblau am Firmament. Den rostbraunen, kupferroten oder hellroten Mond als „Blutmond" zu bezeichnen, ist jedoch journalistischer Unfug.

Bei Vollmond sind besonders deutlich helle und dunkle Flecken auf der Mondoberfläche zu sehen. Sie regen die Fantasie an. Manche erkennen ein „Mondgesicht" und meinen, es sehe ernst aus, andere finden, es mache einen traurigen Eindruck oder denken, es erscheine teilnahmslos. Auch ein Mann im Mond, eine Frau im Mond, ein Hase oder ein Schloss sind auszumachen. Andere erkennen zwei sich küssende Gesichter von der Seite her gesehen.

In alten Zeiten vor Erfindung des Fernrohres glaubte man, die dunklen Flecken seien Mondmeere. Sie erhielten Namen wie Mare Imbrium, das Regenmeer, Mare Foecunditatis, Meer der Fruchtbarkeit, Mare Tranquillitatis, Meer der Ruhe, Mare Serenitatis, Meer der Heiterkeit und Oceanus Procellarum, Ozean der Stürme. Man glaubte und manche glauben immer noch, der Mond beeinflusse die Stimmungen der Menschen. Das Wort Laune leitet sich vom Lateinischen luna für Mond ab. Das englische Wort „lunatic" kommt ebenfalls von luna, der Mond, und heißt schlicht „verrückt" oder „mondsüchtig".

Heute weiß man: Die sogenannten Mondmeere (Plural: maria) sind Tiefebenen, die mit erstarrter Lava gefüllt sind. Freie Wasserflächen gibt es auf dem Mond nicht. Wasser würde auf dem atmosphärelosen Mond sofort verdampfen.

Nach Vollmond erscheint der Erdtrabant wieder bucklig. Eine Woche nach Vollmond sieht man am Morgen den abnehmenden Halbmond im Süden. Wenige Tage später erscheint die schmale Sichel des abnehmenden Mondes am Morgenhimmel über dem Osthorizont kurz vor Sonnenaufgang. Wieder ist das Lumen Cinereum zu sehen, denn vom Mond aus betrachtet steht die Erde kurz vor ihrer Phase „Vollerde". Nach im Mittel 29,53 Tagen tritt abermals die Neumondphase ein. Für zwei bis drei Tage entzieht sich dann der Mond unseren Blicken.

### Verwirrung um Mondaufgänge

Die Zeitspanne von Neumond bis zum nächstfolgenden Neumond wird eine *Lunation* genannt. Sie entspricht der Länge eines synodischen Monats. Auf Vorschlag von Ernest William Brown (1866–1938) werden die Lunationen seit dem Neumond vom 16. Januar 1923 durchnummeriert. Die Lunation Nr. 1000 begann mit dem Neumond am 25. Oktober 2003. Mit Neumond am 16. August 2023 beginnt die Lunation Nr. 1245.

Der Mond eilt recht rasch um die Erde. Für eine volle Erdumkreisung benötigt er im Mittel fast

8.11 Die Verbindungslinie Mond – Sonne verläuft fast parallel zur Linie Erde – Sonne, denn die Sonne ist 390-mal weiter als der Mond von der Erde entfernt.

# Monatsthema

8.12 Auf dem Vollmond sind helle und dunkle Gebiete mit freien Augen gut zu erkennen. Die mit dunkler, erstarrter Lava gefüllten Mondbecken werden „Mondmeere" genannt.

27 Tage und acht Stunden. Nach dieser Zeit steht er wieder beim gleichen Stern im Tierkreis, beispielsweise bei Regulus im Löwen. Deshalb spricht man von einem siderischen Monat (lat.: sidus, sideris – Gestirn). Jeden Tag wandert er daher rund 13° unter den Sternen von West nach Ost. Als Folge verspäten sich die Mondaufgänge von Tag zu Tag im Mittel um eine knappe Stunde. Der zirkadiane Mondrhythmus dauert $24^h 50^m$. Nach jeweils dieser Zeitspanne erreicht der Mond seinen Höchststand im Süden, wobei er den Meridian passiert. Dies erklärt auch die von Laien häufig gestellte Frage: „Wieso geht der Mond einmal im Monat nicht auf?"

Wer in einem Jahrbuch die Tabelle der täglichen Mondauf- und -untergänge ansieht, bemerkt, dass jeweils an einem Tag im Monat statt einer Uhrzeit ein Strich eingetragen ist. Es gibt eben an diesem Tag keinen Mondaufgang bzw. keinen Monduntergang. Dies erklärt sich zwanglos: Geht der Mond in einer Nacht in der letzten Stunde *vor* Mitternacht auf, so erfolgt sein Aufgang in der folgenden Nacht eine Stunde später und daher *nach* Mitternacht. Um Mitternacht wechselt aber das Datum. In der Nacht von Donnerstag, 10. auf Freitag, 11. August 2023 geht der Mond um $23^h 41^m$ MEZ auf. In der folgenden Nacht vom 11. auf 12. August geht der Mond um $0^h 25^m$ auf. Somit gibt es am 11. August von $0^h$ bis $24^h$ keinen Mondaufgang, weshalb in der Tabelle „Mondlauf im August" auf Seite 169 ein Strich erscheint. Analoges gilt für den Monduntergang.

### Ein großer Mond ist kein „Supermond"

Der Mond läuft auf einer elliptischen Bahn um die Erde, wobei er im Perigäum (Erdnähe) bis auf 356 400 Kilometer an die Erde herankommt. Im Apogäum (Erdferne) trennen ihn dann 406 700 Kilometer von uns. Im Perigäum erscheint der Vollmond ein wenig größer als in Erdferne. Der Unterschied ist marginal und fällt kaum auf. Dennoch wird der Vollmond in Erdnähe häufig als „Supermond" bezeichnet, obwohl die Differenz zwischen Vollmondgröße in Erdnähe und die in Erdferne kaum zu erkennen ist und von Laien ohnehin nicht bemerkt wird. Denn in Erdnähe wie am 2. August 2023 beträgt der scheinbare Monddurchmesser 33′26″, in Erdferne hingegen am 4. Dezember beispielsweise 29′34″. Am 31. August ist der Vollmonddurchmesser mit 33′26″ genauso groß wie am 2. August. Der Vollmonddurchmesser ist am 3. Juli mit 32′53″ und am 29. September mit 33′07″ fast genauso groß wie am 31. August. Niemand spricht dann aber von einem „Supermond".

Freilich erscheinen Vollmond und Sonnenball in Horizontnähe bei Auf- oder Untergang viel größer, als wenn sie hoch am Himmel stehen. Dies ist aber nicht real, wie man sich leicht überzeugen kann, wenn man den Mond mit dem Daumen bei gestrecktem Arm abdeckt. Besser noch, man misst seinen scheinbaren Durchmesser in Horizontnähe und in großer Höhe. Dabei wird man feststellen, dass sich der Durchmesser nicht ändert. Er bleibt gleich, egal ob der Mond hoch oder tief steht.

Der große Horizontvollmond wird durch einen rein psychologischen Effekt bewirkt, der unter dem Begriff „Größenkonstanz der Wahrnehmung" bekannt ist. Unser Gehirn rechnet einfach weit entfernte Objekte in Horizontnähe größer. Der Psychologe spricht von der „Inkongruenz von Netzhautbild und bewusster Wahrnehmung". Sie beruht auf der Erfahrung bei der Wahrnehmung der Tiefendimension des Raumes. Sieht man eine Wiese mit ähnlich hohen Obstbäumen, so werden die ferneren Bäume auf der Netzhaut viel kleiner abgebildet als die in unmittelbarer Nähe. Dennoch hat man den *richtigen* Eindruck, alle Bäume sind ähnlich groß.

8.13 Größenvergleich: Vollmond in Erdnähe (33'26") und in Erdferne (29'34").

So interessant, erbaulich oder romantisch Mondbeobachtungen, sei es freiäugig, mit Fernglas oder Teleskop, auch sind, praktischen Nutzen haben sie heute kaum mehr. In der Vergangenheit war dies anders. Einst diente der Mond als begehrte nächtliche Lichtquelle. Künstliche Beleuchtung in Städten, Dörfern und Siedlungen gab es noch nicht. Römische Kaiser beklagten, dass um die Neumondzeit die ewige Stadt in pechschwarze, bedrohliche Finsternis getaucht ist. Um die Vollmondzeit jedoch hielt man nächtliche Versammlungen ab oder beging Feste, vor allem in den heißen Ländern, wo die Sonnenglut am helllichten Tag das Leben im Freien zur Qual werden ließ.

## Mondlauf als Kalender

Nicht nur als nächtliche Leuchte wurde der Mond geschätzt. Er diente auch als natürlicher Zeitmesser. Tauchte er am Abendhimmel nach Neumond als schmale Sichel auf, wusste man: Ein neuer Monat hat begonnen. Priester, Astronomen, Gelehrte riefen den neuen Monat aus. Daher kommt auch die Bezeichnung Kalender, nämlich vom Lateinischen „calare" für ausrufen, verkünden. Eine Woche nach Neumond sah man den Halbmond, nach einem halben Monat zog der Vollmond über das nächtliche Firmament. Nach drei Wochen war in der zweiten Nachthälfte der abnehmende Halbmond zu sehen und nach vier Wochen endete der Monat mit einem neuen Neumond. Der Mond fungierte als natürlicher Kalender.

Der Islamische Kalender ist ein reiner Mondkalender, der den Sonnenlauf und damit die Jahreszeiten unberücksichtigt lässt. Er gründet sich auf die 10. Sure, Vers 5 im heiligen Buch der Moslems, dem Koran (Qur'an), der lautet: „Er ist es ‹Allah›, der die Sonne zu einer Leuchte und den Mond zu einem Licht gemacht hat; ihm hat er Stationen abgemessen, damit ihr die Zahl der Jahre und das Rechnen kennenlernt."

Noch heute müssen zwei Zeugen das Neulicht (die schmale Mondsichel nach Neumond) gesehen haben, um festzustellen, dass ein neuer Monat begonnen hat.

Ein reiner Mondkalender ist 354 Tage lang (in islamischen Schaltjahren 355 Tage) und damit deutlich kürzer als ein reines Sonnenjahr, welches beispielsweise der Gregorianische Kalender mit 365 Tagen (in Schaltjahren 366 Tagen) zur Grundlage hat. Als Folge davon wandert der Jahresbeginn des Islamischen Jahres datumsmäßig im Gregorianischen Kalender rückwärts. Im Jahr 2021 begann das Islamische Jahr 1443 am 9. August mit Sonnenuntergang. Das Islamische Jahr 1444 begann am 29. Juli 2022 und im Jahr 2023 beginnt das Islamische Jahr 1445 am 18. Juli mit Sonnenuntergang.

# 8 Monatsthema

8.14 Die Mondrückseite, aufgenommen von der Mission Lunar Reconnaissance Orbiter (NASA/GSFC/Arizona State University).

# AUGUST 2023 — Monatsthema 8

8.15 Die Mondlandefähre Apollo 17, aufgenommen aus der Mondumlaufbahn vom Lunar Reconnaissance Orbiter.

Da die Monate im Gregorianischen Kalender 30 oder 31 Tage lang sind (mit Ausnahme Februar), die Lunationen aber 29,5 Tage dauern, kommt es alle zwei bis drei Jahre vor, dass in einem Monat zwei Vollmonde erscheinen. So kommt der Erdtrabant im August dieses Jahres zweimal in Vollmondposition, nämlich am 1. und am 31. Somit hat das Jahr 2023 dreizehn Vollmonde statt wie sonst zwölf.

Einen zweiten Vollmond in einem Monat nennen die Amerikaner „blue moon". Freilich leuchtet der Mond nicht wirklich blau, sondern rötlich bis hellgelb je nach Stellung über dem Horizont. Die Herkunft dieses Spruches ist nicht ganz geklärt. Manche meinen, dass im *Farmer's Almanac* der zweite Vollmond im Monat mit blauer Farbe eingetragen war. Ein Spruch lautete: „Darling, I will marry you once in a blue moon!" Was so viel heißt wie „Liebling, auf die Hochzeit kannst du lange warten!"

In seltenen Fällen erscheint der Vollmond tatsächlich bläulich. Während das blaue kurzwellige Licht stärker gestreut wird als das langwellige re rote Licht (Rayleigh-Streuung), streuen größere Partikel wie Staub- oder Sandkörner rotes Licht stärker als blaues (Mie-Streuung). Nach Staubstürmen in der Sahara erscheinen Mond und Sonne leicht bläulich. So war nach dem Ausbruch des Vulkans Krakatau im Jahre 1883 für einige Zeit der Mond leicht bläulich eingefärbt.

## Die „dunkle" Seite des Mondes

Von der Erde aus bekommt man niemals die gesamte Mondoberfläche zu Gesicht, denn der Mond kehrt der Erde immer die gleiche Seite zu. So bleibt die andere Seite, die Rückseite, uns stets verborgen. Was man nicht sehen kann, regt die Fantasie an. Gibt es eventuell Mondbewohner, die die erdabgewandte Seite bevölkern? Wie es auf der Rückseite aussieht, blieb lange im Dunkeln, weshalb man poetisch von der „dunklen" Seite" des Mondes sprach.

# 8 Monatsthema

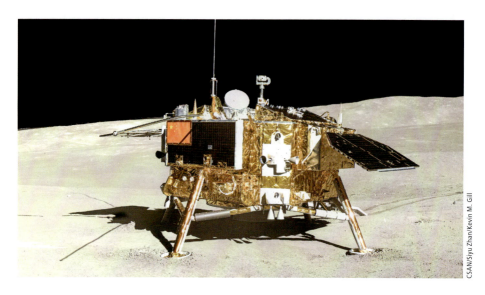

**8.16** Das Landemodul der chinesischen Mondsonde Chang'e 4.

Die Band Pink Floyd hat der Mondrückseite das Album „The Dark Side of the Moon" gewidmet.

Doch die Rückseite des Mondes liegt nur bei Vollmond im Dunkeln. Bei Neumond ist sie hingegen voll im Sonnenlicht. Genau wie auf der erdzugewandten Seite herrschen auf der Rückseite jeweils zwei Wochen heller Tag und zwei Wochen dunkle Nacht.

Der Astronom spricht davon, dass der Mond in einer „gebundenen Rotation" um die Erde läuft. Ein Umlauf des Mondes um die Erde dauert 27 Tage und knapp acht Stunden. Genauso lange dauert eine volle Umdrehung des Mondes um seine Rotationsachse. Somit kehrt er uns stets die gleiche Seite zu, die man als „Vorderseite" definiert. Von der Erde aus kann man allerdings etwas mehr als nur die Hälfte der Mondoberfläche sehen, nämlich insgesamt 59 %. Dies hat zwei Hauptursachen. Einmal erfolgt die Rotation mit völlig gleicher Drehgeschwindigkeit, der Lauf des Mondes um die Erde aber nicht. Die Mondbahn ist kein exakter Kreis, sondern eine Ellipse. Gemäß dem 2. Kepler-Gesetz läuft der Mond in Erdnähe schneller als in Erdferne. Deshalb ist einmal der Ostrand etwas mehr der Erde zugekehrt, dann wieder der Westrand. Ferner ist die Mondbahn um 5° zur Erdbahnebene geneigt. Befindet er sich nördlich der Ekliptik, so sieht man etwas mehr von der Südkalotte. Der Mondnordpol wiederum ist der Erde mehr zugewandt, wenn sich der Mond südlich der Ekliptik befindet. Diese Erscheinungen sind unter der Bezeichnung „Libration des Mondes" bekannt.

Jahrhundertelang konnte man nur spekulieren, wie wohl die Rückseite des Mondes aussehen möge. Licht in dieses Dunkel brachte erstmals die sowjetische Raumsonde Lunik 3 (spätere russische Mondsonden wurden Luna genannt). Lunik 3 funkte am 7. Oktober 1959 aus 6200 Kilometer Minimalentfernung über der Mondoberfläche 29 Bilder zur Erde, die 70 % der Mondrückseite zeigen. Die Auflösung war recht gering. Immerhin war zu erkennen, dass keine Maria, keine lavagefüllten, dunklen Gebiete vorhanden sind, bis auf eine einzige Ausnahme: Ein kleines, nur 260 Kilometer im Durchmesser großes, rundes Mare war deutlich zu sehen. Es erhielt den Namen Mare Moscoviense (Moskauer Meer, russ.: МОРЕ МОСКВЫ). Damit wurde vor 60 Jahren das Geheimnis der „dunklen Seite" des Mondes erstmals gelüftet. Bald folgten weitere

Sonden und lieferten Bilder mit immer besserer Auflösung.

## Aktuelle Mondmissionen

Mit bisher unerreichter Auflösung lieferte die Mondmission Lunar Reconnaissance Orbiter (LRO) die bisher besten und zahlreichsten Bilder der Mondoberfläche einschließlich der nunmehr voll erfassten Rückseite. LRO schwenkte am 23. Juni 2009 in einen polaren Mondorbit ein. Die Umlaufbahn wurde mehrfach erniedrigt. Schließlich erreichte sie eine Bahn zwischen 30 und 50 Kilometer Höhe über der Mondoberfläche. Weitere Bahnkorrekturen sorgten für eine Minimalhöhe von 20 Kilometer. LRO lieferte eine vollständige Kartierung und Vermessung der gesamten Mondoberfläche einschließlich topografischer Daten. Die hochaufgelösten Bilder lassen nicht nur die Landemodule und Messinstrumente der Apollo-Missionen erkennen, sondern sogar die Fußspuren der Astronauten, womit alle Spekulationen endgültig ad absurdum geführt wurden, die Astronauten hätten nie Mondboden betreten.

Der chinesischen Raumfahrtagentur gelang mit der Mondmission Chang'e 4 eine weiche, unbemannte Landung auf der Rückseite des Mondes. Eine Sonde landete erfolgreich und mit höchster Präzision am 3. Januar 2019 im Krater Von Kármán im Gebiet des Südpol-Aitken-Beckens. Der Lander setzte auch den Rover „Jadehase 2" ab.

Mit der vollständigen Erfassung der Mondrückseite wurde auch allen Spekulationen der Boden entzogen, es lebten dort Mondbewohner in unterirdischen Städten oder Außerirdische hätten gar eine geheime Basisstation errichtet – uneinsehbar von der Erde aus.

Friedrich Wilhelm Herschel (1738–1822), der Entdecker des Planeten Uranus, war von einer bewohnten Mondrückseite überzeugt.

Im 18. und teils noch im 19. Jahrhundert war die Meinung weit verbreitet, es gäbe Mondbewohner, die Seleniten. So wurden sie bezeichnet, da ἡ σελήνη im Griechischen der Mond beziehungsweise die Mondgöttin ist.

8.17 Franz von Paula Gruithuisen (1774–1852) war von der Existenz der Seleniten (Mondbewohner) überzeugt.

Franz von Paula Gruithuisen (1774–1852) war zunächst Feldchirurg und promovierte 1808 zum Dr. med. Nach zahlreichen Stationen als Dozent an Hochschulen widmete er sich der Astronomie. Seine Leidenschaft galt der Mond- und Kometenbeobachtung. Er war überzeugt davon, dass die Krater und Ringwälle durch Meteoriten- und Kleinplaneten-Einschläge entstanden sind. Im Jahre 1826 wurde er zum Professor für Astronomie an die Ludwig-Maximilians-Universität in München berufen.

Er meinte, an den Wänden des Mondkraters Schröter Gebäude einer Stadt der Seleniten entdeckt zu haben. Davon war er bis zu seinem Tod überzeugt. Ihm zu Ehren wurde ein 16 Kilometer großer Mondkrater zwischen dem Mare Imbrium und dem Oceanus Procellarum „Gruithuisen" benannt.

Nach wie vor ist die Mondbeobachtung für viele Menschen eine schöne Freizeitbeschäftigung, die man in Ruhe und mit Muße ohne Alltagshektik pflegen kann – sei es mit bloßen Augen, mit einem Fernglas oder einem Teleskop.

# 9  Himmelskalender     SEPTEMBER 2023

## September 2023

- Die Sonne überschreitet am 23. exakt um 8$^h$50$^m$ Sommerzeit den Himmelsäquator und wechselt somit von der Nord- auf die Südhalbkugel des Firmaments – der astronomische Herbst beginnt.
- Merkur bietet nach der Monatsmitte die zweite Morgensichtbarkeit in diesem Jahr.
- Venus strahlt am 19. in größtem Glanz am Morgenhimmel.
- Mars hat sich vom Abendhimmel zurückgezogen.
- Abgesehen von den frühen Abendstunden ist Jupiter fast die ganze Nacht über am Firmament vertreten.
- Mit Einbruch der Dunkelheit ist Saturn bereits im Südosten zu sehen. Vom Morgenhimmel zieht sich der Ringplanet zurück.

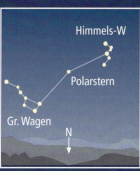

Großer Wagen und Himmels-W Anfang September um 22 Uhr MEZ

**9.1** Anblick des Südhimmels am 26. September gegen 22$^h$ MEZ (= 23$^h$ MESZ). Zu Saturn im Wassermann gesellt sich der zunehmende Mond.

# SEPTEMBER 2023 — Himmelskalender 9

|  |  |
|---|---|
| 1 Fr | |
| 2 Sa | |
| 3 So | |
| 4 Mo | Mond bei Jupiter – abends |
| 5 Di | |
| 6 Mi | Letztes Viertel |
| 7 Do | |
| 8 Fr | |
| 9 Sa | |
| 10 So | Mond bei Pollux – morgens |
| 11 Mo | |
| 12 Di | |
| 13 Mi | |
| 14 Do | |
| 15 Fr | Neumond |
| 16 Sa | |
| 17 So | |
| 18 Mo | |
| 19 Di | Venus in größtem Glanz – morgens |
| 20 Mi | |
| 21 Do | |
| 22 Fr | Erstes Viertel |
| 23 Sa | Herbstbeginn |
| 24 So | |
| 25 Mo | Merkur beste Morgensichtbarkeit |
| 26 Di | Mond bei Saturn – Mitternacht |
| 27 Mi | |
| 28 Do | |
| 29 Fr | Vollmond |
| 30 Sa | |

# 9 Sonnenlauf

**SEPTEMBER 2023**

## SONNE – STERNBILDER

**17.9. 9ʰ:**
Sonne tritt in das Sternbild Jungfrau

**23.9. 7ʰ50ᵐ:**
Sonne tritt in das Tierkreiszeichen Waage

**Julianisches Datum am 1. September, 1ʰ MEZ:**
2 460 188,5

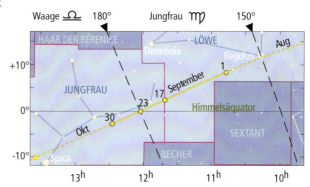

## SONNENLAUF

| Tag | Dämmerg. Anfang | Aufgang MEZ | Kulmination | Untergang MEZ | Dämmerg. Ende | Mittagshöhe | Zeitgleichg. | Rektaszension | Deklination |
|---|---|---|---|---|---|---|---|---|---|
|  | h m | h m | h m | h m | h m | ° | m | h m | ° |
| 1. | 4 19 | 5 34 | 12 20 | 19 05 | 20 19 | 48,3 | 0 | 10 39 | +8,6 |
| 5. | 4 27 | 5 40 | 12 19 | 18 56 | 20 10 | 46,8 | + 1 | 10 53 | +7,1 |
| 10. | 4 35 | 5 48 | 12 17 | 18 45 | 19 58 | 44,9 | + 3 | 11 11 | +5,2 |
| 15. | 4 44 | 5 55 | 12 15 | 18 34 | 19 46 | 43,0 | + 5 | 11 29 | +3,3 |
| 20. | 4 52 | 6 03 | 12 13 | 18 23 | 19 34 | 41,1 | + 7 | 11 47 | +1,4 |
| 25. | 5 00 | 6 10 | 12 12 | 18 12 | 19 22 | 39,2 | + 8 | 12 05 | −0,5 |
| 30. | 5 08 | 6 18 | 12 10 | 18 01 | 19 11 | 37,2 | +10 | 12 23 | −2,5 |

## TAGES- UND NACHTSTUNDEN

5. September     15. September     25. September

**SEPTEMBER 2023**

# Mondlauf 9

## MONDLAUF

| Datum | | Aufg. MEZ | Kulmi- nation | Unterg. MEZ | Rektas- zension | Dekli- nation | | Sterne und Sternbilder | Phase | MEZ |
|---|---|---|---|---|---|---|---|---|---|---|
| | | h m | h m | h m | h m | ° | | | | |
| Fr | 1. | 19 56 | 1 15 | 7 06 | 23 33 | − 6,1 | | Wassermann | | |
| Sa | 2. | 20 11 | 2 05 | 8 33 | 0 26 | + 0,9 | | Fische | | |
| So | 3. | 20 27 | 2 55 | 9 58 | 1 17 | + 7,7 | | Fische | Aufsteigender Knoten | |
| Mo | 4. | 20 46 | 3 45 | 11 22 | 2 09 | +14,0 | * | Widder | | |
| Di | 5. | 21 09 | 4 35 | 12 44 | 3 02 | +19,3 | * | Widder | Libration West | |
| Mi | 6. | 21 40 | 5 28 | 14 02 | 3 56 | +23,5 | | Stier, Plejaden | **Letztes Viertel** | 23$^h$21$^m$ |
| Do | 7. | 22 20 | 6 21 | 15 13 | 4 51 | +26,4 | | Stier, Alnath | | |
| Fr | 8. | 23 12 | 7 15 | 16 12 | 5 47 | +28,0 | * | Stier, Alnath | | |
| Sa | 9. | – | 8 08 | 16 57 | 6 42 | +28,1 | | Zwillinge | | |
| So | 10. | 0 13 | 8 59 | 17 31 | 7 36 | +26,8 | * | Kastor, Pollux | Größte Nordbreite | |
| Mo | 11. | 1 22 | 9 47 | 17 56 | 8 28 | +24,4 | | Krebs, Krippe | | |
| Di | 12. | 2 32 | 10 32 | 18 15 | 9 17 | +20,9 | | Krebs | Erdferne 406/29,4 | 17$^h$ |
| Mi | 13. | 3 43 | 11 15 | 18 30 | 10 03 | +16,6 | | Löwe, Regulus | | |
| Do | 14. | 4 53 | 11 56 | 18 43 | 10 48 | +11,7 | | Löwe | | |
| Fr | 15. | 6 02 | 12 36 | 18 55 | 11 31 | + 6,3 | | Löwe | **Neumond Nr. 1246** | 2$^h$40$^m$ |
| Sa | 16. | 7 11 | 13 16 | 19 06 | 12 13 | + 0,7 | | Jungfrau | | |
| So | 17. | 8 21 | 13 56 | 19 19 | 12 56 | − 5,0 | | Jungfrau | Absteigender Knoten | |
| Mo | 18. | 9 33 | 14 39 | 19 33 | 13 40 | −10,6 | | Spica | | |
| Di | 19. | 10 48 | 15 24 | 19 51 | 14 27 | −15,9 | | Waage | | |
| Mi | 20. | 12 05 | 16 14 | 20 14 | 15 16 | −20,6 | * | Waage | | |
| Do | 21. | 13 23 | 17 08 | 20 47 | 16 10 | −24,5 | | Antares | Libration Ost | |
| Fr | 22. | 14 36 | 18 06 | 21 35 | 17 07 | −27,1 | | Schlangenträger | **Erstes Viertel** | 20$^h$32$^m$ |
| Sa | 23. | 15 38 | 19 07 | 22 39 | 18 08 | −28,3 | | Kaus Borealis | | |
| So | 24. | 16 25 | 20 09 | 24 00 | 19 11 | −27,7 | | Schütze, Nunki | Größte Südbreite | |
| Mo | 25. | 16 59 | 21 09 | – | 20 13 | −25,3 | | Steinbock | | |
| Di | 26. | 17 24 | 22 05 | 1 29 | 21 14 | −21,2 | * | Steinbock | | |
| Mi | 27. | 17 43 | 22 59 | 3 00 | 22 13 | −15,7 | | Wassermann | | |
| Do | 28. | 18 00 | 23 51 | 4 30 | 23 08 | − 9,2 | * | Wassermann | Erdnähe 360/33,2 | 2$^h$ |
| Fr | 29. | 18 15 | – | 5 59 | 0 02 | − 2,3 | | Fische | **Vollmond** | 10$^h$58$^m$ |
| Sa | 30. | 18 30 | 0 41 | 7 26 | 0 54 | + 4,8 | | Fische | Aufsteigender Knoten | |

## DER MOND ENTFERNT SICH VON JUPITER

4. Sep. 21$^h$

5. Sep. 5$^h$

# 9  Planetenlauf — SEPTEMBER 2023

**MERKUR** bietet nach der Monatsmitte die zweite Morgensichtbarkeit in diesem Jahr. Zunächst steht er am 6. in unterer Konjunktion mit der Sonne am Taghimmel. Er entfernt sich schnell rückläufig von ihr und erreicht bereits am 22. seine größte westliche Elongation, wobei sein Winkelvorsprung von der Sonne nur 17°52′ beträgt. Nur einen Tag später passiert er seinen sonnennächsten Bahnpunkt, das Perihel. Deshalb fällt der maximale Elongationswinkel so klein aus.

Am 15. beendet Merkur seine rückläufige Bewegung und wird wieder rechtläufig.

Ab 19. gelingt es, den schwierig zu beobachtenden Planeten in der Morgendämmerung tief am Osthimmel aufzustöbern. Am 19. geht der $0^m\!.1$ helle Merkur um $4^h27^m$ (= $5^h27^m$ Sommerzeit) auf. Etwa 20 Minuten später sollte man den Benjamin unter den Planeten tief am Osthimmel erkennen. Bis 22. nimmt die Merkurhelligkeit auf $-0^m\!.4$ um eine halbe Größenklasse zu, die Merkuraufgänge verfrühen sich lediglich um zwei Minuten. Bis Monatsende steigt die Merkurhelligkeit nochmals kräftig auf $-1^m\!.0$ an. Allerdings verspäten sich die Aufgänge von Merkur auf $4^h51^m$ (= $5^h51^m$ Sommerzeit). Deshalb wird es Ende September wieder schwieriger, den sonnennächsten Planeten zu finden (siehe auch Abb. 9.3 und 9.4 auf Seite 193).

Am 22. zeigt sich das $7''\!.0$ große Merkurscheibchen halb beleuchtet, die Dichotomie tritt ein.

**VENUS** stand Mitte des Vormonats in unterer Konjunktion mit der Sonne und hat ihre Morgensternperiode begonnen. Sie beendet ihre Rückläufigkeit, mit der sie sich rasch von der Sonne

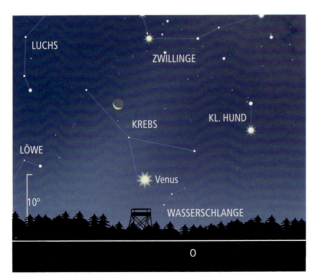

**9.2** Himmelsanblick am 11. September gegen $4^h$ MEZ (= $5^h$ MESZ). Knapp über dem Osthorizont strahlt Venus in fast maximalem Glanz. Ein wenig höher steht die Sichel des abnehmenden Mondes.

**SEPTEMBER 2023**

# Planetenlauf 9

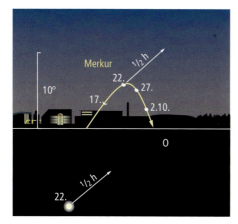
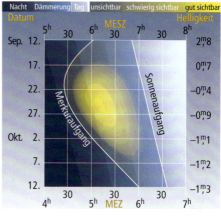

**9.3** Stellung von Merkur über dem Osthorizont zu den angegebenen Daten jeweils eine Stunde vor Sonnenaufgang. Die Pfeile geben die Bewegungen von Merkur und Sonne während der nächsten halben Stunde an.

**9.4** Sichtbarkeitsdiagramm für Merkur. Es gilt genau für 50° nördlicher Breite und 10° östlicher Länge. Dunkelgelbe Fläche: Unter günstigen Sichtbedingungen kann man Merkur mit bloßen Augen erkennen, hellgelbe Fläche: Merkur ist leicht zu sehen.

entfernt hat, schon am 3. September. Ihren größten Glanz am Morgenhimmel erreicht sie mit $-4^m\!.8$ am 19., wobei sie vor den Sternen des Krebs und des Löwen einherwandelt (siehe Abb. 6.2 auf Seite 134).

Am 1. erfolgt der Aufgang der $-4^m\!.6$ hellen Venus um $3^h40^m$ (= $4^h40^m$ Sommerzeit). Am 15. geht Venus um $2^h48^m$ auf und am 30. schon um $2^h26^m$. Wegen ihrer großen Helligkeit ist Venus fast bis zum Sonnenaufgang sichtbar. Wenn man genau weiß, wo sie zu finden ist, weil man sie noch in der Dämmerung gesehen hat, so kann man bei klarem, dunstfreiem Wetter sogar noch nach Sonnenaufgang Venus einwandfrei erkennen.

Im Teleskop zeigt Venus zu Monatsbeginn eine große und schmale Sichel (Beleuchtungsgrad: 11%) mit 50″ scheinbarem Durchmesser. Im Laufe des Monats wird die Venussichel kleiner und breiter. Ende September sind 36% des nunmehr 32″ großen Planetenscheibchens beleuchtet.

Ein nettes Zusammentreffen mit der abnehmenden Mondsichel ergibt sich am 11. gegen $4^h$ morgens (= $5^h$ Sommerzeit), wobei die beiden Gestirne knapp über dem Osthorizont stehen (siehe Abb. 9.2 auf Seite 192).

**MARS**, rechtläufig in der Jungfrau, hat sich längst vom Abendhimmel zurückgezogen und bleibt unbeobachtbar. Der rote Planet wird von der Sonne verfolgt, die ihn aber erst Mitte November einholen kann. Der Einholvorgang dauert relativ lange, da Mars recht schnell in der gleichen Richtung wie die Sonne durch den Tierkreis läuft. Bis Ende September ist der Winkelvorsprung vor der Sonne auf knapp 15° geschrumpft.

**JUPITER** wird am 4. im Sternbild Widder stationär und wandert anschließend rückläufig durch die Welt der Fixsterne. Damit beginnt der Riesenplanet seine Oppositionsperiode, was auch an der auf $-2^m\!.8$ zunehmenden Helligkeit deutlich wird. Nur noch Venus kann am Morgenhimmel Jupiter an Glanz übertreffen (siehe auch Abb. 11.4 auf Seite 231). Der Riesenplanet ist faktisch die ganze Nacht über sichtbar. Am 1. geht er um $21^h11^m$ (= $22^h11^m$ Sommerzeit) auf und am 15. um $20^h16^m$. Am 30. erfolgt der Aufgang von Jupiter bereits um $19^h15^m$ (= $20^h15^m$ Sommer-

# 9 Planetenlauf — SEPTEMBER 2023

## JUPITERMONDE

| Tag | MEZ (h m) | Vorgang | |
|---|---|---|---|
| 1. | 2 54 | II | SA |
| 2. | 23 22 | II | VE |
|  | 23 36 | II | BA |
| 3. | 1 50 | II | BE |
|  | 22 09 | III | BA |
|  | 23 11 | III | BE |
| 5. | 3 37 | I | VA |
| 6. | 0 45 | I | SA |
|  | 1 58 | I | DA |
|  | 2 54 | I | SE |
|  | 4 06 | I | DE |
|  | 22 05 | I | VA |
| 7. | 1 27 | I | BE |
|  | 21 23 | I | SE |
|  | 22 33 | I | DE |
| 9. | 23 38 | II | VA |
| 10. | 1 58 | II | VE |
|  | 2 02 | II | BA |
|  | 4 16 | II | BE |
|  | 22 34 | III | VE |
| 11. | 1 51 | III | BA |
|  | 2 49 | III | BE |
|  | 21 07 | II | SE |
|  | 21 09 | II | DA |
|  | 23 21 | II | DE |
| 13. | 2 39 | I | SA |
|  | 3 47 | I | DA |
|  | 4 48 | I | SE |
|  | 23 59 | I | VA |
| 14. | 3 15 | I | BE |
|  | 21 07 | I | SA |
|  | 22 14 | I | DA |
|  | 23 17 | I | SE |
| 15. | 0 21 | I | DE |
|  | 21 42 | I | BE |
| 17. | 2 13 | II | VA |
| 18. | 0 44 | III | VA |
|  | 2 34 | III | VE |

Io I $5^m\!.3$
Europa II $5^m\!.4$
Ganymed III $4^m\!.8$
Kallisto IV $6^m\!.1$

Japetus 10, 15, 20
5. $10^m\!.4$
10. $10^m\!.4$
15. $10^m\!.4$
20. $10^m\!.6$
25. $10^m\!.8$
30. $11^m\!.1$

Rhea $9^m\!.8$ — Dione $10^m\!.5$
Titan $8^m\!.4$
Tethys $10^m\!.3$

# Planetenlauf

SEPTEMBER 2023

## JUPITERMONDE

| Tag | MEZ h m | | Vorgang |
|---|---|---|---|
| 18. | 21 24 | II | SA |
|  | 23 32 | II | DA |
|  | 23 43 | II | SE |
| 19. | 1 44 | II | DE |
| 20. | 4 33 | I | SA |
| 21. | 1 53 | I | VA |
|  | 5 02 | I | BE |
|  | 23 01 | I | SA |
| 22. | 0 01 | I | DA |
|  | 1 11 | I | SE |
|  | 2 09 | I | DE |
|  | 23 29 | I | BE |
| 23. | 20 35 | I | DE |
| 24. | 4 50 | II | VA |
| 25. | 4 44 | III | VA |
|  | 23 59 | II | SA |
| 26. | 1 53 | II | DA |
|  | 2 18 | II | SE |
|  | 4 04 | II | DE |
| 27. | 22 11 | II | BE |
| 28. | 3 48 | I | VA |
|  | 20 40 | III | SE |
|  | 22 54 | III | DA |
|  | 23 39 | III | DE |
| 29. | 0 55 | I | SA |
|  | 1 47 | I | DA |
|  | 3 05 | I | SE |
|  | 3 55 | I | DE |
|  | 22 16 | I | VA |
| 30. | 1 15 | I | BE |
|  | 20 14 | I | DA |
|  | 21 34 | I | SE |
|  | 22 22 | I | DE |

zeit), dies ist nur 1¼ Stunden nach Sonnenuntergang.

Der abnehmende Mond begegnet Jupiter in der Nacht vom 4. auf 5. September (siehe Mondlaufgrafik auf Seite 191).

**SATURN**, rückläufig im Wassermann, hat seine Opposition zur Sonne gerade hinter sich. Mit Einbruch der Dunkelheit kann man den Ringplaneten schon im Südosten sehen. Mit $0^m\!.5$ Helligkeit ist er leicht zu erkennen.

Vom Morgenhimmel beginnt sich Saturn zurückzuziehen. Auch geht seine Helligkeit leicht auf $0^m\!.6$ zurück. Geht der Ringplanet am 1. um $5^h09^m$ (= $6^h09^m$ Sommerzeit) unter und am 15. um $4^h09^m$, so erfolgt sein Untergang am 30. schon um $3^h04^m$.

Der fast volle Mond zieht am 27. rund 3° südlich am Ringplaneten vorbei (siehe Abb. 9.1 auf Seite 188).

**URANUS** beschleunigt ein wenig seine rückläufige Wanderung durch den Widder. Am 1. geht der $5^m\!.7$ helle, grünliche Planet um $21^h24^m$ (= $22^h24^m$ Sommerzeit) auf und kulminiert um $5^h03^m$. Am 15. erfolgt sein Aufgang um $20^h28^m$ und die Kulmination um $4^h07^m$, am 30. hingegen geht er schon um $19^h28^m$ auf und passiert den Meridian bereits um $3^h07^m$. Die besten Beobachtungszeiten sind die ersten Stunden nach Mitternacht. Um den grünlichen Planeten zu finden, soll die Sternkarte Abb. 11.5 auf Seite 232 dienen. Uranus und Jupiter ziehen gemeinsam ihre Oppositionsschleifen im Widder. Der helle Jupiter lässt ahnen, in welcher Gegend sich der lichtschwache Uranus befindet.

**NEPTUN** kommt am 19. zu Mittag im Sternbild Fische in **Opposition** zur Sonne. Am Tag der Opposition geht der mit nur $7^m\!.8$ recht lichtschwache Planet um $18^h24^m$ auf, kulminiert in der Oppositionsnacht um $0^h14^m$ und sinkt am Morgen um $6^h04^m$ (= $7^h04^m$ Sommerzeit) unter die

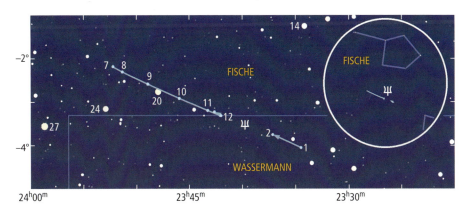

**9.5** Scheinbare Bahn des Planeten Neptun im Januar und vom 1. Juli bis Jahresende 2023.

# 9 Planetenlauf — SEPTEMBER 2023

westliche Horizontlinie. Bis Monatsende verfrüht sich die Kulminationszeit auf $23^h30^m$. Die Aufsuchkarte Abb. 9.5 auf Seite 195 soll helfen, Neptun mit Fernglas oder Teleskop zu finden. Dabei kann der Stern mit der Flamsteed-Nr. 20 ($5^m_.5$) helfen, den bläulichen Planeten zu finden.

Im Fernrohr erkennt man ein winziges, bläuliches Scheibchen von nur $2''_.4$ scheinbarem Durchmesser. Irgendwelche Details auf dem winzigen Neptunscheibchen sind nicht zu erkennen.

Am 19. trennen 4324 Millionen Kilometer (= 28,90 AE) Neptun von der Erde, dies entspricht einer Lichtlaufzeit von vier Stunden und einer Minute. Von der Sonne ist Neptun zur Opposition 4474 Millionen Kilometer (= 29,91 AE) entfernt.

## PLANETOIDEN UND ZWERGPLANETEN

**VESTA** (4) eilt rechtläufig durch das Sternbild Stier und wechselt am 6. in den Orion. Am 14. passiert sie $4°_.4$ südlich den Sommerpunkt (siehe Abb. 12.3 auf Seite 254). Ihre Helligkeit nimmt leicht von $8^m_.2$ auf $7^m_.9$ während des Monats zu. Am 1. geht Vesta um $23^h41^m$ (= $0^h41^m$ Sommerzeit am 2.) auf und kulminiert um $7^h24^m$. Am 15. erfolgt der Aufgang bereits um $23^h02^m$ und ihr Meridiandurchgang um $6^h46^m$. Bis 30. verfrühen sich ihre Aufgänge auf $22^h18^m$ (= $23^h18^m$ Sommerzeit) und ihre Kulminationen auf $6^h01^m$.

## PERIODISCHE STERN-SCHNUPPENSTRÖME

In der Nacht zum ersten September erreichen die **ALPHA-AURIGIDEN** ihr Maximum. Es handelt sich um recht schnelle Sternschnuppen – um die 65 Kilometer pro Sekunde. Der Radiant liegt nahe Kapella im Fuhrmann. Erstmals wurde dieser Strom im Jahre 1935 beobachtet.

Zuletzt wurde 2021 eine ZHR (Zenithal Hourly Rate, stündliche Rate im Zenit) von fast 80 beobachtet, was Modellrechnungen gut bestätigten.

Der Ursprungskomet C/1911 N1 (Kiess) hat eine lange Umlaufzeit von etwa 2000 Jahren. Komet Kiess wird erst wieder in mehr als 2000 Jahren in das innere Sonnensystem gelangen. Die Teilchen, die zu den hohen Raten führten, befinden sich aber auf weit engeren Umlaufbahnen als der Komet. Für 2023 werden keine erhöhten Raten erwartet.

Wenig bekannt sind die **EPSILON-PERSEÏDEN**, die im September auftreten. Zum Maximum am 9. werden etwa zehn Meteore pro Stunde erwartet. In manchen Jahren wurden erhöhte Raten beobachtet, so 2008 und 2013, wo im Maximum bis zu 30 Sternschnuppen gezählt wurden. Für 2023 gibt es kein vorausberechnetes Maximum, aber die Modelle enthalten bis-

## KONSTELLATIONEN UND EREIGNISSE

| Datum | MEZ | Ereignis |
|---|---|---|
| 1. | $8^h$ | Mond bei Neptun, Mond $1°_.4$ südlich |
| 3. | 5 | Venus im Stillstand, anschließend rechtläufig |
| 4. | 21 | **Mond bei Jupiter**, Mond $3°_.3$ nördlich, Abstand $3°_.1$ um $22^h$ |
| 4. | 22 | Jupiter im Stillstand, anschließend rückläufig |
| 5. | 10 | Mond bei Uranus, Mond $2°_.9$ nördlich |
| 6. | 12 | Merkur in unterer Konjunktion mit der Sonne |
| 11. | 14 | Mond bei Venus, Mond $11°_.4$ nördlich |
| 13. | 19 | Mond bei Merkur, Mond $6°_.0$ nördlich |
| 15. | 1 | Merkur im Stillstand, anschließend rechtläufig |
| 16. | 20 | Mond bei Mars, Mond $0°_.7$ nördlich |
| 19. | 8 | **Venus in größtem Glanz** ($-4^m_.8$) |
| 19. | 12 | Neptun in Opposition zur Sonne |
| 22. | 14 | **Merkur in größter westlicher Elongation** von der Sonne (18°) |
| 23. | $7^h50^m$ | **Sonne im Herbstpunkt, Tagundnachtgleiche** |
| 23. | 19 | Merkur im Perihel |
| 27. | 2 | **Mond bei Saturn**, Mond $2°_.7$ südlich, Abstand $3°_.7$ um $2^h$ |
| 28. | 18 | Mond bei Neptun, Mond $1°_.4$ südlich |

lang noch viele Annahmen, weshalb Überraschungen nicht auszuschließen sind.

Die **PISCIDEN** sind im gesamten September aktiv. Ihr Ausstrahlungspunkt liegt in den Fischen. Beste Beobachtungszeit ist zwischen 22$^h$ und 4$^h$ morgens. Das Maximum ist um den 20. September zu erwarten, wobei nur etwa fünf bis zehn Meteore pro Stunde auftauchen. Die Geschwindigkeit der Meteoroide liegt um 25 Kilometer pro Sekunde.

Die Pisciden zerfallen in mehrere Teilströme, von denen einer bis Mitte Oktober tätig ist.

Die Aktivität aus dem Antihelion-Bereich wird ab dem 10. von den **SÜDLICHEN TAURIDEN** bestimmt. Sie lassen sich auf den kurzperiodischen Kometen 2P/Encke und mit ihm verwandte Objekte zurückführen.

Der Radiant befindet sich im Bereich der Fische und verlagert sich zum Monatsende Richtung Sternbild Widder.

## Der Fixsternhimmel

Gegenüber dem Vormonat hat sich die gesamte Sternbilderszenerie um zwei Rektaszensionsstunden nach Westen verschoben. Noch zeigt das abendliche Sternenzelt sommerlichen Charakter. Arktur ist schon tief im Westen zu finden, vorausgesetzt, der Horizontdunst lässt ihn überhaupt noch erkennen. Das Pegasusquadrat hingegen steht bereits hoch im Südosten. Wie seine Bezeichnung „Herbstviereck" deutlich macht, wird bald die dritte Jahreszeit ihren Einzug halten. Noch beherrschen die Sommersternbilder den Abendhimmel zur Standardbeobachtungszeit (Monatsbeginn 23$^h$ MEZ = 24$^h$ MESZ, Monatsmitte 22$^h$ MEZ = 23$^h$ MESZ). Allerdings hat sich das Sommerdreieck schon ein wenig nach Westen verschoben. Deneb steht nun fast im Zenit, während Wega und Atair den Meridian bereits überquert haben. Die Jungfrau und der Skorpion sind längst untergegangen. Im Südwesten schickt sich der Schütze ebenfalls an, die Himmelsbühne zu verlassen. Tief im Süden wandert der Steinbock gerade durch den Meridian. Vor rund 2000 Jahren erreichte die Sonne im Steinbock ihren Tiefstand im Jahreslauf – der Winterpunkt lag im Steinbock. Noch heute spricht man daher vom „Wendekreis des Steinbocks", obwohl bereits 120 vor Chr. der Winterpunkt infolge der Erdpräzession den Steinbock verlassen hat und in den Schützen gewechselt ist.

Dem Steinbock folgt im Tierkreis der Wassermann (lat.: Aquarius), der jetzt den Raum im Südosten einnimmt. Ebenso wie der Steinbock gehört der Wassermann zu den lichtschwachen und wenig auffälligen Mitgliedern des Tierkreises. Der Wassermann zählt zu den ältesten Sternbildern, die uns überliefert sind. Bei fast allen Völkern findet man seine Gestalt und den Bezug zum Wasser. Auch mit der biblischen Sintflutsage ist diese Konstellation eng verbunden. Der Wassermann entsprach als 11. Bild des babylonischen Tierkreises dem 11. babylonischen Monat, der den Beinamen „Fluch des Regens" trug. Sein heliakischer Aufgang (Frühaufgang vor der Sonne) hat in manchen südlichen Gegenden die Regenzeit eingeleitet.

Nach Friedrich Wilhelm Argelander zählen immerhin 97 Sterne zum Wassermann, die mit bloßen Augen zu sehen sind. Bei unserem aufgehellten Nacht-

### VERÄNDERLICHE STERNE

| Algol-Minima | | β-Lyrae-Minima | | δ-Cepheï-Maxima | | Mira-Helligkeit | |
|---|---|---|---|---|---|---|---|
| 2. | 21$^h$49$^m$ | 4. | 6$^h$ N | 3. | 24$^h$ | 1. | 5$^m$ |
| 5. | 18 38 | 10. | 18 H | 9. | 8 | 10. | 6 |
| 17. | 5 53 | 17. | 5 N | 14. | 17 | 20. | 6 |
| 20. | 2 42 | 23. | 16 H | 20. | 2 | 30. | 7 |
| 22. | 23 30 | 30. | 4 N | 25. | 11 | | |
| 25. | 20 19 | | | 30. | 20 | | |

# 9 Fixsternhimmel

**SEPTEMBER 2023**

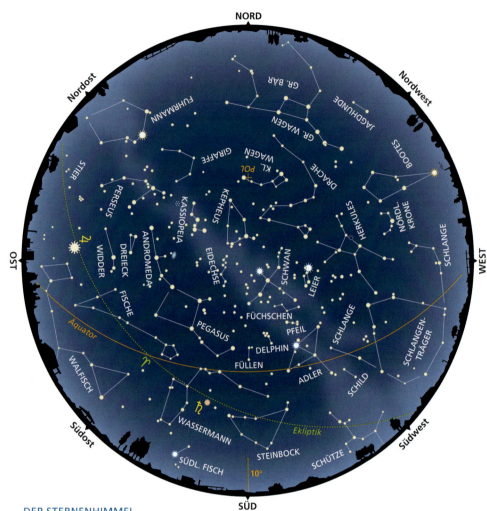

**DER STERNENHIMMEL
AM 15. SEPTEMBER UM 22ʰ MEZ**

| Die Sternkarte ist auch gültig für: | | |
|---|---|---|
| | MEZ | MESZ |
| 15. 7. | 2ʰ | 3ʰ |
| 1. 8. | 1 | 2 |
| 15. 8. | 0 | 1 |
| 1. 9. | 23 | 24 |
| 15. 9. | 22 | 23 |
| 30. 9. | 21 | 22 |
| 15.10. | 20 | 21 |
| 31.10. | 19 | |
| 15.11. | 18 | |

himmel erkennt man oft nicht einen einzigen Stern im Wassermann! Auch zahlreiche interessante Sternhaufen und Nebel sind in diesem Areal zu finden. Zurzeit hält sich Saturn im Wassermann auf, der einwandfrei mit bloßen Augen zu sehen und auch das hellste Gestirn im Wassermann ist.

Tief im Südosten flackert ein Stern erster Größe. Es ist Fomalhaut im Südlichen Fisch (lat.: Piscis Austrinus), der eben aufgegangen ist. „Fomalhaut" kommt aus dem Arabischen und bedeutet so viel wie „Maul des Fisches". Mit 25 Lichtjahren Entfernung gehört er zu den Nachbarsternen unserer Sonne.

# Fixsternhimmel

SEPTEMBER 2023

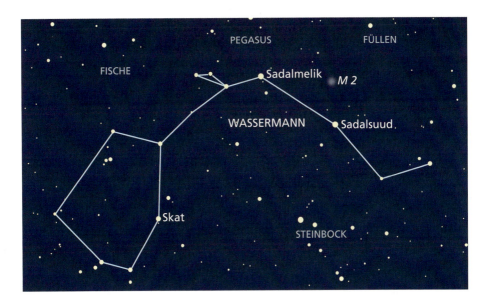

9.6 Skelettkarte des Sternbildes Wassermann.

Im Osten fällt das kleine Bild des Widders auf, das im Wesentlichen nur aus drei Sternen besteht, die ein stumpfwinkliges Dreieck bilden.

Tief im Nordosten flackert horizontnah ein heller, gelblicher Stern. Es ist die Kapella, der Hauptstern des Fuhrmanns.

Den Platz im Südosten nimmt das ausgedehnte, aber lichtschwache Tierkreisbild Fische ein. Im September stehen die Fische der Sonne genau gegenüber. Versinkt die Sonne im Westen, so steigen die Fische im Osten empor.

## DAS STERNBILD KEPHEUS (CEPHEUS)

Das nahe dem Himmelsnordpol gelegene Sternbild Kepheus zählt zur umfangreichen Gruppe der Sternbilder aus der Andromedasage. Die Andromedagruppe nimmt ein relativ großes Areal am Herbsthimmel ein. Außer Kepheus und Andromeda gehören noch die Sternbilder Kassiopeia, Perseus und Walfisch (Cetus) zu dieser Gruppe.

König Kepheus herrschte einst über Äthiopien. Seine Gemahlin Kassiopeia schenkte ihm eine Tochter Namens Andromeda. Prinzessin Andromeda wuchs heran und wurde ein bildhübsches Mädchen. Ihre eitle Mutter beleidigte jedoch die Nereïden, die sich hilfesuchend an den Gott des Meeres, Neptun, wandten. Dieser sandte ein schreckliches Ungeheuer (Cetus) an die Gestade Äthiopiens, das Schiffe, Herden und Menschen in die Tiefen des Okeanos riss. Um sein Land zu retten, sandte König Kepheus einen Boten nach Delphi, um das Orakel zu befragen. Die Antwort fiel entsetzlich aus: Erst wenn Andromeda dem Meeresungeheuer geopfert würde, könnte das Land von der Plage befreit werden. Vom Volke Äthiopiens gedrängt, entschließt sich Kepheus schweren Herzens, seine Tochter preiszugeben. Andromeda wird mit Ketten an einen Felsen in der Meeresbrandung angeschmiedet, um dem Ungeheuer zum Fraße zu dienen. Dort findet sie Perseus, der gerade auf dem Heimweg von einem Kampf mit den Gorgonen ist. In der Hand hält er das abgeschlagene Haupt der Medusa. Perseus verliebt sich auf der Stelle in die Prinzessin Andromeda.

Als das Ungeheuer, nach Andromeda lechzend, aus den Tiefen des Meeres auftaucht, stößt Perseus mit aller Kraft sein Schwert in die Flanke des Untiers. Blut spritzt auf, das Meer

# 9 Fixsternhimmel

**SEPTEMBER 2023**

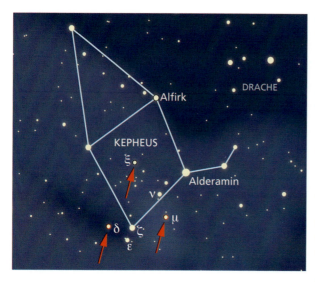

**9.7** Das Sternbild Kepheus in moderner Darstellung. Eingetragen sind der Granatstern μ Cepheï und der Veränderliche δ Cepheï, Prototyp der Veränderlichenklasse der Cepheïden („Leuchttürme des Kosmos").

verfärbt sich violett. Ein fürchterlicher Kampf tobt, in dem Perseus fast untergeht. Erst als er das Haupt der Medusa, das er in einem Sack mit sich führt, dem Cetus präsentiert, erschrickt dieser ob des schrecklichen Anblicks des schlangenbesetzten Kopfes und erstarrt augenblicklich zu Stein. Perseus befreit Andromeda von ihren Fesseln und bringt sie zu den Eltern Kepheus und Kassiopeia zurück. König Kepheus gibt dem Helden seine Tochter Andromeda zur Frau und sein Königreich als Mitgift dazu. Zur ewigen Erinnerung an diesen glücklichen Ausgang werden alle Beteiligten unter die Sterne versetzt.

Die Figur des Kepheus erinnert an ein großes K mit der Öffnung zur Kassiopeia. Bei den Hindus sah man in dieser Sterngruppierung den Gott der Affen mit Namen Kapi. Auch bei den Arabern taucht hier ein Affe auf. Der Doppelstern ξ Cepheï (4$^m$5 und 6$^m$3 hell, ρ = 8",1) heißt Alirdah, was arabisch „der Affe" bedeutet. Dies ist allerdings nicht ganz gesichert. Andere Quellen vermuten, die Bezeichnung stamme von Kurhah, der weiße Fleck im Antlitz eines Pferdes.

Im alten China sah man in dieser Sternenfigur einen Thronstuhl. Aber auch den Triumphwagen von Mu Wang, des 5. Kaisers der Zhou-Dynastie (536 vor Chr.), glaubten einst die Chinesen in den Sternen δ, ε, ν und ζ Cep zu erkennen. Man nannte das Bild Tsaou Foo. γ Cep hieß Shaou Wei, der „Kleine Wächter", und κ Cep war Shang Wei, der „Große Wächter" des Kaisers.

Die arabische Bezeichnung für den Hauptstern, α Cepheï, lautet Alderamin, was „rechter Arm" bedeutet, aber auch als „rechte Schulter" interpretiert wird. Alderamin ist 2$^m$5 hell und strahlt ein bläulich-weißes Licht aus, das 49 Jahre zur Erde unterwegs ist. Alderamin zählt zu den schnell rotierenden Sonnen. Im Jahre 7500 wird er als Folge der Erdpräzession die Rolle des Polarsterns übernehmen.

Alfirk, β Cepheï, ist ein schöner Doppelstern in 650 Lichtjahren Entfernung. Neben einem heißen, 3$^m$2 hellen Stern (Spektraltyp B2 III) findet sich in 13" Distanz ein 8$^m$2 heller Begleiter. Der arabische Name Alphirk bedeutet „Schafherde". Zu ihr gesellt sich γ Cepheï, Alrai mit Eigennamen, der Schäfer oder Hirte. Alrai ist ein tiefgelber, 3$^m$2 heller Stern.

Im Kepheus findet sich auch der berühmte Granatstern μ Cepheï. Wilhelm Herschel hat ihn wegen seiner tiefroten Farbe so getauft. Seine Helligkeit schwankt zwischen 3$^m$9 und 4$^m$2. Er ist Prototyp der Klasse der halbregelmäßig Veränderlichen mit einer mittleren Periode von 5,37 Tagen. In einem lichtstarken Fernglas oder einem Teleskop kommt seine rote Farbe beeindruckend zur Geltung. μ Cepheï gehört dem Spektraltyp M2 an und ist ein roter Überriesenstern in 2800 Lichtjahren Entfernung.

# Triton – Eisschrank des Sonnensystems

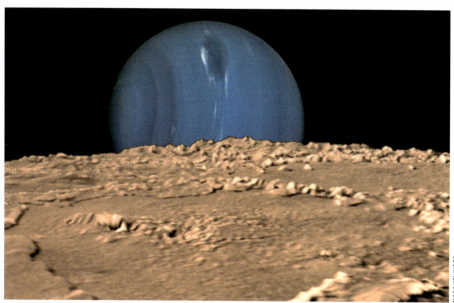

9.8 Oberfläche des Neptunmondes Triton, im Hintergrund Neptun

Triton ist mit einem Durchmesser von 2707 Kilometer, dies entspricht drei Viertel des Durchmessers unseres Erdmondes, der größte Mond des sonnenfernsten Planeten Neptun. Der Mythologie nach ist Triton der Sohn des Meeresgottes Poseidon, der bei den Römern Neptun hieß. Lange war nach seiner Entdeckung dieser Name nicht in Gebrauch. Man sprach stets nur vom „Mond des Neptun". Erst als über hundert Jahre später nach seiner Entdeckung im Jahr 1949 die wesentlich kleinere Nereïde von Gerard Kuiper (1905–1973) gefunden wurde, wurde der Name für Triton allgemein für Neptuns größten Mond gebraucht, nachdem er schon vorher inoffiziell in Verwendung war. Erstmals tauchte 1880 der Name Triton in dem Buch *Astronomie Populaire* von Camille Flammarion auf.

Neptun selbst wurde am 23. September 1846 von Johann Gottfried Galle (1812–1910) und seinem Kollegen Heinrich d'Arrest (1822–1875) auf der Berliner Sternwarte gefunden, nachdem der Engländer John Couch Adams (1819–1892) und der Franzose Urbain Jean Joseph Leverrier (1811–1877) seine Position im Sternbild Wassermann aufgrund von Störungen der Uranusbahn errechnet hatten.

Nur 17 Tage später, am 10. Oktober 1846, entdeckte der Geschäftsmann, Bierbrauer und Amateurastronom William Lassell den großen Neptunmond. Lassell wurde am 18. Juni 1799 in Moore Lane, Bolton, nahe Manchester (England) geboren. Nach seiner Ausbildung als Handelskaufmann widmete er sich in seiner Freizeit dem Studium der Astronomie und beschäftigte sich ausgiebig mit dem Bau von Teleskopen. So fertigte er 1820 zwei 7-Zoll-Reflektoren an (freie Öffnung 17,5 cm), einen als Newton-Reflektor, den zweiten als Gregory-System. Er gründete das pri-

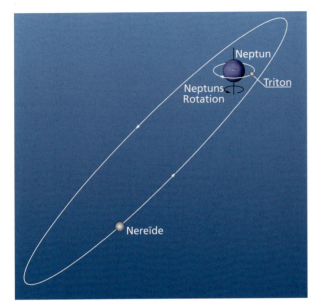

9.9 Die Bahnen von Triton und Nereïde um Neptun

vate Observatorium Starfield in West Derby (Liverpool) und entwickelte auch eine äquatoriale Montierung. Bis dahin hatten fast alle Fernrohre eine altazimutale Montierung. Im Jahr 1844 vollendete er den Bau seines 24-Zoll-Spiegelteleskops (Öffnung 60 cm) mit einer äquatorialen Montierung. Mit diesem Teleskop fand Lassell den großen Neptunmond.

Die endgültige Gewissheit, einen Mond des Neptun gefunden zu haben, erhielt Lassell aber erst nach ausgiebiger Beobachtung im Sommer 1847. Vier Jahre später fand Lassell auch die Uranusmonde Ariel und Umbriel.

In den Jahren 1859 bis 1860 konstruierte er einen 48-Zoll-Newton-Reflektor (Öffnung 120 cm) mit äquatorialer Montierung. Wegen besserer Sichtbedingungen wurde das Instrument 1861 nach Valletta (Malta) verschifft, wo es unter freiem Himmel ohne Schutzbau aufgestellt wurde. Im Jahr 1865 kehrte Lassell mit seinem großen Spiegelteleskop wieder nach England zurück. Während seines Beobachtungsaufenthaltes auf Malta entdeckte er fast 600 (!) neue nebelhafte Objekte. Für seine Verdienste um die astronomische Forschung erhielt Lassell zahlreiche Auszeichnungen und Ehrungen. Am 5. Oktober 1880 endete im für damalige Zeiten hohen Alter von 81 Jahren sein erfolgreiches Leben in Maidenhead, Berkshire (England).

### Ein Objekt aus dem Kuipergürtel?

Triton umrundet in einer fast kreisförmigen Bahn (e = 0,0000) seinen Mutterplaneten Neptun in fünf Tagen und 21 Stunden. Dabei läuft er retrograd, also entgegengesetzt dem allgemeinen Drehsinn der Körper in unserem Sonnensystem um Neptun. Dies ist für einen so großen Mond einmalig. Er kann daher keineswegs aus einer gemeinsamen Gas- und Staubscheibe zeitgleich entstanden sein. Man geht davon aus, dass Triton ein eingefangenes Kuiper-Belt-Objekt (KBO) jenseits der Plutobahn ist. Doch so einfach funktioniert das Einfangen eines KBOs nicht. Trotz naher Begegnung würde sich ein KBO rasch wieder von Neptun entfernen. Möglich wird ein Einfangen, wenn Triton einst ein Partner eines doppelten Zwergplaneten gewesen war. Bestes Beispiel ist das System Pluto – Charon. Triton ist größer als Pluto. Weitere Beispiele sind die Zwergplaneten Eris, Santa und Sedna, die ebenfalls Begleiter haben.

Das Doppelsystem Triton war gravitativ aneinander gebunden. Bei einer nahen Begegnung hatte ein Partner bei der Wanderung um den gemeinsamen Schwerpunkt eine recht geringe Relativgeschwindigkeit gegenüber Neptun. Die Gezeitenwirkung von Neptun riss das Zwillingspaar Triton auseinander. Ein Objekt entfloh oder stürzte auf Neptun. Das andere Objekt wurde zu einem Trabanten des Neptun. Die anfänglich ziemlich sicher elliptische Bahn von Triton wurde durch die Gezeitenwirkung von Neptun in

9.10 Neptun und Triton; Aufnahme von Markus Mitterhuber, Sternwarte Welzheim

eine immer kleinere und kreisförmige Bahn gezwungen. Soweit die Vergangenheit.

Gegenwärtig wandert Triton in 354759 Kilometer Distanz um Neptun. Da die Tritonbahn fast kreisförmig ist, schwankt die Entfernung von Neptun lediglich um zwölf Kilometer. Die Entfernung Tritons von Neptun entspricht fast der mittleren Distanz unseres Mondes von der Erde, die 384000 Kilometer beträgt.

Doch die Tage von Triton sind gezählt. Er wird nicht ewig unbeschadet den Planeten des Meeresgottes umkreisen. Während der Erdmond durch die Gezeitenkräfte beschleunigt wird und sich langsam von der Erde entfernt, verliert Triton infolge seiner retrograden Revolution um Neptun ständig an Bahndrehimpuls. Seine Bahn um Neptun wird deshalb immer enger. In etwa hundert Millionen Jahren wird er die Roche-Grenze erreichen und unterschreiten. Geht man von einer mittleren Dichte von 2,061 g/cm³ bei Triton und von 1,67 g/cm³ bei Neptun aus, so liegt die Roche-Grenze für Triton bei einem Bahnradius von gerundet 57000 Kilometer. Triton wird dann 31900 Kilometer über der Neptunoberfläche kreisen. Für Astronauten auf Neptun erschiene dann Triton zehn Mal so groß wie unser Mond am irdischen Firmament heutzutage. Zurzeit nähert sich Triton rund drei Meter jährlich seinem Mutterplaneten. Unterschreitet danach Triton die Rochesche Grenze, so wird er von den Gezeitenkräften zerrissen. Die Bruchstücke von Triton werden sich dann zu einem weiteren Ring um Neptun anordnen.

## Veränderliche Eiswüste

Besser ausgerüsteten Amateurastrononminnen und Sternfreunden ist Triton mit einer mittleren visuellen Oppositionshelligkeit von 13$^m$,5 durchaus zugänglich. In maximaler Elongation entfernt sich Triton allerdings nur 17″ von Neptun. Dass Triton trotz seiner großen Entfernung von der Erde und seiner relativ geringen Größe vergleichsweise recht hell ist, liegt an seiner hohen Albedo (Rückstrahlungsvermögen). Triton rotiert recht langsam. Eine Umdrehung des Tritonglobus dauert fünf Tage, 21 Stunden, zwei Minuten und 40 Sekunden. In der gleichen Zeit umrundet er Neptun. Somit ist stets seine gleiche Seite Neptun zugekehrt. Man spricht von einer gebundenen Rotation. Auch unser Erdmond rotiert gebunden. Er kehrt uns stets die gleiche Seite zu. Die Rotationsachse von Triton steht senkrecht auf seiner Bahnebene. Selbst in sehr großen Teleskopen erscheint Triton nur als winziges Sternpünktchen. Details sind dabei keine auf Triton zu erkennen. Daher kannte man außer den Bahndaten kaum etwas von seiner Beschaffenheit. Erst als die erfolgreiche Raumsonde Voyager 2 auf ihrer großen Tour, die sie an Jupiter, Saturn und Uranus vorbeiführte, nach zwölfjähriger Reise im August 1989 mit fast hundert Kilometer pro Sekunde Geschwindigkeit in knapp 5000 Kilometer Distanz von der Wolkenobergrenze an Neptun vorbeiraste, erhielt man auch von Triton Bilder und Daten, die einen Einblick in die tiefgefrorene Eiswelt ermöglichten. Am 25. August 1989 passierte Voyager 2 den eisigen Mond in einem Minimalabstand von 39800 Kilometer. Wie Aufnahmen von Voyager 2 erkennen lassen, besitzt Triton eine hellglänzende Oberfläche aus Stickstoff- und Methaneis. Die Albedo liegt bei 72 Prozent, während der Erdmond nur sieben Prozent des einfallenden Sonnenlichtes reflektiert und somit ein recht dunkler Körper ist. Das Gebiet um den Südpol von Triton reflektiert sogar bis zu 90 Prozent des Sonnenlichts. Im Gegensatz zum blauen Neptun erscheint Triton in einer leicht rosa Farbe, die auf Spuren von Kohlenmonoxid deuten.

Triton ist unbestritten der Kältepol des Sonnensystems. Auf seiner Oberfläche wurden die tiefsten je im Sonnensystem gemessenen Temperaturen registriert. Sie liegen zwischen −238 °C (35 K) und −235 °C (38 K), also nur 35° bis 38° über dem absoluten Nullpunkt. Selbst auf Pluto ist es nicht ganz so kalt. Auf der Plutooberfläche beträgt die mittlere Temperatur −225 °C (48 K). K steht für Kelvin, die Maßeinheit der absoluten thermodynamischen Temperaturskala. Die Bezeichnung erinnert an Lord Kelvin (William Thomson, 1824–1907), der sie eingeführt hat. Der absolute Nullpunkt (0 K) entspricht −273,15 °Celsius. Der Eisschrank Triton ist so kalt, dass selbst Stickstoff und Methan steinhart gefroren sind. Der Schmelzpunkt von Stickstoff ($N_2$) liegt bei −210 °C, der von Methan ($CH_4$) bei −183 °C. Schon bei −195,8 °C und −162 °C sieden Stickstoff beziehungsweise Methan, gehen also in die Gasphase über.

Trotz der extrem tiefen Temperaturen gibt es auf Triton einen ausgeprägten Vulkanismus, den man als Kryovulkanismus bezeichnet. Es wird keine heiße, feurig-flüssige Lava aus Tritonvulkanen ausgestoßen, sondern flüssiger Stickstoff spritzt aus den Vulkanschloten. Denn in ein paar Dutzend Meter unter der Oberfläche sind Stickstoff und Methan flüssig. Gezeitenkräfte von Neptun und die Radioaktivität des Gesteinskerns von Triton sorgen für Schmelzprozesse unterhalb der Tritonoberfläche.

Gelegentlich schießen Fontänen von flüssigem Stickstoff empor, der anschließend herabregnet und auf der eisigen Tritonoberfläche sofort gefriert und für bizarre Formen und Gebirge sorgt.

Auf Triton ist die Kraterdichte deutlich geringer als auf dem Erdmond und auf Merkur. Dies deutet auf einen aktiven Kryovulkanismus hin.

## Auswirkung der Jahreszeiten

Triton wird von einer extrem dünnen Atmosphäre umschlossen, die in Bodennähe nur einen Druck von 1,4 bis 1,9 Pa (14 bis 19 Mikrobar [millionstel Bar]) aufweist. Dies entspricht etwa 1/70 000-stel des irdischen Luftdrucks auf Meereshöhe. Ein so geringer Gasdruck wird in einem irdischen Labor als Hochvakuum angesehen.

Die tiefen Temperaturen ermöglichen es Triton, trotz der geringen gravitativen Oberflächenbeschleunigung seine dünne Atmosphäre zu halten. Sie setzt sich zum überwiegenden Teil aus molekularem Stickstoff ($N_2$) sowie Spuren von Methan ($CH_4$) und Kohlenmonoxid (CO) zusammen. Letztere Komponente ist für die leicht rosa erscheinende Tritonoberfläche verantwortlich.

Bei den seltenen Sternbedeckungen hat sich gezeigt, dass die Tritonatmosphäre seit den Messungen von Voyager 2 offensichtlich dichter geworden ist. Ein solches Ereignis fand am 5./6. Oktober 2017 um $0^h48^m$ UTC statt. Triton bedeckte den $12^m_.4$ hellen Stern UCAC4-410-143659. Auch auf der Sternwarte Welzheim war man auf dieses Ereignis vorbereitet. Das Institut für Raumfahrtsysteme der Universität Stuttgart hatte eigens eine Spezialkamera leihweise aus den USA besorgt, die an das 90-cm-Spiegelteleskop der Sternwarte angeflanscht wurde. Leider spielte damals das Wetter in Welzheim nicht mit. Aber andere Observatorien konnten die Sternbedeckung durch Triton erfolgreich beobachten.

Unabhängig von den seltenen Sternbedeckungen kann seit Juli 2009 die Tritonatmosphäre mit Hilfe des Infrarotspektrografen CRIRES (Cryogenic high-resolution Infrared Echelle Spectrograph) regelmäßig und mit hoher Auflösung beobachtet werden. Der Spektrograf CRIRES ist

**9.11** Eisige, bizarre Tritonlandschaft, aufgenommen von Voyager 2 im August 1989.

# 9 Monatsthema

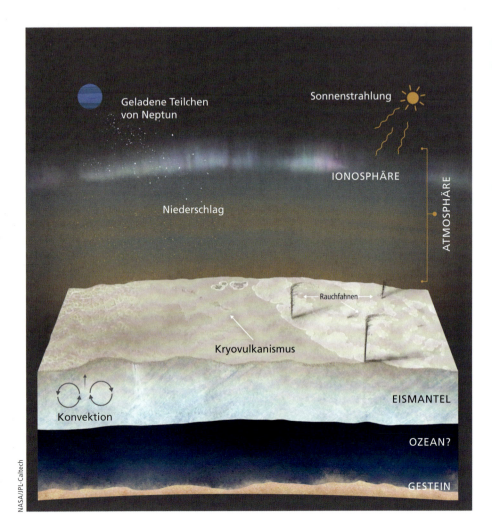

**9.12 Aufbau von Triton**

an einem der vier VLTs (Very Large Telescope) auf dem Paranal-Observatorium der ESO (European Southern Observatory) montiert. Die VLTs haben je eine freie Öffnung von 8,2 Metern. Die bisherigen Analysen haben fast eine vierfache Zunahme des Atmosphärendrucks seit 1989 bestätigen können. Zurzeit herrscht auf der Südhalbkugel des Triton Sommer.

Auch auf Triton gibt es Jahreszeiten. Sie dauern jeweils 41 Jahre entsprechend der Umlaufzeit des Neptun um die Sonne von 165 Jahren. Die Rotationsachse von Triton ist um 157° gegenüber der von Neptun geneigt. Hinzu kommt, dass die Rotationsachse von Neptun um 30° zur Senkrechten auf der Neptunbahnebene geneigt ist. So scheint die Sonne einmal fast senkrecht auf den Nord-, dann wieder auf den Südpol von Triton. Im Jahr 2000 gab es für die Südhalbkugel von Triton eine Sommersonnenwende.

Trotz der großen Sonnendistanz von 4500 Millionen Kilometer (= 30 AE) wirkt sich die sommerliche Sonnenstrahlung auf die Atmosphäre messbar aus.

Ein Teil des gefrorenen Stickstoffs sublimierte an der Oberfläche und erhöhte somit den Atmosphärendruck. Auch Spuren von Methan wurden nachgewiesen. Die Treibhauswirkung von Methan erhöhte die Temperatur um 4 °C. Der Kern von Triton besteht aus Silikaten sowie Eisen und Nickel. Er wird von einem Mantel aus Wassereis ($H_2O$) umschlossen. Direkt darüber liegt ein ammoniakreicher Ozean von schätzungsweise −90 °C (183 K), der durch die Gezeitenwirkung beim Umlauf um Neptun und den radioaktiven Kern flüssig gehalten wird.

## TRITON IN ZAHLEN

**Bahndaten**

| | |
|---|---|
| Große Halbachse (Mittlere Entfernung von Neptun) | a = 354 759 km (≙ 14,3 Neptunradien) |
| Geringste Entfernung von Neptun | q = 354 753 km |
| Größte Entfernung von Neptun | Q = 354 765 km |
| Umlaufzeit | U = $5\overset{d}{.}876\,854$ = $5^d 21^h 02^m 40^s$ |
| Numerische Exzentrizität | e = 0,000 016 |
| Bahnneigung zum Neptunäquator | i = 156°,865 |
| Knotenrücklauf pro Jahr | ΔΩ = 0°,5 |
| Mittlere Bahngeschwindigkeit | v = 4,39 km/s |

**Beobachtungsdaten**

| | |
|---|---|
| Scheinbare Helligkeit in Opposition | $m_v$ = $13^m,5$ |
| Absolute Helligkeit | $V_{1,0}$ = $-1^m,2$ |
| Farbindices | B − V = $0^m,72$; U − B = $0^m,29$ |
| Albedo | 0,719 ± 0,41 |
| Maximale Elongation | El = 17″ |

**Physische Daten**

| | |
|---|---|
| Durchmesser | 2707 km |
| Abplattung (dynamisch) | 0,0 (?) |
| Siderische Rotation (gebunden) | $5\overset{d}{.}876854$ |
| Neigung der Rotationsachse zur Bahnebene | 90° |
| Masse | 2,147 × $10^{22}$ kg (≙ 2,088 × $10^{-4}$ Neptunmasse) |
| Dichte | 2,061 g/cm³ |
| Schwerebeschleunigung an der Oberfläche | 0,779 m/s² |
| Entweichgeschwindigkeit | 1,455 km/s |
| Atmosphärendruck | 1,4 bis 1,9 Pa (≙ 14 bis 19 Mikrobar) |
| Temperatur | 35 K bis 38 K (≙ −238 °C bis −235 °C) |
| Zusammensetzung der Atmosphäre: | |
| Molekularer Stickstoff ($N_2$) | 99,9 % |
| Methan ($CH_4$) | 0,1 % |
| Kohlenmonoxid (CO) | 0,05 % |

# Himmelskalender

**OKTOBER 2023**

## Oktober 2023

— Am 28. findet in den frühen Abendstunden eine partielle Mondfinsternis statt, die von Mitteleuropa aus beobachtbar ist.
— Merkur beendet in den ersten Oktobertagen seine Morgensichtbarkeit.
— Venus strahlt als heller Morgenstern am Osthimmel.
— Mars bleibt unsichtbar.
— Jupiter beherrscht den Nachthimmel.
— Saturn zieht sich aus der zweiten Nachthälfte zurück.

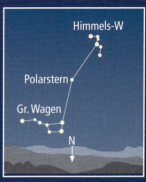

Großer Wagen und Himmels-W Anfang Oktober um 22 Uhr MEZ

**10.1** Himmelsanblick am 10. Oktober gegen 5ʰ MEZ (= 6ʰ MESZ). Über dem Osthorizont zieht Venus an Regulus im Löwen vorbei. Nördlich von Venus steht die Sichel des abnehmenden Mondes.

# OKTOBER 2023 — Himmelskalender 10

|  | |  |
|---|---|---|
| 1 | So | Mond bei Jupiter – Mitternacht |
| 2 | Mo | |
| 3 | Di | Tag der Deutschen Einheit |
| 4 | Mi | |
| 5 | Do | |
| 6 | Fr | Letztes Viertel |
| 7 | Sa | Mond bei Pollux – morgens |
| 8 | So | |
| 9 | Mo | |
| 10 | Di | Mond und Venus bei Regulus – morgens |
| 11 | Mi | |
| 12 | Do | |
| 13 | Fr | |
| 14 | Sa | Neumond |
| 15 | So | |
| 16 | Mo | |
| 17 | Di | |
| 18 | Mi | |
| 19 | Do | |
| 20 | Fr | |
| 21 | Sa | |
| 22 | So | Erstes Viertel |
| 23 | Mo | Venus am Morgenhimmel |
| 24 | Di | Mond bei Saturn – abends |
| 25 | Mi | |
| 26 | Do | Österreichischer Nationalfeiertag |
| 27 | Fr | |
| 28 | Sa | Vollmond, partielle Mondfinsternis |
| 29 | So | Ende der Sommerzeit. Mond bei Jupiter – morgens |
| 30 | Mo | |
| 31 | Di | |

# 10 Sonnenlauf — OKTOBER 2023

## SONNE – STERNBILDER

**23. 10. 17ʰ:**
Sonne tritt in das Tierkreiszeichen Skorpion

**31. 10. 21ʰ:**
Sonne tritt in das Sternbild Waage

**Julianisches Datum am**
1. Oktober, 1ʰ MEZ: 2 460 218,5

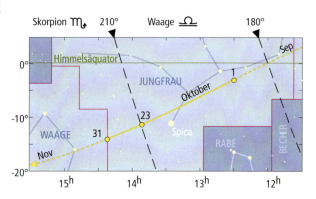

## SONNENLAUF

| Tag | Dämmerg. Anfang | Aufgang MEZ | Kulmination | Untergang MEZ | Dämmerg. Ende | Mittagshöhe | Zeitgleichg. | Rektaszension | Deklination |
|---|---|---|---|---|---|---|---|---|---|
|  | h m | h m | h m | h m | h m | ° | m | h m | ° |
| 1.  | 5 10 | 6 19 | 12 10 | 17 59 | 19 09 | 36,8 | +10 | 12 27 | − 2,9 |
| 5.  | 5 16 | 6 26 | 12 08 | 17 51 | 19 00 | 35,3 | +12 | 12 41 | − 4,4 |
| 10. | 5 24 | 6 33 | 12 07 | 17 40 | 18 50 | 33,4 | +13 | 12 59 | − 6,3 |
| 15. | 5 31 | 6 41 | 12 06 | 17 30 | 18 40 | 31,5 | +14 | 13 18 | − 8,2 |
| 20. | 5 39 | 6 49 | 12 05 | 17 20 | 18 30 | 29,7 | +15 | 13 36 | −10,0 |
| 25. | 5 46 | 6 57 | 12 04 | 17 10 | 18 21 | 27,9 | +16 | 13 55 | −11,8 |
| 31. | 5 55 | 7 07 | 12 04 | 16 59 | 18 11 | 25,9 | +16 | 14 18 | −13,8 |

**Sonntag, 29. Oktober 2023: Ende der Sommerzeit!**

## TAGES- UND NACHTSTUNDEN

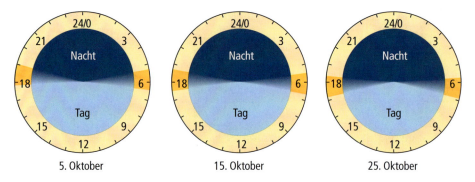

5. Oktober — 15. Oktober — 25. Oktober

**OKTOBER 2023**

# Mondlauf 10

## MONDLAUF

| Datum | Aufg. MEZ | Kulmi-nation | Unterg. MEZ | Rektas-zension | Dekli-nation | Sterne und Sternbilder | Phase | MEZ |
|---|---|---|---|---|---|---|---|---|
| | h m | h m | h m | h m | ° | | | |
| So 1. | 18 48 | 1 31 | 8 52 | 1 47 | +11,4 | Widder | | |
| Mo 2. | 19 09 | 2 23 | 10 18 | 2 40 | +17,4 | Widder | | |
| Di 3. | 19 37 | 3 16 | 11 41 | 3 35 | +22,2 | Stier, Plejaden | Libration West | |
| Mi 4. | 20 14 | 4 10 | 12 58 | 4 32 | +25,7 | Stier | | |
| Do 5. | 21 02 | 5 06 | 14 04 | 5 29 | +27,8 | Stier, Alnath | | |
| Fr 6. | 22 01 | 6 00 | 14 55 | 6 25 | +28,3 * | Fuhrmann | **Letztes Viertel** | 14$^h$48$^m$ |
| Sa 7. | 23 08 | 6 53 | 15 33 | 7 21 | +27,4 | Kastor, Pollux | Größte Nordbreite | |
| So 8. | — | 7 43 | 16 01 | 8 13 | +25,3 | Krebs, Krippe | | |
| Mo 9. | 0 19 | 8 29 | 16 22 | 9 03 | +22,1 | Krebs, Krippe | | |
| Di 10. | 1 30 | 9 13 | 16 38 | 9 51 | +18,0 | Löwe, Regulus | Erdferne 405/29,5 | 5$^h$ |
| Mi 11. | 2 41 | 9 54 | 16 52 | 10 36 | +13,2 | Löwe, Regulus | | |
| Do 12. | 3 50 | 10 34 | 17 03 | 11 19 | + 7,9 | Löwe | | |
| Fr 13. | 4 59 | 11 14 | 17 15 | 12 02 | + 2,3 | Jungfrau | | |
| Sa 14. | 6 09 | 11 55 | 17 27 | 12 45 | − 3,5 | Jungfrau | **Neumond Nr. 1247** | 18$^h$55$^m$ |
| So 15. | 7 21 | 12 37 | 17 40 | 13 29 | − 9,2 | Spica | Absteigender Knoten | |
| Mo 16. | 8 36 | 13 22 | 17 57 | 14 15 | −14,7 | Jungfrau | | |
| Di 17. | 9 54 | 14 11 | 18 19 | 15 04 | −19,6 | Waage | | |
| Mi 18. | 11 13 | 15 04 | 18 48 | 15 57 | −23,7 * | Antares | Libration Ost | |
| Do 19. | 12 28 | 16 01 | 19 31 | 16 54 | −26,7 | Antares | | |
| Fr 20. | 13 33 | 17 01 | 20 29 | 17 54 | −28,2 | Schütze | | |
| Sa 21. | 14 24 | 18 01 | 21 43 | 18 55 | −28,0 | Schütze, Nunki | Größte Südbreite | |
| So 22. | 15 01 | 19 00 | 23 07 | 19 57 | −26,1 | Schütze | **Erstes Viertel** | 4$^h$29$^m$ |
| Mo 23. | 15 28 | 19 55 | — | 20 57 | −22,6 * | Steinbock | | |
| Di 24. | 15 48 | 20 48 | 0 35 | 21 54 | −17,7 | Steinbock | | |
| Mi 25. | 16 04 | 21 39 | 2 03 | 22 48 | −11,7 | Wassermann | | |
| Do 26. | 16 19 | 22 28 | 3 29 | 23 41 | − 5,1 | Wassermann | Erdnähe 365/32,8 | 4$^h$ |
| Fr 27. | 16 34 | 23 17 | 4 55 | 0 32 | + 1,9 | Walfisch | | |
| Sa 28. | 16 50 | — | 6 20 | 1 24 | + 8,6 | Fische | **Vollmond** Aufsteigender Knoten | 21$^h$24$^m$ |
| So 29. | 17 10 | 0 08 | 7 46 | 2 17 | +14,9 | Widder | | |
| Mo 30. | 17 34 | 1 01 | 9 12 | 3 12 | +20,3 | Widder | | |
| Di 31. | 18 07 | 1 56 | 10 34 | 4 08 | +24,4 | Stier, Plejaden | Libration West | |

## DER MOND WANDERT AN JUPITER VORBEI

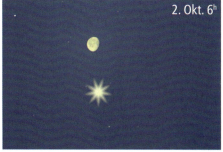

# 10 Planetenlauf
## OKTOBER 2023

**MERKUR** beendet in den ersten Tagen des Monats seine Morgensichtbarkeit. Am 5. geht der −1$^m$,1 helle Merkur um 5$^h$19$^m$ auf, während er am 1. noch um 4$^h$56$^m$ (= 5$^h$56$^m$ Sommerzeit) die östliche Horizontlinie überschreitet.

Die Sonne folgt am 5. um 6$^h$26$^m$ (= 7$^h$26$^m$ Sommerzeit). Von 5$^h$40$^m$ bis kurz vor 6$^h$ (= 7$^h$ Sommerzeit) sollte man Merkur noch mit bloßen Augen erkennen. Ein Fernglas kann auf alle Fälle nützlich sein, um den sonnennächsten Planeten zu erhaschen (siehe auch Abb. 9.3 und Abb. 9.4 auf Seite 193). Nach dem 5. wird man vergeblich nach Merkur Ausschau halten. Für den Rest des Monats bleibt Merkur unsichtbar.

**10.2** Heliozentrischer Anblick des Planetensystems im letzten Jahresviertel 2023. Eingetragen sind im linken Teil die Positionen der inneren Planeten für den 1. Oktober (10), den 1. November (11), den 1. Dezember 2023 (12) und den 1. Januar 2024 (1). Der rechte Teil zeigt das äußere Planetensystem samt einigen Planetoiden zu Anfang und Ende des letzten Jahresviertels. Die Pfeile deuten die Richtungen zu den ferneren Planeten sowie zum Frühlingspunkt an.

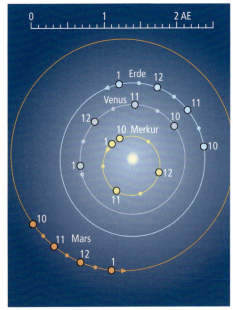
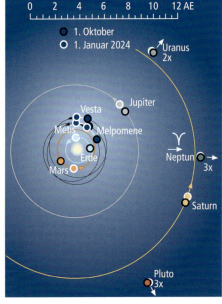

# Planetenlauf 10

OKTOBER 2023

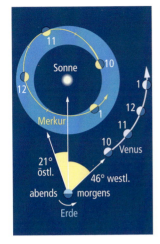

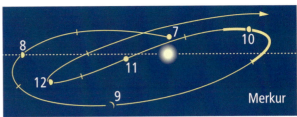

10.3 Scheinbare Merkurbahn *relativ* zur Sonne von Juli bis Dezember 2023.

10.4 Heliozentrische Bewegungen von Merkur und Venus *relativ* zur Erde. In den dicker ausgezogenen Bahnteilen sind die Planeten beobachtbar. Die Zahlen geben die Positionen jeweils zum Monatsersten an. Östlicher Winkelabstand bedeutet Abendsichtbarkeit; westliche Elongation: Planet steht am Morgenhimmel.

Merkur läuft der Sonne hinterher. Am 20. trifft er mit ihr zusammen, die obere Konjunktion wird erreicht. Die Begegnung mit Mars am 29. bleibt unbeobachtbar.

**VENUS** strahlt als heller Morgenstern über dem Osthorizont. Am 24. erreicht sie mit 46°25' ihre größte westliche Elongation. Am 10. kommt es zu einem netten Himmelsanblick, wenn das Dreigestirn Venus, abnehmende Mondsichel und Regulus gegen $5^h$ morgens tief am Osthimmel zu sehen ist. Der Löwenhauptstern Regulus ist allerdings nicht besonders auffällig (siehe Abb. 10.1 auf Seite 208 und 10.6 auf Seite 214).

Die Venusaufgänge verspäten sich im Laufe des Oktobers nur unwesentlich von $2^h25^m$ (= $3^h25^m$ Sommerzeit) auf $2^h49^m$ am Monatsletzten. Die Venushelligkeit geht leicht von $-4\overset{m}{.}7$ auf $-4\overset{m}{.}4$ zurück.

Am 22. zeigt sich das knapp 25" große Venusscheibchen halb beleuchtet, die Dichotomie tritt ein. Danach wird Venus immer kleiner und dicker.

Am Tag der größten Elongation ist Venus von Erde und Sonne fast gleich weit entfernt. Venus – Sonne – Erde bilden gewissermaßen ein gleichseitiges Drei-

10.5 Stellung von Venus über dem Osthorizont morgens eine Stunde vor Sonnenaufgang.

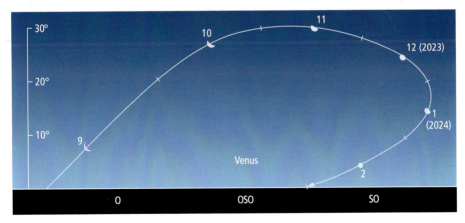

# 10 Planetenlauf — OKTOBER 2023

10.6 Venus wandert vom 8. bis 12. an Regulus im Löwen vorbei. Morgendlicher Fernglasanblick bei 5° Gesichtsfelddurchmesser.

eck. Von der Erde trennen Venus 104 Millionen Kilometer (= 0,695 AE), von der Sonne ist Venus 108 Millionen Kilometer (= 0,722 AE) entfernt.

**MARS** wandert durch das Sternbild Jungfrau und wechselt am 24. in die Waage. Er nähert sich seiner Konjunktion mit der Sonne, die er aber erst Mitte des nächsten Monats erreicht. Bis Ende Oktober nimmt die Winkeldistanz auf nur 5,3° ab. Der rote Planet hält sich somit am Taghimmel auf und bleibt nachts unbeobachtbar.

**JUPITER** beschleunigt seine rückläufige Wanderung durch den Widder und nähert sich seiner Oppositionsstellung zur Sonne, die er Anfang November erreicht (siehe Abb. 11.4 auf Seite 231). Die Helligkeit des Riesenplaneten steigert sich nochmals ein wenig um $0^m\!\!.1$ und erreicht zu Monatsende die Oppositionshelligkeit von $-2^m\!\!.9$. Damit beherrscht er mit seinem unübersehbaren Glanz den Nachthimmel, bis ihm Venus am Morgenhimmel die Rolle als dominierendes Gestirn streitig macht.

Jupiter geht am 1. um $19^h11^m$ (= $20^h11^m$ Sommerzeit) auf, am 15. um $18^h13^m$ und am 31. bereits um $17^h05^m$.

In der Nacht vom 1. auf 2. begegnet der noch fast volle Mond dem Riesenplaneten, wobei er rund 3° nördlich an Jupiter vorbeizieht (siehe Mondlaufgrafik auf Seite 211).

**SATURN** bremst seine rückläufige Wanderung durch den Wassermann stark ab und kommt am Monatsende fast zum Stillstand (siehe Abb. 8.3 auf Seite 171). Seine Helligkeit nimmt um $0^m\!\!.1$ auf $0^m\!\!.7$ leicht ab.

Aus der zweiten Nachthälfte zieht sich der Ringplanet allmählich zurück. Sein Untergang erfolgt am 1. um $3^h00^m$ (= $4^h00^m$ Sommerzeit), am 15. um $2^h02^m$ und am 31. bereits um $0^h57^m$.

Der zunehmende Mond begegnet dem Ringplaneten am 24. Am Abend ist der Abstand des Mondes von Saturn mit fast 6° schon relativ groß.

**URANUS** beschleunigt weiter seine rückläufige Wanderung durch das Sternbild Widder (sie-

## KONSTELLATIONEN UND EREIGNISSE

| Datum | MEZ | Ereignis |
|---|---|---|
| 2. | $4^h$ | **Mond bei Jupiter**, Mond 3,4° nördlich, **Abstand 2,7° um $2^h$** |
| 2. | 18 | Mond bei Uranus, Mond 2,9° nördlich |
| 10. | 11 | Mond bei Venus, Mond 6,5° nördlich |
| 11. | 1 | Pluto im Stillstand, anschließend rechtläufig |
| 14. | 11 | Mond bei Merkur, Mond 0,7° nördlich |
| 14. | 19 | Ringförmige Sonnenfinsternis – in Mitteleuropa unbeobachtbar (siehe Seite 27) |
| 15. | 17 | Mond bei Mars, Mond 1,0° südlich |
| 20. | 7 | Merkur in oberer Konjunktion mit der Sonne |
| 24. | 0 | **Venus in größter westlicher Elongation** von der Sonne (46°) |
| 24. | 9 | **Mond bei Saturn**, Mond 2,8° südlich, **Abstand 5,6° um $18^h$** |
| 26. | 2 | Mond bei Neptun, Mond 1,5° südlich |
| 28. | 21 | **Partielle Mondfinsternis** – in Mitteleuropa beobachtbar (siehe Seite 28) |
| 29. | 9 | **Mond bei Jupiter**, Mond 3,1° nördlich, **Abstand 3,0° um $6^h$** |
| 29. | 18 | Merkur bei Mars, Merkur 0,4° südlich |
| 30. | 3 | **Mond bei Uranus**, Mond 2,9° nördl., **Abstand 2,3° um $1^h$** |

# OKTOBER 2023 — Planetenlauf 10

**Stellungen der Jupitermonde**

| Io | I | 5ᵐ,0 |
| Europa | II | 5ᵐ,2 |
| Ganymed | III | 4ᵐ,5 |
| Kallisto | IV | 5ᵐ,7 |

## JUPITERMONDE

| Tag | MEZ h m | Vorgang | |
|---|---|---|---|
| 3. | 2 35 | II | SA |
|  | 4 11 | II | DA |
|  | 4 54 | II | SE |
| 4. | 20 44 | II | VA |
| 5. | 0 29 | II | BE |
|  | 22 55 | III | SA |
| 6. | 0 41 | III | SE |
|  | 2 19 | III | DA |
|  | 2 50 | I | SA |
|  | 3 03 | III | DE |
|  | 3 33 | I | DA |
|  | 4 59 | I | SE |
| 7. | 0 10 | I | VA |
|  | 3 00 | I | BE |
|  | 21 18 | I | SA |
|  | 21 59 | I | DA |
|  | 23 28 | I | SE |
| 8. | 0 07 | I | DE |
|  | 21 26 | I | BE |
| 10. | 5 10 | II | SA |
| 11. | 23 21 | II | VA |
| 12. | 2 46 | II | BE |
| 13. | 2 56 | III | SA |
|  | 4 41 | III | SE |
|  | 4 44 | I | SA |
|  | 5 17 | I | DA |
|  | 19 35 | II | DA |
|  | 20 48 | II | SE |
|  | 21 47 | II | DE |
| 14. | 2 05 | I | VA |
|  | 4 44 | I | BE |
|  | 23 12 | I | SA |
|  | 23 43 | I | DA |
| 15. | 1 23 | I | SE |
|  | 1 52 | I | DE |
|  | 20 33 | I | VA |
|  | 23 10 | I | BE |
| 16. | 19 51 | I | SE |
|  | 19 57 | III | BE |
|  | 20 18 | I | DE |
| 19. | 1 58 | II | VA |
|  | 5 02 | II | BE |

**Stellungen der Saturnmonde**

Japetus:
- 5. 11ᵐ,5
- 10. 12ᵐ,0
- 15. 12ᵐ,3
- 20. 12ᵐ,3
- 25. 12ᵐ,0
- 30. 11ᵐ,6

Rhea 9ᵐ,9 · Dione 10ᵐ,6 · Titan 8ᵐ,5 · Tethys 10ᵐ,4

# 10 Planetenlauf  OKTOBER 2023

he Abb. 11.5 auf Seite 232). Er strebt seiner Oppositionsstellung zur Sonne entgegen, die er aber erst Mitte des nächsten Monats erreicht.

Zu Monatsbeginn erfolgt der Aufgang des $5^m_.7$ hellen Uranus um $19^h24^m$ (= $20^h24^m$ Sommerzeit). Die Aufgänge des grünlichen Planeten verfrühen sich bis 15. auf $18^h28^m$, die Helligkeit nimmt leicht auf $5^m_.6$ zu. Damit ist Uranus zumindest theoretisch sogar mit bloßen Augen zu erkennen – extrem gute Sichtbedingungen und hervorragende Augen vorausgesetzt! Ende Oktober steigt Uranus bereits um $17^h24^m$ über die östliche Horizontlinie.

Am 1. kulminiert Uranus um $3^h03^m$, am 15. um $2^h06^m$ (= $3^h06^m$ Sommerzeit) und am 31. schon um $1^h01^m$. Die Stunde um die Kulmination ist die beste Beobachtungszeit.

**NEPTUN** in den Fischen bremst ein wenig seine rückläufige Wanderung. Der sonnenferne Planet hat seine Opposition gerade hinter sich. Der bläuliche Planet kann in der ersten Nachthälfte im Fernglas oder Teleskop gesehen werden (siehe Aufsuchkarte Abb. 9.5 auf Seite 195). Seine Meridiandurchgänge verlegt Neptun in die Abendstunden. Aus der zweiten Nachthälfte zieht er sich allmählich zurück, wenn man bedenkt, dass es sich etwa zwei Stunden vor dem Untergangstermin nicht mehr lohnt, nach Neptun zu suchen. Am 1. kulminiert Neptun um $23^h26^m$ (= $0^h26^m$ Sommerzeit am

2.) und geht um $5^h19^m$ unter. Am 31. passiert er bereits um $21^h25^m$ den Meridian und geht schon um $3^h17^m$ unter.

## PLANETOIDEN UND ZWERGPLANETEN

**VESTA** (4) bremst ihre rechtläufige Bewegung stark ab und kommt Ende Oktober fast zum Stillstand.

Am 7. verlässt sie den Orion und wechselt in die Zwillinge (siehe Abb. 12.3 auf Seite 254). Ihre Helligkeit nimmt um $0^m_.4$ deutlich zu und erreicht Ende Oktober $7^m_.5$, weshalb sie bereits in einem Fernglas erkennbar wird.

Ihr Aufgang erfolgt am 1. um $22^h15^m$ (= $23^h15^m$ Sommerzeit) und ihre Kulmination um $5^h58^m$. Am Monatsende geht Vesta bereits um $20^h31^m$ auf. Ihre Meridianpassagen verfrühen sich auf $5^h13^m$ am 15. und $4^h15^m$ am Monatsletzten.

**MELPOMENE** – Planetoid Nr. 18 – eilt rasch südwärts durch den Cetus. Am 5. wird sie in Rektaszension stationär und setzt zu ihrer Oppositionsschleife an. Am 16. Oktober verlässt sie den Walfisch und wechselt in den Eridanus (siehe Abb. 11.6 auf Seite 235). Ihre Helligkeit steigert sich um eine halbe Größenklasse auf $8^m_.1$.

Am 1. geht Melpomene um $20^h52^m$ (= $21^h52^m$ Sommerzeit) auf und kulminiert um $3^h06^m$. Ihre Kulmination erfolgt am 15. um $2^h09^m$ und am 31. schon um $0^h57^m$. Ihre Opposition zur Sonne steht kurz bevor.

## JUPITERMONDE

| Tag | MEZ | | Vorgang |
|---|---|---|---|
| | h m | | |
| 20. | 21 04 | II | SA |
| | 21 49 | II | DA |
| | 23 23 | II | SE |
| 21. | 0 01 | II | DE |
| | 3 59 | I | VA |
| 22. | 1 07 | I | SA |
| | 1 27 | I | DA |
| | 3 17 | I | SE |
| | 3 36 | I | DE |
| | 22 28 | I | VA |
| 23. | 0 54 | I | BE |
| | 19 36 | I | SA |
| | 19 53 | I | DA |
| | 20 49 | III | VA |
| | 21 46 | I | SE |
| | 22 02 | I | DE |
| | 23 16 | III | BE |
| 24. | 19 20 | I | BE |
| 26. | 4 35 | II | VA |
| 27. | 23 39 | II | SA |
| 28. | 0 03 | II | DA |
| | 1 59 | II | SE |
| | 2 15 | II | DE |
| 29. | 3 02 | I | SA |
| | 3 11 | I | DA |
| | 5 12 | I | SE |
| | 5 19 | I | DE |
| | 20 25 | II | BE |
| 30. | 0 22 | I | VA |
| | 2 37 | I | BE |
| | 21 31 | I | SA |
| | 21 37 | I | DA |
| | 23 41 | I | SE |
| | 23 45 | I | DE |
| 31. | 0 51 | III | VA |
| | 2 36 | III | VE |
| | 18 51 | I | VA |
| | 21 03 | I | BE |

## PERIODISCHE STERN-SCHNUPPENSTRÖME

Die **DELTA-DRACONIDEN**, auch **OKTOBER-DRACONIDEN** genannt, sind ein temporärer Strom, deren Radiant im Sternbild des Drachen, etwa 3° östlich von γ Draconis liegt. Die Oktober-Draconiden führen ihren

**OKTOBER 2023** — **Fixsternhimmel**

Ursprung auf den Kometen 21P/Giacobini-Zinner zurück, weshalb dieser Meteorstrom auch **GIACOBINIDEN** heißt. Vom 6. bis 10. Oktober passiert die Erde relativ nahe den absteigenden Knoten der Bahn des Kometen 21P. Seine Umlaufzeit beträgt 6,5 Jahre. Da die Trümmerwolke schon recht langgezogen ist und die Meteoroide sich entlang der Bahn verteilt haben, ist mit Überraschungen zu rechnen. Die Meteorhäufigkeit schwankt von Jahr zu Jahr erheblich. Das Maximum wird in diesem Jahr am 9. Oktober erwartet. Hohe Raten wurden in den Jahren 2011 (ZHR 400), 2012 mit vor allem lichtschwachen Meteoren sowie 2018 (ZHR 100) beobachtet. Die Eintauchgeschwindigkeiten in die Erdatmosphäre sind mit 21 Kilometer pro Sekunde nicht übermäßig groß. Da der Radiant abends am höchsten steht und Mondlicht stört, sind die Bedingungen zur Beobachtung dieser langsam in die Atmosphäre eintretenden Meteore eher ungünstig.

Von Anfang Oktober bis in die erste Novemberwoche sind die **ORIONIDEN** aktiv, deren Ursprung auf den Halleyschen Kometen deutet. Mit dem Maximum ist am 22. Oktober zu rechnen, wobei etwa 25 bis 30 Meteore pro Stunde zu erwarten sind. Die Frequenz ist von Jahr zu Jahr verschieden. In den Jahren 2006 bis 2009 passierte die Erde die durch Jupiters Einfluss verschobene Trümmerwolke. Im Oktober 2008 boten die Orioniden im Maximum sogar eine Rate von 70 Sternschnuppen pro Stunde. Die beste Beobachtungszeit: Mitternacht bis 5$^h$ morgens. Der Radiant liegt etwa 10° nordöstlich von Beteigeuze. Es handelt sich bei den Orioniden um sehr schnelle Objekte (um 65 Kilometer pro Sekunde).

Ferner seien die **EPSILON-GEMINIDEN** erwähnt, die vom 14. bis 27. Oktober lediglich zwei bis drei Meteore pro Stunde liefern. Das Maximum wird am 18. erwartet.

## Der Fixsternhimmel

Das Sommerdreieck steht zwar noch hoch im Südwesten und Deneb sieht man sogar zenitnah, dennoch macht sich nun der Herbst am abendlichen Sternenhimmel deutlich bemerkbar.

Um den Meridian und in der östlichen Himmelshälfte nehmen inzwischen die Herbstbilder ihren Platz ein. Im Zenit steht nun die Kassiopeia, das Himmels-W, während der Große Wagen tief am Nordhorizont in unterer Kulmination eben durch den Meridian rollt.

Das Sternenquadrat des Pegasus hat bereits den Meridian erreicht. Dieses markante Sternenviereck ist leicht zu entdecken. Wie das Sommerdreieck oder das Wintersechseck gehört das Pegasusquadrat zu den Figuren, die die Jahreszeit am gestirnten Firmament charakterisieren. Deshalb nennt man es auch Herbstviereck. Der Pegasus gilt als Leitsternbild des Herbsthimmels.

Der klassischen Sage nach ist der Pegasus ein geflügeltes Pferd, das dem sterbenden Leib der grauenvollen Medusa entsprungen ist. Der Pegasus soll den Poeten zu ihren fantasiereichen Gedankenflügen verhelfen.

Etwa auf der Linie Enif ($\varepsilon$ Pegasi) – Atair stößt man auf das kleine, aber markante Sternbild Delphin. Noch kleiner und recht unscheinbar ist das Füllen (lat.: Equuleus). Es liegt zwischen Enif und dem Delphin. Es ist das

### VERÄNDERLICHE STERNE

| Algol-Minima | | β-Lyrae-Minima | | δ-Cepheï-Maxima | | Mira-Helligkeit | |
|---|---|---|---|---|---|---|---|
| 10. | 4$^h$23$^m$ | 6. | 15$^h$ H | 6. | 4$^h$ | 1. | 7$^m$ |
| 13. | 1 12 | 13. | 2 N | 11. | 13 | 10. | 7 |
| 15. | 22 00 | 19. | 14 H | 16. | 22 | 20. | 7 |
| 18. | 18 49 | 26. | 1 N | 22. | 7 | 31. | 8 |
| 30. | 6 04 | | | 27. | 16 | | |

# 10 Fixsternhimmel  OKTOBER 2023

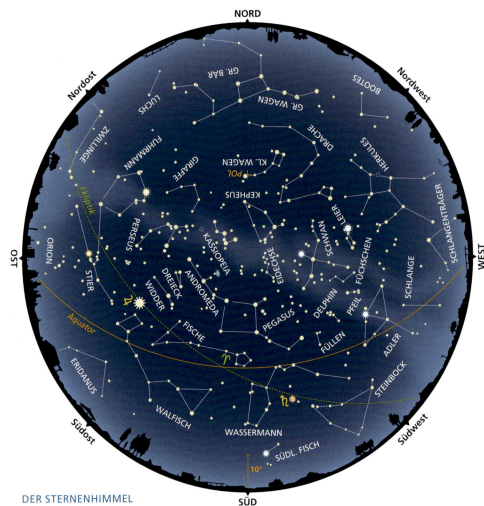

**DER STERNENHIMMEL
AM 15. OKTOBER UM 22ʰ MEZ**

| Die Sternkarte ist auch gültig für: | | |
|---|---|---|
|  | MEZ | MESZ |
| 1. 8. | 3ʰ | 4ʰ |
| 15. 8. | 2 | 3 |
| 1. 9. | 1 | 2 |
| 15. 9. | 0 | 1 |
| **1.10.** | **23** | **24** |
| **15.10.** | **22** | **23** |
| 31.10. | 21 | |
| 15.11. | 20 | |
| 30.11. | 19 | |
| 15.12. | 18 | |

zweitkleinste Sternbild und setzt sich nur aus Sternen 4. Größe und schwächer zusammen. Der Sage nach soll der flinke Götterbote Hermes das Füllen dem Knaben Kastor, dem sterblichen Zwillingsbruder von Pollux, zum Geschenk gemacht haben.

Die vier Sterne des Pegasusquadrats heißen Markab (α Pegasi), Scheat (β Pegasi), Algenib (γ Pegasi) und Sirrah, wobei Sirrah selbst eigentlich nicht mehr zum Pegasus gehört, sondern schon der erste Stern der Andromedakette, nämlich α Andromedae, ist. Scheat ist übrigens einer der größten Sterne, die wir kennen. Diese tiefrote Riesensonne, die von uns 200 Lichtjahre entfernt ist, übertrifft unsere Sonne 160-mal an Durchmesser. Stünde Scheat an Stelle unserer

218

**10.7** Vom Herbstviereck (Pegasusquadrat) ausgehend findet man schnell die Kassiopeia, den Polarstern, Deneb und Fomalhaut, Hauptstern des Sternbildes Südlicher Fisch.

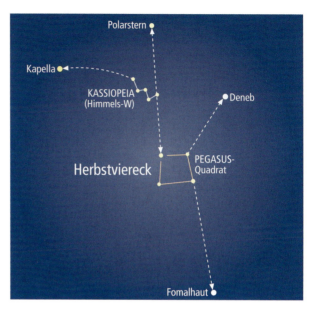

Sonne, so würde die Oberfläche dieses Sternes bis zur Venusbahn reichen.

Wer gute Augen und einen dunklen, mondlosen Nachthimmel hat, erkennt im Sternbild Andromeda ein wenig nördlich des Sternes Mirach (β Andromedae) ein kleines, nebliges Lichtfleckchen. Es handelt sich um den berühmten, großen Andromedanebel, unser nächstes, großes Milchstraßensystem (Katalogbezeichnung: M 31). Die Andromedagalaxie ist das fernste Himmelsobjekt, das man mit bloßen Augen erkennen kann. Dieses Milchstraßensystem ist 2,5 Millionen Lichtjahre von uns entfernt. Der Andromedanebel ist unsere Nachbarmilchstraße, denn die anderen großen Sternsysteme mit Ausnahme der Galaxie M 33 im Sternbild Dreieck (lat.: Triangulum) sind noch viel weiter von uns entfernt. Die Dreiecksgalaxie ist mit 2,7 Millionen Lichtjahren nur wenig weiter von uns entfernt als der Andromedanebel. Im Gegensatz zur Andromedagalaxie sieht man fast direkt von oben auf die prächtige Spirale von M 33.

Südlich der Andromeda stößt man auf das kleine Bild des Widders, der zum Tierkreis gehört. Im Wesentlichen markieren nur drei Sterne den Widder, die in einem stumpfwinkeligen Dreieck angeordnet sind. Der hellste Stern (α Arietis) heißt Hamal, was „Kopf des Widders" bedeutet. Hamal ist 66 Lichtjahre von uns entfernt. Der Widder wird gerade vom Riesenplaneten Jupiter besucht.

Auch denjenigen, die sich gar nicht am Sternenhimmel auskennen, ist der Widder zumindest dem Namen nach wohlvertraut. Denn er gehört zum Tierkreis, zu jenen Sternbildern also, durch die die Sonne im Laufe eines Jahres hindurch wandert, und zwar vom 19. April bis 14. Mai. Bei der Aufzählung der Tierkreissternbilder steht der Widder stets an erster Stelle. Dies rührt daher, weil vor mehr als 2000 Jahren der Frühlingspunkt im Sternbild Widder lag. Der Frühlingspunkt ist der Schnittpunkt der aufsteigenden Sonnenbahn mit dem Himmelsäquator. Passiert die Sonne den Frühlingspunkt, so überschreitet sie den Himmelsäquator und wechselt von der Süd- auf die Nordhalbkugel des Himmels. An dem Tag, an dem die Sonne den Himmelsäquator in Richtung Nord kreuzt, haben wir Tagundnachtgleiche. Der Frühlingspunkt bleibt aber nicht ortsfest unter den Sternen fixiert. Infolge der Kreiselbewegung der Erdachse, der sogenannten Präzession, wandert er entgegen dem Sonnenlauf, also von Ost nach West, in knapp 26 000 Jahren einmal durch den ganzen Tierkreis. Rund alle 2000 Jahre wechselt der Frühlingspunkt in ein neues Sternbild. Vom Jahre −1840 bis zum Jahr −70 lag er im Widder, ab da wechselte er in die Fische, und im Jahre 2610 wird er in den Wassermann treten. Auch wenn in unserer Zeit der

# 10 Fixsternhimmel

**OKTOBER 2023**

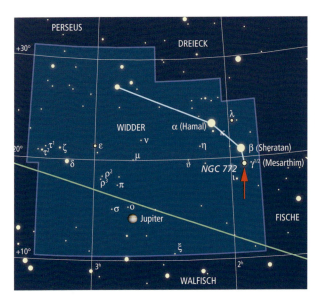

**10.8** Das Sternbild Widder (Aries) mit dem Doppelstern γ Arietis. Zwei weiße, fast gleich helle ($4^m_.5$ und $4^m_.6$) Komponenten (beides A-Sterne) stehen in $7''_.3$ Distanz voneinander. Eingetragen ist ferner die Position des Riesenplaneten Jupiter im Oktober 2023.

Frühlingspunkt im Sternbild Fische liegt, so sprechen wir dennoch vom Widderpunkt, wenn der Frühlingspunkt gemeint ist, der auch der Ursprung für die äquatorialen und ekliptikalen Himmelskoordinaten ist.

Zwischen Widder und Andromeda hat das kleine Sternbild Triangulum (lat., Dreieck) seinen Platz.

Östlich der Andromeda findet man ihren Retter, den Helden Perseus, mit seinem berühmten bedeckungsveränderlichen Stern Algol (β Perseï).

Im Südosten nimmt der Walfisch das Areal ein. Er ist kein Wal im Sinne der Zoologie und auch kein Fisch, sondern das Meeresungeheuer Cetus, das die Gestade Äthiopiens einst bedrohte und dem die Prinzessin Andromeda geopfert werden sollte. Im Walfisch steht auch der langperiodische Variable Mira (o Ceti). Von Mira trennen uns 300 Lichtjahre.

Die Termine der Helligkeitsminima von Algol und die variablen Helligkeiten von Mira sind aus der monatlichen Tabelle „Veränderliche Sterne" zu entnehmen.

Tief im Süden blinkt ein heller Stern, Fomalhaut (α Piscis Austrinus). Im Osten wiederum ist der Stier mit seinem roten Hauptstern Aldebaran und den beiden offenen Sternhaufen Hyaden und Plejaden aufgegangen.

**10.9** Die Spiralgalaxie NGC 772 im Sternbild Widder ist 35 Millionen Lichtjahre von uns entfernt. Aufnahme des Gemini-Observatoriums mit dem 8,1-m-Teleskop auf dem Mauna Kea, Hawaii.

# Wer oder was ist Laniakea?

10.10 Der Coma-Galaxienhaufen

Noch vor hundert Jahren war man sich nicht sicher, ob es außerhalb unseres Milchstraßensystems noch weitere Galaxien gibt, wie Milchstraßensysteme genannt werden. Das Nebelfleckchen im Sternbild Andromeda hielt man für eine Gaswolke in unserer Milchstraße. Erst Edwin Powell Hubble und seinem Kollegen Milton Humason gelang es in den Jahren 1924 bis 1928 mit dem 2,5-m-Hooker-Reflektor, dem damals größten Spiegelteleskop der Welt auf dem Mt.-Wilson-Observatorium in Kalifornien, die Randpartien des Andromedanebels in Einzelsterne aufzulösen. Damit wurde klar: M 31, so die Katalogbezeichnung für den Andromedanebel, ist eine Galaxie, ein Milchstraßensystem weit außerhalb unserer eigenen Milchstraße. Die Andromedagalaxie ist unsere Nachbarmilchstraße in 2,5 Millionen Lichtjahren Entfernung. Mit dem Hooker-Teleskop entdeckten Hubble und Humason Tausende Galaxien. Nicht nur das: je kleiner und lichtschwächer die Milchstraßensysteme erscheinen, desto größer ist die Rotverschiebung der Linien in ihren Spektren. Deutet man dies sinnvollerweise als Doppler-Effekt, so ergibt sich: Je weiter entfernt eine Galaxie ist, umso schneller entfernt sie sich von uns. Daraus folgt: Das Weltall dehnt sich aus, und wie man aus neuesten Beobachtungen weiß, sogar beschleunigt.

Was Hubble mit seinen Beobachtungen herausfand, hatte Georges Lemaître (1894–1966) aus den Lösungen der Feldgleichungen der Allgemeinen Relativitätstheorie berechnet: Das Universum muss expandieren. Seine Arbeiten blieben vielen Forschern lange unbekannt. Erst 2018 hat die IAU auf ihrer Generalversammlung in Wien beschlossen, das Hubble-Gesetz vom auseinanderfliegenden Kosmos in Hubble-Lemaître-Gesetz umzubenennen.

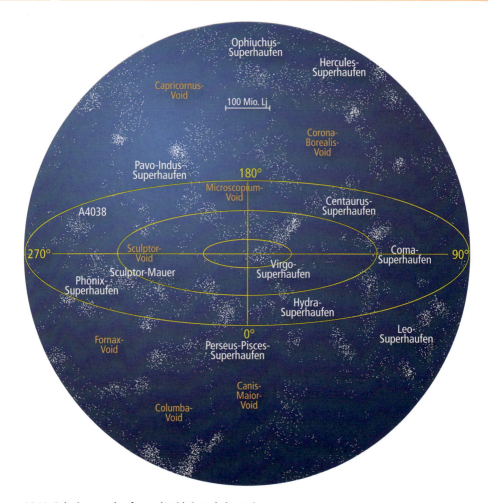

10.11 Galaxiensuperhaufen und Voids im Lokalen Universum

### Galaxien bilden Gruppen

Die Galaxien zeigen eine Tendenz zur Haufenbildung. Unsere Milchstraße, die Galaxis, die Andromedagalaxie, die Triangulumgalaxie im Sternbild Dreieck, Maffei 1 sowie rund fünf Dutzend Zwerggalaxien bilden einen Haufen, den man Lokale Milchstraßengruppe oder kurz Lokale Gruppe nennt. In Richtung des Sternbildes Jungfrau befindet sich ein sehr großer Galaxienhaufen, der Virgohaufen, mit mehr als 2500 großen Galaxien. Die Lokale Gruppe, der Jungfrauhaufen sowie zahlreiche weitere Galaxienhaufen bilden den Virgo-Superhaufen mit einem Durchmesser von 150 Millionen Lichtjahren.

Bis zu einer Entfernung von einer Milliarde Lichtjahren beobachtet man Dutzende solcher Galaxien-Superhaufen. Sie werden nach den Sternbildern benannt, in deren Richtung sie zu finden sind, wie Coma-, Centaurus-, Herkules- oder Sculptor-Supercluster. „Cluster" ist die englische Bezeichnung für Haufen. Die Galaxien-Superhaufen bilden riesige Mauern oder Wände (engl.: walls), die ungeheuer große Leerräume, sogenannte Voids, umschließen. In den Voids gibt es kaum Galaxien.

Auf sehr großen Raumskalen von Hunderten Millionen Lichtjahren zeigt das Universum somit eine honigwabenartige Struktur, deren Keim bereits in den ersten Bruchteilen einer Sekunde nach dem Urknall gelegt wurde.

Die Expansion des Kosmos macht sich erst ab einer Skalengröße von 300 Millionen Lichtjahren richtig bemerkbar. Unsere Lokale Gruppe mit einem Durchmesser von vier Millionen Lichtjahren wird durch die Gravitation zusammengehalten und expandiert nicht.

Die Galaxienhaufen im „lokalen Universum", das bis etwa 500 Millionen Lichtjahren reicht, entfernen sich langsamer voneinander, als es der Hubble-Expansionsrate entsprechen würde, deren Wert etwa 70 km/(s × Mpc) beträgt. Mpc steht für Megaparsec, einer Entfernungseinheit im intergalaktischen Raum. Ein Mpc = 3 260 000 Lichtjahre oder $3{,}085 \times 10^{19}$ Kilometer.

Teils nähern sich Galaxienhaufen gravitationsbedingt sogar einander. So bewegt sich die Lokale Gruppe mit 185 km/s auf den Virgohaufen in 60 Millionen Lichtjahren Entfernung zu.

Innerhalb der Milchstraßenhaufen zeigen die Galaxien Pekuliarbewegungen, das heißt, die

**10.12** Der Laniakea-Galaxienstrom umfasst mehrere Galaxiensuperhaufen.

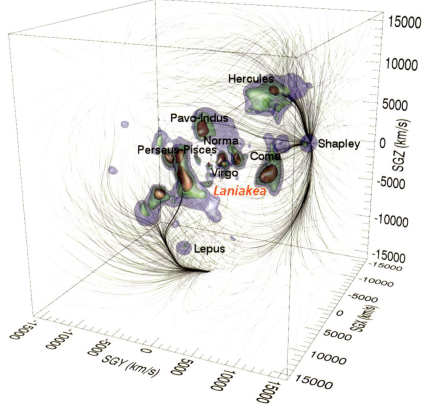

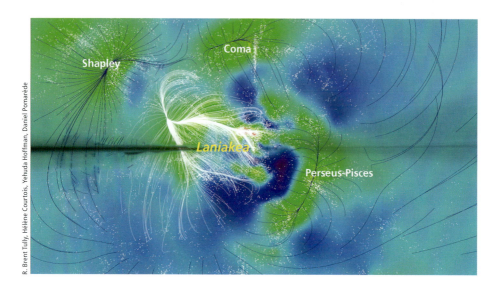

**10.13** Schnitt durch den Laniakea-Supercluster und die benachbarten Galaxienhaufen Shapley und Perseus-Pisces. Rot: hohe Galaxienhaufendichte, dunkelblau: kosmische Voids. Unsere Milchstraße liegt im Zentrum. Weiße Linien: Strömungen von Galaxienhaufen in Laniakea, blaue Linien: Strömungen anderer Galaxienhaufen.

Haufenmitglieder schwirren umher wie Mücken in einem Schwarm. So, dachte man, verhalten sich auch die Superhaufen. Doch dem ist nicht so. Die Superhaufen strömen meistens gemeinsam in Richtung größerer Strukturen, die mit ihrer Schwerkraft die Superhaufen anziehen. Eine solche Struktur ist beispielsweise der „Große Attraktor", eine Wand von Galaxienhaufen in der Nachbarschaft der Centaurus-, Hydra- und Norma-Superhaufen in 160 Millionen Lichtjahren Entfernung.

## Ein kosmischer Fluss von Galaxien

Andererseits beeinflusst ein der Lokalen Gruppe nahestehender Leerraum (Void) durch seine fehlende Anziehung ebenfalls ihre Wanderung in Richtung des Großen Attraktors. Denn die fehlenden Galaxien im Void fördern die Strömung weg vom Leerraum, weshalb man auch vom Dipol-Repeller (Dipol-Abstoßer) spricht.

Auch die Lokale Gruppe und der Virgo-Haufen zeigen einen gemeinsamen Fluss, der nicht nur die beiden Galaxienhaufen umfasst, sondern den gesamten Virgo-Superhaufen.

Ein Astronomenteam um Brent Tully vom Astronomischen Institut der Universität Hawaii in Honolulu und Hélène Courtois vom Institute de Physique Nucléaire der Universität von Lyon (Frankreich) haben in den letzten zehn Jahren von tausenden Galaxien die Radialgeschwindigkeiten gemessen und dabei entdeckt, dass der Virgo-Superhaufen gemeinsam mit anderen Superhaufen in einem kosmischen Fluss (cosmic flow) eingebunden ist. Das Team konnte nachweisen, dass der Virgo-Superhaufen gemeinsam mit den Superhaufen Hydra-Centaurus, Pavo-Indus und dem Southern Super Cluster eine riesige gemeinsame Struktur bilden. Sie zeigt eine Längsausdehnung von 160 Mpc (= 520 Millionen Lichtjahre), enthält dreizehn Abell-Clusters inklusive des Virgoclusters mit insgesamt über 100 000 Galaxien und einer Masse von $10^{17}$ Sonnenmassen. Es handelt sich gewissermaßen um einen Super-Supergalaxienhaufen.

Um dies zu erkennen, waren nicht nur umfangreiche Beobachtungen erforderlich, sondern auch aufwändige Kalkulationen, um aus den Beobachtungsdaten sowohl die allgemeine kosmische Expansion als auch die diversen Pekuliarbewegungen herauszurechnen und damit den gemeinsamen Fluss der Galaxienhaufen zu ermitteln. Erschwerend kommt hinzu, dass nur eine Bewegungskomponente, nämlich die Radialgeschwindigkeit, gemessen werden konnte. Die Eigenbewegungen der Galaxien (rechtwinklig zum Visionsradius beziehungsweise der Sichtlinie) lassen sich nicht beobachten. Dazu sind die Entfernungen viel zu groß beziehungsweise die Zeitspanne der einzelnen Beobachtungen ist viel zu kurz.

Auf Vorschlag von Brent Tully beschloss das Team, diesen gigantischen Super-Supergalaxienhaufen „Laniakea" zu taufen. In der indigenen Sprache der Ureinwohner Hawaiis, die von den polynesischen Seefahrern abstammen, heißt „lani" Himmel und „akea" so viel wie ausgedehnt, unermesslich grenzenlos. Laniakea bedeutet somit „unermesslicher Himmel" – eine Hommage an das Volk der Polynesier. Inzwischen hat die IAU diesen Namen offiziell anerkannt.

Zu den Nachbarn von Laniakea zählen die Superhaufen Shapley, Herkules, Coma und Perseus-Pisces.

## Aufwändige Messmethoden

Nicht nur die Messung der Radialgeschwindigkeiten ist unglaublich diffizil: Aus lichtschwachen, hundert Millionen und mehr Lichtjahre weit entfernten Galaxien Spektren zu erhalten, stellt eine ungeheure Anforderung an die Beobachtungstechnik. Auch die Entfernungsbestimmung der Galaxien ist eine besondere Herausforderung. Denn die kosmologische Rotverschiebung lässt im lokalen Universum kaum eine sichere Entfernungsbestimmung zu. Bis 1,3 Milliarden Lichtjahre Distanz beträgt die Rotverschiebung gerade mal z = 0,1. Das Tully-Fisher-Verfahren versagt hier mangels radioastronomischer Daten (zumindest heute noch). Das Team

10.14 Hélène Courtois (*1970) erforscht die großräumige Struktur des Universums.

nutzte daher die Faber-Jackson-Methode zur Entfernungsbestimmung (nach Sandra Faber und Robert Jackson). Aus der Geschwindigkeitsdispersion ($\sigma$) der Sterne im Zentrum einer elliptischen Galaxie lässt sich auf ihre absolute Leuchtkraft (L) schließen (L ~ $\sigma^4$). Und aus der gemessenen scheinbaren Helligkeit m ergibt sich der Entfernungsmodul m – M. Die meisten großen Galaxienhaufen haben in ihren Zentren riesige elliptische Galaxien als Verschmelzungsprodukte von Spiralgalaxien. Sandra Faber und ihre Mitstreiter wurden einst spöttisch als „die sieben Samurai" bezeichnet, weil man meinte, ihre vorgeschlagene Methode würde erfolglos bleiben.

All diese Probleme und ihre Lösungen sowie die erfolgreichen Beobachtungstechniken beschreibt Hélène Courtois ausführlich in ihrem Buch *Voyage sur les flots de galaxies – Laniakea, et au-delà* (deutsche Ausgabe: *Von der Vermessung des Kosmos*, erschienen im Kosmos-Verlag, Stuttgart, 2021).

# 11 Himmelskalender

**NOVEMBER 2023**

## November 2023

- Venus bleibt auffälliger Morgenstern.
- Mars wird am 18. von der Sonne eingeholt und steht in Konjunktion mit ihr am Taghimmel.
- Jupiter kommt am 3. in Opposition zur Sonne und beherrscht den Nachthimmel, bis Venus ihn am Morgenhimmel übertrumpft.
- Saturn ist Planet der ersten Nachthälfte.
- Merkur bleibt unbeobachtbar.

**Großer Wagen und Himmels-W Anfang November um 22 Uhr MEZ**

11.1 Anblick des Osthimmels am 25. November gegen 18$^h$ MEZ. Zu Jupiter gesellt sich der fast volle Mond.

**NOVEMBER 2023** — Himmelskalender **11**

| | | |
|---|---|---|
| | 1 Mi | Allerheiligen |
| | 2 Do | |
| | 3 Fr | Mond bei Pollux – Mitternacht<br>Jupiter in Opposition – ganze Nacht |
| | 4 Sa | |
| | 5 So | Letztes Viertel |
| | 6 Mo | |
| | 7 Di | |
| | 8 Mi | |
| | 9 Do | Mond bedeckt Venus – Vormittag |
| | 10 Fr | |
| | 11 Sa | |
| | 12 So | |
| | 13 Mo | Neumond |
| | 14 Di | |
| | 15 Mi | |
| | 16 Do | |
| | 17 Fr | |
| | 18 Sa | |
| | 19 So | |
| | 20 Mo | Erstes Viertel<br>Mond bei Saturn – abends |
| | 21 Di | |
| | 22 Mi | Buß- und Bettag |
| | 23 Do | |
| | 24 Fr | |
| | 25 Sa | Mond bei Jupiter – morgens und abends |
| | 26 So | Totensonntag |
| | 27 Mo | Vollmond |
| | 28 Di | |
| | 29 Mi | |
| | 30 Do | Venus bei Spica – morgens |

# 11 Sonnenlauf

**NOVEMBER 2023**

## SONNE – STERNBILDER

**22. 11. 15ʰ:**
Sonne tritt in das Tierkreiszeichen Schütze
**23. 11. 24ʰ:**
Sonne tritt in das Sternbild Skorpion
**30. 11. 12ʰ:**
Sonne tritt in das Sternbild Schlangenträger

**Julianisches Datum am**
1. November, 1ʰ MEZ: 2 460 249,5

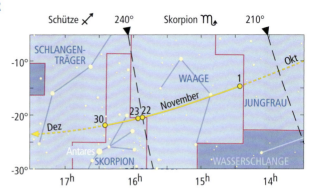

## SONNENLAUF

| Tag | Dämmerg. Anfang | Aufgang MEZ | Kulmi- nation | Untergang MEZ | Dämmerg. Ende | Mittags- höhe | Zeit- gleichg. | Rektas- zension | Dekli- nation |
|---|---|---|---|---|---|---|---|---|---|
| | h m | h m | h m | h m | h m | ° | m | h m | ° |
| 1. | 5 57 | 7 09 | 12 04 | 16 57 | 18 09 | 25,6 | +16 | 14 22 | −14,2 |
| 5. | 6 03 | 7 16 | 12 04 | 16 51 | 18 04 | 24,3 | +16 | 14 38 | −15,4 |
| 10. | 6 10 | 7 24 | 12 04 | 16 43 | 17 57 | 22,9 | +16 | 14 58 | −16,9 |
| 15. | 6 17 | 7 32 | 12 05 | 16 36 | 17 51 | 21,5 | +15 | 15 18 | −18,3 |
| 20. | 6 24 | 7 40 | 12 06 | 16 30 | 17 46 | 20,3 | +14 | 15 39 | −19,5 |
| 25. | 6 31 | 7 48 | 12 07 | 16 26 | 17 43 | 19,3 | +13 | 16 00 | −20,6 |
| 30. | 6 37 | 7 55 | 12 09 | 16 22 | 17 40 | 18,4 | +11 | 16 21 | −21,5 |

## TAGES- UND NACHTSTUNDEN

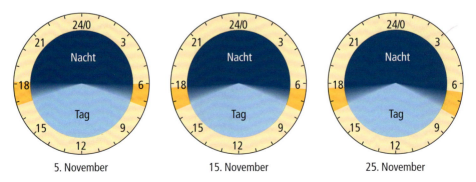

5. November    15. November    25. November

**NOVEMBER 2023**

# Mondlauf 11

## MONDLAUF

| Datum | Aufg. MEZ | Kulmi-nation | Unterg. MEZ | Rektas-zension | Dekli-nation | Sterne und Sternbilder | Phase | MEZ |
|---|---|---|---|---|---|---|---|---|
| | h m | h m | h m | h m | ° | | | |
| Mi 1. | 18 51 | 2 52 | 11 47 | 5 06 | +27,1 | Stier, Alnath | | |
| Do 2. | 19 47 | 3 48 | 12 46 | 6 05 | +28,3 | Fuhrmann | | |
| Fr 3. | 20 52 | 4 43 | 13 31 | 7 02 | +27,9 | Zwillinge | Größte Nordbreite | |
| Sa 4. | 22 03 | 5 35 | 14 03 | 7 56 | +26,1 | Pollux | | |
| So 5. | 23 15 | 6 23 | 14 27 | 8 48 | +23,2 | Krebs, Krippe | **Letztes Viertel** | 9h 37m |
| Mo 6. | – | 7 08 | 14 44 | 9 36 | +19,3 | Löwe | Erdferne 405/29,5 | 23h |
| Di 7. | 0 26 | 7 50 | 14 59 | 10 21 | +14,7 | Löwe, Regulus | | |
| Mi 8. | 1 35 | 8 31 | 15 11 | 11 05 | + 9,6 | * Löwe | | |
| Do 9. | 2 44 | 9 11 | 15 23 | 11 48 | + 4,1 | * Jungfrau | | |
| Fr 10. | 3 53 | 9 51 | 15 34 | 12 31 | – 1,6 | Jungfrau | | |
| Sa 11. | 5 05 | 10 32 | 15 47 | 13 14 | – 7,4 | Spica | Absteigender Knoten | |
| So 12. | 6 19 | 11 17 | 16 03 | 14 00 | –13,0 | Jungfrau | | |
| Mo 13. | 7 37 | 12 05 | 16 22 | 14 49 | –18,2 | Waage | **Neumond Nr. 1248** Libration Ost | 10h 27m |
| Di 14. | 8 58 | 12 57 | 16 50 | 15 42 | –22,6 | Waage | | |
| Mi 15. | 10 16 | 13 54 | 17 28 | 16 38 | –26,0 | Antares | | |
| Do 16. | 11 26 | 14 55 | 18 23 | 17 39 | –27,9 | Schlangenträger | | |
| Fr 17. | 12 22 | 15 56 | 19 33 | 18 41 | –28,1 | * Schütze, Nunki | | |
| Sa 18. | 13 03 | 16 55 | 20 55 | 19 43 | –26,6 | Schütze | Größte Südbreite | |
| So 19. | 13 32 | 17 51 | 22 21 | 20 43 | –23,4 | * Steinbock | | |
| Mo 20. | 13 54 | 18 44 | 23 47 | 21 40 | –18,8 | Steinbock | **Erstes Viertel** | 11h 50m |
| Di 21. | 14 11 | 19 34 | – | 22 34 | –13,2 | * Wassermann | Erdnähe 370/32,3 | 22h |
| Mi 22. | 14 26 | 20 22 | 1 11 | 23 26 | – 6,9 | Wassermann | | |
| Do 23. | 14 40 | 21 09 | 2 34 | 0 16 | – 0,3 | Fische | | |
| Fr 24. | 14 55 | 21 58 | 3 57 | 1 06 | + 6,4 | * Fische | Aufsteigender Knoten | |
| Sa 25. | 15 12 | 22 48 | 5 20 | 1 57 | +12,7 | Widder | | |
| So 26. | 15 34 | 23 41 | 6 44 | 2 50 | +18,3 | Widder | | |
| Mo 27. | 16 02 | – | 8 08 | 3 45 | +22,9 | Stier, Plejaden | **Vollmond** Libration West | 10h 16m |
| Di 28. | 16 41 | 0 37 | 9 26 | 4 43 | +26,2 | Stier | | |
| Mi 29. | 17 32 | 1 34 | 10 32 | 5 42 | +27,9 | * Stier, Alnath | | |
| Do 30. | 18 35 | 2 30 | 11 24 | 6 40 | +28,1 | Zwillinge | | |

## DER MOND NÄHERT SICH VENUS

# 11 Planetenlauf
### NOVEMBER 2023

**MERKUR** stand im letzten Drittel des Vormonats in oberer Konjunktion mit der Sonne. Bis Ende November wächst seine östliche Elongation auf knapp 21° an. Wegen seiner extrem südlichen Position im Tierkreis bietet der flinke Planet keine Abendsichtbarkeit. Merkur bleibt im November unbeobachtbar. Am 16. passiert er 3° nördlich Antares, den rötlichen Riesenstern im Skorpion, was uns ebenfalls entgeht.

Am 6. wandert Merkur abermals durch das Aphel seiner elliptischen Bahn. An diesem Tag beträgt seine Sonnenentfernung 69,8 Millionen Kilometer (= 0,467 AE).

**11.2 Konjunktionsschleife von Merkur in den Sternbildern Schlangenträger und Schütze.**

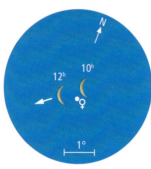

**11.3 Bedeckung von Venus durch den Mond am 9. November am Taghimmel.**

**VENUS** bleibt auffälliger Morgenstern, ihre Aufgänge verspäten sich aber um eine Stunde. Am 1. geht Venus um $2^h51^m$ auf, am 15. um $3^h17^m$ und am 30. erst um $3^h52^m$. Allerdings geht auch die Sonne immer später auf. Die Venushelligkeit nimmt leicht um $0^m,2$ auf $-4^m,2$ ab.

Am 2. verlässt der Morgenstern den Löwen und wechselt in das Sternbild Jungfrau. Am 8. passiert Venus 1°,1 nördlich den Herbstpunkt, der auch den Beginn des Tierkreiszeichens Waage markiert. Am 11. wandert sie etwa ein Grad südlich an Porrima ($\gamma$ Virginis) vorbei. Sie steuert auf Spica, den Jungfrauhauptstern ($\alpha$ Virginis), zu und zieht an ihm am Monatsende 4°,2 nordöstlich vorbei (siehe Abb. 6.2 auf Seite 134).

Am 9. kommt es zu einer Begegnung mit der abnehmenden Mondsichel. Dabei bedeckt der Erdtrabant die strahlende Venus zwischen $10^h$ und $12^h$ vormittags (siehe auch Tabelle „Sternbedeckungen" auf Seite 290 und Abb. 11.3 links oben).

Im Teleskop erscheint Venus immer kleiner und rundlicher. Ihr scheinbarer Durchmesser schrumpft von 22″ auf 17″ im Laufe des Novembers. Der beleuchtete Teil des Venusscheibchens nimmt bis Ende November von 55 % auf 68 % zu.

Am 28. passiert Venus ihr Bahnperihel, wobei sie bis auf 107,5 Millionen Kilometer, das

# NOVEMBER 2023 — Planetenlauf 11

sind 0,718 AE, an die Sonne herankommt.

**MARS** kommt am 18. im Sternbild Waage in Konjunktion mit der Sonne. Bereits am 6. passiert er den absteigenden Knoten seiner um 1°,8 zur Ekliptik geneigten Bahn. Somit wird er von der Sonne bedeckt. Damit wird auch der Funkverkehr der Marssonden mit der Erde unterbrochen.

Zur Konjunktion trennen Mars 378 Millionen Kilometer (= 2,527 AE) von der Erde. Infolge der elliptischen Bahnen von Erde und Mars wird die größte Erddistanz mit 381 Millionen Kilometer (= 2,547 AE) schon am 31. Oktober erreicht. Von der Sonne ist Mars am Tag der Konjunktion 230 Millionen Kilometer (= 1,537 AE) entfernt.

**JUPITER** kommt am 3. im Sternbild Widder in **Opposition** zur Sonne. Der Riesenplanet ist somit die ganze Nacht über am Firmament vertreten und erreicht mit −2$^m$,9 seine maximale Helligkeit in diesem Jahr. Er zieht weiter rückläufig seine Oppositionsschleife im Tierkreis (siehe Abb. 11.4 unten).

Am Tag der Opposition geht Jupiter um 16$^h$52$^m$ auf und kulminiert in der Oppositionsnacht um 0$^h$03$^m$. Am Morgen geht er dann um 7$^h$12$^m$ unter. Bis Monatsende verfrühen sich die Jupiteruntergänge auf 5$^h$12$^m$.

Seine geringste Entfernung von der Erde erreicht Jupiter bereits am 1. um 22$^h$ mit 596 Millionen Kilometer (= 3,98 AE). Er ist damit knapp viermal weiter von uns entfernt als die Sonne.

Das Licht benötigt 33 Minuten, um von Jupiter zur Erde zu gelangen. Von der Sonne ist Jupiter 744 Millionen Kilometer (= 4,97 AE) entfernt.

Im Teleskop zeigt Jupiter ein ovales Planetenscheibchen. Wegen seiner raschen Rotation ist der Jupiterglobus erheblich abgeplattet. Der scheinbare Äquatordurchmesser beträgt um die Oppositionszeit 49″,5, der Poldurchmesser jedoch nur 46″,3. Daraus folgt eine Abplattung von 1:16.

Schon in kleineren Fernrohren sieht man die Wolkenstreifen auf Jupiter sowie den Großen Roten Fleck (GRF). In den letzten Jahren ist er allerdings zunehmend geschrumpft. Er sieht ein wenig rötlich aus, richtig rot ist er aber nicht.

**11.4** Die scheinbare Bahn von Jupiter im Gebiet der Sternbilder Fische und Widder im Jahr 2023. Die Zahlen geben die Planetenposition zum jeweiligen Monatsbeginn an (5 = 1. Mai). Eingetragen ist auch die Lage der Uranusbahn.

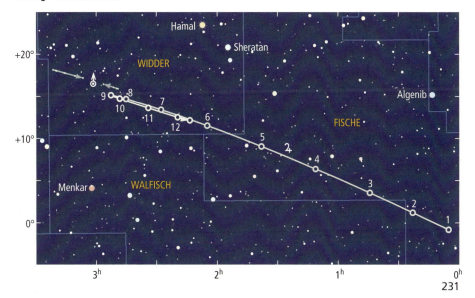

# 11 Planetenlauf
**NOVEMBER 2023**

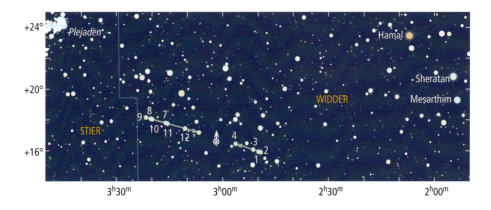

**11.5** Die scheinbare Bahn von Uranus vom 1. Januar bis Anfang April und vom 1. August bis Jahresende 2023 im Sternbild Widder.

Am 25. gesellt sich der fast volle Mond zu Jupiter (siehe Abb. 11.1 auf Seite 226).

**SATURN** wird am 4. im Sternbild Wassermann stationär und ist anschließend wieder rechtläufig. Mit seinem zweiten Stillstand in diesem Jahr beendet er seine Oppositionsperiode. Dies wird auch am merkbaren Rückgang der Saturnhelligkeit von $0^m\!.7$ auf $0^m\!.9$ deutlich.

Saturn verlegt seine Untergänge in die Zeit vor Mitternacht. Am 1. sinkt er um $0^h53^m$ unter die westliche Horizontlinie und am 15. um $23^h55^m$. Am Monatsletzten geht der Ringplanet bereits um $22^h59^m$ unter.

Der Mond kommt auf seiner monatlichen Runde am 20. nachmittags an Saturn vorbei. Wenn es abends dunkel genug geworden ist, um Saturn zu erkennen, hat sich der zunehmende Halbmond bereits etwas vom Ringplaneten entfernt.

**URANUS**, rückläufig im Sternbild Widder, kommt am 13. in **Opposition** zur Sonne. In der Oppositionsnacht geht der $5^m\!.6$ helle Uranus um $16^h31^m$ auf, passiert um $0^h04^m$ den Meridian und geht am nächsten Morgen um $7^h36^m$ unter. Damit ist Uranus die gesamte Nacht über dem Horizont vertreten. Allerdings ist er erst eine Stunde nach Aufgang beobachtbar. Ebenso bleibt er in der letzten Stunde vor Untergang in der Regel jeweils nicht mehr auffindbar.

Bis Monatsende verfrühen sich die Uranusuntergänge auf

## KONSTELLATIONEN UND EREIGNISSE

| Datum | MEZ | Ereignis |
|---|---|---|
| 3. | $6^h$ | **Jupiter in Opposition** zur Sonne |
| 4. | 18 | Saturn im Stillstand, anschließend rechtläufig |
| 6. | 19 | Merkur im Aphel |
| 9. | 10 | **Mond bei Venus**, Mond $1°\!.0$ nördlich, |
|   |   | Abstand $1°\!.5$ um $7^h$ und $0°\!.2$ um $11^h$ – **Bedeckung!** |
| 13. | 15 | Mond bei Mars, Mond $2°\!.5$ südlich |
| 13. | 18 | **Uranus in Opposition** zur Sonne |
| 14. | 16 | Mond bei Merkur, Mond $1°\!.7$ südlich |
| 18. | 7 | Mars in Konjunktion mit der Sonne |
| 20. | 15 | **Mond bei Saturn**, Mond $2°\!.7$ südlich, |
|   |   | Abstand $3°\!.4$ um $18^h$ |
| 22. | 9 | Mond bei Neptun, Mond $1°\!.5$ südlich |
| 25. | 12 | **Mond bei Jupiter**, Mond $2°\!.8$ nördlich, |
|   |   | Abstand $4°\!.5$ um $5^h$ und $4°\!.5$ um $17^h$ |
| 26. | 10 | Mond bei Uranus, Mond $2°\!.8$ nördlich |
| 28. | 13 | Venus im Perihel |

# NOVEMBER 2023 — Planetenlauf 11

## JUPITERMONDE

| Tag | MEZ h m | Mond | Vorgang |
|---|---|---|---|
| 4. | 2 15 | II | SA |
| | 2 15 | II | DA |
| | 4 28 | II | DE |
| | 4 34 | II | SE |
| 5. | 20 26 | II | BA |
| | 22 53 | II | VE |
| 6. | 2 12 | I | BA |
| | 23 20 | I | DA |
| | 23 26 | I | SA |
| 7. | 1 29 | I | DE |
| | 1 36 | I | SE |
| | 20 38 | I | BA |
| | 22 55 | I | VE |
| 8. | 19 55 | I | DE |
| | 20 05 | I | SE |
| 10. | 18 31 | III | DA |
| | 19 02 | III | SA |
| | 19 37 | III | DE |
| | 20 44 | III | SE |
| 12. | 22 41 | II | BA |
| 13. | 1 31 | II | VE |
| 14. | 1 04 | I | DA |
| | 1 21 | I | SA |
| | 3 13 | I | DE |
| | 3 31 | I | SE |
| | 18 08 | II | SA |
| | 19 49 | II | DE |
| | 20 28 | II | SE |
| | 22 22 | I | BA |
| 15. | 0 50 | I | VE |
| | 19 30 | I | DA |
| | 19 50 | I | SA |
| | 21 39 | I | DE |
| | 22 00 | I | SE |
| 16. | 19 19 | I | VE |
| 17. | 21 44 | III | DA |
| | 22 57 | III | DE |
| | 23 04 | III | SA |
| 18. | 0 45 | III | SE |
| 20. | 0 56 | II | BA |
| 21. | 19 49 | II | DA |
| | 20 44 | II | SA |

Io I 4$^m$.9
Europa II 5$^m$.2
Ganymed III 4$^m$.5
Kallisto IV 5$^m$.6

Japetus
5. 11$^m$.2
10. 11$^m$.0
15. 10$^m$.8
20. 10$^m$.7
25. 10$^m$.6
30. 10$^m$.7

Rhea 10$^m$.0  Dione 10$^m$.7
Titan 8$^m$.7
Tethys 10$^m$.6

# 11 Planetenlauf

**NOVEMBER 2023**

## JUPITERMONDE

| Tag | MEZ | | Vorgang |
|---|---|---|---|
| | h m | | |
| | 22 03 | II | DE |
| | 23 03 | II | SE |
| 22. | 0 06 | I | BA |
| | 2 45 | I | VE |
| | 21 15 | I | DA |
| | 21 45 | I | SA |
| | 23 24 | I | DE |
| | 23 55 | I | SE |
| 23. | 18 32 | I | BA |
| | 21 14 | I | VE |
| 24. | 17 50 | I | DE |
| | 18 24 | I | SE |
| 25. | 1 00 | III | DA |
| | 2 20 | III | DE |
| | 3 06 | III | SA |
| 28. | 18 38 | III | VE |
| | 22 04 | II | DA |
| | 23 20 | II | SA |
| 29. | 0 20 | II | DE |
| | 1 39 | II | SE |
| | 1 51 | I | BA |
| | 23 00 | I | DA |
| | 23 41 | I | SA |
| 30. | 1 10 | I | DE |
| | 1 51 | I | SE |
| | 20 06 | II | VE |
| | 20 17 | I | BA |
| | 23 09 | I | VE |

$6^h29^m$. Die Kulmination des grünlichen Planeten erfolgt am 30. schon um $22^h54^m$.

Im Teleskop zeigt sich ein winziges, grünliches Planetenscheibchen von nur $3''{.}8$ scheinbarem Durchmesser. Selbst in großen Teleskopen sind im sichtbaren Spektralbereich keine Oberflächendetails zu erkennen. Auch auf den Bildern, die die Raumsonde Voyager 2 im Januar 1986 zur Erde funkte, sind keinerlei Strukturen zu erkennen.

Zur Opposition beträgt die Distanz Uranus – Erde 2787 Millionen Kilometer (= 18,63 AE). Das Uranuslicht ist somit zwei Stunden und 35 Minuten zur Erde unterwegs. Von der Sonne trennen Uranus am Oppositionstag 2935 Millionen Kilometer (= 19,61 AE).

**NEPTUN** verzögert deutlich seine rückläufige Bewegung durch die Fische. Am 27. überschreitet er dann die Grenze zum Sternbild Wassermann (siehe Abb. 9.5 auf Seite 195). Da die Dunkelheit im Herbst immer früher einsetzt, kann Neptun noch am Abendhimmel mit lichtstarker Optik aufgefunden werden.

Der bläuliche Planet erreicht seine höchste Position im Süden zu Monatsbeginn um $21^h21^m$ und geht um $3^h13^m$ unter. Am 30. sinkt er bereits um $1^h17^m$ unter die westliche Horizontlinie, nachdem er schon um $19^h30^m$ am 29. den Meridian passiert hat. Die Neptunhelligkeit geht leicht auf $7^m{.}9$ zurück.

## PLANETOIDEN UND ZWERGPLANETEN

**VESTA** (4) wird am 3. im Ostteil der Zwillinge stationär und setzt zu ihrer Oppositionsschleife an. Anschließend wandert sie schneller werdend rückläufig durch die Zwillinge und tritt am 28. wieder in die Nordpartien des Orions ein (siehe Abb. 12.3 auf Seite 254). Die Vestahelligkeit nimmt deutlich von $7^m{.}5$ auf $6^m{.}8$ zu, die Opposition zur Sonne ist nicht mehr fern.

Der Vestaaufgang erfolgt am 1. um $20^h27^m$. Durch den Meridian geht sie dann um $4^h11^m$. Am 15. erreicht sie bei ihrer Kulmination um $3^h14^m$ eine Höhe von $59°{.}2$ über dem Südpunkt am Horizont. Am 30. geht Vesta um $18^h17^m$ auf und kulminiert um $2^h06^m$.

**METIS** – Planetoid Nr. 9 – wird am 12. im Sternbild Zwillinge stationär und ist anschließend rückläufig (siehe Abb. 12.3 auf Seite 254). In Opposition zur Sonne kommt sie am 22. Dezember. Sie steigert ihre Helligkeit von $9^m{.}7$ auf $9^m{.}0$ im Laufe des Monats. Am 1. kulminiert sie um $4^h10^m$, am 30. bereits um $2^h11^m$.

**MELPOMENE** (18), rückläufig im Eridanus, kommt am 6. um $4^h$ in **Opposition** zur Sonne. Ihre Oppositionshelligkeit erreicht $8^m{.}1$. Am Tag der Opposition geht sie um $18^h41^m$ auf, kulminiert in der Oppositionsnacht um $0^h24^m$ und geht am Morgen um $6^h07^m$ unter. Bis Ende November verfrüht sich ihre Kulmination auf $22^h32^m$, ihre Helligkeit sinkt auf $8^m{.}6$ ab. Die Aufsuchkarte Abb. 11.6 findet man auf der nächsten Seite.

Von der Sonne ist Melpomene am 6. November 273 Millionen Kilometer (= 1,82 AE) entfernt. Ihre geringste Entfernung von der Erde erreicht sie bereits am 30. Oktober um $7^h$ mit 128,5 Millionen Kilometer (= 0,859 AE).

Entdeckt wurde der 18. Planetoid am 24. Juni 1852 in London von John Russell Hind (1823–1895). Er wurde nach der Muse der Tragödie Melpomene benannt. Die große halbe Bahn-

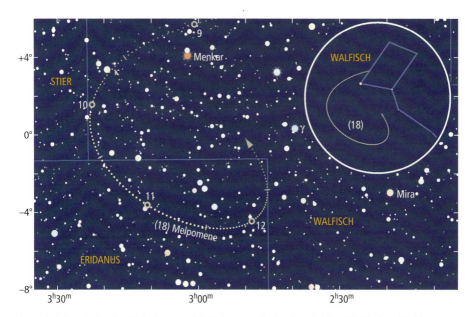

**11.6** Scheinbare Bahn des Kleinplaneten (18) Melpomene in den Sternbildern Walfisch und Eridanus.

achse (mittlere Entfernung Sonne – Melpomene) misst 343,33 Millionen Kilometer (= 2,295 AE), die numerische Exzentrizität beträgt 0,219 und die Bahnneigung 10°,1. Der mit 140 Kilometer mittlerem Durchmesser große Planetoid läuft in drei Jahren, fünf Monaten und 24 Tagen einmal um die Sonne.

## PERIODISCHE STERNSCHNUPPENSTRÖME

Die **LEONIDEN** treten zwischen dem 13. und 30. November am Morgenhimmel in Aktion. Ihr Radiant liegt im Löwen rund 10° nordöstlich von Regulus. Das spitze Maximum ist am Morgen des 18. November zu erwarten, wobei mit lediglich zehn bis 15 Meteoren pro Stunde zu rechnen ist.

Die Sternschnuppen sind außerordentlich schnell (um 70 Kilometer pro Sekunde). In manchen Jahren waren die Leoniden besonders aktiv. Nur alle 33 Jahre kollidiert die Erde mit dem Zentrum der Leoniden-Trümmerwolke. In diesem Jahr ist mit einer eher bescheidenen Leoniden-Aktivität zu rechnen. Als Ursprungskomet ist 55P/Tempel-Tuttle zu nennen.

Die beiden Teilströme der **TAURIDEN** sind weiter aktiv. Um den 5. bis 10. November können insbesondere die Nördlichen Tauriden für Raten zwischen fünf und zehn Meteore pro Stunde sorgen, darunter sind auch immer wieder helle Meteore und Feuerkugeln. In manchen Jahren gibt es besondere Häufungen.

Die **ALPHA-MONOCEROTIDEN** sind ein periodisch aktiver Strom. Ihr Radiant liegt im Sternbild Einhorn. In den Jahren 1925, 1935, 1985 und 1995 und ebenfalls 2019 gab es jeweils einen kurzen, aber heftigen Meteorschauer. In einer halben Stunde wurden von 100 bis zu 500 Sternschnuppen gezählt.

Das Maximum ist in diesem Jahr am Morgen des 22. November zu erwarten. 2016 und 2017 konnte der Strom mit Radarmethoden gut nachgewiesen werden. Die berechneten Bahnen der aufgezeichneten Meteore weisen auf ein Objekt mit rund 500 Jahren Umlaufzeit hin – die Teilchen bewegen sich auf wesentlich engeren Bahnen um die Sonne. Ein Ursprungskomet ist bislang nicht bekannt.

# 11 Fixsternhimmel

**NOVEMBER 2023**

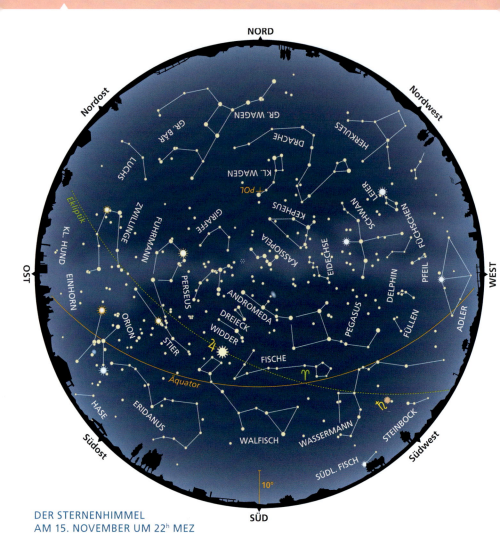

**DER STERNENHIMMEL
AM 15. NOVEMBER UM 22ʰ MEZ**

| Die Sternkarte ist auch gültig für: | | |
|---|---|---|
| | MEZ | MESZ |
| 1. 9. | 3ʰ | 4ʰ |
| 15. 9. | 2 | 3 |
| 1.10. | 1 | 2 |
| 15.10. | 0 | 1 |
| **1.11.** | **23** | |
| **15.11.** | **22** | |
| **30.11.** | **21** | |
| 15.12. | 20 | |
| 31.12. | 19 | |
| 15. 1. | 18 | |

Der Charakter des abendlichen Sternenhimmels ist nun eindeutig herbstlich, auch wenn das Sommerdreieck im Westen noch zu sehen ist. Im Osten sind bereits die Wintersternbilder im Anmarsch. Mit einem Blick zum Zenit erkennt man auf Anhieb das Himmels-W, die Königin Kassiopeia. Die mittlere Spitze des Ws deutet ungefähr auf den Polarstern. Lässt man vom Polarstern den Blick zum Nordhorizont hinuntergleiten, so stößt man auf den Großen Wagen, dessen sieben Sterne jetzt tief im Norden stehen. Er passiert gerade den Meridian in unterer Kulmination. Als Zirkumpolarsternbild ist er in dieser Position noch über dem Horizont, während ansonsten Sterne und

# Fixsternhimmel

Sternbilder in unterer Kulmination nicht zu sehen sind, weil diese unterhalb des Horizonts erfolgt.

Ebenfalls in Zenitnähe entdeckt man die Sternenkette der Andromeda. Unsere Nachbarmilchstraße, die Andromedagalaxie, befindet sich fast genau im Meridian. Das Pegasusquadrat hat seinen Meridiandurchgang bereits hinter sich und ist ein wenig nach Westen gerückt. Hoch im Osten ist der Perseus zu sehen, dessen Gestalt nun gut zu erkennen ist. Im Perseus findet sich der Bedeckungsveränderliche Algol (β Perseï), der Prototyp der Klasse der Algol-Variablen. Die Entfernung der Doppelsonne Algol wurde zu 93 Lichtjahren gemessen. Die arabische Bezeichnung Algol bedeutet so viel wie „Haupt des Teufels".

Zwischen dem Polarstern und dem Perseus liegt ein Feld an weniger hellen Sternen. Sie gehören zu dem unscheinbaren und darum wenig bekannten Sternbild Giraffe (lat.: Camelopardalis). Die Giraffe ist ein neuzeitliches Sternbild, das erst im Jahre 1613 von dem niederländischen Pfarrer und Liebhaberastronomen Petrus Plancius eingeführt wurde.

Das Gebiet um den Meridian halten außer Andromeda und Kepheus noch die Sternbilder Widder, Fische und Walfisch besetzt. Im Südwesten dehnt sich der Wassermann aus. Er hat gerade Besuch vom Ringplaneten Saturn.

Südlich vom Wassermann ist gerade noch Fomalhaut im Südlichen Fisch zu erkennen.

Im Osten funkelt es an hellen Sternen, die Winterbilder drängen auf die Himmelsbühne: Der Fuhrmann mit Kapella, der Stier mit Aldebaran und den beiden offenen Sternhaufen Plejaden und Hyaden, der Orion mit Beteigeuze und Rigel sowie die Zwillinge mit Kastor und Pollux ziehen die Blicke auf sich.

Von den Winterbildern fehlen nur noch der Kleine und der Große Hund. Sie sind dann aber um die Wintersonnenwende zur Standardbeobachtungszeit am Nachthimmel vertreten.

**11.7 Skelettkarte des unscheinbaren Sternbildes Giraffe (Camelopardalis). Eingetragen ist die Position des offenen Sternhaufens NGC 1502.**

# 11 Fixsternhimmel — NOVEMBER 2023

## OBJEKTE FÜR FELDSTECHER UND FERNROHR

Zu den Paradeobjekten des spätherbstlichen Abendhimmels zählt zweifelsohne der große Andromedanebel. Noch vor hundert Jahren wusste man nicht, dass es sich bei dem länglichen Lichtfleckchen knapp nördlich des Sterns Mirach (β Andromedae) nicht um eine interstellare Gas- und Staubwolke wie beispielsweise den Orionnebel handelt, sondern um ein riesiges Milchstraßensystem in 2,5 Millionen Lichtjahren Entfernung mit über 200 Milliarden Sonnen. Korrekt muss man von Andromedagalaxie sprechen. Allerdings hat sich die Bezeichnung „Nebel" wegen ihres Aussehens auch bei extragalaktischen Sternsystemen schlicht eingebürgert. Man spricht auch heute noch von „Spiralnebel", wohl wissend, dass es sich um Galaxien und nicht um galaktische Nebel handelt.

Gute Sichtverhältnisse vorausgesetzt, kann man die Andromedagalaxie bereits mit bloßen Augen als mattes Lichtfleckchen erkennen. Damit ist M 31 – so die Messier-Nummer des Andromedanebels – das fernste Objekt, das man noch freiäugig sehen kann. Im Fernglas ist M 31 ganz leicht zu erkennen. Man sieht vor allem ein fast kreisrundes, helles Lichtfleckchen, das dichte Zentrum von M 31, umgeben von einem länglichen Lichtschleier. Erst Fotografien lassen die gesamte Größe von M 31 zur Geltung kommen. Auf langbelichteten Aufnahmen zeigt M 31 eine Längsausdehnung von fast sieben Grad! Wer mit einem Teleskop beobachtet, sollte die geringste Vergrößerung wählen, um ein möglichst großes Gesichtsfeld zu bekommen.

Ein weiteres Milchstraßensystem in der Nachbarschaft von M 31 ist die Triangulum-Galaxie M 33 im Sternbild Dreieck. Sie ist mit 2,7 Millionen Lichtjahren fast gleich weit entfernt wie der Andromedanebel, aber deutlich kleiner. Bei guten Sichtbedingungen ist M 33 ebenfalls leicht im Fernglas zu erkennen. Die Position von M 33 findet man in der Karte N0 im *Atlas für Himmelsbeobachter* von Erich Karkoschka.

Ein ebenso lohnenswertes Ziel für den Fernglasbeobachter sind die beiden knapp nebeneinander stehenden, offenen Sternhaufen h und χ im Perseus. Während sie im Fernglas nur als matte Lichtfleckchen erscheinen, beeindrucken sie in einem Teleskop ab etwa 15 cm freier Öffnung und niedriger Vergrößerung ungemein. Wie in allen Farben leuchtende Edelsteine auf samtschwarzem Hintergrund funkeln und glitzern die Sterne. Nur wer selbst mit dem Teleskop beobachtet, wird den tiefen Eindruck erleben, die jeder dieser beiden Haufen auf den Betrachter ausübt. Fotografische Aufnahmen von h und χ Per sind nicht in der Lage, auch nur annähernd das nachhaltige Erlebnis einer eigenen Beobachtung zu vermitteln. Beide Sternhaufen sind 7500 Lichtjahre entfernt.

Weniger prominent ist der offene Sternhaufen NGC 2244 im Sternbild Einhorn (lat.: Monoceros). Er liegt etwa auf der Verbindungslinie Beteigeuze (α Ori) und Prokyon (α CMi) und ist rund ein Drittel der Strecke von α Orionis entfernt. Sechs Sterne sind zwischen $6^m$ und $7^m$ leicht im Feldstecher auszumachen. Der hellste mit $5^m\!.9$ ist dabei 12 Monocerotis. Bei sehr dunklem Himmelshintergrund sieht man um diesen Sternhaufen einen schwach leuchtenden Lichtschimmer – den Rosettennebel. Er zeigt sich bei starker Vergrößerung und langer Belichtungszeit in Form einer Rosette und führt die Katalogbezeichnung NGC 2237. Der Sternhaufen NGC 2244 ist in den Rosettenne-

## VERÄNDERLICHE STERNE

| Algol-Minima | β-Lyrae-Minima | δ-Cepheï-Maxima | Mira-Helligkeit |
|---|---|---|---|
| 2.  $2^h53^m$ | 1.  $12^h$ H | 2.  $0^h$ | 1.  $8^m$ |
| 4.  23 43 | 7.  24 N | 7.  9 | 10. 9 |
| 7.  20 32 | 14. 11 H | 12. 18 | 20. 9 |
| 25. 1 26 | 20. 22 N | 18. 3 | 30. 9 |
| 27. 22 15 | 27. 10 H | 23. 11 | |
| 30. 19 03 | | 28. 20 | |

**11.8** Das Sternbild Perseus mit den beiden offenen Sternhaufen h und χ Perseï.

bel gewissermaßen eingebettet. Sternhaufen und galaktischer Nebel sind rund 5000 Lichtjahre entfernt. Um beide Deep-Sky-Objekte aufzuspüren, nutze man die Sternkarte E9 im Karkoschka-Himmelsatlas.

Zu den Standard-Doppelsternen, die häufig bei herbstlichen Sternführungen gezeigt werden, zählen Mesarthim (γ Arietis) und Alamak (γ Andromedae). Sie sind schon in kleinen Fernrohren leicht zu trennen. Besonders Alamak zeigt einen schönen Farbkontrast, während bei Mesarthim beide Komponenten weiß leuchten und in etwa gleich hell sind. Mesarthim hat mit $4{,}^m5$ und $4{,}^m6$ zwei fast gleich helle Komponenten in $7{,}''3$ Abstand. Seine Entfernung liegt bei 163 Lichtjahren.

Die beiden Alamak- (auch Almach-) Sonnen sind 400 Lichtjahre entfernt. Die mit $2{,}^m2$ hellere Komponente leuchtet orange, der bläulich-weiße Begleiter in $9{,}''4$ Abstand ist mit $4{,}^m9$ erheblich lichtschwächer.

Auch Rigel (β Orionis) zeigt sich in größeren Instrumenten mit einem Begleiter, der allerdings im Vergleich zu dem strahlend hellen Rigel ($0{,}^m1$) recht lichtschwach ist. In $9{,}''5$ Distanz erkennt man einen $6{,}^m8$ hellen Stern. Wegen des großen Helligkeitsunterschiedes ist der Rigel-Begleiter in kleineren Teleskopen kaum auszumachen. Der Positionswinkel beträgt 202° – im umkehrenden Fernrohr sieht man den Begleiter somit oberhalb von Rigel. Der Begleiter selbst ist ein enger spektroskopischer Doppelstern.

Wer schon sein Instrument auf den Orion gerichtet hat, sollte einmal λ Orionis (Meissa) im Kopf des Himmelsjägers ins Visier nehmen. Ein $3{,}^m6$ heißer, bläulicher Überriese (Spektraltyp: O9 II) hat in $4{,}''3$ Distanz einen $5{,}^m5$ hellen, ebenfalls bläulichen Begleiter (B2 V). Im Vierzöller, also bei 10 cm Apertur, ist λ Ori spielend zu trennen. Das Sternenpaar ist 1100 Lichtjahre weit weg.

In Mitteleuropa nicht zu sehen, aber für Winterurlauber in südlichen Gefilden einwandfrei zu finden, ist Acamar im Fluss Eridanus (θ Eridani). Er steht weit südlich, nämlich bei δ = −40°18′ (und α = $2^h58{,}^m3$). Zwei weiße Sterne ($3{,}^m2$ A4 III und $4{,}^m1$ A1 V) stehen in $8{,}''3$ Distanz voneinander. θ Eri ist somit im Dreizöller (8 cm Öffnung) leicht zu trennen. Rund 165 Lichtjahre trennen uns von diesem Sternenpärchen. Seine Umlaufzeit konnte noch nicht bestimmt werden – sie liegt aber bei weit über tausend Jahren.

239

# Welcher ist der fernste Planet?

11.9 Die Strudelgalaxie M 51 im Sternbild der Jagdhunde. Eingetragen ist der Bereich, in dem sich die Röntgenquelle ULS-1 befindet.

Planeten umrunden die glühend heiße Sonne. Sie werden von ihr beleuchtet. Ohne Sonnenlicht könnte man die Planeten nicht sehen, denn sie senden kein sichtbares Licht aus. Mit bloßen Augen sind fünf Planeten zu sehen: Merkur, Venus, Mars, Jupiter und Saturn. Seit Nikolaus Kopernikus weiß man, dass die Sonne im Zentrum des Planetensystems steht und nicht die Erde, die ebenfalls ein Planet ist. Merkur ist der sonnennächste Planet, Saturn der sonnenfernste. Er ist fast zehn Mal weiter von der Sonne entfernt als die Erde und benötigt für einen Sonnenumlauf knapp 30 Jahre. In günstiger Oppositionsstellung ist Saturn 1191 Millionen Kilometer von der Erde entfernt. Damit ist er acht Mal weiter als die Sonne von uns weg. Das von Saturn reflektierte Sonnenlicht ist eine Stunde und sechs Minuten zur Erde unterwegs.

Gewaltig erweitert wurde unser Planetensystem, als Friedrich Wilhelm Herschel im März 1781 den Planeten Uranus entdeckte. Er ist doppelt so weit von der Sonne entfernt wie Saturn, nämlich 19 AE (1 AE = mittlere Entfernung Erde – Sonne, rund 150 Millionen Kilometer). Der grünliche Planet ist ein Menschenleben lang (84 Jahre) unterwegs, um einmal die Sonne zu umrunden. In geringster Distanz trennen 2582 Millionen Kilometer (= 17,3 AE) Uranus von der Erde. Zwei Stunden und 23 Minuten benötigt ein Lichtstrahl oder ein Funksignal von Uranus zur Erde. Aus Abweichungen des Uranuslaufs schloss man auf einen noch weiter außen um die

Sonne wandernden Planeten. Unabhängig voneinander berechneten John Couch Adams und Urbain Jean Joseph Leverrier die Position dieses hypothetischen Störenfrieds. Am 23. September 1846 wurde er tatsächlich auf der Berliner Sternwarte von Gottfried Galle und Heinrich d'Arrest im Sternbild Wassermann gefunden. Er erhielt den Namen Neptun. Mit 30-facher Strecke Sonne – Erde ist Neptun erheblich weiter entfernt als Uranus. Für eine Sonnenumrundung benötigt Neptun 165 Jahre. Seine geringste Entfernung von der Erde beträgt 4308 Millionen Kilometer (= 28,8 AE). Knapp vier Lichtstunden ist Neptun dann von der Erde entfernt.

Als sonnenfernster und neunter Planet wurde im Februar 1930 von Clyde William Tombaugh Pluto im Sternbild Zwillinge entdeckt. Fast ein Vierteljahrtausend ist Pluto unterwegs, um einmal um die Sonne zu laufen. Seine elliptische Bahn führt ihn bis auf 29 AE an die Sonne heran. In Sonnenferne trennen ihn 49 AE vom Zentralgestirn. Vier bis fast sechs Stunden und 40 Minuten ist das Licht von Pluto zur Erde unterwegs.

Nachdem ab Mitte der 1990er-Jahre weitere Objekte jenseits der Neptunbahn entdeckt wurden, hat man Pluto in die 2006 neu geschaffene Kategorie der Zwergplaneten eingestuft. Neptun ist somit der sonnen- und erdfernste Planet in unserem Sonnensystem.

## Planeten bei anderen Sternen

Lange rätselten die Astronomen, ob unser Planetensystem einzigartig ist und eine seltene Ausnahme darstellt oder ob andere Sonnen, also die anderen weit über hundert Milliarden Sterne allein in unserer Milchstraße, ebenfalls von kalten Planeten umkreist werden. Dies ist allein schon deshalb von Interesse für die Frage, ob es außerirdisches Leben geben kann. Denn auf glühend heißen Sternen kann es kein Leben geben. Wenn aber andere Sonnen ebenfalls Planeten besitzen, steigt die Wahrscheinlichkeit, dass auf einem Planeten außerhalb unseres Sonnensystems sich ebenfalls Lebensformen gebildet haben oder noch bilden werden.

Groß war daher die Aufregung, als im Oktober 1995 die beiden Astronomen Michel Mayor und Didier Queloz vom Observatorium Genf die Entdeckung eines Planeten meldeten, der den sonnenähnlichen Stern 51 Pegasi umrundet. Die Sonne 51 Peg ist 500 Lichtjahre entfernt, das sind rund 600 Billionen ($6 \times 10^{14}$) Kilometer. Nicht nur Stunden und Minuten, sondern 60 Jahre benötigt das Licht, um von 51 Peg zur Erde zu gelangen. Inzwischen wurde der Planet von 51 Peg „Dimidium" benannt.

Doch 51 Peg b blieb nicht der einzige Exoplanet, wie man Planeten außerhalb unseres Sonnensystems bezeichnet.

Über 5000 Exoplaneten in mehr als 3700 Sonnensystemen wurden bisher aufgespürt. Diese Planeten wurden nicht direkt gesehen (bis auf

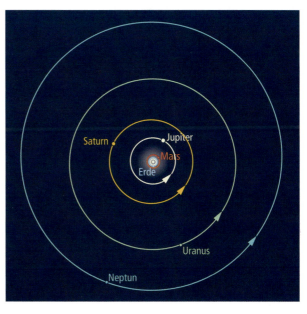

11.10 Unser Planetensystem von der Erde bis zur Neptunbahn

# 11 Monatsthema

NOVEMBER 2023

ganz wenige Ausnahmen), sondern indirekt nachgewiesen. Sterne, die von einem oder mehreren Planeten umkreist werden, zeigen periodische Variationen ihrer Radialgeschwindigkeiten. Denn der Mittelpunkt eines Sterns kreist um den gemeinsamen Schwerpunkt des Systems Stern – Planet. Dieser Doppler-Wobble-Effekt ist umso ausgeprägter, je massereicher ein Planet ist und je näher er seinen Zentralstern umkreist. Liegt die Bahnebene eines Planeten in oder nahe dem Visionsradius (Sichtlinie) des Beobachters, so zieht er von Zeit zu Zeit vor seinem Mutterstern vorbei und bewirkt eine minimale Helligkeitsabnahme, die mit hochgenauen Messungen registriert werden kann. Mit dieser Transit-Methode werden in erster Linie große und sternnahe Exoplaneten erfasst.

Nur wenige Exoplaneten hat man mit den größten, erdgebundenen Teleskopen direkt gesehen. Denn ein Exoplanet leuchtet Milliarden Mal schwächer als sein Zentralstern, der mit seinem Glanz die ihn umkreisenden Planeten überstrahlt. Um überhaupt eine Chance zu erhalten, einen Exoplaneten direkt zu beobachten, muss man das Licht des Zentralsterns mit einer Art Koronograph ausblenden, so verwirklicht am Gemini-Süd-Teleskop in Chile, der „**G**emini **P**lanet **I**mager" (GPI). Ein ähnliches Gerät wird an den Großteleskopen der ESO verwendet, das „**S**pectro-**P**olarimetric **H**igh-contrast **E**xoplanet **R**esearch"-Instrument (SPHERE).

Mit dem in Bau befindlichen Riesenteleskop ELT hofft man, viele Exoplaneten direkt zu beobachten und Aufnahmen von ihnen zu erhalten. Auch soll es gelingen, Spektren von Exoplaneten zu gewinnen, um ihre Atmosphären zu analysieren (siehe Monatsthema April „Das Superteleskop ELT" auf Seite 105).

**11.11 Das Sternbild Pegasus mit dem Stern 51 Pegasi, bei dem 1995 der erste Exoplanet entdeckt wurde.**

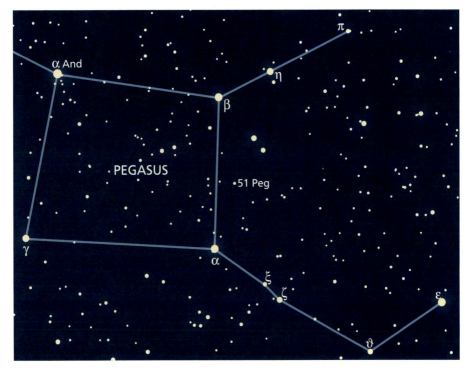

**11.12** Mit Hilfe der Transit-Methode lassen sich Exoplaneten aufspüren, wenn der Planet vor dem Stern vorbeizieht und die Sternhelligkeit minimal absinkt.

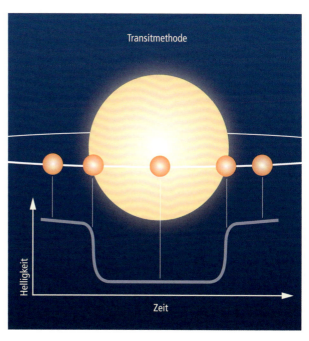

## Der erste extragalaktische Planet

Die meisten Sterne mit bekannten Exoplaneten sind Dutzende bis einige Hundert Lichtjahre entfernt. Die fernsten wurden noch in 3000 Lichtjahren entdeckt. Diese Planeten sind im Vergleich mit denjenigen unseres Sonnensystems ungeheuer weit entfernt. Niemand kann sich eine Strecke von auch nur einem einzigen Lichtjahr von fast zehn Billionen Kilometer vorstellen.

Doch in jüngster Zeit hat man einen Exoplaneten entdeckt, der noch viel weiter entfernt ist. Er hält sich weit außerhalb unserer Milchstraße auf, nämlich in einer anderen Galaxie. Der Planet mit der vorläufigen Katalogbezeichnung M51-ULS-1b befindet sich in der Strudel- oder Whirlpoolgalaxie (M 51) in 28 Millionen Lichtjahren Entfernung. Er ist der erste extragalaktische Planet, den man entdeckt hat.

M 51 im Sternbild Jagdhunde ist Sternfreunden ein wohlvertrauter Spiralnebel. Seine Spiralform, die an einen Wasserstrudel erinnert, wurde 1845 von William Parsons, 3. Lord Rosse, in seiner signifikanten Form erkannt. Die erste Fotografie dieser beeindruckenden Spirale gewann 1898 Isaac Roberts. M 51 (NGC 5194) und ihre Begleitgalaxie stehen in gravitativer Wechselwirkung und werden eines fernen Tages miteinander verschmelzen.

Einen extragalaktischen Exoplaneten kann man weder mit der Doppler-Wobble-Methode noch mit der klassischen Transit-Methode in einer anderen Galaxie finden. Die Suche im sichtbaren Licht versagt hier. Der Exoplanet ULS-1b wurde mit dem Röntgenteleskop Chandra aufgespürt.

Das Chandra X-ray Observatory, abgekürzt CXO, wurde am 23. Juli 1999 von der NASA mit dem Space Shuttle Columbia in eine stark elliptische Umlaufbahn befördert. Benannt wurde das Röntgenteleskop nach Subrahmanyan Chandrasekhar (1910–1995), Nobelpreis für Physik 1983. In Erdnähe befindet sich CXO in 20 050 km Distanz, der erdfernste Punkt liegt bei 128 770 km. Ein Umlauf dauert zwei Tage und 15,5 Stunden. CXO beobachtet das Weltall im Bereich der Röntgenstrahlung, die uns zum Glück von der irdischen Lufthülle vollständig absorbiert wird.

So beobachtete CXO auch den Röntgendoppelstern ULS-1 in der Spiralgalaxie M 51. Ein heißer, blauer Überriesenstern vom Spektraltyp B2 und ein kompaktes Objekt, vermutlich ein Neutronenstern oder ein stellares Schwarzes Loch, umrunden einander. Der blaue Überriese überschreitet den Bereich des Roche-Lobe. Infolgedessen stürzt Materie von ihm auf den Neutronenstern. Dort knallt sie mit fast 40 Prozent der

NASA/CXC/M.Weiss

**11.13** Der Röntgendoppelstern M51-ULS 1 mit dem Planeten ULS-1b (Illustration).

Lichtgeschwindigkeit auf die Oberfläche, nachdem sich die Sternmaterie in einer immer enger werdenden Spiralbahn um den Neutronenstern gewunden hat. Die dabei entstehende Akkretionsscheibe heizt sich enorm auf, bis die Materie am Auftreffpunkt die gesamte kinetische Energie in dissipative Energie umwandelt. Die Temperatur steigt auf mehrere Millionen Grad an, wobei gemäß dem Planckschen Strahlungsgesetz eine intensive Röntgenstrahlung ausgesandt wird.

Ein Forschungsteam der Harvard-Universität hat nun mit Chandra eine dreistündige fast vollständige Unterbrechung der Röntgenemission beobachtet. Man zog daraus den Schluss, die Abblendung der Röntgenquelle könne nur durch einen dunklen Exoplaneten erfolgt sein, denn die Röntgenquelle selbst ist vergleichsweise sehr klein. Eine absorbierende Gas- und Staubwolke würde nicht so abrupt das Röntgenlicht abblenden. Das Wiederaufleuchten der Röntgenquelle erfolgte ebenso schnell. Die große halbe Bahnachse des Exoplaneten wurde zu drei Milliarden Kilometer (= 20 AE) bestimmt. Für eine Umrundung des Röntgendoppelsterns (ULS-1) benötigt der Exoplanet ULS-1b 70 Jahre.

Es soll nicht verschwiegen werden, dass manche Fachkollegen die Interpretation der Beobachtungsdaten als Nachweis für die Existenz eines Exoplaneten skeptisch sehen. Wenn in 70 Jahren die Röntgenquelle abermals für drei Stunden abgeblockt wird, dann kann man sich sicher sein, dass ULS-1b in der Strudelgalaxie der fernste Planet ist, den wir heute kennen. Auf alle Fälle wird man bis dahin bei Röntgendoppelsternen nach weiteren extragalaktischen Planeten suchen.

# DER PREMIUM-WELTATLAS
## — IM XXL-FORMAT UND MIT HERAUSRAGENDER KARTOGRAFIE

**KOSMOS Neuer Atlas der Erde**
496 Seiten, €/D 160,–
ISBN 978-3-440-17434-0

Topaktuelle Weltkarten in bestechender Qualität laden ein, unseren Planeten auf beeindruckende Weise neu zu entdecken. Das Farbschema der physischen Karten ermöglicht durch die optimierte Reliefdarstellung eine naturnahe und äußerst plastisch wirkende Anmutung. Ein besonderes Highlight ist die 3D-Darstellung des Meeresbodens, die den Betrachter in die größtenteils unerforschten Tiefen unserer Meere und Ozeane eintauchen lässt. Thematische Karten bieten in einem umfangreichen geografischem Spezial aktuelle Informationen zu Natur, Bevölkerung, Kultur, Geografie und Klima. Sonderteile wie ein Länderlexikon, „Die Erde im Weltall" und die Rekorde der Erde ergänzen den Kartenteil in perfekter Weise zu einem Karten- und Kunstwerk für das ganze Leben.

kosmos.de

# 12  Himmelskalender

**DEZEMBER 2023**

# Dezember 2023

- Die Sonne erreicht am 22. Dezember um $4^h27^m$ MEZ den tiefsten Punkt ihrer Jahresbahn im Sternbild Schütze, die Wintersonnenwende tritt ein.
- Venus beendet das Jahr als Morgenstern.
- Mars zeigt sich noch nicht am Morgenhimmel.
- Jupiter beginnt sich langsam vom Morgenhimmel zurückzuziehen.
- Saturn kann am Abendhimmel gesehen werden.
- Merkur bleibt unsichtbar.

Großer Wagen und Himmels-W
Anfang Dezember um 22 Uhr MEZ

**12.1** Himmelsanblick in südöstlicher Richtung am 9. Dezember gegen $6^h30^m$ MEZ. Die strahlende Venus erhält Besuch von der abnehmenden Mondsichel

# DEZEMBER 2023 — Himmelskalender 12

|  | |  |
|---|---|---|
| 1 | Fr | Mond bei Pollux – morgens |
| 2 | Sa | |
| 3 | So | 1. Advent |
| 4 | Mo | Mond bei Regulus – morgens |
| 5 | Di | Letztes Viertel |
| 6 | Mi | |
| 7 | Do | |
| 8 | Fr | |
| 9 | Sa | Mond bei Venus – morgens |
| 10 | So | 2. Advent |
| 11 | Mo | |
| 12 | Di | |
| 13 | Mi | Neumond |
| 14 | Do | Sternschnuppen Geminiden im Maximum |
| 15 | Fr | |
| 16 | Sa | |
| 17 | So | 3. Advent / Mond bei Saturn – abends |
| 18 | Mo | |
| 19 | Di | Erstes Viertel |
| 20 | Mi | |
| 21 | Do | |
| 22 | Fr | Winterbeginn |
| 23 | Sa | |
| 24 | So | 4. Advent / Heiliger Abend |
| 25 | Mo | 1. Weihnachtstag |
| 26 | Di | 2. Weihnachtstag |
| 27 | Mi | Vollmond |
| 28 | Do | Mond bei Pollux – abends |
| 29 | Fr | |
| 30 | Sa | |
| 31 | So | Silvester |

# 12 Sonnenlauf — DEZEMBER 2023

## SONNE – STERNBILDER

**18. 12. 20$^h$:**
Sonne tritt in das Sternbild Schütze

**22. 12. 4$^h$27$^m$:**
Sonne tritt in das Tierkreiszeichen Steinbock

**Julianisches Datum am**
1. Dezember, 1$^h$ MEZ: 2 460 279,5

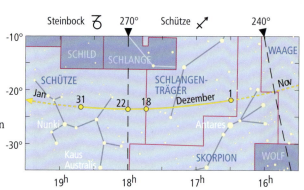

## SONNENLAUF

| Tag | Dämmerg. Anfang | Aufgang MEZ | Kulmi- nation | Untergang MEZ | Dämmerg. Ende | Mittags- höhe | Zeit- gleichg. | Rektas- zension | Dekli- nation |
|---|---|---|---|---|---|---|---|---|---|
|  | h m | h m | h m | h m | h m | ° | m | h m | ° |
| 1. | 6 38 | 7 56 | 12 09 | 16 21 | 17 39 | 18,2 | +11 | 16 26 | −21,7 |
| 5. | 6 43 | 8 01 | 12 10 | 16 19 | 17 38 | 17,6 | +10 | 16 43 | −22,3 |
| 10. | 6 48 | 8 07 | 12 13 | 16 18 | 17 38 | 17,1 | + 7 | 17 05 | −22,8 |
| 15. | 6 52 | 8 12 | 12 15 | 16 18 | 17 38 | 16,7 | + 5 | 17 27 | −23,2 |
| 20. | 6 55 | 8 15 | 12 17 | 16 20 | 17 40 | 16,6 | + 3 | 17 49 | −23,4 |
| 25. | 6 57 | 8 17 | 12 20 | 16 22 | 17 42 | 16,6 | 0 | 18 11 | −23,4 |
| 31. | 6 59 | 8 19 | 12 23 | 16 27 | 17 47 | 16,9 | − 3 | 18 38 | −23,2 |

## TAGES- UND NACHTSTUNDEN

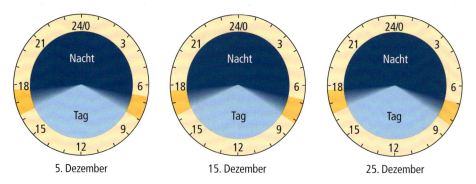

5. Dezember  15. Dezember  25. Dezember

# DEZEMBER 2023 — Mondlauf 12

## MONDLAUF

| Datum | | Aufg. MEZ | Kulmi- nation | Unterg. MEZ | Rektas- zension | Dekli- nation | | Sterne und Sternbilder | Phase | MEZ |
|---|---|---|---|---|---|---|---|---|---|---|
| | | h m | h m | h m | h m | ° | | | | |
| Fr | 1. | 19 45 | 3 24 | 12 01 | 7 36 | +26,8 | | Kastor, Pollux | Größte Nordbreite | |
| Sa | 2. | 20 57 | 4 15 | 12 29 | 8 29 | +24,2 | | Krebs, Krippe | | |
| So | 3. | 22 09 | 5 02 | 12 49 | 9 19 | +20,6 | | Krebs | | |
| Mo | 4. | 23 19 | 5 45 | 13 04 | 10 06 | +16,2 | | Löwe, Regulus | Erdferne 404/29,6 | 20ʰ |
| Di | 5. | – | 6 26 | 13 17 | 10 50 | +11,3 | | Löwe | **Letztes Viertel** | 6ʰ 49ᵐ |
| Mi | 6. | 0 27 | 7 06 | 13 29 | 11 33 | + 5,9 | | Löwe | | |
| Do | 7. | 1 36 | 7 45 | 13 40 | 12 15 | + 0,3 | * | Jungfrau | | |
| Fr | 8. | 2 46 | 8 26 | 13 53 | 12 58 | – 5,4 | | Spica | Absteigender Knoten | |
| Sa | 9. | 3 58 | 9 08 | 14 07 | 13 43 | –11,1 | | Spica | | |
| So | 10. | 5 14 | 9 55 | 14 24 | 14 30 | –16,4 | | Waage | Libration Ost | |
| Mo | 11. | 6 34 | 10 46 | 14 48 | 15 22 | –21,1 | | Waage | | |
| Di | 12. | 7 55 | 11 42 | 15 23 | 16 17 | –24,9 | | Antares | | |
| Mi | 13. | 9 11 | 12 42 | 16 11 | 17 18 | –27,4 | | Schlangenträger | **Neumond Nr. 1249** | 0ʰ 32ᵐ |
| Do | 14. | 10 14 | 13 45 | 17 18 | 18 21 | –28,2 | | Kaus Borealis | | |
| Fr | 15. | 11 02 | 14 47 | 18 39 | 19 25 | –27,1 | | Schütze, Nunki | Größte Südbreite | |
| Sa | 16. | 11 35 | 15 46 | 20 07 | 20 27 | –24,3 | | Steinbock | Erdnähe 368/32,5 | 20ʰ |
| So | 17. | 11 59 | 16 40 | 21 35 | 21 27 | –19,9 | | Steinbock | | |
| Mo | 18. | 12 18 | 17 31 | 23 00 | 22 22 | –14,4 | | Wassermann | | |
| Di | 19. | 12 33 | 18 20 | – | 23 14 | – 8,2 | | Wassermann | **Erstes Viertel** | 19ʰ 39ᵐ |
| Mi | 20. | 12 47 | 19 07 | 0 22 | 0 04 | – 1,6 | | Fische | | |
| Do | 21. | 13 01 | 19 54 | 1 44 | 0 54 | + 5,0 | | Fische | Aufsteigender Knoten | |
| Fr | 22. | 13 17 | 20 42 | 3 05 | 1 43 | +11,3 | | Fische | | |
| Sa | 23. | 13 37 | 21 33 | 4 27 | 2 35 | +16,9 | * | Widder | | |
| So | 24. | 14 02 | 22 27 | 5 49 | 3 28 | +21,7 | | Stier, Plejaden | | |
| Mo | 25. | 14 36 | 23 22 | 7 07 | 4 24 | +25,3 | | Stier, Hyaden | Libration West | |
| Di | 26. | 15 22 | – | 8 18 | 5 21 | +27,5 | | Stier, Alnath | | |
| Mi | 27. | 16 20 | 0 19 | 9 15 | 6 20 | +28,2 | | Zwillinge | **Vollmond** | 1ʰ 33ᵐ |
| Do | 28. | 17 28 | 1 14 | 9 58 | 7 17 | +27,3 | | Kastor, Pollux | Größte Nordbreite | |
| Fr | 29. | 18 40 | 2 06 | 10 29 | 8 11 | +25,1 | | Pollux | | |
| Sa | 30. | 19 53 | 2 54 | 10 52 | 9 02 | +21,8 | | Krebs, Krippe | | |
| So | 31. | 21 04 | 3 39 | 11 09 | 9 50 | +17,6 | | Löwe, Regulus | | |

## DER MOND ENTFERNT SICH VON JUPITER

22. Dez. 17ʰ — Jupiter, WIDDER

23. Dez. 3ʰ

# 12 Planetenlauf
**DEZEMBER 2023**

**MERKUR** erreicht am 4. mit 21°16′ Winkelabstand seine größte östliche Elongation von der Sonne. Wegen seiner extrem südlichen Position (Deklination −25°,6) bietet uns der sonnennahe Planet zum Jahresende keine Chance auf eine Abendsichtbarkeit. Am 4. erfolgt der Untergang des −0$^m$,5 hellen Planeten um 17$^h$28$^m$. Bevor sich Merkur in der Abenddämmerung zeigen kann, verschluckt ihn der horizontnahe Dunst. Auch die Begegnung mit Mars am 28. bleibt für das freie Auge unbeobachtbar.

Wer Merkur mit einem Teleskop am Taghimmel beobachtet, sieht das 7″,3 große Planetenscheibchen am 8. halb beleuchtet (Dichotomie). Danach nimmt der Beleuchtungsgrad rasch ab, der Durchmesser des Merkurscheibchens wächst auf 10″ an.

Frühmorgens am 13. wird Merkur rückläufig und eilt auf die Sonne zu, mit der er am 22. zusammentrifft. Er steht dann in unterer Konjunktion mit ihr. Zwei Tage vorher passiert er sein Perihel: Am 20. trennen ihn nur 46 Millionen Kilometer (= 0,307 AE) vom Tagesgestirn.

**VENUS** lässt das Jahr als Morgenstern ausklingen. Sie wandert im Tierkreis weiter in südliche Gefilde, weshalb ihre Tagbögen kleiner werden und ihre Aufgänge immer später erfolgen. Am 11. verlässt sie das Sternbild Jungfrau und tritt in die Waage (siehe Abb. 6.2 auf Seite 134).

Die Sichel des abnehmenden Mondes gesellt sich am 9. zu Venus, ein netter Anblick am Morgenhimmel gegen 6$^h$30$^m$ (siehe Abb. 12.1 auf Seite 246).

Am 1. geht Venus um 3$^h$54$^m$ auf, am 15. um 4$^h$30$^m$ und zu Sil-

## KONSTELLATIONEN UND EREIGNISSE

| Datum | MEZ | Ereignis |
|---|---|---|
| 4. | 15$^h$ | Merkur in größter östlicher Elongation von der Sonne (21°) |
| 7. | 1 | Neptun im Stillstand, anschließend rechtläufig |
| 9. | 18 | **Mond bei Venus**, Mond 3°,6 südlich, **Abstand 4°,9 um 7$^h$** |
| 12. | 12 | Mond bei Mars, Mond 3°,6 südlich |
| 13. | 6 | Merkur im Stillstand, anschließend rückläufig |
| 14. | 6 | Mond bei Merkur, Mond 4°,4 südlich |
| 17. | 23 | **Mond bei Saturn**, Mond 2°,5 südlich, **Abstand 4°,1 um 21$^h$** |
| 19. | 14 | Mond bei Neptun, Mond 1°,3 südlich |
| 20. | 18 | Merkur im Perihel |
| 22. | 4$^h$27$^m$ | **Sonne im Winterpunkt, Wintersonnenwende** |
| 22. | 15 | **Mond bei Jupiter**, Mond 2°,6 nördlich, **Abstand 2°,7 um 17$^h$** |
| 22. | 20 | Merkur in unterer Konjunktion mit der Sonne |
| 23. | 16 | Mond bei Uranus, Mond 2°,8 nördlich |
| 28. | 4 | Merkur bei Mars, Merkur 3°,6 nördlich |
| 31. | 16 | Jupiter im Stillstand, anschließend rechtläufig |

# Planetenlauf 12

**DEZEMBER 2023**

vester erst um $5^h12^m$. Die Venushelligkeit sinkt abermals um $0\overset{m}{.}2$ im Laufe des Monats auf $-4\overset{m}{.}0$ ab. Das Venusscheibchen schrumpft bis Jahresende auf bescheidene 14″ scheinbaren Durchmesser. Am 22. sind 75 % des Venusscheibchens beleuchtet.

Am Jahresende ist Venus weiter als die Sonne von der Erde entfernt, nämlich 177 Millionen Kilometer (= 1,183 AE).

**MARS** stand Mitte des Vormonats in Konjunktion mit der Sonne. Bis Jahresende wächst sein westlicher Winkelabstand lediglich auf knapp 13° an. Dies reicht noch nicht, um den $1\overset{m}{.}4$ hellen Mars am Morgenhimmel sichtbar werden zu lassen. Unser äußerer Nachbarplanet bleibt unsichtbar. Am 5. verlässt er den Skorpion und wechselt in den Schlangenträger (Ophiuchus). Zu Silvester tritt er schließlich in das Sternbild Schütze.

**JUPITER** stand zu Beginn des Vormonats in Opposition zur Sonne. Er bremst seine rückläufige Wanderung durch den Widder vollends ab und kommt am letzten Tag des Jahres zum Stillstand. Anschließend zieht er wieder rechtläufig durch den Tierkreis. Damit beendet der Riesenplanet seine Oppositionsperiode (siehe auch Abb. 11.4 auf Seite 231). Das Ende der Oppositionsperiode bedingt auch den Helligkeitsrückgang um $0\overset{m}{.}2$ auf $-2\overset{m}{.}6$.

Vom Morgenhimmel beginnt Jupiter sich allmählich zurückzuziehen. Am 1. erfolgt der Jupiteruntergang um $5^h07^m$ und am 15. eine Stunde früher. Am 31. geht der hell leuchtende Riesenplanet schon um $3^h02^m$ unter.

Der zunehmende Mond im zweiten Viertel zieht am frühen Abend des 22. an Jupiter knapp drei Grad nördlich vorbei (siehe Mondlaufgrafik auf Seite 249).

**SATURN**, wieder rechtläufig im Sternbild Wassermann, kann am Abendhimmel gesehen werden. Nach Einbruch der Dunkelheit sieht man den Ringplaneten bereits am Südhimmel. Seine Untergänge verlagert er in die späteren Abendstunden. Am 1. geht Saturn um $22^h55^m$ unter und am 15. um $22^h05^m$. Zu Monatsende erfolgt der Untergang des inzwischen $1\overset{m}{.}0$ hellen Planeten schon um $21^h09^m$.

Der Mond begegnet Saturn am 17. gegen Mitternacht. Dann ist der Ringplanet aber schon untergegangen. Am Abend gegen $20^h$ ergibt sich demnach ein netter Himmelsanblick, auch wenn die zunehmende Mondsichel noch relativ weit von Saturn entfernt ist (siehe Abb. 12.2 unten).

**URANUS**, rückläufig im Sternbild Widder, stand Mitte des Vormonats in Opposition zur Sonne. Mit Einbruch der Dunkelheit ist der grünliche Planet bereits mit Fernglas oder Teleskop auffindbar. Vom Morgenhimmel zieht sich der Planet zurück. Am 1. geht Uranus um $15^h19^m$ auf, kulminiert um $22^h50^m$ und geht um $6^h25^m$ unter. Zur Monatsmitte erfolgt seine Meridianpassage um $21^h53^m$ und sein Untergang

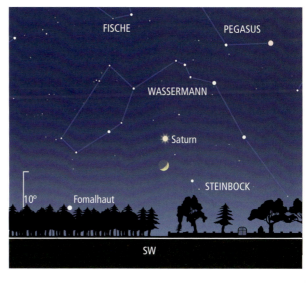

**12.2** Anblick des Südwesthimmels am 17. Dezember gegen $20^h$ MEZ. Die zunehmende Mondsichel zieht am Ringplaneten vorbei.

# 12 Planetenlauf — DEZEMBER 2023

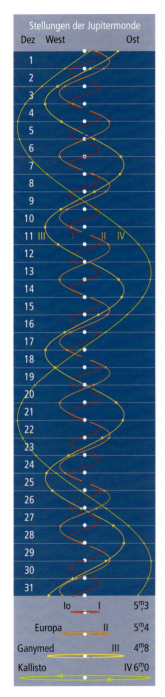

## JUPITERMONDE

| Tag | MEZ h m | Vorgang | |
|---|---|---|---|
| 1. | 17 27 | I | DA |
|    | 18 09 | I | SA |
|    | 19 36 | I | DE |
|    | 20 20 | I | SE |
| 2. | 17 37 | I | VE |
| 5. | 17 48 | III | BA |
|    | 19 20 | III | BE |
|    | 20 58 | III | VA |
|    | 22 40 | III | VE |
| 6. | 0 22 | II | DA |
| 7. | 0 47 | I | DA |
|    | 18 41 | II | BA |
|    | 22 03 | I | BA |
|    | 22 45 | II | VE |
| 8. | 1 04 | I | VE |
|    | 19 14 | I | DA |
|    | 20 05 | I | SA |
|    | 21 23 | I | DE |
|    | 22 15 | I | SE |
| 9. | 17 32 | II | SE |
|    | 19 32 | I | VE |
| 12. | 21 13 | III | BA |
|     | 22 51 | III | BE |
| 13. | 1 00 | III | VA |
| 14. | 21 03 | II | BA |
|     | 23 50 | I | BA |
| 15. | 1 23 | II | VE |
|     | 21 02 | I | DA |
|     | 22 01 | I | SA |
|     | 23 11 | I | DE |
| 16. | 0 11 | I | SE |
|     | 17 49 | II | SA |
|     | 18 09 | II | DE |
|     | 18 17 | I | BA |
|     | 20 08 | II | SE |
|     | 21 27 | I | VE |
| 17. | 17 38 | I | DE |
|     | 18 39 | I | SE |
| 20. | 0 44 | III | BA |
| 21. | 23 28 | II | BA |
| 22. | 22 51 | I | DA |
|     | 23 57 | I | SA |

Japetus
- 5. $10^m\!.8$
- 10. $10^m\!.9$
- 15. $11^m\!.2$
- 20. $11^m\!.5$
- 25. $11^m\!.9$
- 30. $12^m\!.4$

Rhea $10^m\!.1$  Dione $10^m\!.8$  Titan $8^m\!.8$  Tethys $10^m\!.7$

# Planetenlauf 12

DEZEMBER 2023

## JUPITERMONDE

| Tag | MEZ h m | Vorgang | |
|---|---|---|---|
| 23. | 1 01 | I | DE |
|  | 18 14 | II | DA |
|  | 19 14 | III | SA |
|  | 20 06 | I | BA |
|  | 20 25 | II | SA |
|  | 20 32 | II | DE |
|  | 20 53 | III | SE |
|  | 22 43 | II | SE |
|  | 23 23 | I | VE |
| 24. | 17 18 | I | DA |
|  | 18 26 | I | SA |
|  | 19 28 | I | DE |
|  | 20 35 | I | SE |
| 25. | 17 22 | II | VE |
|  | 17 51 | I | VE |
| 30. | 0 42 | I | DA |
|  | 18 22 | III | DA |
|  | 20 08 | III | DE |
|  | 20 40 | II | DA |
|  | 21 56 | I | BA |
|  | 22 58 | II | DE |
|  | 23 00 | II | SA |
|  | 23 17 | III | SA |
| 31. | 0 55 | III | SE |
|  | 19 09 | I | DA |
|  | 20 22 | I | SA |
|  | 21 19 | I | DE |
|  | 22 31 | I | SE |

um $5^h27^m$. Am letzten Tag des Jahres sinkt der mit $5^m_{.}7$ nicht besonders helle Uranus schon um $4^h22^m$ unter die westliche Horizontlinie, nachdem er um $20^h48^m$ den Meridian passiert hat.

Die Aufsuchkarte für Uranus Abb. 11.5 findet man auf Seite 232.

**NEPTUN** kommt am 7. im Sternbild Wassermann zum Stillstand und wandert danach wieder rechtläufig durch den Tierkreis, wobei er am 11. wieder in die Fische zurückkehrt und den Wassermann für 160 Jahre verlässt (siehe Abb. 9.5 auf Seite 195). Seine rechtläufige Bewegung fällt zunächst kaum auf, Neptun tritt fast auf der Stelle.

Der bläuliche Planet kann noch am Abendhimmel aufgefunden werden. Zu Monatsbeginn kulminiert der $7^m_{.}9$ lichtschwache Neptun um $19^h22^m$ und geht um $1^h13^m$ unter. Ende des Jahres passiert der sonnenfernste Planet schon um $17^h24^m$ den Meridian und geht um $23^h12^m$ unter. Damit schränkt sich seine Beobachtungszeit auf knapp vier Stunden ein. Außerdem stört Mondlicht im letzten Monatsdrittel die Beobachtung.

## PLANETOIDEN UND ZWERGPLANETEN

**VESTA** (4) beschleunigt ihren rückläufigen Lauf durch die nördlichen Partien des Orion und zieht am 20. rund $3°_{.}0$ südlich abermals am Sommerpunkt vorbei. Am 28. verlässt sie den Orion und tritt in das Sternbild Stier (siehe Abb. 12.3 auf Seite 254). Am 21. erreicht sie ihre **Opposition** zur Sonne. Am Monatsbeginn noch $6^m_{.}8$ hell, steigert sie sich bis zur Opposition auf $6^m_{.}4$, was sie zu einem leichten Fernglasobjekt macht. Bis Jahresende geht ihre Helligkeit wieder leicht auf $6^m_{.}6$ zurück.

Erfolgt ihr Aufgang am 1. um $18^h13^m$ und ihre Kulmination um $2^h01^m$, so geht sie zur Opposition am 21. schon um $16^h28^m$ auf und um $0^h22^m$ durch den Meridian. Zu Silvester erfolgt der Meridiandurchgang schon um $23^h27^m$ und der Untergang der Vesta um $7^h23^m$. Vesta ist somit die ganze Nacht über am Firmament vertreten. Ihre Kulminationshöhe erreicht $60°_{.}5$, was ihr Auffinden noch erleichtert. Zur Opposition ist Vesta am 22. von der Erde 237 Millionen Kilometer (= 1,58 AE) entfernt. Ihre Sonnendistanz beträgt dabei 384 Millionen Kilometer (= 2,57 AE).

**METIS** – Planetoid Nr. 9 –, rückläufig im Sternbild Zwillinge, kommt am 22. abends in **Opposition** zur Sonne. Mit $8^m_{.}4$ Oppositionshelligkeit und einer extrem nördlichen Deklination von $+27°_{.}3$ ist dies die günstigste Opposition in den Jahren 2013 bis 2033. Ähnlich günstig war lediglich die Opposition vom 1. Januar 2013 mit einer Metishelligkeit von $8^m_{.}5$ und einer Deklination von $+28°$ (siehe Tabelle unten).

## OPPOSITIONEN VON (9) METIS 2013–2033

| Datum | | | Hell. | Dekl. |
|---|---|---|---|---|
| 2013 | Jan | 1. | $8^m_{.}5$ | +28° |
| 2014 | Mai | 15. | 9,6 | −17 |
| 2015 | Sep | 6. | 9,2 | −16 |
| 2017 | Feb | 22. | 9,1 | +19 |
| 2018 | Jun | 16. | 9,7 | −26 |
| 2019 | Okt | 26. | 8,6 | +32 |
| 2021 | Apr | 4. | 9,5 | + 1 |
| 2022 | Jul | 20. | 9,6 | −27 |
| **2023** | **Dez** | **23.** | **8,4** | **+27** |
| 2025 | Mai | 9. | 9,6 | −14 |
| 2026 | Sep | 28. | 9,3 | −18 |
| 2028 | Feb | 14. | 8,9 | +22 |
| 2029 | Jun | 10. | 9,6 | −25 |
| 2030 | Okt | 15. | 8,7 | +23 |
| 2032 | Mrz | 28. | 9,4 | + 4 |
| 2033 | Jul | 13. | 9,6 | −28 |

Die Opposition im Jahr 2023 ist die günstigste.

# 12 Planetenlauf
DEZEMBER 2023

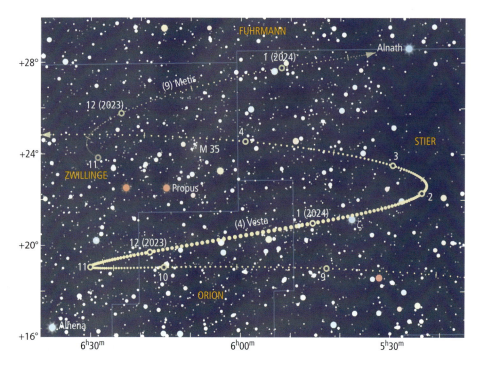

**12.3** Scheinbare Bahnen der Planetoiden (4) Vesta und (9) Metis in den Sternbildern Stier, Zwillinge und Orion. Die Zahlen geben die Positionen zum jeweiligen Monatsbeginn an (10 = 1. Oktober).

Am 1. geht die noch $8^m\!.9$ helle Metis um $17^h38^m$ auf und kulminiert um $2^h07^m$. Bis zur Opposition verfrühen sich ihre Aufgänge auf $15^h44^m$ und ihre Kulminationen auf $0^h22^m$. Zu Monatsende erfolgt ihre Meridianpassage schon um $23^h33^m$ und ihr Untergang um $8^h17^m$. Ihre Helligkeit geht dabei leicht auf $8^m\!.6$ zurück.

Die Aufsuchkarte Abb. 12.3 oben soll das Auffinden von Metis erleichtern. Am 26. befindet sie sich 4°,0 nördlich vom Sommerpunkt. Zur Opposition ist Metis 167 Millionen Kilometer (= 1,12 AE) von uns entfernt. Ihre Sonnendistanz misst an diesem Tag 314 Millionen Kilometer (= 2,10 AE).

**MELPOMENE** (18) stand zu Beginn des Vormonats in Opposition zur Sonne. Sie wandert wieder nordwärts durch den Eridanus und wird am 15. wieder rechtläufig. Am 26. kehrt Melpomene in den Walfisch zurück (siehe Abb. 11.6 auf Seite 235).

Ihre Helligkeit geht von $8^m\!.6$ bis Jahresende auf $9^m\!.4$ deutlich zurück. Melpomene kulminiert am 1. um $22^h28^m$, am 15. um $21^h30^m$ und am 31. schon um $20^h31^m$. Am letzten Tag des Jahres geht sie um $2^h36^m$ unter.

## PERIODISCHE STERNSCHNUPPENSTRÖME

Vom 7. bis 17. Dezember macht sich der ekliptikale Strom der **GEMINIDEN** bemerkbar. Ihr Ausstrahlungspunkt liegt in den Zwillingen, rund 1° südwestlich von Kastor.

Das ausgedehnte Maximum tritt am Abend des 14. Dezember ein, wo stündlich bis 150 Meteore, mitunter auch sehr helle Objekte, über den Himmel huschen. Da der Radiant morgens hoch über dem Horizont steht, sind die Geminiden am Morgenhimmel gut zu verfolgen.

Die Geschwindigkeiten liegen um 35 Kilometer pro Sekunde. Die günstigste Beobachtungszeit liegt zwischen $21^h$ und $6^h$ morgens.

Im Jahr 2009 gab es zwei deutliche Maxima mit je 140 Geminiden-Meteoren pro Stunde. Das erste fiel auf 19$^h$ MEZ am 13. und das zweite stellte sich um 3$^h$ morgens am 14. Dezember ein.

Neuerdings vermutet man den Planetoiden (3200) Phaeton als Quelle der Geminiden. Seine Umlaufzeit beträgt lediglich 1,4 Jahre. Vermutlich ist Phaeton ein inaktiv gewordener Komet.

Die **ANDROMEDIDEN**, die vom zerfallenen und erloschenen Kometen 3D/Biela stammen, verursachten 1872 und 1885 heftige Meteorschauer, trafen aber danach nicht mehr mit der Erde zusammen. Die Bahnentwicklung brachte in den letzten Jahren wieder Teilchen des Stromes in Erdnähe. Am 28. November 2021 wurde eine hohe Rate dieses Stromes beobachtet. die Modellrechnungen lassen erneut eine merkliche Andromediden-Aktivität am 2. Dezember 2023 erwarten.

Wenig ergiebig ist der Strom der **MONOCEROTIDEN**, dessen Radiant zwischen Beteigeuze und Prokyon liegt. Es handelt sich um mittelschnelle Objekte (um 40 Kilometer pro Sekunde). Das Maximum soll am 8. Dezember eintreten mit nur wenigen Meteoren, lediglich ein bis drei Meteore pro Stunde sind zu erwarten.

Ein paar mehr Sternschnuppen liefern die **SIGMA-HYDRIDEN** im Maximum, das am 11. Dezember zu erwarten ist. Man rechnet mit drei bis fünf Objekten pro Stunde, die mit rund 60 Kilometer pro Sekunde in unsere Lufthülle eindringen. Der Radiant liegt im Kopf der Wasserschlange (Hydra).

Vom 17. bis 26. Dezember tauchen die **URSIDEN** auf, deren Radiant im Sternbild Kleiner Bär zu finden ist. Ihr scharfes Maximum erreichen die Ursiden-Meteore in der Nacht vom 22. auf 23. Dezember gegen Mitternacht. Da der Radiant zirkumpolar ist, können die Ursiden die ganze Nacht beobachtet werden. Der Ursprung der Ursiden wird auf den Kometen 8P/Tuttle zurückgeführt. Die Sternschnuppen haben mittlere Geschwindigkeiten von 35 Kilometer pro Sekunde. In den letzten Jahren wurden rund zehn bis zwanzig, 2016 und 2017 auch mehr Objekte pro Stunde im Maximum registriert.

Zum Jahresschluss tauchen schon die ersten **QUADRANTIDEN**-Meteore auf, deren Maximum am 3. Januar 2024 zu erwarten ist.

# Der Fixsternhimmel

Alle Herbstbilder sind inzwischen in die westliche Himmelshälfte gerückt, außer Perseus, der gerade den Meridian durchschreitet. Atair im Adler ist bereits untergegangen, womit das Sommerdreieck aufgelöst ist. Deneb ist noch im Westen und Wega tief im Nordwesten zu erblicken. Deneb ist in unseren Breiten übrigens zirkumpolar und Wega fast.

In Richtung Westen erkennt man noch relativ hochstehend das Pegasusquadrat. Seine Südwestecke deutet zum Horizont, das Sternenviereck steht schräg zum Horizont. Vom Pegasus zieht sich die Sternenkette der Andromeda zum Zenit. Südlich der Andromeda liegt das kleine, aber einprägsame Sternbild Dreieck (lat.: Triangulum).

Der Widder mit dem hellen Riesenplaneten Jupiter hat eben seinen Meridiandurchgang hinter sich. Den Raum im Südwesten nehmen jetzt die Fische ein. Tief im Südwesten steht das ausgedehnte Sternbild des Walfischs. Fomalhaut, der helle Stern im Südlichen Fisch, ist bereits unter dem Horizont verschwunden.

Tief im Süden schlängelt sich der Fluss Eridanus um den Meridian. In unseren Breiten sehen wir nur einen Teil vom Sternbild Eridanus. Der Fluss der Unterwelt zieht sich von Rigel im Orion in Windungen nach Südwesten. Der helle Hauptstern des Eridanus, Achernar oder α Eridani, bleibt in unseren Breiten stets unter dem Horizont. Der arabische Name Achernar bedeutet so viel wie Stern am Flussende. Achernar gehört mit 0$^m$5 zu den zehn hellsten Fixsternen des irdischen Firmaments. Achernar ist eine heiße, bläuliche,

# 12 Fixsternhimmel — DEZEMBER 2023

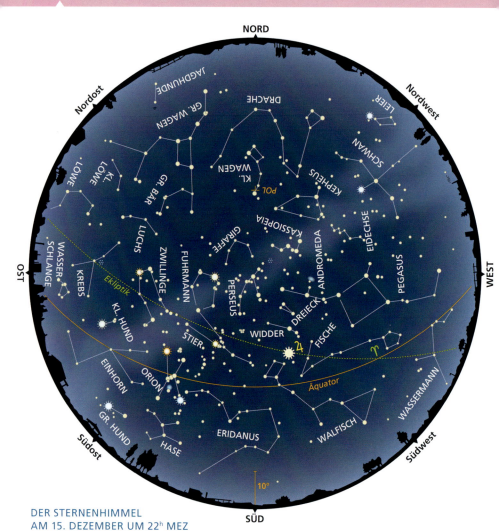

**DER STERNENHIMMEL AM 15. DEZEMBER UM 22ʰ MEZ**

| Die Sternkarte ist auch gültig für: | | |
|---|---|---|
| | MEZ | MESZ |
| 15. 9. | 4ʰ | 5ʰ |
| 1.10. | 3 | 4 |
| 15.10. | 2 | 3 |
| 1.11. | 1 | |
| 15.11. | 0 | |
| **1.12.** | **23** | |
| **15.12.** | **22** | |
| **31.12.** | **21** | |
| 15. 1. | 20 | |
| 31. 1. | 19 | |

leuchtkräftige Sonne in 143 Lichtjahren Entfernung (Spektraltyp B3 V). Achernar kann man nur südlich von etwa 30° Nord geografischer Breite sehen.

Im Gegensatz zum wenig attraktiven Südwest- und Südhimmel – in unseren Städten erscheint er wegen der Lichtverschmutzung völlig sternleer – funkelt der Ost- und Südosthimmel nur so von hellen Sternen.

Alle bedeutenden Wintersternbilder sind zur Standardbeobachtungszeit (22ʰ MEZ zur Monatsmitte) bereits über dem Horizont. Das komplette Wintersechseck mit Kapella – Pollux – Prokyon – Sirius – Rigel – Aldebaran ist nun sichtbar. Die Figur des Orion im Südosten ist kaum zu übersehen. Knapp über dem Südosthorizont funkelt Sirius, der hellste Stern im Großen

**DEZEMBER 2023**  Fixsternhimmel **12**

12.4 Skelettkarte des Sternbildes Fuhrmann

Hund und mit $-1^m\!.5$ der hellste Stern am irdischen Himmel überhaupt. Die meisten anderen Sterne des Großen Hundes sind hingegen noch nicht aufgegangen.

Hoch im Osten, fast im Zenit, steht der Fuhrmann mit der hellen Kapella. Das Sternbild Fuhrmann ist leicht zu erkennen, gehört doch sein Hauptstern, die gelblich strahlende Kapella, mit $0^m\!.1$ zu den sechs hellsten Sternen am irdischen Firmament. Außerdem ist Kapella der nördlichste Stern heller als erster Größe. Kapella ist in unseren Breiten fast das ganze Jahr über zu sehen. Ab 44° nördlicher Breite ist Kapella sogar zirkumpolar. Sie ist der hellste Zirkumpolarstern.

Kapella steht an der Spitze eines Sternenfünfecks, das den Fuhrmann darstellen soll. Meist sieht man jedoch ein Sechseck aus Sternen, weil man unwillkürlich noch β Tauri (Alnath), das nördliche Stierhorn, mit in dieses Polygon aufnimmt. Tatsächlich gehörte einst β Tauri zum Fuhrmann und trug im Sternatlas von Johannes Bayer die Bezeichnung γ Aurigae.

Das Sternenpolygon des Fuhrmanns liegt mitten in der sternreichen Gegend der winterlichen Milchstraße.

Eine ganze Reihe von Sagen ranken sich um dieses Sternbild. Ein Wagenlenker, ein Zügelhalter, der Erbauer des Himmelswagens, aber auch ein Maultier oder eine Ziege wurden in dieser Sternenfigur gesehen.

### DAS STERNBILD FLUSS ERIDANUS (ERIDANUS)

Nur wenige erkennen dieses Sternbild, denn für unsere Breiten ist der Eridanus ein recht unscheinbares Bild. Der Eridanus zählt zu den ausgedehntesten Sternbildern, die wir kennen. Sein Hauptstern Achernar (α Eridani) gehört mit $0^m\!.5$ zu den zehn hellsten Fixsternen des Himmels. Mit einer Deklination von −57° steht Achernar allerdings so weit südlich, dass er von unseren Breiten aus nicht gesehen werden kann. Erst südlich von 33° nördlicher Breite taucht Achernar bei seiner Kulmination tief am Südhorizont knapp über dem Südpunkt auf.

Der Eridanus ist keine Sagengestalt, sondern ein Fluss. Seinen Ursprung nimmt der Fluss Eridanus bei Rigel im Orion. Zunächst schlängelt er sich westwärts in Richtung Walfisch, von wo er sich in zwei großen Bögen südwärts windet und dann in unseren Breiten unter dem Horizont verschwindet (siehe Mo-

### VERÄNDERLICHE STERNE

| Algol-Minima | | β-Lyrae-Minima | | δ-Cephei-Maxima | | Mira-Helligkeit | |
|---|---|---|---|---|---|---|---|
| 12. | $6^h20^m$ | 3. | $21^h$ N | 4. | $5^h$ | 1. | $9^m$ |
| 15. | 3 08 | 10. | 8 H | 9. | 14 | 10. | 9 |
| 17. | 23 57 | 16. | 19 N | 14. | 23 | 20. | 10 |
| 20. | 20 47 | 23. | 7 H | 20. | 7 | 31. | 10 |
| 23. | 17 36 | 29. | 18 N | 25. | 16 | | |
| | | | | 31. | 1 | | |

# 12  Fixsternhimmel — DEZEMBER 2023

**12.5** Skelettkarte des Sternbildes Fluss Eridanus.

natssternkarte Dezember auf Seite 256). Die bei uns sichtbaren Sterne des Eridanus sind dritter und vierter Größenklasse, weshalb er bei uns nicht besonders auffällt. Durch seine weit südliche Lage schwächt die horizontnahe Luftschicht das Sternenlicht, so dass dieses Sternbild kaum zu erkennen ist.

Bereits die Ägypter sahen in dieser Sternenanordnung einen Fluss, nämlich den Totenfluss. Ihrer Vorstellung nach beginnt der Totenfluss bei Osiris, dem Richter der Toten, dargestellt durch das Sternbild Orion. Man sah im Eridanus aber auch das Abbild des Nils.

Die alten Griechen übernahmen die Vorstellung von einem Fluss (ὁ ποταμός). Erst bei Aratos und Eratosthenes findet man die Bezeichnung Ἐριδανός (Eridanos).

Er wird dem Sohn des Sonnengottes zum Verhängnis. Phaeton, wie der junge Mann heißt, darf auf inständiges Bitten hin einmal selbst den Sonnenwagen mit den feurigen Rossen über den Himmel lenken. Phaeton wird bei seiner Reise hoch über die Länder und nahe den Sternen schwindelig. Als er den gewaltigen Skorpion erblickt, erschrickt er vollends. Er verliert die Kontrolle über die Rosse, die durchgehen. Der Sonnenwagen kommt ins Schleudern, Phaeton fällt aus ihm heraus und stürzt kopfüber in die Tiefe, wobei er schließlich in den Fluss Eridanus fällt, der sein nasses Grab wird. Seine Schwestern, die Heliaden, beweinen den unglücklichen Phaeton. Die Tropfen ihrer Tränen gerinnen zu Bernstein, den man an den Gestaden des Eridanus angeblich noch heute findet. Aratos meint, nur am Firmament sei der viel beweinte Fluss Eridanus vorhanden, während Eratosthenes ihn als identisch mit dem Nil bezeichnet.

Der christliche Sternbilderhimmel sieht hier den Fluss Jordan. In neuerer Zeit wurde der Eridanus mit dem Po in Oberita-

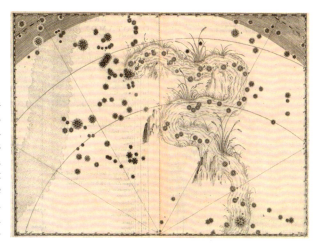

12.6 Figürliche Darstellung des Sternbildes Eridanus im Sternatlas *Uranometria* von Johannes Bayer aus dem Jahre 1603

lien und dem Ebro in Spanien verglichen. Gottfried Kirch zeichnete im Jahre 1688 den oberen Teil des Eridanus als brandenburgisches Szepter. In einer alten Darstellung sieht man auch die nördlichen Teile des Eridanus als Straußennest. Meist wurde dieses Sternenareal jedoch mit Wasser in Verbindung gebracht. Bei Eudoxos heißt es einfach Okeanos, dessen Fluten die Erdscheibe umspülen.

Mit $0^m\!.5$ ist Achernar ($\alpha$ Eri) der neunthellste Stern am Himmel. Er leuchtet bläulich-weiß (Spektraltyp B3) und ist 143 Lichtjahre entfernt. Sein Name kommt aus dem Arabischen: Akhir Al Nahr bedeutet das Ende des Flusses.

Während Achernar wegen seiner südlichen Lage bei uns nicht zu sehen ist, befindet sich Cursa ($\beta$ Eridani) als Stern mit $2^m\!.8$ Helligkeit etwa drei Grad nordwestlich von Rigel im Orion. Cursa leuchtet weiß (A3) und ist 89 Lichtjahre entfernt. Der Name leitet sich ebenfalls vom Arabischen ab und bedeutet Fußschemel (für den Himmelsjäger Orion). Cursa gehört zum Bewegungshaufen des Bärenstroms.

Tiefrot leuchtet Zaurak ($\gamma$ Eri) mit $3^m\!.0$ Helligkeit und Spektralklasse M1. Seine Distanz beträgt 190 Lichtjahre. Die arabische Bezeichnung bedeutet Bootsstern. Der nach $\alpha$ Centauri und Sirius drittnächste freiäugig sichtbare Stern ist $\varepsilon$ Eridani. Neuerdings trägt er den Eigennamen Ran. Mit $3^m\!.7$ scheinbarer Helligkeit ist er auch nicht besonders auffällig. $\varepsilon$ Eri ist ein K2-Stern der Leuchtkraftklasse V. Mit 10,5 Lichtjahren Entfernung ist er uns noch ein wenig näher als 61 Cygni. Seine Leuchtkraft entspricht etwa einem Drittel der unserer Sonne. Mit $\tau$ Ceti zusammen war $\varepsilon$ Eridani einer der beiden ersten Kandidaten des Projektes OZMA, als man zu Beginn der 60er-Jahre des vorigen Jahrhunderts mit einem Radioteleskop des amerikanischen Nationalen Radioastronomischen Observatoriums (NRAO) in Green Bank (West Virginia) nach Signalen außerirdischer Zivilisationen lauschte.

12.7 Der Planetarische Nebel NGC 1535, aufgenommen vom Hubble-Weltraumteleskop.

Im Eridanus liegt nahe $\gamma$ Eri auch der Planetarische Nebel NGC 1535. Mit $9^m$ Helligkeit ist er kein ganz leichtes Objekt. Seine Entfernung wird zu 6000 Lichtjahren geschätzt.

Nördlich von $\tau_4$ Eri stößt man auf die Galaxie NGC 1300, eine Balkenspirale von beeindruckender Schönheit – allerdings nur erkennbar in Aufnahmen größerer Teleskope.

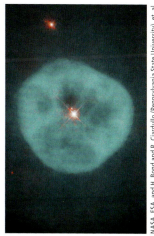

NASA, ESA, and H. Bond and R. Ciardullo (Pennsylvania State University), et. al.

# Gibt es die Dunkle Materie wirklich?

12.8  Das Large Synoptic Survey Telescope (LSST) auf dem Cerro Pachón in Chile wurde inzwischen „Vera C. Rubin"-Teleskop getauft.

Seit nunmehr bald hundert Jahren rätseln Astronomen und Elementarteilchenphysiker, ob es die ominöse „Dunkle Materie" gibt oder ob sie nur eine Hypothese ist, um einige unverstandene Beobachtungen zu erklären. Man braucht sie, um zu verstehen, wieso sich in einer sehr frühen Phase des Universums überhaupt Sterne bilden konnten, warum Milchstraßenhaufen nicht auseinanderdriften, weshalb die Randpartien großer Spiralgalaxien viel schneller um das Zentrum ihrer Milchstraße kreisen als gedacht, wieso das Licht ferner Quasare viel stärker durch Galaxienhaufen abgelenkt wird als vermutet und weitere Phänomene, die darauf hindeuten, dass das Universum viel mehr Masse enthält als im sichtbaren Licht zu erfassen.

Einige kühne Astrophysiker zweifeln sogar die universelle Gültigkeit von Newtons Gravitationstheorie an und entwickelten die MOND-Hypothese. Mit unserem Erdtrabanten hat sie nichts zu tun, vielmehr steht MOND für **Mo**dified **N**ewtonian **D**ynamics, also für modifiziertes Newtonsches Gravitationsgesetz. Inzwischen zweifelt kaum jemand mehr an der Existenz einer Dunklen Materie. Umso rätselhafter und ungelöst ist die Frage bis heute, woraus die Dunkle Materie eigentlich besteht.

Begonnen hat alles in den 1930er-Jahren mit dem „Missing-Mass-Problem", der Suche nach der fehlenden Masse. Fritz Zwicky (1898–1974), ein Schweizer Astronom, der hauptsächlich in den USA forschte, hat als Erster große Mengen an gravitativ wirkender Masse vermisst. Schon 1933 bemerkte Zwicky, dass die Galaxien im Coma-Haufen sich so schnell bewegen, dass er sich längst aufgelöst haben müsste – es sei denn, der Haufen habe mindestens zehnmal so viel Masse wie im Optischen beobachtet, die den Coma-Haufen durch ihre Schwerkraft zusammenhält. Aus dem Virialtheorem der klassischen Mechanik ist zu schließen, dass die sichtbare Materie in

12.9 Fritz Zwicky (1898–1974) hat als einer der ersten Astronomen auf die „fehlende Masse" hingewiesen.

12.10 Die Astronomin Vera Cooper Rubin (1928–2016) hat aus Rotationskurven von Galaxien auf Dunkle Materie geschlossen.

dem Galaxienhaufen nur etwa ein Zehntel zur Gesamtmasse beiträgt. Kurzum, das Virialtheorem besagt: Je größer die Geschwindigkeiten von Sternen oder Galaxien in einem Haufen sind, desto größer muss die Gesamtmasse eines Haufens sein, damit die einzelnen Mitglieder nicht den Haufen verlassen und er sich schlussendlich auflöst.

Vera Cooper Rubin (1928–2016) hat das Rotationsverhalten der großen Galaxie NGC 3198 in den 1960er-Jahren untersucht. Dabei stellte sie fest, dass die Randpartien viel schneller um das Galaxienzentrum laufen als nach der abgeschätzten Gesamtmasse zu erwarten wäre. Die Galaxie NGC 3198 muss viel mehr Masse enthalten als die Summe aller Sterne und interstellarer Materie ergibt. Auch bei anderen Galaxien hat sie aus den Rotationskurven auf riesige Mengen an zusätzlicher Masse geschlossen. Ihr zu Ehren wurde das LSST (**L**arge **S**ynoptic **S**urvey **Te**lescope) auf dem 2682 Meter hohen Cerro Pachón in Chile „Vera C. Rubin Observatory" getauft.

## Unsichtbare Schwerkraftwirkung

Nach Einsteins Allgemeiner Relativitätstheorie (ART) krümmen Massen den sie umgebenden Raum. Die Raumkrümmung bewirkt die Erscheinung der Gravitation. Licht kann durch Masse gebündelt werden. Die Massen wirken wie optische Linsen. Solche Gravitationslinsenphänomene lassen Rückschlüsse auf die Menge der Massen zu, die die Lichtstrahlen ablenken. Dies wurde mehrfach beobachtet. Das Licht eines fernen, punktförmigen Quasars wird beim Passieren eines Galaxienhaufens auf dem Weg zur Erde abgelenkt, wobei Doppel- und Mehrfachbilder, teils auch leuchtende Ringe zu beobachten sind. Aus der Geometrie der abgelenkten Lichtstrahlen lässt sich auf die Masse des Galaxienhaufens schließen.

Aus den Beobachtungen der Gravitationslinsen einiger Galaxienhaufen ist zu schließen, dass sie rund neunmal mehr Masse besitzen als in Form leuchtender Materie zu erkennen ist. Die Dunkle Materie macht sich ausschließlich durch

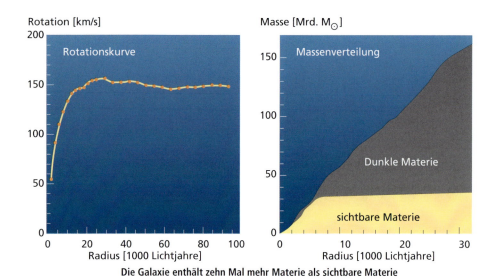

Die Galaxie enthält zehn Mal mehr Materie als sichtbare Materie

**12.11** Rotationskurve und Massenverteilung der Galaxie NGC 3198

ihre Schwerkraftwirkung bemerkbar. Sie koppelt mit keiner anderen der vier Naturkräfte wie starke Wechselwirkung, schwache Wechselwirkung und elektromagnetische Kraft. Sie spürt daher auch keinen thermischen Druck. In der Frühphase des Universums bewirkte sie, dass die normale Materie überhaupt klumpen konnte und daher Sterne bildete. Ohne die Dunkle Materie hätte der normale Druck der baryonischen Materie eine Verdichtung zu Sternen verhindert. Zu den Baryonen zählen die Bausteine der Atomkerne, bekannt als Protonen und Neutronen. Die Dunkle Materie ist auch für die auf großen Längenskalen honigwabenartige Struktur des Universums aus riesigen Wänden von Galaxiensuperhaufen verantwortlich. Diese Wände umschließen gewaltige Leerräume von hundert Millionen und mehr Lichtjahren.

Da die Dunkle Materie sich nur durch ihre Schwerkraft bemerkbar macht, nennt man sie besser unsichtbare Materie. Eine Person aus Dunkler Materie bestehend könnte mühelos durch Betonwände schreiten ohne den geringsten Widerstand zu spüren.

## „Normale" Materie ist keine Erklärung

Man hat allerlei Möglichkeiten untersucht, woraus die „vermisste Materie" mit ihrer Schwerkraftwirkung bestehen könnte. Vielleicht sind es erloschene Sterne, die die Galaxien in großen Mengen füllen. Möglicherweise gibt es eine große Zahl Schwarzer Löcher im Weltall, deren Anteil erheblich zur Gesamtmasse beiträgt. Auch Braune Zwerge, vagabundierende Planeten und Kleinplaneten könnten sich in den Weiten der Galaxis unbemerkt verborgen halten. Doch dann hätte es in den ersten Milliarden Jahren des Universums wesentlich mehr Supernovae geben müssen, die ausreichend baryonische Materie ins Weltall geschleudert haben müssten. In früheren Zeiten hätte es zehn Mal mehr massereiche und damit leuchtkräftige Sterne geben müssen, was aber nicht beobachtet wird. Blickt man auf ferne Galaxien, so sind diese jünger, denn ein Blick in die Ferne ist wegen der Lichtlaufzeit auch ein Blick in die Vergangenheit. Die jüngsten Galaxien müssten somit viel, viel leuchtkräftiger gewesen sein.

Objekte wie stellare Schwarze Löcher, Neutronensterne, Braune Zwerge (verhinderte Sterne, da sie zu massearm sind, um im Inneren die

Temperatur so ansteigen zu lassen, dass Kernfusion einsetzt) sowie Planeten müssten sich als Gravitationslinsen bemerkbar machen. Selbst Planetoiden wirken als Gravitationslinsen. Eine durchschnittliche Planetoidenmasse spaltet theoretisch eine punktförmige Lichtquelle in zwei Bilder von nur einer Billiardstel ($10^{-15}$) Bogensekunde Abstand. Man spricht von Femtogravitationslinsen. Mit herkömmlichen Teleskopen lassen sich so eng benachbarte Lichtpunkte zwar nicht trennen, aber derartige Gravitationslinsen bündeln das Licht dahinterliegender Sterne. Es gibt kurzfristig einen Helligkeitsanstieg, wenn ein Planet vor einem Hintergrundstern vorbeizieht. Man registriert eine symmetrische Lichtkurve typischer Form. Ein solcher Mikrolinseneffekt wurde aber bisher nur in den seltensten Fällen beobachtet. Die Zahl der Femtolinsen ist viel zu gering, um nur ansatzweise als Quelle der fehlenden Masse angesehen werden zu können.

Auch interplanetarer und interstellarer Staub sind nicht im ausreichenden Maß vorhanden, um die beobachteten Schwerkraftwirkungen zu erklären. Interstellare Massen setzen sich ebenfalls aus baryonischer Materie zusammen. Auch wenn sie fernab von Sternen recht kalt sind, machen sie sich durch Absorption, Polarisation und Streuung (Rötung) bemerkbar. Kurzum, alle baryonische Materie in welcher Form auch immer kann nicht die fehlende Masse beinhalten.

## Schwer nachweisbare Geisterteilen

Auch Neutrinos und Axionen können die fehlende Materie nicht erklären. Neutrinos sind sehr zahlreich. Auf jedes Proton im Weltall kommt eine Milliarde Neutrinos. Sie wechselwirken kaum. Sie können Bleiwände von Lichtjahren Dicke durchqueren und werden nur zur Hälfte absorbiert. Ursprünglich vermutete man, ihre Ruhemasse wäre exakt Null. Das ist sie zwar nicht, aber sie ist extrem klein, in der Größenordnung von weniger als 1 eV (für Elementarteilchen werden Massen üblicherweise in Energieeinheiten ausgedrückt: $m = E/c^2$). Neutrinos rasen fast mit

12.12 Aus Gravitationslinsenphänomenen lässt sich die Masse von Galaxienhaufen ermitteln.

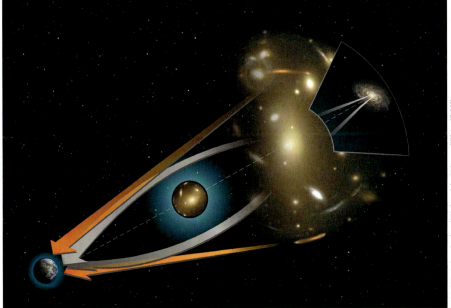

12.13 Das europäische Kernforschungsinstitut CERN bei Genf. Bisher konnte man dort noch kein einziges supersymmetrisches Teilchen nachweisen.

Lichtgeschwindigkeit durch das All. Sie zählen damit zur heißen Dunklen Materie (HDM – Hot Dark Matter). Abgesehen von ihrer zu geringen Masse, um als fehlende Materie zu fungieren, kann die HDM die Klumpung der Materie, die zur Sternbildung notwendig ist, nicht bewirken. Dazu ist eine kalte Dunkle Materie (CDM – Cold Dark Matter) erforderlich.

Axionen wiederum sind hypothetische Partikel, die einige nicht verstandene Eigenschaften von Neutronen klären sollen. Sie haben ebenfalls fast keine Ruhemasse, nämlich nur ein Hundertbillionstel ($10^{-14}$) der Protonenmasse. Wenn es sie denn geben sollte, dann sind sie ungeheuer zahlreich. Man schätzt ihre Menge auf hundert Billionen ($10^{14}$) pro Kubikzentimeter. Allerdings wären sie vom Typ HDM und damit für Klumpungsprozesse ungeeignet.

Bleiben nur die Teilchen, die von der Theorie der Supersymmetrie (SUSY) vorhergesagt werden, um die Dunkle Materie zu erklären. Einige von ihnen zählen zu den WIMPs, den Weakly Interacting Massive Particles, also den schwach wechselwirkenden Teilchen. Die Massen der WIMPs betragen zwischen der zehn- bis hundertfachen Protonenmasse. Sie zählen zur CDM, zur kalten Dunklen Materie und könnten die Bausteine der gravitativen Wechselwirkung sein.

Die Elementarteilchen der uns geläufigen Materie wie Elektronen, Protonen, Neutronen, Quarks etc. zählen zu den Fermionen. Die Fermionen haben halbzahlige Spins und unterliegen dem Pauli-Verbot, stabilisieren also die Materie. Die Bosonen zeichnen sich durch ganzzahlige Spins aus. Sie sind die Botenteilchen (messenger particles), die die Kräfte zwischen den Fermionen vermitteln. Zu ihnen zählen die Photonen,

12.14 Der Bullet-Cluster, ein Produkt der Verschmelzung zweier Galaxienhaufen im Sternbild Carina in 3,7 Milliarden Lichtjahren Entfernung. Falschfarbendarstellung: Rot = Röntgenstrahlung; Blau = Simulation der Dunklen Materie.

die W- und Z-Bosonen der schwachen Wechselwirkung, die Gluonen der starken Wechselwirkung (Kernkraft) und die noch hypothetischen Gravitonen.

Nach der SUSY-Theorie sollte es zu jedem Fermion einen Partner mit ganzzahligem Spin geben und zu jedem Boson einen supersymmetrischen Partner mit halbzahligem Spin. Der Partner des Elektrons ist dann ein Selektron, das Photon hätte das Photino als Partner, zu jedem W-Boson gäbe es ein Wino, zu jedem up-Quark gäbe es ein sup-Quark, usw. Nach der SUSY würden alle supersymmetrischen Teilchen ausschließlich über die Gravitation koppeln. Nur ihre Schwerkraft wirkt auf die Teilchen der uns bekannten Materie. Sonst sind sie weder zu sehen noch irgendwie zu registrieren. Sie laufen durch „normale" Materie ungehindert hindurch, gewissermaßen so, als ob sie gar nicht existierte. Trotz jahrzehntelanger Suche vor allem am CERN, dem europäischen Nuklearforschungsinstitut in Genf, konnte man bis heute kein einziges SUSY-Teilchen dingfest machen.

## Paradebeispiel Bullet Cluster

Große Galaxien sind eingebettet in einen Halo aus Dunkler Materie, der die fünf- bis zehnfache Masse der leuchtenden Sterne und interstellaren Materie in der Galaxie besitzt. Zwerggalaxien sind viel häufiger als die großen Milchstraßensysteme. So besitzt unsere Lokale Gruppe vier große Galaxien aber rund fünf Dutzend Zwerggalaxien, die teils Trabanten der großen Milchstraßensysteme sind. Wegen ihrer geringen Leuchtkräfte sind Zwerggalaxien allerdings schwierig aufzuspüren und nur in relativ gerin-

**12.15** Die Galaxie NGC 1052-DF2 im Sternbild Cetus enthält kaum Dunkle Materie.

gen Distanzen beobachtbar. Die Zwerggalaxien beherbergen vergleichsweise viel Dunkle Materie. Nur etwa ein Hundertstel der Masse einer kleinen Zwerggalaxie entfällt auf Sterne, der Rest ist Dunkle Materie. Je kleiner und leuchtschwächer eine Galaxie ist, desto höher ist der Massenanteil an Dunkler Materie. Die kleinsten Zwerggalaxien sind so winzig und unscheinbar, dass man sie nur mit speziellen Verfahren aufspüren kann. Sie besitzen kaum Sterne und bestehen fast ausschließlich aus Dunkler Materie.

Ein weiterer Nachweis der Dunklen Materie scheint durch die Kollision und Verschmelzung zweier Galaxienhaufen zum sogenannten Bullet Cluster zu einem kugelförmigen Milchstraßenhaufen gelungen zu sein. Der Bullet Cluster liegt im Sternbild Carina ($\alpha = 6^h59^m$, $\delta = -55°57'$/ J2000.0) und enthält etwa 40 Galaxien. Seine Entfernung beträgt 3,7 Milliarden Lichtjahre.

Die Durchdringungsgeschwindigkeit beider Galaxienhaufen wurde zu 4700 km/s gemessen, während die Theorie 3800 km/s ohne Dunkle Materie ergibt: Die zusätzliche Schwerkraftwirkung durch die Dunkle Materie führt zur höheren Kollisionsgeschwindigkeit. Mit dem Hubble-Weltraumteleskop zeigen sich die Sterne der beiden einander durchdringenden Galaxien, während mit dem Chandra X-Ray Observatory die Röntgenstrahlung des extrem heißen, aber dünnen Gases im zentralen Bereich des Bullet Clusters empfangen wird. Die Dunkle Materie hingegen verteilt sich zu beiden Seiten des riesigen Bullet Clusters, was sich durch den Gravitationsleneffekt nachweisen lässt: Das Aussehen weit entfernter Galaxien wird entsprechend verändert, die Galaxien erscheinen entsprechend verzerrt.

### Lichtschwache Zwerggalaxien

Eine Galaxie ohne Dunkle Materie zu finden wird kaum erwartet. Und doch geschah dies 2018. Die diffuse Galaxie NGC 1052-DF2 (kurz: DF2) begleitet die riesige elliptische Galaxie NGC 1052 im Sternbild Cetus (Walfisch). Ihre Entfernung beträgt 72 Millionen Lichtjahre. DF2 ist mit 100 000 Lichtjahren Durchmesser etwa so groß wie unsere Milchstraße, hat aber nur ein

Zweihundertstel der Sternenzahl. Diffuse Galaxien sind nicht ungewöhnlich, aber sie sind normalerweise eingebettet in Dunkle Materie. DF2 scheint höchstens 1/400 der Menge an Dunkler Materie zu besitzen, die unsere Galaxis hat. Auch DF4, eine weitere Begleitgalaxie von NGC 1052, scheint kaum Dunkle Materie zu besitzen.

Ironischerweise sehen dies einige Experten als indirekten Nachweis von Dunkler Materie im Weltall, nach dem Motto: keine Regel ohne Ausnahme. Ungewöhnlich ist auch die Tatsache, dass die Kugelhaufen im Halo von DF2 rund vier Mal heller leuchten als es sonst für Kugelhaufen üblich ist. Außerdem bewegen sie sich recht langsam auf ihren Umlaufbahnen um DF2, da die gravitativ wirkende Dunkle Materie fehlt. Doch wo ist die Dunkle Materie geblieben? Fehlte sie schon von Anfang an oder wurde sie von der Galaxie NGC 1052 inklusive deren Dunkler Materie abgezogen? Wieso blieben aber dann die Kugelhaufen verschont und wurden nicht ebenso weggerissen? Ein bisher ungelöstes Rätsel.

Seit 1990 versucht man, WIMPs der Dunklen Materie direkt nachzuweisen, so im unterirdischen Laboratorium der Boulby Mine nahe Whitby in North Yorkshire (England). Das Laboratorium liegt in 1100 Meter Tiefe, damit die Gesteinsschichten die energiereichen Teilchen der kosmischen Strahlung abschirmen. Etliche Tonnen flüssigen Xenons lagern im Labor. Die Atomkerne des Edelgases Xenon ($^{131}Xe_{54}$) haben eine größere Chance, mit den WIMPs der Dunklen Materie zu wechselwirken. Szintillationszähler würden bei einer solchen Reaktion mit einem Lichtblitz reagieren. Auch in anderen unterirdischen Laboratorien wie dem Sanford Underground Research Facility in Lead, South Dakota (USA) betreibt man das Experiment LUX-ZEPLIN (Large Underground Xenon – ZonEd Proportional scintillation in LIquid Noble gases). Auch das italienische Laboratori Nazionali del Gran Sasso in den Abruzzen hat für das XENONnT-Experiment sieben Tonnen flüssiges Xenon bereitstehen.

Bisher waren jedoch alle Versuche vergeblich, die WIMPs der SUSY nachzuweisen. Keinen Zweifel gibt es an der Existenz der Dunklen Materie. Sie macht sich durch ihre Gravitationswirkung auf mehrfache Weise bemerkbar. Aber woraus sie tatsächlich besteht, ist nach wie vor ein ungelöstes Rätsel.

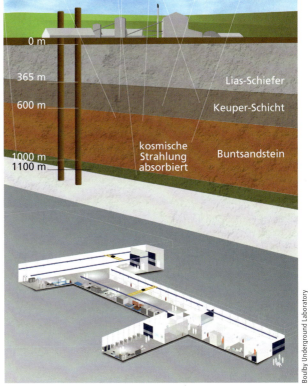

12.16 Das unterirdische Laboratorium in 1100 Meter Tiefe in der Boulby Mine bei Yorkshire (England).

# UNENDLICHE WEITEN
## — DES WELTALLS

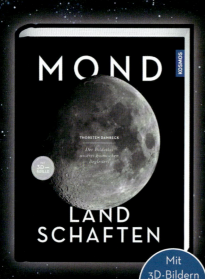

Mit 3D-Bildern und 3D-Brille als Extra

Auch als E-Book

**Thorsten Dambeck**
Mond-Landschaften
224 Seiten, €/D 50,–

**Felicitas Mokler**
Die Evolution des Universums
256 Seiten, €/D 34,–

**Dieser aufwendig gestaltete Bildband** zeigt die Landschaften unseres Erdtrabanten in völlig neuem Licht. Neben einem kompletten Mond-Atlas, ergänzt durch das fantastische Bildmaterial des LRO, informiert er über die neuesten Erkenntnisse der Forschung, beschreibt den Mond als Nachtgestirn und Himmelskörper und berichtet über vergangene und zukünftige Mond-Missionen. Ein wissenschaftlich wie optisch einmaliges Buch – beinahe wie eine Reise zum Mond.

**Was geschah beim Urknall** und wie sieht die Zukunft des Universums aus? Berühmte Physiker haben sich dem Thema Kosmologie gewidmet, das Hubble-Teleskop hat bis an den Rand des Kosmos geschaut und präzise Messungen haben unser Bild verfeinert. Die Astrophysikerin Dr. Felicitas Mokler zeichnet die historische Entwicklung der Kosmologie nach, ordnet die damit verbundenen Weltbilder ein und bringt uns umfassend und verständlich auf den neuesten Stand der Forschung.

kosmos.de

Stefan Seip
**Jenseits des Horizonts**
208 Seiten, €/D 40,–

**Gänsehautmomente unter dem Firmament.** Die Aufnahmen des Astrofotografen Stefan Seip gleichen Kunstwerken, erzählen Geschichten, sind atemberaubend schön. Und sie sind mit besonderen Erlebnissen verbunden, denn jedes Motiv ist von umfangreicher Planung, einer weiten Reise und dem Kampf mit Technik und Wetter geprägt. Dieser Bildband präsentiert Stefan Seips beste Bilder und erzählt, was er auf seinen Fototouren rund um den Globus erlebt hat.

Dirk H. Lorenzen
**Der neue Wettlauf ins All**
208 Seiten, €/D 25,–

**Die Zukunft der Raumfahrt.** Die NASA plant eine Station in der Mondumlaufbahn, auch China und Indien drängen ins All. Und SpaceX-Chef Elon Musk schickt seine Starlink-Satelliten in den Orbit und will den Mars besiedeln. Woher kommt die neue Lust aufs All? Dieses Buch stellt die ambitionierten Pläne der Raumfahrtunternehmen, ihre Raketen, Raumschiffe und Ziele vor und bietet eine fundierte Einschätzung von Chancen und Risiken.

# HIMMLISCHES
## — LESEVERGNÜGEN

Auch als E-Book

Auch als E-Book

Dr. Thomas Bührke
**Was ist Dunkle Materie**
256 Seiten, €/D 22,–

**Die unsichtbare Kraft** formt Galaxien, bestimmt die Struktur des Universums – und spaltet die Wissenschaft. Doch was brachte die Forschung auf die Spur der Dunklen Materie? Welche Alternativen gibt es und was würde das für unser Verständnis vom Weltall bedeuten? Thomas Bührke schildert die bisherigen Theorien, Experimente und Ergebnisse, lässt führende Wissenschaftler zu Wort kommen und stellt den aktuellen Stand der Forschung vor.

Thomas Naumann • Ilja Bohnet
**Das rätselhafte Universum**
272 Seiten, €/D 22,–

**Was sind Raum und Zeit?** Woraus besteht das Universum? So manches Welträtsel, das schon die klassische Physik und später Einstein und Hawking beschäftigte, ist bis heute ungelöst. Dieses Buch diskutiert die spannendsten Fragen und Forschungsprojekte. Es führt ein in das Weltbild der Physik gestern und heute, erörtert den Ursprung von dunkler Materie und andere ungelöste Rätsel der modernen Physik und stellt die Frage nach dem weiteren Verlauf der kosmologischen Evolution.

kosmos.de

**Hélène Courtois**
**Von der Vermessung des Kosmos**
184 Seiten, €/D 20,–

**Als die Astrophysikerin Hélène Courtois** mit ihrem Team begann, eine Karte des gesamten Universums zu erstellen, ahnte sie nicht, dass sie die neue Adresse unserer Erde finden würde: in einem gigantischen Haufen aus Millionen kleinen und 100.000 großen Galaxien. Die Forscher*innen nannten diesen Super-Galaxienhaufen Laniakea. Eine spannende Reise von den ersten Schritten zur Vermessung des Weltalls bis hin zu neuesten spektakulären Entdeckungen.

**Susanne M. Hoffmann**
**Wie der Löwe an den Himmel kam**
208 Seiten, €/D 30,–

**Woher kommen die Namen der Sternbilder?** Dieses Buch geht den wahren Geschichten der Sternbilder und ihren Bedeutungen in unterschiedlichen Kulturen auf den Grund. Die ausführlichen Porträts in diesem Himmelsatlas sind bebildert mit historischen und modernen Sternkarten. Die Texte beleuchten die Ursprünge und Bräuche im alten Babylon und Griechenland ebenso wie die Mythen der australischen Aboriginals und die chinesische Astronomie.

# HILFREICH FÜR HOBBYASTRONOMEN

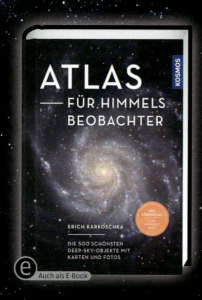

Erich Karkoschka
**Atlas für Himmelsbeobachter**
144 Seiten, €/D 25,–

**Das Standardwerk in einer** vollständig neu bearbeiteten Ausgabe: in größerem Format, mit neuen, farbigen Sternkarten, mit topaktuellen Daten der Raumsonde Gaia und einmaligen Vergleichsbildern der Himmelsobjekte. So lassen sich Sternhaufen, Gasnebel und Galaxien noch sicherer finden. Insgesamt stellt der Atlas 500 der schönsten Deep-Sky-Objekte vor, die mit Fernglas und Fernrohr beobachtet werden können.

Hermann-Michael Hahn · Gerhard Weiland
**Drehbare KOSMOS-Sternkarte XL**
Durchmesser 34 cm, €/D 29,–

**„Die drehbare KOSMOS Sternkarte"** **im Großformat.** Mit dem einzigartigen Planetenzeiger lassen sich die Positionen der Wandelsterne einstellen: er unterstützt so das sichere Finden und Bestimmen. Die ausführliche Anleitung beschreibt die Handhabung auch für Einsteiger einfach und gibt die Planetenstellungen der nächsten Jahre an. Mit Südsternhimmel auf der Rückseite.

kosmos.de

Bernd Koch • Stefan Korth
**Die Messier-Objekte**
224 Seiten, €/D 30,–

**110 Himmlische Highlights!** Von der Andromedagalaxie über den Orionnebel bis zu funkelnden Sternhaufen weisen übersichtliche Sternkarten und genaue Anleitungen den Weg am Himmel. Die Autoren erläutern für jedes Objekt, was man bereits mit einem Fernglas sieht und welche Details und Strukturen darüber hinaus in einem kleinen oder größeren Teleskop sichtbar werden.

Erich Karkoschka
**Sterne finden am Südhimmel**
96 Seiten, €/D 16,99

**Wo ist das berühmte Kreuz des Südens?** Und welche anderen himmlischen Schätze gibt es zu entdecken? Erich Karkoschkas Sternführer hilft, die Sternbilder des Südens zu bestimmen, und gibt Hobbyastronomen Beobachtungstipps für die schönsten Fernglasobjekte. Dank seines einzigartigen Konzepts ist das Buch bereits ab den Urlaubsländern am Mittelmeer verwendbar.

# DAS UNIVERSUM
## — IM ÜBERBLICK

Auch als E-Book

Hans-Ulrich Keller
**Kompendium der Astronomie**
448 Seiten, €/D 46,–

Die umfassende und zugleich verständliche Einführung in die Astronomie: Mit über 150 Tabellen und mehr als 300 Abbildungen sowie einem ausführlichen Anhang finden sich hier Zahlen, Daten und Fakten, die man in anderen Werken oder im Internet vergeblich sucht. Das Standardwerk ist sowohl zum Selbststudium als auch als Begleitbuch zu Kursen hervorragend geeignet.

Hans-Ulrich Keller
**Kompendium der Chronologie**
240 Seiten, €/D 34,–

Wie erklärt man das Phänomen der Zeit? Wie kamen Menschen darauf, den Zeitablauf zu erfassen und Kalender aufzustellen. Dieses Buch ist die erste Gesamtübersicht zum Thema Zeit in der deutschsprachigen Literatur. Es erklärt das Rätsel der Zeit aus historischer und astronomischer Sicht, bietet einen umfassenden Überblick über das weltweite Kalenderwissen und versammelt wichtige Kalenderdaten wie Sonnen- und Mondfinsternisse und Feiertagstermine zum schnellen Nachschlagen.

kosmos.de

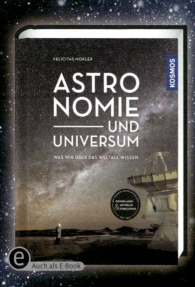

Felicitas Mokler
**Astronomie und Universum**
224 Seiten, €/D 30,–

Govert Schilling • Wil Tirion
**Sternenbilder**
224 Seiten, €/D 30,–

**Riesenteleskope blicken immer tiefer ins All,** Raumsonden erkunden das Sonnensystem und fast täglich berichten die Medien von neuen Entdeckungen. Im kosmischen Informationsnebel sorgt dieses Buch für Durchblick. Es vermittelt das nötige Grundwissen, stellt alles Wichtige im Weltall vor und erklärt, wie „das da draußen" eigentlich funktioniert. Informativ, verständlich, spannend – und mit atemberaubenden Bildern!

**Geschichte der Astronomie** und modernste Forschung einzigartig kombiniert. Die 88 historischen Sternbilder sind Ausgangspunkte für praktisch alle großen Leistungen der modernen Sternenkunde. Govert Schilling nimmt uns mit auf eine Reise zu diesen Konstellationen und zu den Höhepunkten der modernen Astronomie. Neben den Sternbild-Porträts werden auch die dort jeweils gewonnenen Erkenntnisse ausführlich vorgestellt.

# Planetengrößen — TABELLEN 2023

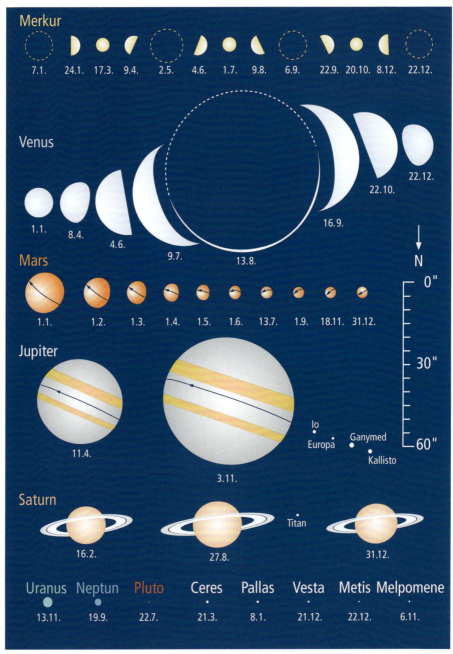

T.1 Die Größe der Planetenscheibchen im Jahre 2023. Man beachte den eingetragenen Maßstab in Bogensekunden. Anblick im umkehrenden Fernrohr (Norden unten, Osten rechts).

# TABELLEN 2023

# Planetensichtbarkeit

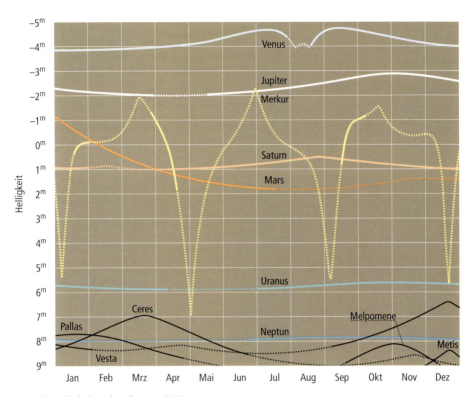

T.2　Die Helligkeiten der Planeten 2023.

T.3　Die Sichtbarkeiten der Planeten im Jahr 2023. M bedeutet Morgensichtbarkeit, A Abendsichtbarkeit.

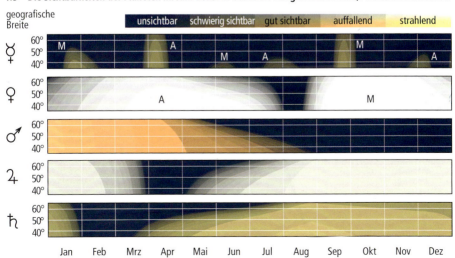

# Ephemeriden

**TABELLEN 2023**

## EKLIPTIKALE KOORDINATEN DES MONDES 2023

| Tag | JANUAR Länge ° | Breite ° | FEBRUAR Länge ° | Breite ° | MÄRZ Länge ° | Breite ° | APRIL Länge ° | Breite ° | MAI Länge ° | Breite ° | JUNI Länge ° | Breite ° | Tag |
|---|---|---|---|---|---|---|---|---|---|---|---|---|---|
| 1. | 33,3 | −0,7 | 79,6 | +3,3 | 88,3 | +4,1 | 132,3 | +5,2 | 164,2 | +4,0 | 209,8 | +0,3 | 1. |
| 2. | 45,9 | +0,4 | 91,6 | +4,0 | 100,3 | +4,6 | 144,2 | +4,9 | 176,5 | +3,2 | 223,1 | −0,9 | 2. |
| 3. | 58,3 | +1,5 | 103,4 | +4,5 | 112,1 | +5,0 | 156,2 | +4,4 | 189,0 | +2,2 | 236,7 | −2,1 | 3. |
| 4. | 70,5 | +2,5 | 115,3 | +4,9 | 124,0 | +5,1 | 168,4 | +3,7 | 201,8 | +1,1 | 250,8 | −3,2 | 4. |
| 5. | 82,5 | +3,3 | 127,2 | +5,0 | 135,9 | +5,0 | 180,8 | +2,9 | 214,9 | −0,1 | 265,1 | −4,1 | 5. |
| 6. | 94,5 | +4,1 | 139,1 | +4,9 | 147,8 | +4,7 | 193,4 | +1,8 | 228,3 | −1,3 | 279,7 | −4,7 | 6. |
| 7. | 106,5 | +4,6 | 151,0 | +4,6 | 159,9 | +4,2 | 206,2 | +0,7 | 241,9 | −2,5 | 294,3 | −5,1 | 7. |
| 8. | 118,3 | +4,9 | 163,1 | +4,0 | 172,1 | +3,5 | 219,2 | −0,5 | 255,8 | −3,5 | 309,0 | −5,1 | 8. |
| 9. | 130,2 | +5,0 | 175,2 | +3,3 | 184,4 | +2,6 | 232,4 | −1,7 | 269,9 | −4,4 | 323,5 | −4,8 | 9. |
| 10. | 142,1 | +4,9 | 187,5 | +2,5 | 196,9 | +1,5 | 245,9 | −2,8 | 284,1 | −5,0 | 337,9 | −4,2 | 10. |
| 11. | 154,0 | +4,6 | 199,9 | +1,5 | 209,6 | +0,4 | 259,6 | −3,8 | 298,4 | −5,2 | 351,9 | −3,4 | 11. |
| 12. | 166,0 | +4,1 | 212,6 | +0,4 | 222,5 | −0,7 | 273,4 | −4,6 | 312,7 | −5,2 | 5,8 | −2,3 | 12. |
| 13. | 178,2 | +3,4 | 225,5 | −0,8 | 235,6 | −1,9 | 287,4 | −5,1 | 326,9 | −4,8 | 19,4 | −1,2 | 13. |
| 14. | 190,5 | +2,5 | 238,8 | −1,9 | 249,0 | −2,9 | 301,6 | −5,3 | 341,1 | −4,2 | 32,7 | 0,0 | 14. |
| 15. | 203,1 | +1,4 | 252,5 | −3,0 | 262,7 | −3,9 | 315,9 | −5,2 | 355,1 | −3,3 | 45,8 | +1,2 | 15. |
| 16. | 216,1 | +0,3 | 266,7 | −3,9 | 276,6 | −4,6 | 330,3 | −4,7 | 8,9 | −2,2 | 58,7 | +2,3 | 16. |
| 17. | 229,6 | −0,9 | 281,2 | −4,6 | 290,9 | −5,0 | 344,7 | −4,0 | 22,6 | −1,0 | 71,4 | +3,2 | 17. |
| 18. | 243,4 | −2,0 | 296,1 | −5,0 | 305,5 | −5,2 | 359,0 | −3,0 | 36,1 | +0,2 | 84,0 | +4,0 | 18. |
| 19. | 257,8 | −3,1 | 311,3 | −5,0 | 320,3 | −5,0 | 13,1 | −1,9 | 49,4 | +1,4 | 96,4 | +4,6 | 19. |
| 20. | 272,7 | −4,0 | 326,5 | −4,7 | 335,1 | −4,4 | 27,1 | −0,6 | 62,5 | +2,5 | 108,6 | +4,9 | 20. |
| 21. | 287,8 | −4,7 | 341,7 | −4,1 | 349,9 | −3,6 | 40,7 | +0,7 | 75,3 | +3,5 | 120,6 | +5,1 | 21. |
| 22. | 303,2 | −5,0 | 356,5 | −3,2 | 4,5 | −2,6 | 54,1 | +1,8 | 87,9 | +4,2 | 132,6 | +5,0 | 22. |
| 23. | 318,5 | −4,9 | 10,9 | −2,1 | 18,8 | −1,4 | 67,1 | +2,9 | 100,2 | +4,8 | 144,4 | +4,7 | 23. |
| 24. | 333,7 | −4,5 | 24,9 | −0,9 | 32,7 | −0,1 | 79,8 | +3,8 | 112,4 | +5,1 | 156,3 | +4,2 | 24. |
| 25. | 348,4 | −3,9 | 38,3 | +0,3 | 46,2 | +1,1 | 92,2 | +4,5 | 124,4 | +5,2 | 168,2 | +3,5 | 25. |
| 26. | 2,7 | −2,9 | 51,3 | +1,4 | 59,3 | +2,2 | 104,4 | +5,0 | 136,3 | +5,1 | 180,2 | +2,6 | 26. |
| 27. | 16,5 | −1,9 | 63,9 | +2,4 | 72,0 | +3,2 | 116,4 | +5,2 | 148,1 | +4,7 | 192,4 | +1,7 | 27. |
| 28. | 29,8 | −0,8 | 76,2 | +3,3 | 84,4 | +4,0 | 128,3 | +5,3 | 160,1 | +4,2 | 204,9 | +0,6 | 28. |
| 29. | 42,7 | +0,4 | – | – | 96,5 | +4,6 | 140,2 | +5,1 | 172,1 | +3,4 | 217,8 | −0,6 | 29. |
| 30. | 55,3 | +1,5 | – | – | 108,5 | +5,0 | 152,2 | +4,6 | 184,4 | +2,5 | 231,1 | −1,7 | 30. |
| 31. | 67,5 | +2,4 | – | – | 120,4 | +5,2 | – | – | 196,9 | +1,5 | – | – | 31. |

Koordinaten gelten für 1ʰ MEZ und sind geozentrische Werte.
Von Mitteleuropa aus steht der Mond etwa 0°,7 südlicher.
Abstand der Mondbahn relativ zu helleren Sternen 2023:

| Stern: | Hamal | Alcyone | Aldebaran | Alnath | Alhena | Pollux | Algieba | Regulus | Porrima |
|---|---|---|---|---|---|---|---|---|---|
| Länge: | 37°,7 | 60°,0 | 69°,8 | 82°,6 | 99°,1 | 113°,2 | 149°,6 | 149°,8 | 190°,2 |
| Breite: | 10.0 | 4.1 | −5.5 | 5.4 | −6.7 | 6.7 | 8.8 | 0.5 | 2.8 |
| Mond: | 10° südl. | 2° südl. | 8° nördl. | 2° südl. | 11° nördl. | 2° südl. | 5° südl. | 3° nördl. | 2° südl. |

**T.4** Lage der Mondbahn im Tierkreis relativ zur Ekliptik von 180° bis 360° ekliptikaler Länge.

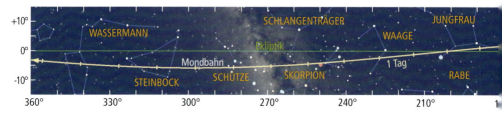

# TABELLEN 2023 — Ephemeriden

| Tag | JULI Länge° | Breite° | AUGUST Länge° | Breite° | SEPTEMBER Länge° | Breite° | OKTOBER Länge° | Breite° | NOVEMBER Länge° | Breite° | DEZEMBER Länge° | Breite° | Tag |
|---|---|---|---|---|---|---|---|---|---|---|---|---|---|
| 1. | 244,9 | −2,8 | 297,2 | −5,0 | 351,3 | −2,9 | 28,9 | +0,4 | 78,0 | +4,2 | 111,4 | +5,1 | 1. |
| 2. | 259,1 | −3,7 | 312,4 | −4,9 | 6,2 | −1,7 | 43,1 | +1,7 | 91,0 | +4,8 | 123,7 | +5,1 | 2. |
| 3. | 273,8 | −4,5 | 327,7 | −4,4 | 20,8 | −0,4 | 56,8 | +2,8 | 103,6 | +5,2 | 135,8 | +4,8 | 3. |
| 4. | 288,7 | −4,9 | 342,8 | −3,6 | 34,9 | +0,9 | 70,1 | +3,8 | 115,9 | +5,3 | 147,8 | +4,2 | 4. |
| 5. | 303,7 | −5,0 | 357,6 | −2,5 | 48,6 | +2,0 | 83,1 | +4,5 | 128,0 | +5,1 | 159,6 | +3,6 | 5. |
| 6. | 318,8 | −4,8 | 12,1 | −1,4 | 61,8 | +3,1 | 95,6 | +5,0 | 140,0 | +4,8 | 171,4 | +2,7 | 6. |
| 7. | 333,6 | −4,2 | 26,0 | −0,1 | 74,6 | +3,9 | 107,9 | +5,2 | 151,8 | +4,2 | 183,4 | +1,8 | 7. |
| 8. | 348,2 | −3,4 | 39,5 | +1,0 | 87,1 | +4,6 | 120,0 | +5,3 | 163,7 | +3,4 | 195,5 | +0,7 | 8. |
| 9. | 2,4 | −2,4 | 52,7 | +2,1 | 99,3 | +5,0 | 131,9 | +5,0 | 175,6 | +2,5 | 207,8 | −0,4 | 9. |
| 10. | 16,2 | −1,2 | 65,4 | +3,1 | 111,4 | +5,2 | 143,7 | +4,6 | 187,7 | +1,5 | 220,5 | −1,5 | 10. |
| 11. | 29,7 | −0,1 | 77,9 | +3,9 | 123,3 | +5,1 | 155,6 | +4,0 | 199,9 | +0,4 | 233,5 | −2,6 | 11. |
| 12. | 42,9 | +1,1 | 90,2 | +4,5 | 135,2 | +4,9 | 167,5 | +3,2 | 212,5 | −0,7 | 246,9 | −3,5 | 12. |
| 13. | 55,7 | +2,2 | 102,4 | +4,9 | 147,0 | +4,4 | 179,5 | +2,2 | 225,3 | −1,9 | 260,6 | −4,3 | 13. |
| 14. | 68,4 | +3,1 | 114,4 | +5,0 | 158,9 | +3,7 | 191,6 | +1,2 | 238,3 | −2,9 | 274,6 | −4,8 | 14. |
| 15. | 80,8 | +3,9 | 126,3 | +5,0 | 170,8 | +2,9 | 203,9 | +0,1 | 251,7 | −3,8 | 288,9 | −5,1 | 15. |
| 16. | 93,1 | +4,5 | 138,2 | +4,7 | 182,8 | +1,9 | 216,4 | −1,1 | 265,3 | −4,6 | 303,3 | −5,0 | 16. |
| 17. | 105,3 | +4,8 | 150,0 | +4,2 | 194,9 | +0,9 | 229,1 | −2,2 | 279,0 | −5,0 | 317,7 | −4,6 | 17. |
| 18. | 117,3 | +5,0 | 161,9 | +3,5 | 207,1 | −0,2 | 242,0 | −3,2 | 293,0 | −5,2 | 332,1 | −3,9 | 18. |
| 19. | 129,3 | +4,9 | 173,8 | +2,7 | 219,5 | −1,3 | 255,2 | −4,1 | 307,0 | −5,1 | 346,3 | −3,0 | 19. |
| 20. | 141,2 | +4,6 | 185,7 | +1,8 | 232,1 | −2,4 | 268,6 | −4,8 | 321,2 | −4,6 | 0,4 | −1,9 | 20. |
| 21. | 153,0 | +4,2 | 197,8 | +0,7 | 245,0 | −3,4 | 282,2 | −5,2 | 335,3 | −3,9 | 14,3 | −0,7 | 21. |
| 22. | 164,8 | +3,5 | 210,0 | −0,3 | 258,2 | −4,2 | 296,1 | −5,3 | 349,4 | −3,0 | 28,0 | +0,5 | 22. |
| 23. | 176,7 | +2,7 | 222,5 | −1,4 | 271,8 | −4,8 | 310,2 | −5,1 | 3,6 | −1,8 | 41,6 | +1,7 | 23. |
| 24. | 188,7 | +1,7 | 235,2 | −2,5 | 285,7 | −5,2 | 324,5 | −4,6 | 17,7 | −0,6 | 55,1 | +2,7 | 24. |
| 25. | 200,9 | +0,7 | 248,4 | −3,4 | 300,0 | −5,2 | 339,0 | −3,8 | 31,7 | +0,7 | 68,3 | +3,6 | 25. |
| 26. | 213,4 | −0,4 | 262,0 | −4,2 | 314,6 | −4,9 | 353,6 | −2,7 | 45,6 | +1,9 | 81,4 | +4,3 | 26. |
| 27. | 226,2 | −1,5 | 276,1 | −4,8 | 329,5 | −4,3 | 8,1 | −1,5 | 59,3 | +3,0 | 94,3 | +4,8 | 27. |
| 28. | 239,4 | −2,6 | 290,7 | −5,1 | 344,5 | −3,4 | 22,6 | −0,2 | 72,7 | +3,9 | 107,0 | +5,0 | 28. |
| 29. | 253,2 | −3,5 | 305,6 | −5,0 | 359,5 | −2,2 | 36,9 | +1,1 | 85,9 | +4,6 | 119,5 | +5,0 | 29. |
| 30. | 267,4 | −4,3 | 320,8 | −4,6 | 14,3 | −0,9 | 51,0 | +2,3 | 98,8 | +5,0 | 131,7 | +4,7 | 30. |
| 31. | 282,1 | −4,8 | 336,1 | −3,9 | — | — | 64,7 | +3,4 | — | — | 143,7 | +4,2 | 31. |

Mittlere Entfernung von der Erde: 384 000 km (356 000–407 000)  Bahnneigung: 5°,0–5°,3
Länge des Perigäums: 294° (1.1.), 334° (31.12.)
Länge des aufsteigenden Knotens: 39° (1.1.), 19° (31.12.)

| Spica | Zubenelgenubi | Dschubba | Acrab | Antares | Sabik | Nunki | Dabih | Deneb Algedi |
|---|---|---|---|---|---|---|---|---|
| 203°,8 | 225°,1 | 242°,6 | 243°,2 | 249°,8 | 258°,0 | 282°,4 | 304°,0 | 323°,5 |
| −2.1 | 0.3 | −2.0 | 1.0 | −4.6 | 7.2 | −3.5 | 4.6 | −2.6 |
| 2° nördl. | 2° südl. | 2° südl. | 5° südl. | 1° nördl. | 12° südl. | 2° südl. | 10° südl. | 3° südl. |

T.4   Lage der Mondbahn im Tierkreis relativ zur Ekliptik von 0° bis 180° ekliptikaler Länge.

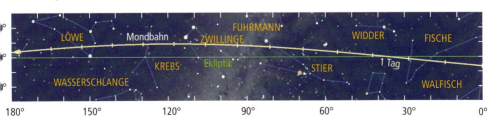

# Ephemeriden

**TABELLEN 2023**

## GEOZENTRISCHE EKLIPTIKALE KOORDINATEN DER SONNE UND DER GROSSEN PLANETEN 2023

| Datum | | SONNE Länge ° | MERKUR Länge ° | MERKUR Breite ° | VENUS Länge ° | VENUS Breite ° | MARS Länge ° | MARS Breite ° | JUPITER Länge ° | JUPITER Breite ° | SATURN Länge ° | SATURN Breite ° |
|---|---|---|---|---|---|---|---|---|---|---|---|---|
| Jan | 1. | 280,0 | 293,4 | +0,9 | 297,0 | −1,4 | 68,6 | +2,8 | 0,9 | −1,3 | 322,1 | −1,2 |
| | 10. | 289,1 | 283,4 | +3,2 | 308,3 | −1,5 | 67,8 | +2,8 | 2,1 | −1,3 | 323,0 | −1,2 |
| | 20. | 299,3 | 277,9 | +2,7 | 320,8 | −1,6 | 68,0 | +2,8 | 3,6 | −1,2 | 324,1 | −1,2 |
| | 31. | 310,5 | 285,6 | +0,9 | 334,5 | −1,5 | 69,7 | +2,7 | 5,5 | −1,2 | 325,4 | −1,2 |
| Feb | 10. | 320,6 | 297,7 | −0,6 | 346,9 | −1,3 | 72,1 | +2,6 | 7,5 | −1,2 | 326,6 | −1,3 |
| | 20. | 330,7 | 312,0 | −1,7 | 359,2 | −1,0 | 75,3 | +2,5 | 9,6 | −1,1 | 327,8 | −1,3 |
| | 28. | 338,8 | 324,7 | −2,1 | 9,1 | −0,7 | 78,3 | +2,4 | 11,3 | −1,1 | 328,8 | −1,3 |
| Mrz | 10. | 348,8 | 342,1 | −2,0 | 21,2 | −0,3 | 82,5 | +2,3 | 13,6 | −1,1 | 330,0 | −1,3 |
| | 20. | 358,8 | 1,3 | −1,2 | 33,3 | +0,3 | 87,0 | +2,2 | 15,9 | −1,1 | 331,1 | −1,3 |
| | 31. | 9,7 | 23,1 | +0,7 | 46,5 | +0,9 | 92,3 | +2,1 | 18,6 | −1,1 | 332,3 | −1,3 |
| Apr | 10. | 19,5 | 38,7 | +2,5 | 58,2 | +1,5 | 97,4 | +2,0 | 21,0 | −1,1 | 333,3 | −1,4 |
| | 20. | 29,3 | 45,2 | +2,9 | 69,8 | +2,0 | 102,7 | +1,9 | 23,4 | −1,1 | 334,2 | −1,4 |
| | 30. | 39,1 | 42,2 | +1,2 | 81,2 | +2,4 | 108,1 | +1,8 | 25,8 | −1,1 | 335,0 | −1,4 |
| Mai | 10. | 48,8 | 36,5 | −1,5 | 92,3 | +2,7 | 113,6 | +1,7 | 28,1 | −1,1 | 335,7 | −1,4 |
| | 20. | 58,4 | 36,4 | −3,3 | 103,0 | +2,8 | 119,3 | +1,6 | 30,4 | −1,1 | 336,2 | −1,5 |
| | 31. | 69,0 | 44,4 | −3,4 | 114,2 | +2,7 | 125,6 | +1,5 | 32,9 | −1,1 | 336,6 | −1,5 |
| Jun | 10. | 78,6 | 57,4 | −2,4 | 123,8 | +2,3 | 131,4 | +1,4 | 35,0 | −1,1 | 336,8 | −1,6 |
| | 20. | 88,1 | 75,1 | −0,6 | 132,5 | +1,6 | 137,3 | +1,3 | 36,9 | −1,1 | 336,9 | −1,6 |
| | 30. | 97,6 | 96,2 | +1,1 | 139,8 | +0,6 | 143,3 | +1,2 | 38,8 | −1,1 | 336,8 | −1,6 |
| Jul | 10. | 107,2 | 117,3 | +1,8 | 145,4 | −0,9 | 149,3 | +1,1 | 40,4 | −1,2 | 336,5 | −1,7 |
| | 20. | 116,7 | 135,8 | +1,4 | 148,2 | −2,8 | 155,5 | +1,0 | 41,9 | −1,2 | 336,0 | −1,7 |
| | 31. | 127,2 | 152,6 | +0,1 | 147,2 | −5,3 | 162,3 | +0,9 | 43,3 | −1,2 | 335,4 | −1,7 |
| Aug | 10. | 136,8 | 164,2 | −1,7 | 142,5 | −7,2 | 168,5 | +0,8 | 44,2 | −1,2 | 334,8 | −1,8 |
| | 20. | 146,4 | 170,8 | −3,5 | 136,5 | −8,1 | 174,8 | +0,8 | 44,9 | −1,3 | 334,0 | −1,8 |
| | 31. | 157,0 | 169,0 | −4,5 | 132,4 | −7,5 | 181,8 | +0,6 | 45,2 | −1,3 | 333,2 | −1,8 |
| Sep | 10. | 166,7 | 160,1 | −2,8 | 132,7 | −6,2 | 188,3 | +0,6 | 45,2 | −1,3 | 332,5 | −1,8 |
| | 20. | 176,3 | 159,0 | +0,2 | 136,4 | −4,7 | 194,9 | +0,5 | 44,9 | −1,4 | 331,8 | −1,8 |
| | 30. | 186,2 | 171,2 | +1,8 | 142,6 | −3,1 | 201,5 | +0,4 | 44,2 | −1,4 | 331,2 | −1,8 |
| Okt | 10. | 196,1 | 188,5 | +1,7 | 150,5 | −1,8 | 208,2 | +0,3 | 43,2 | −1,4 | 330,7 | −1,8 |
| | 20. | 206,0 | 205,9 | +0,8 | 159,6 | −0,6 | 215,0 | +0,2 | 42,1 | −1,4 | 330,4 | −1,8 |
| | 31. | 217,0 | 223,8 | −0,4 | 170,7 | +0,5 | 222,5 | +0,1 | 40,6 | −1,4 | 330,2 | −1,7 |
| Nov | 10. | 227,0 | 239,3 | −1,5 | 181,4 | +1,3 | 229,5 | 0,0 | 39,3 | −1,4 | 330,2 | −1,7 |
| | 20. | 237,1 | 254,1 | −2,2 | 192,5 | +1,8 | 236,5 | −0,1 | 38,0 | −1,4 | 330,4 | −1,7 |
| | 30. | 247,2 | 267,7 | −2,4 | 204,0 | +2,1 | 243,6 | −0,2 | 36,9 | −1,3 | 330,7 | −1,7 |
| Dez | 10. | 257,3 | 277,3 | −1,5 | 215,8 | +2,3 | 250,8 | −0,3 | 36,0 | −1,3 | 331,3 | −1,7 |
| | 20. | 267,5 | 273,9 | +1,3 | 227,7 | +2,2 | 258,1 | −0,4 | 35,5 | −1,2 | 331,9 | −1,6 |
| | 31. | 278,7 | 262,2 | +3,1 | 241,0 | +2,0 | 266,2 | −0,5 | 35,3 | −1,2 | 332,8 | −1,6 |

## ENTFERNUNGEN DER GROSSEN PLANETEN 2023 — LÄNGEN

| Datum | | MERKUR Mio. km | VENUS Mio. km | MARS Mio. km | JUPITER Mio. km | SATURN Mio. km | URANUS Mio. km | NEPTUN Mio. km | URANUS Länge ° | NEPTUN Länge ° |
|---|---|---|---|---|---|---|---|---|---|---|
| Jan | 1. | 112 | 241 | 96 | 749 | 1577 | 2856 | 4517 | 44,8 | 352,5 |
| Mrz | 1. | 200 | 205 | 171 | 863 | 1614 | 3000 | 4618 | 45,2 | 354,2 |
| Mai | 1. | 85 | 147 | 260 | 886 | 1524 | 3089 | 4582 | 48,1 | 356,4 |
| Jul | 1. | 198 | 75 | 331 | 807 | 1378 | 3039 | 4442 | 51,4 | 357,4 |
| Sep | 1. | 95 | 50 | 372 | 671 | 1311 | 2894 | 4330 | 52,7 | 356,4 |
| Nov | 1. | 214 | 113 | 381 | 596 | 1396 | 2791 | 4364 | 51,2 | 354,9 |
| Dez | 31. | 114 | 176 | 363 | 668 | 1537 | 2837 | 4507 | 49,1 | 354,7 |
| | | | | | | | | | Breite −0,3 | −1,2 |

# Sternzeit

**TABELLEN 2023**

## STERNZEIT UM 20ʰ MEZ = 21ʰ MESZ AUF 10° ÖSTLICHER LÄNGE

| Tag | JAN<br>h m | FEB<br>h m | MRZ<br>h m | APR<br>h m | MAI<br>h m | JUN<br>h m | JUL<br>h m | AUG<br>h m | SEP<br>h m | OKT<br>h m | NOV<br>h m | DEZ<br>h m |
|---|---|---|---|---|---|---|---|---|---|---|---|---|
| 1. | 2 25 | 4 27 | 6 17 | 8 20 | 10 18 | 12 20 | 14 18 | 16 21 | 18 23 | 20 21 | 22 23 | 0 22 |
| 2. | 2 29 | 4 31 | 6 21 | 8 23 | 10 22 | 12 24 | 14 22 | 16 24 | 18 27 | 20 25 | 22 27 | 0 25 |
| 3. | 2 33 | 4 35 | 6 25 | 8 27 | 10 26 | 12 28 | 14 26 | 16 28 | 18 31 | 20 29 | 22 31 | 0 29 |
| 4. | 2 37 | 4 39 | 6 29 | 8 31 | 10 30 | 12 32 | 14 30 | 16 32 | 18 35 | 20 33 | 22 35 | 0 33 |
| 5. | 2 40 | 4 43 | 6 33 | 8 35 | 10 34 | 12 36 | 14 34 | 16 36 | 18 39 | 20 37 | 22 39 | 0 37 |
| 6. | 2 44 | 4 47 | 6 37 | 8 39 | 10 38 | 12 40 | 14 38 | 16 40 | 18 42 | 20 41 | 22 43 | 0 41 |
| 7. | 2 48 | 4 51 | 6 41 | 8 43 | 10 41 | 12 44 | 14 42 | 16 44 | 18 46 | 20 45 | 22 47 | 0 45 |
| 8. | 2 52 | 4 55 | 6 45 | 8 47 | 10 45 | 12 48 | 14 46 | 16 48 | 18 50 | 20 49 | 22 51 | 0 49 |
| 9. | 2 56 | 4 58 | 6 49 | 8 51 | 10 49 | 12 52 | 14 50 | 16 52 | 18 54 | 20 53 | 22 55 | 0 53 |
| 10. | 3 00 | 5 02 | 6 53 | 8 55 | 10 53 | 12 56 | 14 54 | 16 56 | 18 58 | 20 56 | 22 59 | 0 57 |
| 11. | 3 04 | 5 06 | 6 57 | 8 59 | 10 57 | 12 59 | 14 58 | 17 00 | 19 02 | 21 00 | 23 03 | 1 01 |
| 12. | 3 08 | 5 10 | 7 01 | 9 03 | 11 01 | 13 03 | 15 02 | 17 04 | 19 06 | 21 04 | 23 07 | 1 05 |
| 13. | 3 12 | 5 14 | 7 05 | 9 07 | 11 05 | 13 07 | 15 06 | 17 08 | 19 10 | 21 08 | 23 11 | 1 09 |
| 14. | 3 16 | 5 18 | 7 09 | 9 11 | 11 09 | 13 11 | 15 10 | 17 12 | 19 14 | 21 12 | 23 14 | 1 13 |
| 15. | 3 20 | 5 22 | 7 12 | 9 15 | 11 13 | 13 15 | 15 13 | 17 16 | 19 18 | 21 16 | 23 18 | 1 17 |
| 16. | 3 24 | 5 26 | 7 16 | 9 19 | 11 17 | 13 19 | 15 17 | 17 20 | 19 22 | 21 20 | 23 22 | 1 21 |
| 17. | 3 28 | 5 30 | 7 20 | 9 23 | 11 21 | 13 23 | 15 21 | 17 24 | 19 26 | 21 24 | 23 26 | 1 25 |
| 18. | 3 32 | 5 34 | 7 24 | 9 27 | 11 25 | 13 27 | 15 25 | 17 28 | 19 30 | 21 28 | 23 30 | 1 29 |
| 19. | 3 36 | 5 38 | 7 28 | 9 30 | 11 29 | 13 31 | 15 29 | 17 31 | 19 34 | 21 32 | 23 34 | 1 32 |
| 20. | 3 40 | 5 42 | 7 32 | 9 34 | 11 33 | 13 35 | 15 33 | 17 35 | 19 38 | 21 36 | 23 38 | 1 36 |
| 21. | 3 44 | 5 46 | 7 36 | 9 38 | 11 37 | 13 39 | 15 37 | 17 39 | 19 42 | 21 40 | 23 42 | 1 40 |
| 22. | 3 47 | 5 50 | 7 40 | 9 42 | 11 41 | 13 43 | 15 41 | 17 43 | 19 46 | 21 44 | 23 46 | 1 44 |
| 23. | 3 51 | 5 54 | 7 44 | 9 46 | 11 45 | 13 47 | 15 45 | 17 47 | 19 49 | 21 48 | 23 50 | 1 48 |
| 24. | 3 55 | 5 58 | 7 48 | 9 50 | 11 48 | 13 51 | 15 49 | 17 51 | 19 53 | 21 52 | 23 54 | 1 52 |
| 25. | 3 59 | 6 02 | 7 52 | 9 54 | 11 52 | 13 55 | 15 53 | 17 55 | 19 57 | 21 56 | 23 58 | 1 56 |
| 26. | 4 03 | 6 05 | 7 56 | 9 58 | 11 56 | 13 59 | 15 57 | 17 59 | 20 01 | 22 00 | 0 02 | 2 00 |
| 27. | 4 07 | 6 09 | 8 00 | 10 02 | 12 00 | 14 03 | 16 01 | 18 03 | 20 05 | 22 04 | 0 06 | 2 04 |
| 28. | 4 11 | 6 13 | 8 04 | 10 06 | 12 04 | 14 06 | 16 05 | 18 07 | 20 09 | 22 07 | 0 10 | 2 08 |
| 29. | 4 15 | – | 8 08 | 10 10 | 12 08 | 14 10 | 16 09 | 18 11 | 20 13 | 22 11 | 0 14 | 2 12 |
| 30. | 4 19 | – | 8 12 | 10 14 | 12 12 | 14 14 | 16 13 | 18 15 | 20 17 | 22 15 | 0 18 | 2 16 |
| 31. | 4 23 | – | 8 16 | – | 12 16 | – | 16 17 | 18 19 | – | 22 19 | – | 2 20 |

Korrektur für andere östliche geografische Längen

| Länge | 4° | 5° | 6° | 7° | 8° | 9° | 11° | 12° | 13° | 14° | 15° | 16° |
|---|---|---|---|---|---|---|---|---|---|---|---|---|
| Korr. | –24ᵐ | –20ᵐ | –16ᵐ | –12ᵐ | –8ᵐ | –4ᵐ | +4ᵐ | +8ᵐ | +12ᵐ | +16ᵐ | +20ᵐ | +24ᵐ |

Korrektur für andere Uhrzeiten derselben Nacht (Datumswechsel um Mitternacht)

| MEZ | 18ʰ | 19ʰ | 21ʰ | 22ʰ | 23ʰ | 0ʰ | 1ʰ | 2ʰ | 3ʰ | 4ʰ | 5ʰ | 6ʰ |
|---|---|---|---|---|---|---|---|---|---|---|---|---|
| MESZ | 19ʰ | 20ʰ | 22ʰ | 23ʰ | 0ʰ | 1ʰ | 2ʰ | 3ʰ | 4ʰ | 5ʰ | 6ʰ | 7ʰ |
| Korr. | –2ʰ00ᵐ | –1ʰ00ᵐ | +1ʰ00ᵐ | +2ʰ00ᵐ | +3ʰ00ᵐ | +4ʰ01ᵐ | +5ʰ01ᵐ | +6ʰ01ᵐ | +7ʰ01ᵐ | +8ʰ01ᵐ | +9ʰ01ᵐ | +10ʰ02ᵐ |

Erläuterungen siehe auch Seite 14 unter „Sternzeit".
Die obige Tabelle gibt für jeden Tag des Jahres die Sternzeit um 20ʰ MEZ (= 21ʰ Sommerzeit) am Meridian 10° östlicher Länge an. Für den Ortsmeridian des Beobachters ist eine Korrektur entsprechend der geografischen Längendifferenz zu 10° östlicher Länge anzubringen. Pro Längengrad beträgt diese Korrektur vier Minuten. Für Orte westlich des Meridians ist die Korrektur abzuziehen, für Orte östlich hingegen zu addieren. Auf der Seite 292 findet man in der Tabelle „Geografische Koordinaten größerer Städte" in der letzten Spalte die Zeitkorrektur vermerkt. Wer zu einer anderen Zeit als 20ʰ beobachtet, muss noch die Zeitkorrektur gemäß der obigen Tabelle anbringen. Beispiel: Wieviel Uhr Sternzeit ist es am 25. März um 23ʰ in München? Aus der Tabelle entnimmt man: Sternzeit am 25. März um 20ʰ = 7ʰ52ᵐ. Dies gilt für 10° östlicher Länge. Die Zeitkorrektur für München beträgt laut Tabelle rechts sechs Minuten. Da München östlich vom 10°-Meridian liegt, sind diese sechs Minuten zu addieren, und man erhält 7ʰ58ᵐ (Achtung: Das Vorzeichen in der Spalte Zeitkorrektur der rechten Tabelle gilt für die Korrektur der Kulminationszeiten! Für die Sternzeitberechnung kehren sich die Vorzeichen um!). Am 25. März ist es also um 20ʰ MEZ 7ʰ58ᵐ Sternzeit. Für 23ʰ MEZ ist gemäß obiger Tabelle die Korrektur von 3ʰ00ᵐ anzubringen; um 23ʰ MEZ ist es also am 25. März in München 10ʰ58ᵐ Sternzeit.

# Ephemeriden

**TABELLEN 2023**

## EPHEMERIDEN DER GROSSEN PLANETEN JANUAR – JUNI 2023

| Datum | | MERKUR Rektas. h m | Deklin. ° | Kulmin. h m | Aufg. h m | Du. " | bel. % | VENUS Rektas. h m | Deklin. ° | Kulmin. h m | Unterg. h m | Du. " | bel. % |
|---|---|---|---|---|---|---|---|---|---|---|---|---|---|
| Jan | 1. | 19 40 | −20,6 | 13 17 | 8 59 | 9,0 | 16 | 19 57 | −22,1 | 13 38 | 17 48 | 10,5 | 96 |
| | 5. | 19 25 | −19,9 | 12 44 | 8 23 | 9,8 | 3 | 20 19 | −21,1 | 13 43 | 18 00 | 10,5 | 95 |
| | 10. | 18 57 | −19,6 | 11 57 | 7 35 | 10,0 | 3 | 20 45 | −19,7 | 13 49 | 18 15 | 10,6 | 95 |
| | 15. | 18 37 | −19,9 | 11 19 | 6 58 | 9,3 | 18 | 21 10 | −18,0 | 13 55 | 18 30 | 10,8 | 94 |
| | 20. | 18 34 | −20,5 | 10 58 | 6 40 | 8,3 | 36 | 21 35 | −16,1 | 14 00 | 18 46 | 10,9 | 93 |
| | 25. | 18 44 | −21,2 | 10 49 | 6 35 | 7,4 | 51 | 21 59 | −14,0 | 14 05 | 19 02 | 11,0 | 93 |
| | 31. | 19 07 | −21,7 | 10 49 | 6 37 | 6,6 | 64 | 22 28 | −11,3 | 14 09 | 19 21 | 11,2 | 92 |
| Feb | 5. | 19 32 | −21,7 | 10 54 | 6 43 | 6,2 | 72 | 22 51 | − 8,9 | 14 13 | 19 36 | 11,3 | 91 |
| | 10. | 20 00 | −21,2 | 11 02 | 6 48 | 5,8 | 78 | 23 14 | − 6,4 | 14 16 | 19 52 | 11,5 | 90 |
| | 15. | 20 29 | −20,3 | 11 12 | 6 52 | 5,5 | 82 | 23 36 | − 3,9 | 14 19 | 20 07 | 11,7 | 89 |
| | 20. | 21 00 | −18,8 | 11 24 | 6 54 | 5,3 | 86 | 23 59 | − 1,3 | 14 22 | 20 22 | 11,9 | 88 |
| | 25. | 21 32 | −16,7 | 11 36 | 6 54 | 5,1 | 90 | 0 21 | + 1,4 | 14 24 | 20 37 | 12,1 | 87 |
| | 28. | 21 51 | −15,3 | 11 43 | 6 55 | 5,0 | 92 | 0 34 | + 2,9 | 14 26 | 20 46 | 12,2 | 86 |
| Mrz | 5. | 22 24 | −12,3 | 11 56 | 6 51 | 5,0 | 95 | 0 57 | + 5,5 | 14 28 | 21 01 | 12,4 | 85 |
| | 10. | 22 57 | − 8,9 | 12 10 | Unterg. | 4,9 | 98 | 1 19 | + 8,1 | 14 31 | 21 16 | 12,7 | 84 |
| | 15. | 23 31 | − 4,9 | 12 25 | | 4,9 | 100 | 1 41 | +10,5 | 14 34 | 21 31 | 13,0 | 82 |
| | 20. | 0 07 | − 0,5 | 12 40 | 18 46 | 5,0 | 100 | 2 04 | +12,9 | 14 37 | 21 46 | 13,3 | 81 |
| | 25. | 0 42 | + 4,1 | 12 56 | 19 25 | 5,3 | 96 | 2 27 | +15,1 | 14 40 | 22 02 | 13,6 | 80 |
| | 31. | 1 24 | + 9,7 | 13 15 | 20 10 | 5,7 | 83 | 2 55 | +17,6 | 14 44 | 22 20 | 14,0 | 78 |
| Apr | 5. | 1 56 | +13,7 | 13 26 | 20 42 | 6,4 | 66 | 3 19 | +19,5 | 14 48 | 22 35 | 14,4 | 76 |
| | 10. | 2 22 | +16,8 | 13 31 | 21 03 | 7,3 | 47 | 3 43 | +21,2 | 14 53 | 22 49 | 14,8 | 74 |
| | 15. | 2 39 | +18,6 | 13 28 | 21 08 | 8,4 | 29 | 4 07 | +22,6 | 14 57 | 23 03 | 15,3 | 73 |
| | 20. | 2 47 | +19,2 | 13 16 | 20 57 | 9,7 | 15 | 4 31 | +23,9 | 15 02 | 23 16 | 15,8 | 71 |
| | 25. | 2 46 | +18,5 | 12 54 | 20 29 | 10,9 | 5 | 4 56 | +24,8 | 15 07 | 23 27 | 16,4 | 69 |
| | 30. | 2 37 | +16,7 | 12 25 | 19 50 | 11,8 | 0 | 5 21 | +25,5 | 15 12 | 23 37 | 17,0 | 67 |
| Mai | 5. | 2 27 | +14,4 | 11 55 | | 12,0 | 1 | 5 46 | +25,9 | 15 17 | 23 45 | 17,7 | 65 |
| | 10. | 2 19 | +12,2 | 11 28 | Aufg. | 11,7 | 6 | 6 10 | +26,1 | 15 22 | 23 50 | 18,4 | 63 |
| | 15. | 2 16 | +10,9 | 11 06 | 4 10 | 10,9 | 13 | 6 34 | +26,0 | 15 26 | 23 53 | 19,2 | 60 |
| | 20. | 2 21 | +10,5 | 10 51 | 3 57 | 9,9 | 22 | 6 58 | +25,6 | 15 30 | 23 53 | 20,1 | 58 |
| | 25. | 2 31 | +11,1 | 10 43 | 3 45 | 9,0 | 31 | 7 20 | +25,0 | 15 33 | 23 51 | 21,1 | 56 |
| | 31. | 2 52 | +12,9 | 10 40 | 3 33 | 7,9 | 42 | 7 47 | +23,9 | 15 35 | 23 46 | 22,5 | 52 |
| Jun | 5. | 3 15 | +14,9 | 10 44 | 3 25 | 7,1 | 52 | 8 07 | +22,8 | 15 36 | 23 39 | 23,8 | 50 |
| | 10. | 3 43 | +17,3 | 10 53 | 3 20 | 6,5 | 62 | 8 27 | +21,6 | 15 36 | 23 30 | 25,3 | 47 |
| | 15. | 4 16 | +19,8 | 11 07 | 3 20 | 5,9 | 74 | 8 45 | +20,1 | 15 34 | 23 19 | 26,9 | 44 |
| | 20. | 4 55 | +22,0 | 11 27 | 3 25 | 5,5 | 85 | 9 02 | +18,6 | 15 31 | 23 07 | 28,7 | 40 |
| | 25. | 5 40 | +23,7 | 11 52 | 3 39 | 5,2 | 95 | 9 17 | +17,0 | 15 26 | 22 53 | 30,8 | 37 |
| | 30. | 6 27 | +24,4 | 12 20 | 4 03 | 5,1 | 100 | 9 30 | +15,4 | 15 19 | 22 37 | 33,1 | 33 |

| Datum | | SATURN Rektas. h m | Deklin. ° | Kulmin. h m | Unterg. h m | Äqu. " | Pol. " | RING gr. A. " | kl. A. " | Öffn. ° | hel. Ö. ° | Leucht. |
|---|---|---|---|---|---|---|---|---|---|---|---|---|
| Jan | 1. | 21 39 | −15,3 | 15 17 | 20 05 | 15,8 | 14,2 | 35,8 | 8,5 | 13,8 | 12,2 | 0,70 |
| | 15. | 21 45 | −14,8 | 14 28 | 19 18 | 15,6 | 14,0 | 35,3 | 8,0 | 13,1 | 12,0 | 0,69 |
| | 31. | 21 52 | −14,2 | 13 32 | 18 25 | 15,4 | 13,8 | 35,0 | 7,5 | 12,3 | 11,8 | 0,68 |
| Feb | 15. | 21 59 | −13,6 | 12 40 | 17 37 | 15,4 | 13,8 | 34,9 | 7,0 | 11,6 | 11,6 | 0,79 |
| | 28. | 22 05 | −13,1 | 11 55 | | 15,4 | 13,8 | 35,0 | 6,6 | 10,9 | 11,4 | 0,65 |
| Mrz | 15. | 22 12 | −12,5 | 11 03 | Aufg. | 15,5 | 13,9 | 35,2 | 6,2 | 10,1 | 11,2 | 0,59 |
| | 31. | 22 19 | −11,9 | 10 06 | 5 01 | 15,7 | 14,1 | 35,6 | 5,8 | 9,3 | 11,0 | 0,55 |
| Apr | 15. | 22 25 | −11,4 | 9 13 | 4 05 | 16,0 | 14,3 | 36,2 | 5,5 | 8,7 | 10,8 | 0,51 |
| | 30. | 22 29 | −11,0 | 8 19 | 3 09 | 16,3 | 14,6 | 37,0 | 5,3 | 8,2 | 10,6 | 0,48 |
| Mai | 15. | 22 33 | −10,7 | 7 24 | 2 12 | 16,7 | 14,9 | 37,9 | 5,1 | 7,8 | 10,4 | 0,46 |
| | 31. | 22 36 | −10,5 | 6 23 | 1 11 | 17,1 | 15,3 | 38,9 | 5,1 | 7,5 | 10,2 | 0,45 |
| Jun | 15. | 22 37 | −10,4 | 5 25 | 0 13 | 17,6 | 15,7 | 39,9 | 5,2 | 7,5 | 10,0 | 0,44 |
| | 30. | 22 36 | −10,5 | 4 26 | 23 10 | 18,0 | 16,1 | 40,9 | 5,4 | 7,7 | 9,8 | 0,45 |

# TABELLEN 2023

# Ephemeriden

## MARS / JUPITER

| Rektas. h m | Deklin. ° | Kulmin. h m | Unterg. h m | Du. ʺ | bel. % | Rektas. h m | Deklin. ° | Kulmin. h m | Unterg. h m | Äqu. ʺ | Pol ʺ | Datum | |
|---|---|---|---|---|---|---|---|---|---|---|---|---|---|
| 4 26 | +24,5 | 22 02 | 6 21 | 14,7 | 97 | 0 05 | − 0,8 | 17 42 | 23 42 | 39,4 | 36,8 | 1. | Jan |
| 4 23 | +24,4 | 21 44 | 6 03 | 14,1 | 96 | 0 07 | − 0,6 | 17 29 | 23 29 | 38,9 | 36,4 | 5. | |
| 4 22 | +24,4 | 21 23 | 5 41 | 13,5 | 96 | 0 10 | − 0,3 | 17 11 | 23 13 | 38,3 | 35,8 | 10. | |
| 4 22 | +24,4 | 21 03 | 5 22 | 12,8 | 95 | 0 12 | 0,0 | 16 54 | 22 58 | 37,7 | 35,3 | 15. | |
| 4 23 | +24,4 | 20 45 | 5 03 | 12,1 | 94 | 0 15 | + 0,3 | 16 38 | 22 43 | 37,2 | 34,8 | 20. | |
| 4 26 | +24,5 | 20 28 | 4 47 | 11,5 | 93 | 0 18 | + 0,7 | 16 21 | 22 28 | 36,7 | 34,3 | 25. | |
| 4 30 | +24,6 | 20 09 | 4 29 | 10,8 | 92 | 0 22 | + 1,1 | 16 02 | 22 11 | 36,2 | 33,8 | 31. | |
| 4 35 | +24,7 | 19 55 | 4 15 | 10,3 | 92 | 0 26 | + 1,5 | 15 45 | 21 56 | 35,8 | 33,4 | 5. | Feb |
| 4 41 | +24,8 | 19 41 | 4 02 | 9,8 | 91 | 0 29 | + 1,9 | 15 29 | 21 42 | 35,4 | 33,1 | 10. | |
| 4 48 | +25,0 | 19 28 | 3 50 | 9,3 | 91 | 0 33 | + 2,3 | 15 13 | 21 28 | 35,0 | 32,8 | 15. | |
| 4 55 | +25,1 | 19 16 | 3 39 | 8,9 | 90 | 0 37 | + 2,8 | 14 58 | 21 14 | 34,7 | 32,5 | 20. | |
| 5 03 | +25,3 | 19 05 | 3 28 | 8,5 | 90 | 0 41 | + 3,2 | 14 42 | 21 01 | 34,4 | 32,2 | 25. | |
| 5 08 | +25,3 | 18 58 | 3 22 | 8,3 | 90 | 0 43 | + 3,5 | 14 33 | 20 53 | 34,2 | 32,0 | 28. | |
| 5 17 | +25,4 | 18 47 | 3 12 | 7,9 | 90 | 0 48 | + 3,9 | 14 17 | 20 39 | 34,0 | 31,8 | 5. | Mrz |
| 5 27 | +25,5 | 18 37 | 3 02 | 7,6 | 90 | 0 52 | + 4,4 | 14 02 | 20 26 | 33,8 | 31,6 | 10. | |
| 5 37 | +25,6 | 18 27 | 2 52 | 7,3 | 90 | 0 56 | + 4,8 | 13 46 | 20 13 | 33,6 | 31,4 | 15. | |
| 5 47 | +25,6 | 18 18 | 2 43 | 7,0 | 90 | 1 00 | + 5,3 | 13 31 | 20 00 | 33,5 | 31,3 | 20. | |
| 5 57 | +25,6 | 18 09 | 2 34 | 6,8 | 90 | 1 05 | + 5,7 | 13 16 | 19 47 | 33,3 | 31,2 | 25. | |
| 6 10 | +25,5 | 17 58 | 2 22 | 6,5 | 90 | 1 10 | + 6,3 | 12 57 | 19 31 | 33,2 | 31,1 | 31. | |
| 6 21 | +25,4 | 17 50 | 2 13 | 6,3 | 90 | 1 15 | + 6,7 | 12 42 | 19 18 | 33,2 | 31,0 | 5. | Apr |
| 6 33 | +25,2 | 17 41 | 2 03 | 6,1 | 90 | 1 19 | + 7,2 | 12 27 | 19 05 | 33,1 | 31,0 | 10. | |
| 6 44 | +25,0 | 17 33 | 1 53 | 5,9 | 90 | 1 24 | + 7,6 | 12 12 | | 33,1 | 31,0 | 15. | |
| 6 56 | +24,7 | 17 25 | 1 43 | 5,7 | 91 | 1 28 | + 8,1 | 11 57 | Aufg. | 33,1 | 31,0 | 20. | |
| 7 08 | +24,4 | 17 17 | 1 33 | 5,6 | 91 | 1 33 | + 8,5 | 11 42 | 4 57 | 33,2 | 31,0 | 25. | |
| 7 19 | +24,0 | 17 09 | 1 22 | 5,4 | 91 | 1 37 | + 9,0 | 11 26 | 4 40 | 33,3 | 31,1 | 30. | |
| 7 31 | +23,5 | 17 01 | 1 11 | 5,3 | 91 | 1 42 | + 9,4 | 11 11 | 4 22 | 33,4 | 31,2 | 5. | Mai |
| 7 43 | +23,0 | 16 53 | 1 00 | 5,2 | 92 | 1 46 | + 9,8 | 10 56 | 4 05 | 33,5 | 31,3 | 10. | |
| 7 55 | +22,5 | 16 46 | 0 49 | 5,0 | 92 | 1 50 | +10,2 | 10 41 | 3 48 | 33,7 | 31,5 | 15. | |
| 8 07 | +21,8 | 16 38 | 0 37 | 4,9 | 92 | 1 55 | +10,6 | 10 25 | 3 30 | 33,8 | 31,7 | 20. | |
| 8 19 | +21,2 | 16 30 | 0 25 | 4,8 | 93 | 1 59 | +11,0 | 10 10 | 3 13 | 34,1 | 31,9 | 25. | |
| 8 33 | +20,3 | 16 21 | 0 10 | 4,7 | 93 | 2 04 | +11,4 | 9 51 | 2 52 | 34,4 | 32,1 | 31. | |
| 8 45 | +19,5 | 16 13 | 23 55 | 4,6 | 93 | 2 08 | +11,8 | 9 36 | 2 35 | 34,6 | 32,4 | 5. | Jun |
| 8 57 | +18,7 | 16 05 | 23 42 | 4,5 | 94 | 2 12 | +12,1 | 9 20 | 2 17 | 34,9 | 32,7 | 10. | |
| 9 09 | +17,8 | 15 57 | 23 29 | 4,5 | 94 | 2 16 | +12,5 | 9 04 | 2 00 | 35,3 | 33,0 | 15. | |
| 9 21 | +16,9 | 15 49 | 23 16 | 4,4 | 94 | 2 20 | +12,8 | 8 48 | 1 42 | 35,6 | 33,3 | 20. | |
| 9 32 | +15,9 | 15 41 | 23 03 | 4,3 | 95 | 2 24 | +13,1 | 8 32 | 1 25 | 36,0 | 33,7 | 25. | |
| 9 44 | +14,9 | 15 33 | 22 49 | 4,3 | 95 | 2 27 | +13,4 | 8 16 | 1 07 | 36,5 | 34,1 | 30. | |

## URANUS / NEPTUN / PLUTO

| Rektas. h m | Deklin. ° | Kulmin. h m | Unterg. h m | Du. ʺ | Rektas. h m | Deklin. ° | Kulmin. h m | Unterg. h m | Du. ʺ | Rektas. h m | Deklin. ° | Datum | |
|---|---|---|---|---|---|---|---|---|---|---|---|---|---|
| 2 50 | +15,9 | 20 26 | 3 53 | 3,7 | 23 34 | −4,0 | 17 12 | 22 55 | 2,3 | 20 00 | −22,9 | 1. | Jan |
| 2 49 | +15,9 | 19 31 | 2 57 | 3,7 | 23 35 | −3,9 | 16 17 | 22 02 | 2,2 | 20 01 | −22,8 | 15. | |
| 2 49 | +15,9 | 18 28 | 1 54 | 3,6 | 23 37 | −3,8 | 15 16 | 21 01 | 2,2 | 20 04 | −22,7 | 31. | |
| 2 50 | +16,0 | 17 30 | 0 56 | 3,6 | 23 39 | −3,6 | 14 19 | 20 05 | 2,2 | 20 06 | −22,7 | 15. | Feb |
| 2 51 | +16,1 | 16 40 | 0 07 | 3,5 | 23 41 | −3,4 | 13 29 | 19 17 | 2,2 | 20 07 | −22,6 | 28. | |
| 2 53 | +16,2 | 15 43 | 23 07 | 3,5 | 23 43 | −3,2 | 12 33 | 18 21 | 2,2 | 20 09 | −22,6 | 15. | Mrz |
| 2 56 | +16,4 | 14 43 | 22 09 | 3,4 | 23 45 | −2,9 | 11 32 | | 2,2 | 20 10 | −22,6 | 31. | |
| 2 59 | +16,7 | 13 47 | 21 14 | 3,4 | 23 47 | −2,7 | 10 35 | Aufg. | 2,2 | 20 11 | −22,6 | 15. | Apr |
| 3 03 | +16,9 | 12 51 | 20 20 | 3,4 | 23 49 | −2,5 | 9 38 | 3 47 | 2,2 | 20 11 | −22,6 | 30. | |
| 3 06 | +17,1 | 11 56 | | 3,4 | 23 50 | −2,4 | 8 40 | 2 48 | 2,2 | 20 11 | −22,6 | 15. | Mai |
| 3 10 | +17,4 | 10 57 | Aufg. | 3,4 | 23 51 | −2,3 | 7 38 | 1 46 | 2,2 | 20 10 | −22,7 | 31. | |
| 3 13 | +17,6 | 10 01 | 2 29 | 3,4 | 23 52 | −2,2 | 6 40 | 0 47 | 2,3 | 20 09 | −22,8 | 15. | Jun |
| 3 16 | +17,8 | 9 05 | 1 32 | 3,5 | 23 52 | −2,2 | 5 41 | 23 45 | 2,3 | 20 08 | −22,9 | 30. | |

283

# Ephemeriden

**TABELLEN 2023**

## EPHEMERIDEN DER GROSSEN PLANETEN JULI – DEZEMBER 2023

| Datum | | MERKUR | | | | | VENUS | | | | |
|---|---|---|---|---|---|---|---|---|---|---|---|
| | Rektas. h m | Deklin. ° | Kulmin. h m | Unterg. h m | Du. " | bel. % | Rektas. h m | Deklin. ° | Kulmin. h m | Unterg. h m | Du. " | bel. % |
| Jul 1. | 6 37 | +24,4 | 12 26 | 20 44 | 5,1 | 100 | 9 32 | +15,1 | 15 17 | 22 34 | 33,7 | 32 |
| 5. | 7 15 | +24,0 | 12 48 | 21 01 | 5,1 | 98 | 9 41 | +13,8 | 15 10 | 22 19 | 35,8 | 29 |
| 10. | 7 59 | +22,5 | 13 12 | 21 14 | 5,2 | 93 | 9 49 | +12,2 | 14 58 | 21 59 | 38,7 | 25 |
| 15. | 8 39 | +20,2 | 13 32 | 21 19 | 5,4 | 85 | 9 55 | +10,8 | 14 44 | 21 38 | 42,0 | 20 |
| 20. | 9 15 | +17,5 | 13 48 | 21 17 | 5,7 | 78 | 9 58 | + 9,5 | 14 27 | 21 13 | 45,5 | 16 |
| 25. | 9 46 | +14,4 | 13 59 | 21 11 | 6,0 | 71 | 9 57 | + 8,4 | 14 06 | 20 47 | 49,1 | 11 |
| 31. | 10 18 | +10,6 | 14 07 | 20 59 | 6,5 | 63 | 9 50 | + 7,5 | 13 35 | 20 13 | 53,2 | 6 |
| Aug 5. | 10 41 | + 7,5 | 14 09 | 20 46 | 7,0 | 56 | 9 41 | + 7,1 | 13 07 | 19 42 | 56,1 | 3 |
| 10. | 10 59 | + 4,7 | 14 07 | 20 30 | 7,5 | 49 | 9 30 | + 7,2 | 12 35 | | 57,9 | 1 |
| 15. | 11 13 | + 2,3 | 14 00 | 20 12 | 8,2 | 41 | 9 18 | + 7,5 | 12 03 | Aufg. | 58,2 | 1 |
| 20. | 11 21 | + 0,4 | 13 48 | 19 51 | 9,0 | 31 | 9 06 | + 8,2 | 11 32 | 4 51 | 57,2 | 2 |
| 25. | 11 22 | − 0,4 | 13 29 | 19 28 | 9,8 | 21 | 8 57 | + 8,9 | 11 04 | 4 19 | 54,9 | 5 |
| 31. | 11 12 | + 0,2 | 12 55 | | 10,5 | 8 | 8 51 | + 9,9 | 10 35 | 3 45 | 51,1 | 10 |
| Sep 5. | 10 57 | + 2,3 | 12 20 | Aufg | 10,7 | 1 | 8 50 | +10,5 | 10 15 | 3 21 | 47,6 | 15 |
| 10. | 10 42 | + 5,2 | 11 45 | 5 19 | 10,1 | 3 | 8 53 | +11,1 | 9 58 | 3 02 | 44,2 | 19 |
| 15. | 10 36 | + 7,5 | 11 20 | 4 42 | 8,9 | 16 | 9 00 | +11,4 | 9 46 | 2 48 | 40,9 | 24 |
| 20. | 10 43 | + 8,4 | 11 09 | 4 26 | 7,7 | 37 | 9 10 | +11,5 | 9 36 | 2 37 | 37,9 | 28 |
| 25. | 11 03 | + 7,5 | 11 10 | 4 31 | 6,6 | 60 | 9 22 | +11,4 | 9 28 | 2 30 | 35,1 | 32 |
| 30. | 11 30 | + 5,2 | 11 19 | 4 51 | 5,9 | 79 | 9 35 | +11,0 | 9 22 | 2 26 | 32,7 | 36 |
| Okt 5. | 12 02 | + 1,9 | 11 30 | 5 19 | 5,4 | 90 | 9 51 | +10,4 | 9 18 | 2 25 | 30,5 | 39 |
| 10. | 12 34 | − 1,8 | 11 43 | 5 49 | 5,0 | 97 | 10 08 | + 9,6 | 9 15 | 2 26 | 28,6 | 42 |
| 15. | 13 06 | − 5,6 | 11 55 | 6 19 | 4,8 | 99 | 10 25 | + 8,6 | 9 14 | 2 29 | 26,9 | 45 |
| 20. | 13 37 | − 9,2 | 12 07 | 6 49 | 4,7 | 100 | 10 44 | + 7,4 | 9 12 | 2 34 | 25,4 | 48 |
| 25. | 14 08 | −12,7 | 12 18 | | 4,7 | 100 | 11 03 | + 6,0 | 9 12 | 2 40 | 24,0 | 51 |
| 31. | 14 45 | −16,4 | 12 31 | Unterg. | 4,7 | 98 | 11 27 | + 4,1 | 9 12 | 2 49 | 22,6 | 54 |
| Nov 5. | 15 16 | −19,1 | 12 42 | 17 07 | 4,8 | 97 | 11 47 | + 2,4 | 9 12 | 2 58 | 21,5 | 57 |
| 10. | 15 47 | −21,4 | 12 54 | 17 05 | 4,9 | 94 | 12 07 | + 0,6 | 9 13 | 3 07 | 20,5 | 59 |
| 15. | 16 18 | −23,3 | 13 06 | 17 05 | 5,0 | 92 | 12 28 | − 1,3 | 9 14 | 3 17 | 19,6 | 61 |
| 20. | 16 50 | −24,7 | 13 17 | 17 08 | 5,3 | 88 | 12 49 | − 3,3 | 9 15 | 3 28 | 18,8 | 63 |
| 25. | 17 21 | −25,6 | 13 29 | 17 14 | 5,6 | 82 | 13 10 | − 5,3 | 9 17 | 3 40 | 18,1 | 65 |
| 30. | 17 50 | −25,9 | 13 38 | 17 22 | 6,1 | 74 | 13 32 | − 7,3 | 9 19 | 3 52 | 17,4 | 67 |
| Dez 5. | 18 15 | −25,6 | 13 43 | 17 29 | 6,7 | 62 | 13 54 | − 9,4 | 9 22 | 4 04 | 16,8 | 69 |
| 10. | 18 32 | −24,7 | 13 39 | 17 31 | 7,6 | 44 | 14 17 | −11,3 | 9 25 | 4 17 | 16,2 | 71 |
| 15. | 18 34 | −23,5 | 13 19 | 17 19 | 8,7 | 22 | 14 40 | −13,2 | 9 28 | 4 30 | 15,7 | 73 |
| 20. | 18 17 | −22,1 | 12 41 | 16 49 | 9,7 | 3 | 15 04 | −15,0 | 9 32 | 4 43 | 15,2 | 74 |
| 25. | 17 48 | −20,7 | 11 53 | 16 09 | 9,9 | 3 | 15 28 | −16,6 | 9 36 | 4 57 | 14,8 | 76 |
| 31. | 17 27 | −20,1 | 11 09 | 15 28 | 8,9 | 23 | 15 57 | −18,4 | 9 42 | 5 12 | 14,3 | 78 |

| Datum | | SATURN | | | | | RING | | | | |
|---|---|---|---|---|---|---|---|---|---|---|---|
| | Rektas. h m | Deklin. ° | Kulmin. h m | Aufg. h m | Äqu. " | Pol. " | gr. A. " | kl. A. " | Öffn. ° | hel. Ö. ° | Leucht. |
| Jul 1. | 22 36 | −10,6 | 4 22 | 23 06 | 18,0 | 16,1 | 41,0 | 5,4 | 7,6 | 9,8 | 0,45 |
| 15. | 22 35 | −10,8 | 3 25 | 22 10 | 18,4 | 16,5 | 41,8 | 5,7 | 7,8 | 9,6 | 0,46 |
| 31. | 22 32 | −11,1 | 2 19 | 21 06 | 18,7 | 16,8 | 42,5 | 6,1 | 8,3 | 9,4 | 0,48 |
| Aug 15. | 22 28 | −11,5 | 1 16 | 20 05 | 18,9 | 16,9 | 42,9 | 6,5 | 8,8 | 9,2 | 0,51 |
| 31. | 22 23 | −12,0 | 0 09 | | 19,0 | 17,0 | 43,1 | 7,0 | 9,3 | 9,0 | 0,58 |
| Sep 15. | 22 19 | −12,4 | 23 02 | Unterg. | 18,9 | 16,9 | 42,8 | 7,3 | 9,8 | 8,8 | 0,52 |
| 30. | 22 15 | −12,7 | 21 59 | 3 04 | 18,6 | 16,7 | 42,3 | 7,5 | 10,3 | 8,6 | 0,51 |
| Okt 15. | 22 13 | −12,9 | 20 58 | 2 02 | 18,3 | 16,4 | 41,5 | 7,6 | 10,5 | 8,4 | 0,50 |
| 31. | 22 12 | −13,0 | 19 54 | 0 57 | 17,8 | 16,0 | 40,5 | 7,5 | 10,7 | 8,2 | 0,48 |
| Nov 15. | 22 12 | −13,0 | 18 55 | 23 55 | 17,4 | 15,5 | 39,5 | 7,3 | 10,6 | 7,9 | 0,47 |
| 30. | 22 14 | −12,8 | 17 58 | 22 59 | 16,9 | 15,2 | 38,5 | 6,9 | 10,4 | 7,7 | 0,46 |
| Dez 15. | 22 17 | −12,5 | 17 02 | 22 05 | 16,5 | 14,8 | 37,5 | 6,5 | 10,0 | 7,5 | 0,45 |
| 31. | 22 21 | −12,0 | 16 04 | 21 09 | 16,2 | 14,5 | 36,7 | 6,0 | 9,4 | 7,3 | 0,43 |

**TABELLEN 2023**

# Ephemeriden

| \ | MARS | | | | | JUPITER | | | | | | Datum | |
|---|---|---|---|---|---|---|---|---|---|---|---|---|---|
| Rektas. h m | Deklin. ° | Kulmin. h m | Unterg. h m | Du. " | bel. % | Rektas. h m | Deklin. ° | Kulmin. h m | Aufg. h m | Äqu. " | Pol " | | |
| 9 47 | +14,7 | 15 32 | 22 46 | 4,2 | 95 | 2 28 | +13,4 | 8 13 | 1 04 | 36,6 | 34,2 | 1. | Jul |
| 9 56 | +13,8 | 15 25 | 22 35 | 4,2 | 95 | 2 30 | +13,6 | 8 00 | 0 49 | 36,9 | 34,5 | 5. | |
| 10 07 | +12,7 | 15 17 | 22 21 | 4,1 | 96 | 2 34 | +13,9 | 7 43 | 0 32 | 37,4 | 35,0 | 10. | |
| 10 19 | +11,6 | 15 09 | 22 07 | 4,1 | 96 | 2 37 | +14,1 | 7 27 | 0 14 | 37,9 | 35,5 | 15. | |
| 10 31 | +10,5 | 15 01 | 21 53 | 4,0 | 96 | 2 39 | +14,3 | 7 10 | 23 52 | 38,4 | 36,0 | 20. | |
| 10 42 | + 9,3 | 14 53 | 21 39 | 4,0 | 96 | 2 42 | +14,5 | 6 53 | 23 34 | 39,0 | 36,5 | 25. | |
| 10 56 | + 7,8 | 14 43 | 21 22 | 4,0 | 97 | 2 45 | +14,7 | 6 32 | 23 12 | 39,7 | 37,1 | 31. | |
| 11 07 | + 6,6 | 14 35 | 21 08 | 3,9 | 97 | 2 47 | +14,8 | 6 14 | 22 54 | 40,3 | 37,7 | 5. | Aug |
| 11 19 | + 5,3 | 14 26 | 20 53 | 3,9 | 97 | 2 48 | +14,9 | 5 56 | 22 35 | 41,0 | 38,3 | 10. | |
| 11 31 | + 4,0 | 14 18 | 20 39 | 3,9 | 98 | 2 50 | +15,0 | 5 38 | 22 16 | 41,6 | 38,9 | 15. | |
| 11 42 | + 2,7 | 14 10 | 20 25 | 3,8 | 98 | 2 51 | +15,1 | 5 19 | 21 58 | 42,3 | 39,6 | 20. | |
| 11 54 | + 1,4 | 14 02 | 20 10 | 3,8 | 98 | 2 52 | +15,1 | 5 01 | 21 38 | 43,0 | 40,2 | 25. | |
| 12 08 | − 0,1 | 13 53 | 19 58 | 3,8 | 98 | 2 53 | +15,1 | 4 38 | 21 15 | 43,8 | 41,0 | 31. | |
| 12 20 | − 1,5 | 13 45 | 19 39 | 3,8 | 98 | 2 53 | +15,1 | 4 18 | 20 56 | 44,5 | 41,6 | 5. | Sep |
| 12 31 | − 2,8 | 13 37 | 19 25 | 3,7 | 99 | 2 53 | +15,1 | 3 58 | 20 36 | 45,2 | 42,2 | 10. | |
| 12 43 | − 4,1 | 13 29 | 19 11 | 3,7 | 99 | 2 52 | +15,1 | 3 38 | 20 16 | 45,8 | 42,9 | 15. | |
| 12 55 | − 5,4 | 13 21 | 18 57 | 3,7 | 99 | 2 51 | +15,0 | 3 18 | 19 56 | 46,5 | 43,4 | 20. | |
| 13 08 | − 6,7 | 13 14 | 18 43 | 3,7 | 99 | 2 50 | +14,9 | 2 57 | 19 36 | 47,1 | 44,0 | 25. | |
| 13 20 | − 8,0 | 13 07 | 18 30 | 3,7 | 99 | 2 49 | +14,8 | 2 36 | 19 15 | 47,6 | 44,5 | 30. | |
| 13 32 | − 9,3 | 12 59 | 18 16 | 3,7 | 99 | 2 47 | +14,6 | 2 14 | 18 55 | 48,1 | 45,0 | 5. | Okt |
| 13 45 | −10,6 | 12 52 | 18 03 | 3,7 | 100 | 2 45 | +14,5 | 1 53 | 18 34 | 48,5 | 45,4 | 10. | |
| 13 58 | −11,8 | 12 45 | 17 50 | 3,7 | 100 | 2 43 | +14,3 | 1 31 | 18 13 | 48,9 | 45,7 | 15. | |
| 14 11 | −13,0 | 12 39 | 17 37 | 3,7 | 100 | 2 40 | +14,1 | 1 09 | 17 52 | 49,2 | 46,0 | 20. | |
| 14 24 | −14,2 | 12 32 | 17 24 | 3,7 | 100 | 2 38 | +13,9 | 0 47 | 17 31 | 49,4 | 46,2 | 25. | |
| 14 40 | −15,5 | 12 25 | 17 10 | 3,7 | 100 | 2 35 | +13,7 | 0 20 | 17 05 | 49,5 | 46,3 | 31. | |
| 14 54 | −16,6 | 12 19 | 16 58 | 3,7 | 100 | 2 32 | +13,5 | 23 53 | | 49,5 | 46,3 | 5. | Nov |
| 15 08 | −17,6 | 12 13 | | 3,7 | 100 | 2 29 | +13,3 | 23 31 | Unterg. | 49,4 | 46,2 | 10. | |
| 15 22 | −18,6 | 12 08 | Aufg. | 3,7 | 100 | 2 27 | +13,1 | 23 09 | 6 20 | 49,2 | 46,0 | 15. | |
| 15 37 | −19,5 | 12 03 | 7 39 | 3,7 | 100 | 2 24 | +12,9 | 22 47 | 5 57 | 48,9 | 45,7 | 20. | |
| 15 51 | −20,3 | 11 58 | 7 39 | 3,7 | 100 | 2 22 | +12,7 | 22 25 | 5 34 | 48,5 | 45,4 | 25. | |
| 16 06 | −21,1 | 11 53 | 7 39 | 3,7 | 100 | 2 20 | +12,5 | 22 03 | 5 12 | 48,1 | 44,9 | 30. | |
| 16 21 | −21,8 | 11 48 | 7 38 | 3,8 | 100 | 2 18 | +12,4 | 21 42 | 4 50 | 47,5 | 44,5 | 5. | Dez |
| 16 37 | −22,4 | 11 44 | 7 38 | 3,8 | 100 | 2 17 | +12,3 | 21 20 | 4 28 | 47,0 | 43,9 | 10. | |
| 16 52 | −22,9 | 11 40 | 7 37 | 3,8 | 100 | 2 15 | +12,2 | 21 00 | 4 07 | 46,3 | 43,3 | 15. | |
| 17 08 | −23,3 | 11 36 | 7 36 | 3,8 | 100 | 2 14 | +12,2 | 20 39 | 3 46 | 45,7 | 42,7 | 20. | |
| 17 24 | −23,7 | 11 32 | 7 34 | 3,8 | 100 | 2 14 | +12,1 | 20 19 | 3 25 | 45,0 | 42,1 | 25. | |
| 17 43 | −23,9 | 11 28 | 7 31 | 3,9 | 99 | 2 13 | +12,1 | 19 55 | 3 02 | 44,1 | 41,3 | 31. | |

| URANUS | | | | | NEPTUN | | | | | PLUTO | | Datum | |
|---|---|---|---|---|---|---|---|---|---|---|---|---|---|
| Rektas. h m | Deklin. ° | Kulmin. h m | Aufg. h m | Du. " | Rektas. h m | Deklin. ° | Kulmin. h m | Aufg. h m | Du. " | Rektas. h m | Deklin. ° | | |
| 3 16 | +17,8 | 9 01 | 1 28 | 3,5 | 23 52 | −2,2 | 5 38 | 23 41 | 2,3 | 20 08 | −22,9 | 1. | Jul |
| 3 18 | +17,9 | 8 08 | 0 34 | 3,5 | 23 52 | −2,2 | 4 42 | 22 46 | 2,3 | 20 07 | −23,0 | 15. | |
| 3 20 | +18,1 | 7 07 | 23 29 | 3,5 | 23 51 | −2,3 | 3 39 | 21 43 | 2,3 | 20 05 | −23,1 | 31. | |
| 3 21 | +18,1 | 6 09 | 22 30 | 3,6 | 23 50 | −2,4 | 2 39 | 20 43 | 2,3 | 20 04 | −23,2 | 15. | Aug |
| 3 22 | +18,1 | 5 07 | 21 27 | 3,6 | 23 49 | −2,6 | 1 34 | 19 40 | 2,4 | 20 02 | −23,2 | 31. | |
| 3 21 | +18,1 | 4 07 | 20 28 | 3,7 | 23 48 | −2,7 | 0 34 | | 2,4 | 20 01 | −23,3 | 15. | Sep |
| 3 20 | +18,0 | 3 07 | 19 28 | 3,7 | 23 46 | −2,9 | 23 30 | Unterg. | 2,4 | 20 01 | −23,3 | 30. | |
| 3 18 | +17,9 | 2 06 | 18 28 | 3,8 | 23 45 | −3,1 | 22 29 | 4 22 | 2,4 | 20 01 | −23,3 | 15. | Okt |
| 3 16 | +17,8 | 1 01 | 17 24 | 3,8 | 23 43 | −3,2 | 21 25 | 3 17 | 2,3 | 20 01 | −23,3 | 31. | |
| 3 13 | +17,6 | 23 55 | | 3,8 | 23 42 | −3,3 | 20 25 | 2 17 | 2,3 | 20 02 | −23,3 | 15. | Nov |
| 3 11 | +17,4 | 22 54 | Unterg. | 3,8 | 23 42 | −3,3 | 19 26 | 1 17 | 2,3 | 20 03 | −23,2 | 30. | |
| 3 09 | +17,3 | 21 53 | 5 27 | 3,8 | 23 42 | −3,3 | 18 27 | 0 18 | 2,3 | 20 05 | −23,1 | 15. | Dez |
| 3 07 | +17,2 | 20 48 | 4 22 | 3,7 | 23 43 | −3,2 | 17 24 | 23 12 | 2,3 | 20 07 | −23,1 | 31. | |

# Ephemeriden

**TABELLEN 2023**

## EPHEMERIDEN HELLERER KLEINPLANETEN 2023

### CERES (1)

| Datum | | Rektas. h m | Deklin. ° | Kulmin. h m |
|---|---|---|---|---|
| Jan | 1. | 12 30 | + 9,8 | 6 08 |
| | 5. | 12 33 | + 9,8 | 5 56 |
| | 10. | 12 37 | + 9,8 | 5 40 |
| | 15. | 12 40 | + 9,9 | 5 24 |
| | 20. | 12 43 | +10,0 | 5 07 |
| | 25. | 12 45 | +10,2 | 4 50 |
| | 31. | 12 47 | +10,6 | 4 28 |
| Feb | 5. | 12 48 | +11,0 | 4 09 |
| | 10. | 12 48 | +11,4 | 3 50 |
| | 15. | 12 48 | +11,9 | 3 30 |
| | 20. | 12 47 | +12,4 | 3 09 |
| | 25. | 12 45 | +12,9 | 2 47 |
| | 28. | 12 43 | +13,3 | 2 34 |
| Mrz | 5. | 12 40 | +13,8 | 2 11 |
| | 10. | 12 37 | +14,4 | 1 48 |
| | 15. | 12 33 | +14,9 | 1 25 |
| | 20. | 12 29 | +15,3 | 1 01 |
| | 25. | 12 25 | +15,7 | 0 37 |
| | 31. | 12 20 | +16,1 | 0 09 |
| Apr | 5. | 12 15 | +16,3 | 23 40 |
| | 10. | 12 12 | +16,4 | 23 16 |
| | 15. | 12 08 | +16,4 | 22 53 |
| | 20. | 12 05 | +16,3 | 22 31 |
| | 25. | 12 02 | +16,1 | 22 09 |
| | 30. | 12 00 | +15,8 | 21 47 |
| Mai | 5. | 11 59 | +15,4 | 21 26 |
| | 10. | 11 58 | +14,9 | 21 06 |
| | 15. | 11 58 | +14,4 | 20 46 |
| | 20. | 11 59 | +13,8 | 20 27 |
| | 25. | 12 00 | +13,2 | 20 09 |
| | 31. | 12 02 | +12,4 | 19 47 |
| Jun | 5. | 12 04 | +11,7 | 19 30 |
| | 10. | 12 07 | +10,9 | 19 13 |
| | 15. | 12 10 | +10,1 | 18 56 |
| | 20. | 12 13 | + 9,3 | 18 40 |
| | 25. | 12 17 | + 8,4 | 18 25 |
| | 30. | 12 22 | + 7,6 | 18 09 |

### PALLAS (2)

| Datum | | Rektas. h m | Deklin. ° | Kulmin. h m |
|---|---|---|---|---|
| Jan | 1. | 6 56 | −32,0 | 0 35 |
| | 5. | 6 52 | −31,7 | 0 16 |
| | 10. | 6 48 | −31,1 | 23 47 |
| | 15. | 6 44 | −30,3 | 23 23 |
| | 20. | 6 40 | −29,2 | 23 00 |
| | 25. | 6 37 | −28,0 | 22 37 |
| | 31. | 6 34 | −26,2 | 22 11 |
| Feb | 5. | 6 32 | −24,5 | 21 50 |
| | 10. | 6 31 | −22,8 | 21 29 |
| | 15. | 6 31 | −20,9 | 21 10 |
| | 20. | 6 32 | −19,0 | 20 51 |
| | 25. | 6 33 | −17,0 | 20 33 |
| | 28. | 6 35 | −15,8 | 20 23 |
| Mrz | 5. | 6 38 | −13,8 | 20 06 |
| | 10. | 6 41 | −11,9 | 19 50 |
| | 15. | 6 45 | −10,0 | 19 35 |
| | 20. | 6 50 | − 8,1 | 19 20 |
| | 25. | 6 56 | − 6,4 | 19 06 |
| | 31. | 7 03 | − 4,4 | 18 50 |

### MELPOMENE (18)

| Datum | | Rektas. h m | Deklin. ° | Kulmin. h m |
|---|---|---|---|---|
| Okt | 1. | 3 23 | + 1,6 | 3 06 |
| | 5. | 3 23 | + 0,9 | 2 50 |
| | 10. | 3 23 | − 0,1 | 2 30 |
| | 15. | 3 21 | − 1,0 | 2 09 |
| | 20. | 3 19 | − 1,8 | 1 47 |
| | 25. | 3 16 | − 2,7 | 1 25 |
| | 31. | 3 12 | − 3,5 | 0 57 |
| Nov | 5. | 3 08 | − 4,1 | 0 33 |
| | 10. | 3 03 | − 4,5 | 0 09 |
| | 15. | 2 59 | − 4,7 | 23 41 |
| | 20. | 2 55 | − 4,8 | 23 17 |
| | 25. | 2 52 | − 4,8 | 22 54 |
| | 30. | 2 49 | − 4,5 | 22 32 |

### VESTA (4)

| Datum | | Rektas. h m | Deklin. ° | Kulmin. h m |
|---|---|---|---|---|
| Sep | 1. | 5 43 | +19,0 | 7 24 |
| | 5. | 5 48 | +19,0 | 7 13 |
| | 10. | 5 54 | +19,1 | 7 00 |
| | 15. | 6 00 | +19,1 | 6 46 |
| | 20. | 6 05 | +19,1 | 6 31 |
| | 25. | 6 10 | +19,1 | 6 17 |
| | 30. | 6 15 | +19,0 | 6 01 |
| Okt | 5. | 6 19 | +19,0 | 5 46 |
| | 10. | 6 22 | +19,0 | 5 29 |
| | 15. | 6 25 | +19,0 | 5 13 |
| | 20. | 6 27 | +19,0 | 4 55 |
| | 25. | 6 29 | +19,0 | 4 37 |
| | 31. | 6 30 | +19,0 | 4 15 |
| Nov | 5. | 6 30 | +19,1 | 3 55 |
| | 10. | 6 29 | +19,2 | 3 35 |
| | 15. | 6 28 | +19,3 | 3 14 |
| | 20. | 6 26 | +19,4 | 2 52 |
| | 25. | 6 23 | +19,5 | 2 29 |
| | 30. | 6 19 | +19,7 | 2 06 |
| Dez | 5. | 6 15 | +19,8 | 1 42 |
| | 10. | 6 10 | +20,0 | 1 17 |
| | 15. | 6 04 | +20,2 | 0 52 |
| | 20. | 5 59 | +20,5 | 0 27 |
| | 25. | 5 53 | +20,7 | 0 02 |
| | 31. | 5 47 | +20,9 | 23 27 |

### METIS (9)

| Datum | | Rektas. h m | Deklin. ° | Kulmin. h m |
|---|---|---|---|---|
| Dez | 1. | 6 24 | +25,8 | 2 07 |
| | 5. | 6 21 | +26,1 | 1 48 |
| | 10. | 6 16 | +26,4 | 1 24 |
| | 15. | 6 11 | +26,8 | 0 59 |
| | 20. | 6 05 | +27,1 | 0 34 |
| | 25. | 6 00 | +27,4 | 0 08 |
| | 31. | 5 53 | +27,7 | 23 33 |

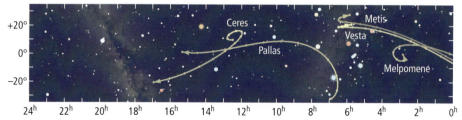

In den **halbfett** gedruckten Tagesintervallen sind die Kleinplaneten einfacher aufzufinden.
**Spaltenüberschriften:** Rektaszension und Deklination für 1ʰ MEZ – **Kulmination** = Meridiandurchgang: MEZ für 10° östliche Länge. – **Aufgang oder Untergang:** MEZ für 10° östliche Länge und 50° nördliche Breite.
**Scheinbarer Durchmesser** für 1ʰ MEZ, Äqu.: Äquatordurchmesser, Pol: Poldurchmesser.
**Beleuchteter Teil des Planetenscheibchens** für 1ʰ MEZ. – **Saturnring:** große und kleine Ringachse, Öffnung, heliozentrische Öffnung, Leuchtkraft relativ zur Leuchtkraft der Saturnkugel.

# TABELLEN 2023 — Ephemeriden

## ZENTRALMERIDIANE MARS UND JUPITER 2023 (1ʰ MEZ = 2ʰ MESZ)

| Datum | MARS Jan | Feb | Mrz | Apr | JUPITER SYSTEM I Jan | Feb | Jul | Aug | Sep | Okt | Nov | Dez | JUPITER SYSTEM II Jan | Feb | Jul | Aug | Sep | Okt | Nov | Dez |
|---|---|---|---|---|---|---|---|---|---|---|---|---|---|---|---|---|---|---|---|---|
| 1. | 314 | 30 | 127 | 192 | 59 | 266 | 159 | 11 | 227 | 287 | 146 | 206 | 19 | 351 | 178 | 154 | 133 | 324 | 307 | 138 |
| 2. | 305 | 21 | 118 | 182 | 216 | 64 | 316 | 169 | 25 | 85 | 304 | 4 | 169 | 141 | 328 | 305 | 283 | 115 | 97 | 288 |
| 3. | 296 | 12 | 108 | 172 | 14 | 222 | 114 | 327 | 183 | 243 | 102 | 162 | 319 | 291 | 118 | 95 | 74 | 265 | 248 | 79 |
| 4. | 287 | 2 | 99 | 163 | 172 | 19 | 272 | 125 | 341 | 41 | 260 | 320 | 109 | 81 | 269 | 245 | 224 | 55 | 38 | 229 |
| 5. | 278 | 353 | 89 | 153 | 329 | 177 | 70 | 283 | 139 | 199 | 58 | 118 | 260 | 231 | 59 | 35 | 14 | 206 | 189 | 19 |
| 6. | 269 | 344 | 80 | 144 | 127 | 335 | 228 | 81 | 296 | 357 | 216 | 276 | 50 | 21 | 209 | 186 | 165 | 356 | 339 | 170 |
| 7. | 260 | 334 | 70 | 134 | 285 | 132 | 25 | 239 | 94 | 155 | 14 | 74 | 200 | 171 | 359 | 336 | 315 | 147 | 129 | 320 |
| 8. | 251 | 325 | 61 | 125 | 82 | 290 | 183 | 36 | 252 | 313 | 172 | 231 | 350 | 321 | 149 | 126 | 106 | 297 | 280 | 110 |
| 9. | 242 | 316 | 51 | 115 | 240 | 88 | 341 | 194 | 50 | 111 | 330 | 29 | 140 | 111 | 299 | 276 | 256 | 87 | 70 | 261 |
| 10. | 233 | 306 | 42 | 105 | 38 | 245 | 139 | 352 | 208 | 269 | 128 | 187 | 290 | 261 | 90 | 67 | 46 | 238 | 221 | 51 |
| 11. | 224 | 297 | 32 | 96 | 196 | 43 | 297 | 150 | 6 | 67 | 286 | 345 | 80 | 51 | 240 | 217 | 197 | 28 | 11 | 201 |
| 12. | 215 | 288 | 23 | 86 | 353 | 200 | 94 | 308 | 164 | 225 | 84 | 143 | 230 | 201 | 30 | 7 | 347 | 179 | 161 | 351 |
| 13. | 206 | 278 | 13 | 77 | 151 | 358 | 252 | 106 | 322 | 23 | 242 | 301 | 20 | 351 | 180 | 157 | 137 | 329 | 312 | 142 |
| 14. | 197 | 269 | 4 | 67 | 309 | 156 | 50 | 264 | 120 | 181 | 40 | 99 | 170 | 141 | 330 | 308 | 288 | 119 | 102 | 292 |
| 15. | 187 | 259 | 354 | 57 | 106 | 313 | 208 | 62 | 278 | 339 | 198 | 257 | 320 | 291 | 121 | 98 | 78 | 270 | 252 | 82 |
| 16. | 178 | 250 | 344 | 48 | 264 | 111 | 6 | 220 | 76 | 137 | 356 | 55 | 110 | 81 | 271 | 248 | 228 | 60 | 43 | 232 |
| 17. | 169 | 240 | 335 | 38 | 62 | 269 | 164 | 18 | 234 | 295 | 154 | 213 | 260 | 231 | 61 | 39 | 19 | 211 | 193 | 23 |
| 18. | 160 | 231 | 325 | 29 | 219 | 66 | 321 | 175 | 32 | 93 | 312 | 11 | 50 | 21 | 211 | 189 | 169 | 1 | 344 | 173 |
| 19. | 151 | 222 | 316 | 19 | 17 | 224 | 119 | 333 | 190 | 251 | 110 | 168 | 200 | 171 | 1 | 339 | 320 | 152 | 134 | 323 |
| 20. | 142 | 212 | 306 | 9 | 175 | 22 | 277 | 131 | 348 | 49 | 268 | 326 | 350 | 321 | 152 | 129 | 110 | 302 | 284 | 113 |
| 21. | 132 | 203 | 297 | 360 | 332 | 179 | 75 | 289 | 146 | 207 | 66 | 124 | 140 | 111 | 302 | 280 | 260 | 92 | 75 | 264 |
| 22. | 123 | 193 | 287 | 350 | 130 | 337 | 233 | 87 | 304 | 5 | 224 | 282 | 290 | 261 | 92 | 70 | 51 | 243 | 225 | 54 |
| 23. | 114 | 184 | 278 | 341 | 288 | 134 | 31 | 245 | 102 | 163 | 22 | 80 | 80 | 51 | 242 | 220 | 201 | 33 | 15 | 204 |
| 24. | 105 | 174 | 268 | 331 | 85 | 292 | 188 | 43 | 260 | 322 | 180 | 238 | 230 | 201 | 32 | 11 | 351 | 184 | 166 | 354 |
| 25. | 95 | 165 | 259 | 321 | 243 | 90 | 346 | 201 | 58 | 120 | 338 | 36 | 20 | 351 | 183 | 161 | 142 | 334 | 316 | 145 |
| 26. | 86 | 155 | 249 | 312 | 41 | 247 | 144 | 359 | 216 | 278 | 136 | 193 | 170 | 141 | 333 | 311 | 292 | 124 | 106 | 295 |
| 27. | 77 | 146 | 239 | 302 | 198 | 45 | 302 | 157 | 14 | 76 | 294 | 351 | 320 | 291 | 123 | 102 | 83 | 275 | 257 | 85 |
| 28. | 68 | 137 | 230 | 292 | 356 | 203 | 100 | 315 | 172 | 234 | 92 | 149 | 110 | 81 | 273 | 252 | 233 | 65 | 47 | 235 |
| 29. | 58 |   | 220 | 283 | 153 |   | 258 | 113 | 331 | 32 | 250 | 307 | 260 |   | 64 | 42 | 23 | 216 | 197 | 26 |
| 30. | 49 |   | 211 | 273 | 311 |   | 56 | 271 | 129 | 190 | 48 | 105 | 50 |   | 214 | 192 | 174 | 6 | 348 | 176 |
| 31. | 40 |   | 201 |   | 109 |   | 213 | 69 |   | 348 |   | 263 | 200 |   | 4 | 343 |   | 157 |   | 326 |

| Korrektur für MEZ | 0ʰ | −1ʰ | 2ʰ | 3ʰ | 4ʰ | 5ʰ | 6ʰ | 7ʰ | 17ʰ | 18ʰ | 19ʰ | 20ʰ | 21ʰ | 22ʰ | 23ʰ | 24ʰ |
|---|---|---|---|---|---|---|---|---|---|---|---|---|---|---|---|---|
| Mars | −15° | 0° | +15° | +29° | +44° | +58° | +73° | +88° | −126° | −111° | −97° | −82° | −68° | −53° | −38° | −24° |
| Jupiter System I | −37° | 0° | +37° | +73° | +110° | +146° | +183° | +219° | −135° | −98° | −62° | −25° | +12° | +48° | +85° | +121° |
| Jupiter System II | −36° | 0° | +36° | +73° | +109° | +145° | +181° | +218° | −140° | −104° | −67° | −31° | +5° | +41° | +78° | +114° |

D = Neigung der Planetenachse zur Erde

Änderung
Mars: +14°6/Stunde
Jupiter System I: +36°6/Stunde
Jupiter System II: +36°3/Stunde

# Sonne

**TABELLEN 2023**

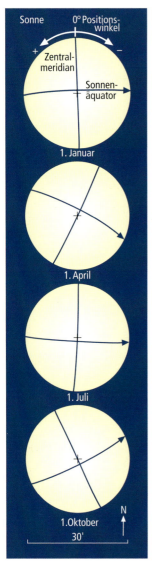

**T.5** Lage des Zentralmeridians und des Äquators der Sonne im Verlauf des Jahres relativ zum Beobachter auf der Erde.

## EPHEMERIDE DER SONNENSCHEIBE 2023 ($1^H$ MEZ)

| Datum | | Entferng. AE | Du. ′ | Z.M. ° | $B_0$ ° | P ° | Sternzeit h m |
|---|---|---|---|---|---|---|---|
| Jan | 1. | 0,983 | 32,5 | 5,0 | −3,0 | + 2,4 | 6 42 |
| | 10. | 0,983 | 32,5 | 246,5 | −4,0 | − 2,0 | 7 17 |
| | 20. | 0,984 | 32,5 | 114,8 | −5,0 | − 6,7 | 7 56 |
| | 31. | 0,985 | 32,5 | 330,0 | −5,9 | −11,5 | 8 40 |
| Feb | 10. | 0,987 | 32,4 | 198,3 | −6,5 | −15,4 | 9 19 |
| | 20. | 0,989 | 32,4 | 66,6 | −7,0 | −18,8 | 9 59 |
| | 28. | 0,990 | 32,3 | 321,3 | −7,2 | −21,1 | 10 30 |
| Mrz | 10. | 0,993 | 32,2 | 189,5 | −7,2 | −23,4 | 11 10 |
| | 20. | 0,996 | 32,1 | 57,7 | −7,1 | −25,1 | 11 49 |
| | 31. | 0,999 | 32,0 | 272,6 | −6,6 | −26,1 | 12 32 |
| Apr | 10. | 1,002 | 31,9 | 140,7 | −6,0 | −26,3 | 13 12 |
| | 20. | 1,004 | 31,8 | 8,7 | −5,2 | −25,7 | 13 51 |
| | 30. | 1,007 | 31,8 | 236,5 | −4,3 | −24,4 | 14 31 |
| Mai | 10. | 1,010 | 31,7 | 104,4 | −3,3 | −22,4 | 15 10 |
| | 20. | 1,012 | 31,6 | 332,1 | −2,2 | −19,7 | 15 50 |
| | 31. | 1,014 | 31,6 | 186,6 | −0,9 | −16,1 | 16 33 |
| Jun | 10. | 1,015 | 31,5 | 54,2 | +0,3 | −12,2 | 17 12 |
| | 20. | 1,016 | 31,5 | 281,9 | +1,5 | − 7,9 | 17 52 |
| | 30. | 1,017 | 31,5 | 149,5 | +2,7 | − 3,5 | 18 31 |
| Jul | 10. | 1,017 | 31,5 | 17,1 | +3,8 | + 1,1 | 19 11 |
| | 20. | 1,016 | 31,5 | 244,8 | +4,7 | + 5,5 | 19 50 |
| | 31. | 1,015 | 31,5 | 99,3 | +5,7 | +10,1 | 20 33 |
| Aug | 10. | 1,014 | 31,6 | 327,0 | +6,3 | +14,0 | 21 13 |
| | 20. | 1,012 | 31,6 | 194,9 | +6,8 | +17,4 | 21 52 |
| | 31. | 1,010 | 31,7 | 49,5 | +7,2 | +20,6 | 22 36 |
| Sep | 10. | 1,007 | 31,8 | 277,4 | +7,2 | +23,0 | 23 15 |
| | 20. | 1,004 | 31,8 | 145,4 | +7,1 | +24,7 | 23 55 |
| | 30. | 1,002 | 31,9 | 13,4 | +6,8 | +25,9 | 0 34 |
| Okt | 10. | 0,999 | 32,0 | 241,5 | +6,2 | +26,3 | 1 13 |
| | 20. | 0,996 | 32,1 | 109,6 | +5,5 | +26,0 | 1 53 |
| | 31. | 0,993 | 32,2 | 324,5 | +4,5 | +24,8 | 2 36 |
| Nov | 10. | 0,990 | 32,3 | 192,7 | +3,5 | +22,9 | 3 16 |
| | 20. | 0,988 | 32,4 | 60,8 | +2,3 | +20,2 | 3 55 |
| | 30. | 0,986 | 32,4 | 289,0 | +1,1 | +16,7 | 4 34 |
| Dez | 10. | 0,985 | 32,5 | 157,3 | −0,2 | +12,7 | 5 14 |
| | 20. | 0,984 | 32,5 | 25,5 | −1,5 | + 8,2 | 5 53 |
| | 31. | 0,983 | 32,5 | 240,6 | −2,8 | + 3,0 | 6 37 |

Z.M. Zentralmeridian (Abnahme 13°,2/Tag), $B_0$ Neigung der Sonnenachse zur Erde, P Positionswinkel des Sonnen-Nordpols, Sternzeit Greenwich

## BEGINN DER SYNODISCHEN SONNENROTATION NACH CARRINGTON 2023

| Rot. Nr. | Datum | MEZ h m | Rot. Nr. | Datum | MEZ h m |
|---|---|---|---|---|---|
| 2266 | Jan 1. | 10 05 | 2273 | Jul 11. | 8 05 |
| 2267 | Jan 28. | 18 13 | 2274 | Aug 7. | 13 12 |
| 2268 | Feb 25. | 2 22 | 2275 | Sep 3. | 18 58 |
| 2269 | Mrz 24. | 10 02 | 2276 | Okt 1. | 1 27 |
| 2270 | Apr 20. | 16 44 | 2277 | Okt 28. | 8 25 |
| 2271 | Mai 17. | 22 25 | 2278 | Nov 24. | 15 46 |
| 2272 | Jun 14. | 3 21 | 2279 | Dez 21. | 23 28 |

# TABELLEN 2023 — Sonne/Mond

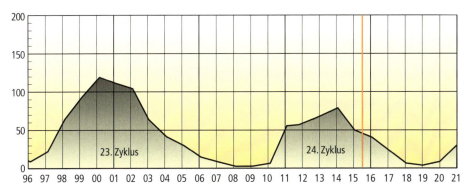

T.6 Jahresmittel der Sonnenfleckenrelativzahlen von 1996 bis 2021. Hinweis: Seit 1. Juli 2015 hat das internationale Sunspot Index Data Center (Brüssel) die Bestimmung der Relativzahlen neu festgelegt (rote Linie).

T.7 Monatsmittel der Sonnenfleckenrelativzahlen von Januar 2016 bis März 2022.

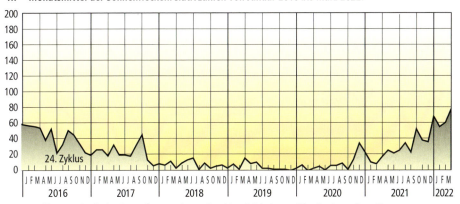

T.8 Stellung und relative Lage der zunehmenden Mondsichel zum Westhorizont jeweils am ersten Sichtbarkeitsabend nach Neumond eine halbe Stunde nach Sonnenuntergang im Jahre 2023.

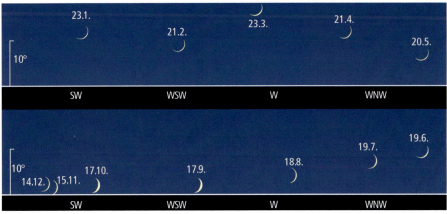

# Sternbedeckungen

**TABELLEN 2023**

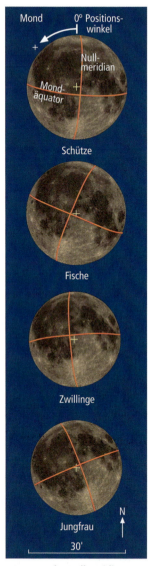

T.9 Lage des Nullmeridians und des Mondäquators relativ zum Beobachter auf der Erde in Abhängigkeit von der Position des Mondes im Tierkreis (siehe auch monatliche Rubrik „Der Mondlauf").

## STERNBEDECKUNGEN DURCH DEN MOND 2023

| Datum | | MEZ h m | Stern | Hell. m | bel. % | E/A | P ° |
|---|---|---|---|---|---|---|---|
| Jan | 1. | 20 10 | o Ari | 5,8 | 77 | E | 130 |
| | 27. | 19 20 | HIP 7819 | 6,3 | 40 | E | 75 |
| | 27. | 22 25 | o Psc | 4,3 | 42 | E | 140 |
| | 28. | 22 05 | 29 Ari | 6,0: | 52 | E | 15 |
| Feb | 3. | 19 25 | 76 Gem | 5,3 | 96 | E | 100 |
| | 22. | 18 00 | 10 Cet | 6,2 | 8 | E | 355 |
| | 25. | 19 00 | 50 Ari | 6,7: | 34 | E | 25 |
| | 26. | 18 10 | HR 1193 | 6,7: | 44 | E | 55 |
| | 26. | 21 30 | 32 Tau | 5,6 | 45 | E | 45 |
| Mrz | 3. | 4 05 | 76 Gem | 5,3 | 83 | E | 40 |
| | 25. | 22 25 | 14 Tau | 6,4 | 20 | E | 120 |
| | 29. | 19 35 | 47 Gem | 5,6 | 56 | E | 155 |
| | 29. | 20 15 | HR 2711 | 6,6: | 57 | E | 45 |
| | 29. | 22 45 | HIP 35253 | 6,5: | 57 | E | 125 |
| Apr | 10. | 3 50 | σ Sco | 2,9: | 83 | E | 140 |
| | 10. | 4 55 | σ Sco | 2,9: | 83 | A | 255 |
| | 21. | 20 35 | SAO 93345 | 6,5 | 3 | E | 100 |
| | 24. | 21 20 | HIP 28417 | 6,6: | 22 | E | 95 |
| Mai | 21. | 20 00 | HR 1902 | 5,8: | 5 | E | 65 |
| | 21. | 20 55 | HR 1921 | 6,4 | 5 | E | 140 |
| | 24. | 20 20 | λ Cnc | 6,0 | 24 | E | 165 |
| | 27. | 0 35 | HR 3969 | 6,4 | 44 | E | 135 |
| Jun | 21. | 21 20 | HIP 43950 | 7,0 | 12 | E | 50 |
| | 24. | 21 05 | HR 4358 | 5,8: | 36 | E | 105 |
| | 30. | 22 55 | HR 5973 | 6,2 | 91 | E | 165 |
| Jul | 27. | 21 45 | HR 5806 | 5,8: | 70 | E | 170 |
| | 27. | 22 20 | HR 5819 | 6,3 | 70 | E | 140 |
| Aug | 5. | 2 50 | 27 Psc | 4,9: | 84 | A | 265 |
| | 5. | 4 55 | 29 Psc | 5,1 | 84 | A | 250 |
| | 24. | 21 20 | HR 6054 | 6,1: | 54 | E | 90 |
| | 27. | 21 55 | HR 7355 | 6,0 | 85 | E | 25 |
| | 28. | 23 10 | HR 7842 | 6,4 | 93 | E | 70 |
| | 29. | 23 05 | 37 Cap | 5,7 | 98 | E | 25 |
| Sep | 4. | 21 45 | 46 Ari | 5,6 | 71 | A | 295 |
| | 5. | 5 00 | δ Ari | 4,4 | 68 | E | 60 |
| | 5. | 6 15 | δ Ari | 4,4 | 68 | A | 245 |
| | 8. | 3 15 | 136 Tau | 4,6: | 38 | A | 280 |
| | 10. | 3 40 | 76 Gem | 5,3 | 20 | A | 205 |
| | 20. | 18 25 | HR 5906 | 5,4 | 28 | E | 130 |
| | 26. | 19 25 | HR 8394 | 6,3 | 90 | E | 80 |
| | 28. | 22 55 | 27 Psc | 4,9: | 100 | E | 65 |
| Okt | 6. | 5 25 | 49 Aur | 5,3 | 54 | A | 300 |
| | 18. | 14 10 | Antares | 1,0: | 15 | E | 90 |
| | 18. | 15 25 | Antares | 1,0: | 15 | A | 305 |
| | 23. | 20 05 | HR 8293 | 6,2: | 68 | E | 75 |
| Nov | 8. | 5 35 | HR 4358 | 5,8: | 24 | A | 300 |
| | 9. | 10 55 | **Venus** | −4,3 | 15 | E | 160 |
| | 9. | 12 10 | **Venus** | −4,3 | 15 | A | 280 |
| | 17. | 18 15 | HR 7355 | 6,0 | 21 | E | 20 |
| | 19. | 18 25 | 33 Cap | 5,4 | 41 | E | 350 |
| | 21. | 19 55 | ψ¹ Aqr | 4,2: | 65 | E | 80 |
| | 22. | 17 00 | 29 Psc | 5,1 | 74 | E | 30 |
| | 24. | 21 30 | HR 534 | 5,9: | 92 | E | 120 |
| | 29. | 7 20 | 136 Tau | 4,6: | 96 | A | 295 |
| Dez | 7. | 2 50 | Zaniah | 3,9: | 32 | A | 320 |
| | 23. | 16 25 | δ Ari | 4,4 | 88 | E | 20 |
| | 23. | 22 25 | 63 Ari | 5,1 | 89 | E | 95 |
| | 23. | 23 35 | 65 Ari | 6,1 | 90 | E | 125 |

Hell. = Helligkeit („:" = Doppelstern), E/A = Eintritt/Austritt,
bel. = beleuchteter Teil der Mondscheibe, P = Positionswinkel,
**halbfett**: Ereignis bereits im Fernglas sichtbar

**TABELLEN 2023** — Sternbedeckungen

| Datum | MEZ h | Hamburg m | Hannover m | Berlin m | Dresden m | Leipzig m | Düsseldorf m | Frankfurt m | Nürnberg m | Stuttgart m | München m | Zürich m | Wien m |
|---|---|---|---|---|---|---|---|---|---|---|---|---|---|
| Jan 1. | 20 | 10,0 | 12,9 | – | – | – | 05,9 | – | – | – | – | – | – |
| 27. | 19 | 15,9 | 15,7 | 20,3 | 21,5 | 19,5 | 11,9 | 16,2 | 18,5 | 16,0 | 20,2 | 15,6 | 27,6 |
| 27. | 22 | 25,1 | – | – | – | – | – | – | – | – | – | – | – |
| 28. | 21/22 | 11,0 | 06,5 | 09,7 | 06,5 | 06,0 | 01,3 | 01,5 | 01,7 | 59,1 | 00,5 | 56,9 | 04,6 |
| Feb 3. | 19 | 27,1 | 25,0 | 28,4 | 26,8 | 25,9 | 21,1 | 21,9 | 22,4 | 19,9 | 21,5 | 17,8 | 27,0 |
| 22. | 17/18 | – | – | – | 03,6 | 05,3 | – | 01,4 | 59,0 | 57,3 | 56,0 | – | 57,0 |
| 25. | 18/19 | 07,9 | 04,3 | 07,9 | 05,1 | 04,4 | 58,8 | 59,3 | 59,6 | 56,4 | 58,2 | 53,4 | 03,9 |
| 26. | 18 | 12,5 | 10,5 | 15,5 | 14,4 | 12,8 | 05,1 | 07,6 | 08,9 | 05,4 | 08,5 | 02,9 | 16,4 |
| 26. | 21 | 30,2 | 29,1 | 33,1 | 32,7 | 31,4 | 25,2 | 28,1 | 29,5 | 27,3 | 30,0 | 26,6 | 34,9 |
| Mrz 3. | 4 | 02,0 | 02,4 | 04,9 | 05,3 | 04,4 | 01,7 | 03,7 | 04,6 | 04,4 | 05,5 | 05,1 | 07,2 |
| 25. | 22 | 19,0 | 21,6 | 19,8 | 22,6 | 22,7 | 25,5 | 26,8 | 27,5 | 30,4 | 30,5 | 35,0 | 27,0 |
| 29. | 19 | – | 22,9 | 27,2 | 31,9 | 29,4 | 22,4 | 30,4 | 34,8 | 36,1 | 41,9 | 46,4 | 45,5 |
| 29. | 20 | – | – | – | – | – | – | 16,8 | 18,5 | 12,3 | 16,8 | 08,4 | 29,5 |
| 29. | 22 | – | – | – | – | – | – | 40,1 | 42,2 | 42,8 | 45,4 | 45,9 | 47,2 |
| Apr 10. | 3/4 | 47,9 | 48,2 | 52,6 | 54,0 | 52,1 | 45,5 | 49,5 | 51,8 | 49,9 | 53,5 | 50,2 | 00,0 |
| 10. | 4/5 | 51,8 | 52,1 | 57,3 | 58,8 | 56,6 | 48,1 | 53,3 | 55,8 | 53,1 | 57,4 | 52,6 | 04,7 |
| 21. | 20 | – | 34,0 | 32,6 | 34,5 | 34,6 | – | 37,5 | 38,0 | 40,0 | 39,9 | 42,8 | – |
| 24. | 21 | – | – | – | – | – | – | 16,1 | 17,5 | 18,1 | 19,7 | 20,3 | 20,3 |
| Mai 21. | 19/20 | – | – | 59,2 | 00,5 | 59,9 | – | – | 01,3 | 01,5 | 02,7 | 02,8 | 03,4 |
| 21. | 20 | – | – | – | – | – | – | 51,9 | 52,3 | 55,3 | 54,7 | 59,2 | 50,8 |
| 24. | 20 | – | 14,1 | 13,0 | 17,1 | 16,5 | 18,9 | 21,3 | 22,8 | 26,2 | 26,8 | 32,1 | 24,3 |
| 27. | 0 | 31,2 | 33,4 | 32,0 | 34,5 | 34,4 | 36,4 | 37,5 | 38,2 | 40,1 | 40,4 | 42,9 | 38,3 |
| Jun 21. | 21 | – | – | – | 21,0 | 19,8 | – | 19,1 | 20,5 | 20,1 | 21,9 | 21,1 | 24,2 |
| 24. | 20/21 | 57,1 | 59,0 | 01,6 | 04,5 | 03,0 | 58,7 | 03,2 | 05,5 | 05,2 | 08,3 | 07,3 | 11,5 |
| 30. | 22/23 | 49,2 | 50,3 | 53,7 | 56,0 | 54,2 | 49,0 | 53,1 | 55,5 | 54,7 | 58,1 | 56,5 | 03,5 |
| Jul 27. | 21 | 38,1 | 39,7 | 43,4 | 46,5 | 44,4 | 38,6 | 43,7 | 46,6 | 45,8 | 50,0 | 48,3 | 56,0 |
| 27. | 22 | – | – | – | – | – | 11,8 | 17,1 | 19,9 | 18,6 | 22,8 | 20,1 | – |
| Aug 5. | 2 | 51,6 | 50,7 | 56,6 | 56,7 | 54,6 | 45,2 | 49,7 | 51,7 | 48,2 | 51,8 | 46,3 | 59,5 |
| 5. | 4 | 52,6 | 52,7 | – | – | 56,3 | 49,0 | 53,2 | 55,0 | 52,6 | 55,7 | 51,7 | – |
| 24. | 21 | 15,7 | 16,9 | – | 20,9 | 15,0 | 19,6 | 21,9 | 20,7 | 24,2 | 21,6 | 29,0 | |
| 27. | 21 | – | 55,0 | 57,7 | 57,4 | 56,5 | 52,0 | 53,6 | 54,4 | 52,2 | 54,0 | 50,5 | 58,5 |
| 28. | 23 | 06,0 | 05,8 | 10,2 | 11,0 | 09,2 | 02,1 | 05,9 | 07,8 | 05,3 | 08,7 | 04,4 | 15,5 |
| 29. | 23 | 08,7 | 07,5 | 10,1 | 09,2 | 08,4 | 04,3 | 05,2 | 05,7 | 03,4 | 04,8 | 01,4 | 09,2 |
| Sep 4. | 21 | 49,3 | 47,8 | 48,1 | 46,3 | 46,6 | 46,6 | 45,1 | 44,3 | 43,7 | 42,8 | – | 42,9 |
| 5. | 4/5 | 01,1 | 59,6 | 04,4 | 03,7 | 02,1 | 54,6 | 57,3 | 58,8 | 55,5 | 58,7 | 53,4 | 06,5 |
| 5. | 6 | 14,1 | 14,1 | 18,9 | 19,7 | 17,9 | 10,1 | 14,2 | 16,0 | 13,2 | 16,4 | 11,7 | 23,0 |
| 8. | 3 | – | – | – | 19,5 | 18,4 | 12,8 | 14,5 | 15,1 | 12,5 | 14,0 | 10,3 | 18,8 |
| 10. | 3 | 47,2 | 41,3 | – | – | – | 38,8 | – | – | – | – | – | – |
| 20. | 18 | – | – | – | – | – | – | – | – | – | 23,3 | – | 29,9 |
| 26. | 19 | 29,8 | 28,1 | 32,4 | 31,1 | 29,8 | 23,5 | 25,2 | 26,0 | 22,9 | 25,1 | 20,4 | 31,5 |
| 28. | 22/23 | 57,8 | 56,3 | 00,8 | 00,1 | 58,5 | 51,8 | 54,1 | 55,2 | 52,1 | 54,8 | 49,8 | 02,0 |
| Okt 6. | 5 | – | – | – | 29,6 | 26,9 | 17,5 | 23,8 | 27,0 | 24,2 | 29,1 | 24,0 | 37,8 |
| 18. | 14 | 09,0 | 08,1 | 13,8 | 13,9 | 11,7 | 03,0 | 06,9 | 08,9 | 05,5 | 09,2 | 03,8 | 17,7 |
| 18. | 15 | 21,2 | 21,3 | 26,2 | 27,6 | 25,5 | 17,8 | 22,3 | 24,7 | 22,2 | 26,2 | 21,9 | 33,6 |
| 23. | 20 | 05,9 | 05,4 | 10,4 | 11,0 | 09,0 | 01,1 | 04,9 | 07,0 | 03,9 | 07,7 | 02,6 | 15,7 |
| Nov 8. | 5 | 33,3 | 32,9 | 36,5 | 36,8 | 35,4 | 29,7 | 32,2 | 33,5 | 31,0 | 33,4 | 29,3 | 39,6 |
| 9. | 10/11 | 47,4 | 49,7 | 51,9 | 55,3 | 53,7 | 50,5 | 54,7 | 57,1 | 57,5 | 00,5 | 00,6 | 03,6 |
| 9. | 12 | 00,5 | 02,3 | 06,5 | 09,7 | 07,6 | 00,2 | 06,4 | 09,5 | 08,1 | 12,7 | 09,6 | 18,3 |
| 17. | 18 | 15,6 | 14,8 | 14,5 | 14,1 | 14,1 | 14,8 | 13,5 | 13,3 | 12,8 | 13,0 | 11,9 | 14,5 |
| 19. | 18 | – | – | – | – | – | – | – | – | – | – | – | 27,4 |
| 21. | 19/20 | 52,9 | 52,4 | 57,8 | 58,5 | 56,3 | 47,8 | 52,0 | 54,3 | 51,0 | 55,3 | 49,7 | 04,5 |
| 22. | 16/17 | 04,7 | 02,3 | 04,5 | 01,9 | 01,7 | 58,8 | 58,0 | 57,4 | 55,1 | 55,1 | 51,9 | 58,3 |
| 24. | 21 | 24,9 | 25,3 | 36,1 | – | 36,6 | 18,7 | 29,5 | – | – | – | – | – |
| 29. | 7 | – | – | – | 17,8 | 17,5 | 18,3 | 20,2 | 21,3 | 22,7 | 23,6 | 25,2 | 22,4 |
| Dez 7. | 2 | 47,3 | 47,5 | 48,3 | 48,7 | 48,3 | 47,0 | 47,6 | 47,9 | 47,3 | 47,9 | 46,7 | 49,7 |
| 23. | 16 | 33,1 | 30,5 | 29,6 | 26,2 | 27,2 | 29,1 | 25,3 | 23,4 | 22,5 | 20,3 | 19,6 | 19,3 |
| 23. | 22 | 22,5 | 22,3 | 27,9 | 29,4 | 27,0 | 17,8 | 23,2 | 26,2 | 23,2 | 28,5 | 23,3 | 37,5 |
| 23. | 23 | 23,9 | 25,7 | 30,8 | 35,0 | 32,2 | 23,4 | 31,4 | 36,1 | 35,4 | 43,2 | 42,2 | 50,6 |

Unter jeder Stadt sind die Minuten und Zehntelminuten der Sternbedeckungszeit angegeben.

# Zeitkorrektur

**TABELLEN 2023**

## GEOGRAFISCHE KOORDINATEN GRÖSSERER STÄDTE MIT ZEITKORREKTUR

| Stadt | östl. Länge | nördl. Breite | Zeitkorrektur gegen 10° östl. Länge | Stadt | östl. Länge | nördl. Breite | Zeitkorrektur gegen 10° östl. Länge |
|---|---|---|---|---|---|---|---|
| Aachen | 6°,1 | 50°,8 | +16$^m$ | Kiel | 10°,1 | 54°,3 | − 1$^m$ |
| Amsterdam | 4°,9 | 52°,4 | +20$^m$ | Klagenfurt | 14°,3 | 46°,6 | −17$^m$ |
| Antwerpen | 4°,4 | 51°,2 | +22$^m$ | Koblenz | 7°,6 | 50°,4 | +10$^m$ |
| Augsburg | 10°,9 | 48°,4 | − 4$^m$ | Köln | 7°,0 | 50°,9 | +12$^m$ |
| Baden-Baden | 8°,2 | 48°,8 | + 7$^m$ | Konstanz | 9°,2 | 47°,7 | + 3$^m$ |
| Basel | 7°,6 | 47°,6 | + 9$^m$ | Krefeld | 6°,6 | 51°,3 | +14$^m$ |
| Berlin | 13°,4 | 52°,5 | −14$^m$ | Leipzig | 12°,4 | 51°,3 | −10$^m$ |
| Bern | 7°,4 | 46°,9 | +10$^m$ | Linz (Donau) | 14°,3 | 48°,3 | −17$^m$ |
| Bielefeld | 8°,5 | 52°,0 | + 6$^m$ | Ludwigshafen (Rh.) | 8°,4 | 49°,5 | + 6$^m$ |
| Bochum | 7°,2 | 51°,5 | +11$^m$ | Lübeck | 10°,7 | 53°,9 | − 3$^m$ |
| Bonn | 7°,1 | 50°,7 | +12$^m$ | Lüttich | 5°,5 | 50°,6 | +18$^m$ |
| Bozen | 11°,3 | 46°,5 | − 5$^m$ | Luxemburg | 6°,1 | 49°,6 | +15$^m$ |
| Braunschweig | 10°,5 | 52°,3 | − 2$^m$ | Magdeburg | 11°,6 | 52°,1 | − 7$^m$ |
| Bregenz | 9°,8 | 47°,5 | + 1$^m$ | Mailand | 9°,2 | 45°,5 | + 3$^m$ |
| Bremen | 8°,8 | 53°,1 | + 5$^m$ | Mainz | 8°,3 | 50°,0 | + 7$^m$ |
| Brünn | 16°,6 | 49°,2 | −26$^m$ | Mannheim | 8°,5 | 49°,5 | + 6$^m$ |
| Brüssel | 4°,3 | 50°,8 | +23$^m$ | Mönchengladbach | 6°,4 | 51°,2 | +14$^m$ |
| Chemnitz | 12°,9 | 50°,8 | −12$^m$ | München | 11°,6 | 48°,1 | − 6$^m$ |
| Coburg | 11°,0 | 50°,3 | − 4$^m$ | Münster | 7°,6 | 52°,0 | +10$^m$ |
| Darmstadt | 8°,7 | 49°,9 | + 5$^m$ | Nürnberg | 11°,1 | 49°,5 | − 4$^m$ |
| Dortmund | 7°,5 | 51°,5 | +10$^m$ | Osnabrück | 8°,0 | 52°,3 | + 8$^m$ |
| Dresden | 13°,7 | 51°,1 | −15$^m$ | Potsdam | 13°,1 | 52°,4 | −12$^m$ |
| Düsseldorf | 6°,8 | 51°,2 | +13$^m$ | Prag | 14°,4 | 50°,1 | −18$^m$ |
| Duisburg | 6°,8 | 51°,4 | +13$^m$ | Regensburg | 12°,1 | 49°,0 | − 8$^m$ |
| Eisenach | 10°,3 | 51°,0 | − 1$^m$ | Reutlingen | 9°,2 | 48°,5 | + 3$^m$ |
| Emden | 7°,2 | 53°,4 | +11$^m$ | Rostock | 12°,1 | 54°,1 | − 8$^m$ |
| Erfurt | 11°,0 | 51°,0 | − 4$^m$ | Rotterdam | 4°,5 | 51°,9 | +22$^m$ |
| Essen | 7°,0 | 51°,5 | +12$^m$ | Saarbrücken | 7°,0 | 49°,2 | +12$^m$ |
| Frankfurt (Main) | 8°,7 | 50°,1 | + 5$^m$ | Salzburg | 13°,1 | 47°,8 | −12$^m$ |
| Frankfurt (Oder) | 14°,6 | 52°,3 | −18$^m$ | Schwerin | 11°,4 | 53°,6 | − 6$^m$ |
| Freiburg (Breisgau) | 7°,9 | 48°,0 | + 9$^m$ | Stralsund | 13°,1 | 54°,3 | −12$^m$ |
| Genf | 6°,2 | 46°,2 | +15$^m$ | Straßburg | 7°,7 | 48°,6 | + 9$^m$ |
| Görlitz | 15°,0 | 51°,2 | −20$^m$ | Stuttgart | 9°,2 | 48°,8 | + 3$^m$ |
| Graz | 15°,5 | 47°,1 | −22$^m$ | Trier | 6°,6 | 49°,8 | +13$^m$ |
| Halle | 12°,0 | 51°,5 | − 8$^m$ | Tübingen | 9°,1 | 48°,5 | + 4$^m$ |
| Hamburg | 10°,0 | 53°,6 | 0$^m$ | Ulm | 10°,0 | 48°,4 | 0$^m$ |
| Hannover | 9°,7 | 52°,4 | + 1$^m$ | Wien | 16°,4 | 48°,2 | −25$^m$ |
| Heidelberg | 8°,7 | 49°,4 | + 5$^m$ | Wiesbaden | 8°,2 | 50°,1 | + 7$^m$ |
| Heilbronn | 9°,2 | 49°,1 | + 3$^m$ | Wilhelmshaven | 8°,1 | 53°,5 | + 8$^m$ |
| Innsbruck | 11°,4 | 47°,3 | − 6$^m$ | Worms | 8°,4 | 49°,6 | + 7$^m$ |
| Kaiserslautern | 7°,8 | 49°,4 | + 9$^m$ | Würzburg | 9°,9 | 49°,8 | 0$^m$ |
| Karlsruhe | 8°,4 | 49°,0 | + 6$^m$ | Wuppertal | 7°,1 | 51°,3 | +11$^m$ |
| Kassel | 9°,5 | 51°,3 | + 2$^m$ | Zürich | 8°,6 | 47°,4 | + 6$^m$ |

Erläuterungen siehe auch Seite 13 unter „Auf- und Untergangszeiten".
Die Tabelle enthält die geografischen Koordinaten einiger größerer Städte in Mitteleuropa. In der vierten Spalte ist der Zeitunterschied der Ortszeit zum Meridian 10° östlicher Länge in Minuten angegeben. Um diesen Betrag kulminieren die Gestirne in der jeweiligen Stadt früher (negativer Wert) oder später (positiver Wert). Beispiel: Für Stuttgart findet man +3$^m$, für München −6$^m$. In Stuttgart gehen die Gestirne jeweils drei Minuten später durch den Meridian als im Himmelsjahr angegeben, in München dagegen um sechs Minuten früher.
Die Auf- und Untergangszeiten sind außer von der geografischen Länge auch noch von der geografischen Breite abhängig. Um sie für einen bestimmten Ort zu korrigieren, benutze man die Tabelle auf Seite 293.

**TABELLEN 2023**

# Zeitkorrektur

## KORREKTUR FÜR AUF- UND UNTERGANGSZEITEN

| Sonne: Datum: | | Jan. 21. | Febr. 8. | Febr. 23. | März 8. | März 20. | April 2. | April 16. | Mai 1. | Mai 20. | Juni 21. |
|---|---|---|---|---|---|---|---|---|---|---|---|
| | | Dez. 22. | Nov. 22. | Nov. 3. | Okt. 19. | Okt. 6. | Sept. 23. | Sept. 10. | Aug. 27. | Aug. 12. | Juli 24. |
| **Mond, Planet:** Deklination | | −25° | −20° | −15° | −10° | −5° | 0° | +5° | +10° | +15° | +20° | +25° |
| Hamburg | Aufgang | +21ᵐ | +15ᵐ | +10ᵐ | +6ᵐ | +3ᵐ | +1ᵐ | −4ᵐ | −7ᵐ | −11ᵐ | −16ᵐ | −22ᵐ |
| | Unterg. | −21 | −15 | −10 | −6 | −3 | +1 | +4 | +7 | +11 | +16 | +22 |
| Hannover | Aufgang | +14 | +11 | +8 | +5 | +3 | +1 | −1 | −4 | −6 | −9 | −13 |
| | Unterg. | −12 | −9 | −6 | −3 | −1 | +1 | +3 | +6 | +8 | +11 | +15 |
| Berlin | Aufgang | +1 | −3 | −6 | −9 | −12 | −14 | −16 | −19 | −21 | −25 | −29 |
| | Unterg. | −28 | −24 | −21 | −18 | −16 | −14 | −11 | −9 | −6 | −3 | +1 |
| Dresden | Aufgang | −9 | −11 | −12 | −13 | −14 | −15 | −16 | −17 | −18 | −19 | −21 |
| | Unterg. | −20 | −19 | −18 | −17 | −16 | −15 | −14 | −13 | −12 | −11 | −9 |
| Leipzig | Aufgang | −2 | −4 | −6 | −7 | −8 | −10 | −11 | −12 | −13 | −15 | −17 |
| | Unterg. | −17 | −15 | −13 | −12 | −11 | −10 | −8 | −7 | −6 | −4 | −2 |
| Düsseldorf | Aufgang | +19 | +18 | +16 | +15 | +14 | +13 | +12 | +11 | +10 | +8 | +6 |
| | Unterg. | +7 | +8 | +10 | +11 | +12 | +13 | +14 | +15 | +16 | +18 | +20 |
| Frankfurt | Aufgang | +6 | +6 | +6 | +5 | +5 | +5 | +5 | +5 | +5 | +5 | +4 |
| | Unterg. | +4 | +5 | +5 | +5 | +5 | +5 | +5 | +5 | +6 | +6 | +6 |
| Nürnberg | Aufgang | −6 | −6 | −5 | −5 | −4 | −4 | −3 | −3 | −2 | −2 | −1 |
| | Unterg. | −1 | −2 | −2 | −3 | −3 | −4 | −4 | −5 | −5 | −6 | −6 |
| Stuttgart | Aufgang | −3 | −1 | 0 | +1 | +2 | +3 | +4 | +5 | +6 | +7 | +9 |
| | Unterg. | +9 | +7 | +6 | +5 | +4 | +3 | +2 | +1 | 0 | −1 | −3 |
| München | Aufgang | −15 | −13 | −11 | −9 | −8 | −6 | −5 | −3 | −1 | +1 | +3 |
| | Unterg. | +3 | 0 | −2 | −3 | −5 | −6 | −8 | −9 | −11 | −13 | −16 |
| Zürich | Aufgang | −7 | −3 | 0 | +2 | +4 | +6 | +8 | +11 | +13 | +16 | +20 |
| | Unterg. | +19 | +15 | +12 | +10 | +8 | +6 | +4 | +1 | −1 | −4 | −8 |
| Wien | Aufgang | −34 | −32 | −30 | −28 | −27 | −25 | −24 | −22 | −21 | −19 | −16 |
| | Unterg. | −17 | −19 | −21 | −22 | −24 | −25 | −27 | −28 | −30 | −32 | −35 |
| **Halber Tagbogen** | | | | | | | | | | | | |
| 53° nördl. Breite | | 3ʰ32ᵐ | 4ʰ09ᵐ | 4ʰ41ᵐ | 5ʰ10ᵐ | 5ʰ37ᵐ | 6ʰ04ᵐ | 6ʰ31ᵐ | 6ʰ58ᵐ | 7ʰ28ᵐ | 8ʰ00ᵐ | 8ʰ38ᵐ |
| 50° nördl. Breite | | 3 50 | 4 21 | 4 50 | 5 15 | 5 40 | 6 04 | 6 28 | 6 52 | 7 19 | 7 47 | 8 20 |
| 47° nördl. Breite | | 4 04 | 4 32 | 4 57 | 5 20 | 5 42 | 6 03 | 6 25 | 6 47 | 7 11 | 7 36 | 8 04 |

+ positiv: Korrektur addieren, Auf- oder Untergang findet später statt
− negativ: Korrektur subtrahieren, Auf- oder Untergang findet früher statt
Beispiel: Auf- und Untergang der Sonne am 20. März in Stuttgart.
Laut Tabelle „Sonnenlauf" auf Seite 76 lauten die Werte 6ʰ24ᵐ und 18ʰ32ᵐ für 50° Nord und 10° Ost.
Korrektur +3 und +3. Also geht die Sonne in Stuttgart um 6ʰ27ᵐ auf und um 18ʰ35ᵐ unter.
Für Daten und Deklinationen, die nicht in obiger Tabelle aufgeführt sind, nimmt man den nächstliegenden Wert, ohne einen großen Fehler zu begehen.

# Kalendarium 2024

**TABELLEN 2023**

## 2024

| | Januar | | | | | | Februar | | | | | März | | | | | April | | | | |
|---|---|---|---|---|---|---|---|---|---|---|---|---|---|---|---|---|---|---|---|---|---|
| Mo | 1 | 8 | 15 | 22 | 29 | | | 5 | 12 | 19 | 26 | | 4 | 11 | 18 | 25☉ | 1 | 8●15☽ | 22 | 29 |
| Di | 2 | 9 | 16 | 23 | 30 | | | 6 | 13 | 20 | 27 | | 5 | 12 | 19 | 26 | 2☾ | 9 | 16 | 23 | 30 |
| Mi | 3 | 10 | 17 | 24 | 31 | | | 7 | 14 | 21 | 28 | | 6 | 13 | 20 | 27 | 3 | 10 | 17 | 24☉ |  |
| Do | 4☾ | 11●18☽ | 25☉ | | | | 1 | 8 | 15 | 22 | 29 | | 7 | 14 | 21 | 28 | 4 | 11 | 18 | 25 |  |
| Fr | 5 | 12 | 19 | 26 | | | 2 | 9●16☽ | 23 | | | 1 | 8 | 15 | 22 | 29 | 5 | 12 | 19 | 26 |  |
| Sa | 6 | 13 | 20 | 27 | | | 3☾ | 10 | 17 | 24☉ | | 2 | 9 | 16 | 23 | 30 | 6 | 13 | 20 | 27 |  |
| So | 7 | 14 | 21 | 28 | | | 4 | 11 | 18 | 25 | | 3☾ | 10●17☽ | 24 | 31 | | 7 | 14 | 21 | 28 |  |

| | Mai | | | | | Juni | | | | | Juli | | | | | August | | | | |
|---|---|---|---|---|---|---|---|---|---|---|---|---|---|---|---|---|---|---|---|---|
| Mo | | 6 | 13 | 20 | 27 | | 3 | 10 | 17 | 24 | 1 | 8 | 15☾ | 22 | 29 | | 5 | 12☽ | 19☉26☾ |  |
| Di | | 7 | 14 | 21 | 28 | | 4 | 11 | 18 | 25 | 2 | 9 | 16 | 23 | 30 | | 6 | 13 | 20 | 27 |
| Mi | 1☾ | 8●15☽ | 22 | 29 | | | 5 | 12 | 19 | 26 | 3 | 10 | 17 | 24 | 31 | | 7 | 14 | 21 | 28 |
| Do | 2 | 9 | 16 | 23☉30☾ | | 6●13 | 20 | 27 | | | 4 | 11 | 18 | 25 | | 1 | 8 | 15 | 22 | 29 |
| Fr | 3 | 10 | 17 | 24 | 31 | | 7 | 14☽ | 21 | 28☾ | 5●12 | 19 | 26 | | | 2 | 9 | 16 | 23 | 30 |
| Sa | 4 | 11 | 18 | 25 | | 1 | 8 | 15 | 22☉29 | | 6 | 13☽ | 20 | 27 | | 3 | 10 | 17 | 24 | 31 |
| So | 5 | 12 | 19 | 26 | | 2 | 9 | 16 | 23 | 30 | 7 | 14 | 21☉28☾ | | | 4●11 | 18 | 25 | | |

| | September | | | | | Oktober | | | | | November | | | | | Dezember | | | | |
|---|---|---|---|---|---|---|---|---|---|---|---|---|---|---|---|---|---|---|---|---|
| Mo | | 2 | 9 | 16 | 23 30 | | 7 | 14 | 21 | 28 | | 4 | 11 | 18 | 25 | | 2 | 9 | 16 | 23 30● |
| Di | | 3●10 | 17 | 24☾ | | 1 | 8 | 15 | 22 | 29 | | 5 | 12 | 19 | 26 | | 3 | 10 | 17 | 24 31 |
| Mi | | 4 | 11☽ | 18☉25 | | 2● | 9 | 16 | 23 | 30 | | 6 | 13 | 20 | 27 | | 4 | 11 | 18 | 25 |
| Do | | 5 | 12 | 19 | 26 | 3 | 10☽ | 17☉24☾ 31 | | | | 7 | 14 | 21 | 28 | | 5 | 12 | 19 | 26 |
| Fr | | 6 | 13 | 20 | 27 | 4 | 11 | 18 | 25 | | 1● | 8 | 15☉22 | 29 | | | 6 | 13 | 20 | 27 |
| Sa | | 7 | 14 | 21 | 28 | 5 | 12 | 19 | 26 | | 2 | 9☽ | 16 | 23☾ 30 | | | 7 | 14 | 21 | 28 |
| So | 1 | 8 | 15 | 22 | 29 | 6 | 13 | 20 | 27 | | 3 | 10 | 17 | 24 | | 1● | 8☽ | 15☉22☾ | 29 | |

## Feiertage:

| | | | | | |
|---|---|---|---|---|---|
| Aschermittwoch: | 14. Februar | Pfingstsonntag: | 19. Mai | Totensonntag: | 24. November |
| Ostersonntag: | 31. März | Fronleichnam: | 30. Mai | 1. Advent: | 1. Dezember |
| Chr. Himmelfahrt: | 9. Mai | Buß- und Bettag: | 20. November | | |

Das Jahr 2024 ist ein **Schaltjahr** zu 366 Tagen.

## Beginn der Jahreszeiten:

Frühling: 20. März 04$^h$07$^m$     Herbst: 22. September 13$^h$44$^m$     Erde in Sonnennähe: 3. Januar 2$^h$
Sommer: 20. Juni 21$^h$51$^m$       Winter: 21. Dezember 10$^h$21$^m$      Erde in Sonnenferne: 5. Juli 6$^h$

## Finsternisse:

25. März:   Halbschattenfinsternis des Mondes     18. September: Partielle Mondfinsternis
 8. April:  Totale Sonnenfinsternis                2. Oktober:   Ringförmige Sonnenfinsternis

## Planeten:
### Innere Planeten

Merkur: Größte westliche Elongation: 12. Januar   (24°)     9. Mai (26°)    *5. Sept.* (18°)    **25. Dez. (22°)**
       Größte östliche Elongation: **24. März**   (18°)     *22. Juli* (27°)   16. Nov. (23°)
Venus:  Größte westliche Elongation: 23. Okt. 2023   (46°)
       Obere Konjunktion:          4. Juni
       Größte östliche Elongation: 10. Jan. 2025   (47°)

| Äußere Planeten | Opposition | (Mio. km) | AE | im Sternbild | Konjunktion |
|---|---|---|---|---|---|
| Mars: | 16. Januar 2025 | 96,08 | 0,64 | Zwillinge | 18. November 2023 |
| Jupiter: | 7. Dezember | 612 | 4,09 | Stier | 18. Mai |
| Saturn: | 8. September | 1295 | 8,66 | Wassermann | 28. Februar |
| Uranus: | 17. November | 2778 | 18,57 | Stier | 13. Mai |
| Neptun: | 21. September | 4322 | 28,89 | Fische | 17. März |
| Pluto: | 23. Juli | 5093 | 34,05 | Steinbock | 20. Januar |

# Kalendarium 2025

## 2025

### Januar
| Mo | | 6 | 13☾20 | 27 |
| Di | | 7☾ | 14 | 21☾ 28 |
| Mi | 1 | 8 | 15 | 22 | 29● |
| Do | 2 | 9 | 16 | 23 | 30 |
| Fr | 3 | 10 | 17 | 24 | 31 |
| Sa | 4 | 11 | 18 | 25 |
| So | 5 | 12 | 19 | 26 |

### Februar
| | | 3 | 10 | 17 | 24 |
| | | 4 | 11 | 18 | 25 |
| | | 5☾ | 12☾19 | 26 |
| | | 6 | 13 | 20☾ 27 |
| | | 7 | 14 | 21 | 28● |
| | 1 | 8 | 15 | 22 |
| | 2 | 9 | 16 | 23 |

### März
| | | 3 | 10 | 17 | 24 | 31 |
| | | 4 | 11 | 18 | 25 |
| | | 5 | 12 | 19 | 26 |
| | | 6☾ | 13 | 20 | 27 |
| | | 7 | 14☾21 | 28 |
| | 1 | 8 | 15 | 22☾ 29● |
| | 2 | 9 | 16 | 23 | 30 |

### April
| | | 7 | 14 | 21☾ 28 |
| | 1 | 8 | 15 | 22 | 29 |
| | 2 | 9 | 16 | 23 | 30 |
| | 3 | 10 | 17 | 24 |
| | 4 | 11 | 18 | 25 |
| | 5☾ | 12 | 19 | 26 |
| | 6 | 13☾20 | 27● |

### Mai
| Mo | | 5 | 12☾19 | 26 |
| Di | | 6 | 13 | 20☾27● |
| Mi | | 7 | 14 | 21 | 28 |
| Do | 1 | 8 | 15 | 22 | 29 |
| Fr | 2 | 9 | 16 | 23 | 30 |
| Sa | 3 | 10 | 17 | 24 | 31 |
| So | 4☾ | 11 | 18 | 25 |

### Juni
| | | 2 | 9 | 16 | 23 | 30 |
| | | 3☾ | 10 | 17 | 24 |
| | | 4 | 11☾18☾25● |
| | | 5 | 12 | 19 | 26 |
| | | 6 | 13 | 20 | 27 |
| | | 7 | 14 | 21 | 28 |
| | 1 | 8 | 15 | 22 | 29 |

### Juli
| | | 7 | 14 | 21 | 28 |
| | 1 | 8 | 15 | 22 | 29 |
| | 2☾ | 9 | 16 | 23 | 30 |
| | 3 | 10☾17 | 24● 31 |
| | 4 | 11 | 18☾25 |
| | 5 | 12 | 19 | 26 |
| | 6 | 13 | 20 | 27 |

### August
| | | 4 | 11 | 18 | 25 |
| | | 5 | 12 | 19 | 26 |
| | | 6 | 13 | 20 | 27 |
| | | 7 | 14 | 21 | 28 |
| | 1☾ | 8 | 15 | 22 | 29 |
| | 2 | 9☾16☾23●30 |
| | 3 | 10 | 17 | 24 | 31☾ |

### September
| Mo | 1 | 8 | 15 | 22 | 29☾ |
| Di | 2 | 9 | 16 | 23 | 30 |
| Mi | 3 | 10 | 17 | 24 |
| Do | 4 | 11 | 18 | 25 |
| Fr | 5 | 12 | 19 | 26 |
| Sa | 6 | 13 | 20 | 27 |
| So | 7☾14☾ 21●28 |

### Oktober
| | | 6 | 13☾20 | 27 |
| | | 7☾14 | 21●28 |
| | 1 | 8 | 15 | 22 | 29☾ |
| | 2 | 9 | 16 | 23 | 30 |
| | 3 | 10 | 17 | 24 | 31 |
| | 4 | 11 | 18 | 25 |
| | 5 | 12 | 19 | 26 |

### November
| | | 3 | 10 | 17 | 24 |
| | | 4 | 11 | 18 | 25 |
| | | 5☾12☾ 19 | 26 |
| | | 6 | 13 | 20●27 |
| | | 7 | 14 | 21 | 28☾ |
| | 1 | 8 | 15 | 22 | 29 |
| | 2 | 9 | 16 | 23 | 30 |

### Dezember
| | 1 | 8 | 15 | 22 | 29 |
| | 2 | 9 | 16 | 23 | 30 |
| | 3 | 10 | 17 | 24 | 31 |
| | 4 | 11☾18 | 25 |
| | 5☾12 | 19 | 26 |
| | 6 | 13 | 20●27☾ |
| | 7 | 14 | 21 | 28 |

## Feiertage:

| | | | |
|---|---|---|---|
| Aschermittwoch: | 5. März | Pfingstsonntag: | 8. Juni | Totensonntag: | 23. November |
| Ostersonntag: | 20. April | Fronleichnam: | 19. Juni | 1. Advent: | 30. November |
| Chr. Himmelfahrt: | 29. Mai | Buß- und Bettag: | 19. November | | |

Das Jahr 2025 ist ein **Gemeinjahr** zu 365 Tagen.

## Beginn der Jahreszeiten:
Frühling: 20. März 10$^h$02$^m$     Herbst: 22. September 19$^h$19$^m$     Erde in Sonnennähe: 4. Januar 14$^h$
Sommer: 21. Juni 3$^h$42$^m$         Winter: 21. Dezember 16$^h$03$^m$     Erde in Sonnenferne: 3. Juli 21$^h$

## Finsternisse:
14. März: Totale Mondfinsternis     7. September: *Totale Mondfinsternis*
29. März: **Partielle Sonnenfinsternis**     21. September: Partielle Sonnenfinsternis

## Planeten:
### Innere Planeten
| | | | | | | |
|---|---|---|---|---|---|---|
| Merkur: | Größte östliche Elongation: | *8. März* | (18°) | *4. Juli* | (26°) | 29. Okt. (24°) |
| | Größte westliche Elongation: | 21. April | (27°) | 19. Aug. (19°) | | **7. Dez.** (21°) |
| Venus: | Größte östliche Elongation: | 10. Jan. | (47°) | | | |
| | Untere Konjunktion: | 23. März | | | | |
| | Größte westliche Elongation: | 1. Juni | (46°) | | | |
| | Obere Konjunktion: | 6. Jan. **2026** | | | | |

| Äußere Planeten | Opposition | (Mio. km) | AE | im Sternbild | Konjunktion |
|---|---|---|---|---|---|
| Mars: | 16. Januar | 96,08 | 0,64 | Zwillinge | 9. Januar 20**26** |
| Jupiter: | 10. Januar 2026 | 633 | 4,23 | Zwillinge | 24. Juni |
| Saturn: | 21. September | 1279 | 8,55 | Fische | 12. März |
| Uranus: | 21. November | 2769 | 18,51 | Stier | 17. Mai |
| Neptun: | 23. September | 4321 | 28,88 | Fische | 19. März |
| Pluto: | 25. Juli | 5131 | 34,30 | Steinbock | 21. Januar |

# Adressen

**SERVICE 2023**

## ASTRONOMISCHE INSTITUTE, PLANETARIEN UND STERNWARTEN

**Augsburg**
s-Planetarium
Im Thäle 3
86152 Augsburg
Tel.: (08 21) 3 24 67 62

**Bamberg**
Dr.-Remeis-Sternwarte Bamberg
Astronomisches Institut der Universität
Erlangen-Nürnberg
Sternwartstraße 7
96049 Bamberg
Tel.: (09 51) 9 52 22 0
www.sternwarte.uni-erlangen.de

**Berlin**
Zentrum für Astron. und Astrophysik
Technische Universität Berlin
Hardenbergstraße 36
10623 Berlin
Tel.: (0 30) 31 42 37 34
www-astro.physik.TU-Berlin.de

Archenhold-Sternwarte
Alt-Treptow 1
12435 Berlin
Tel.: (0 30) 5 34 80 80
www.astw.de

Planetarium am Insulaner
Wilhelm-Foerster-Sternwarte
Munsterdamm 90
12169 Berlin
Tel.: (0 30) 7 90 09 30
www.planetarium.berlin

Zeiss-Großplanetarium Berlin
Prenzlauer Allee 80
10405 Berlin
Tel.: (0 30) 4 21 84 50
www.planetarium.berlin

**Bochum**
Astronomisches Institut
der Ruhr-Universität
Universitätsstr. 150/NA7
44780 Bochum
Tel.: (02 34) 32 2 34 54
www.astro.ruhr-uni-bochum.de

Planetarium
Castroper Straße 67
44777 Bochum
Tel.: (02 34) 51 60 60
www.planetarium-bochum.de

**Bonn**
Argelander Institut
Auf dem Hügel 71
53121 Bonn
Tel. Sternwarte: (02 28) 73 36 55, 56
Tel. Radioastronomie: (02 28) 73 36 57, 58
Tel. Astrophysik: (02 28) 73 36 71, 76
www.astro.uni-bonn.de

Radioobservatorium Effelsberg
53902 Bad Münstereifel
Tel.: (0 22 57) 30 11 01

Max-Planck-Institut für Radioastronomie
Auf dem Hügel 69
53121 Bonn
Tel.: (02 28) 52 50
www.mpifr-bonn.mpg.de

**Cottbus**
Raumflugplanetarium Juri Gagarin
Lindenplatz 21
03044 Cottbus
Tel.: (03 55) 71 31 09
www.planetarium-cottbus.de

**Freiburg im Breisgau**
Kiepenheuer-Institut für Sonnenphysik
Schöneckstraße 6
79104 Freiburg
Tel.: (07 61) 31 98 0
www.kis.uni-freiburg.de

Planetarium Freiburg
Bismarckallee 7 g
79098 Freiburg
Tel.: (07 61) 3 89 06 30
www.planetarium-freiburg.de

**Garching** siehe **München**

**Göttingen**
Institut für Astrophysik;
Georg-August-Universität Göttingen
Friedrich-Hund-Platz 1
37077 Göttingen
Tel.: (05 51) 39 50 42/39 50 53
www.astro.physik.uni-goettingen.de

Max-Planck-Institut
für Sonnensystemforschung
Justus-von-Liebig-Weg 3
37077 Göttingen
Tel.: 0551 384 979-0
www.mps.mpg.de

**Graz**
Sektion Astrophysik des Instituts für
Geophysik, Astrophysik und Meteorologie
der Universität Graz
Universitätsplatz 5
A-8010 Graz
Tel.: ++43 (0) 316 380 52 70
www.kfunigraz.ac.at/igam

**Hamburg**
Hamburger Sternwarte
Gojenbergsweg 112
21029 Hamburg
Tel.: (0 40) 4 04 28 38
www.hs.uni-hamburg.de

Planetarium
Linnering 1
22303 Hamburg
Tel.: (0 40) 4 28 86 52 52
www.planetarium-hamburg.de

**Hannover**
Astronomische Station am Institut für
Erdmessung der Universität
Schneiderberg 50
30167 Hannover
Tel.: (05 11) 7 62 24 75

**Heidelberg**
Astronomisches Rechen-Institut
Mönchhofstraße 12–14
69120 Heidelberg
Tel.: (0 62 21) 40 50
www.ari.uni-heidelberg.de

Institut für Theoretische Astrophysik
Albert-Überle-Str. 2
69120 Heidelberg
Tel.: (0 62 21) 54 48 37
www.ita.uni-heidelberg.de

Max-Planck-Institut für Astronomie
Königstuhl 17
69117 Heidelberg
Tel.: (0 62 21) 52 80
www.mpia.de

Landessternwarte Königstuhl 12
69117 Heidelberg
Tel.: (0 62 21) 50 90
www.lsw.uni-heidelberg.de

**Innsbruck**
Institut für Astro- und Teilchenphysik
Technikerstraße 25
A-6020 Innsbruck
Tel.: ++43 (0) 512 5 07 60 31
http://astro.uibk.ac.at/

# Adressen

**SERVICE 2023**

**Jena**
Universitäts-Sternwarte
Schillergäßchen 2
07745 Jena
Tel.: (0 36 41) 94 75 01
www.astro.uni-jena.de

Planetarium
Am Planetarium 5
07743 Jena
Tel: (036 41) 94 75 01
www.planetarium-jena.de

**Kassel**
Planetarium im Museum für
Astronomie und Technikgeschichte
Orangerie
An der Karlsaue 20 c
34121 Kassel
www.astronomie-kassel.de

**Kiel**
Institut für Theoretische Physik und
Astrophysik
Leibnizstr. 15
24118 Kiel
www.astrophysik.uni-kiel.de

Kieler Planetarium e.V.
Fachhochschule Kiel
Sokratesplatz 6
24149 Kiel
Tel: (04 31) 2 10 17 41
www.Kieler-planetarium.de

**Laupheim**
Volkssternwarte und Planetarium
Milchstraße 1
88471 Laupheim
Tel.: (0 73 92) 9 10 59
www.planetarium-laupheim.de

**Luzern**
Planetarium im Verkehrshaus
der Schweiz
Lidostraße 5
CH-6006 Luzern
Tel.: ++41 (0 41) 3 70 44 44
www.verkehrshaus.ch

**Mannheim**
Planetarium
Wilhelm-Varnholt-Allee 1
68165 Mannheim
Tel.: (06 21) 41 56 92
www.planetarium-mannheim.de

**München**
Europäische Südsternwarte (ESO)
Karl-Schwarzschild-Straße 2
85748 Garching
Tel.: (0 89) 32 00 62 76
www.eso.org

Institut für Astronomie und
Astrophysik der Universität München
Scheinerstraße 1
81679 München
Tel.: (0 89) 21 80 60 01
www.usm.uni-muenchen.de

Max-Planck-Institut für Astrophysik
Karl-Schwarzschild-Str. 1
85741 Garching
Tel.: (0 89) 3 00 00 0
www.mpa-garching.mpg.de

Max-Planck-Institut
für extraterrestrische Physik
Giessenbachstraße 1
85748 Garching
Tel.: (0 89) 3 00 00 0
www.mpe.mpg.de

Planetarium und Bayerische
Volkssternwarte
Rosenheimer Str. 145 h
81671 München
Tel.: (0 89) 40 62 39
www.sternwarte-muenchen.de

Planetarium Deutsches Museum
Museumsinsel 1
80538 München
www.deutsches-museum.de

**Münster**
Planetarium im Westfälischen
Landesmuseum für Naturkunde
Sentruper Straße 285
48161 Münster
Tel.: (02 51) 5 91 05
www.lwl-planetarium-muenster.de

**Nürnberg**
Nicolaus-Copernicus-Planetarium
Am Plärrer 41
90429 Nürnberg
Tel.: (09 11) 9 29 65 53
www.planetarium-nuernberg.de

**Osnabrück**
Museum am Schölerberg/
Planetarium
Klaus-Strick-Weg 10
49082 Osnabrück
Tel.: (05 41) 5 60 03 26
www.planetarium-osnabrueck.de

**Potsdam**
Leibniz-Institut für Astrophysik
Sternwarte Babelsberg
An der Sternwarte 16
14482 Potsdam
Tel.: (03 31) 7 49 90
www.aip.de

Leibniz-Institut für Astrophysik
Sonnenobservatorium Einsteinturm
Telegrafenberg A22
14473 Potsdam
Tel.: (03 31) 2 88 23 04/23 03

Observatorium für Solare
Radioastronomie Tremsdorf
14552 Tremsdorf
Tel.: (03 31) 7 49 92 92

URANIA-Planetarium
und „Bruno H. Bürgel-Gedenkstätte"
Gutenbergstr. 71/72
14467 Potsdam
Tel.: (03 31) 7 49 90
www.urania-potsdam.de

**Recklinghausen**
Westf. Volkssternwarte/Planetarium
Stadtgarten 6
45657 Recklinghausen
Tel: (023 61) 2 3 1 34
www.sternwarte-recklinghausen.de

**Schwaz**
Zeiss-Planetarium Schwaz
Alte Landstr. 15
A-6130 Schwaz/Tirol
Tel.: ++43 (0 52 42) 7 21 29
www.planetarium-schwaz.at

**Siegen**
Sternwarte der Universität
Adolf-Reichwein-Straße
57068 Siegen
Tel.: (02 71) 7 40 46 13
www.uni-siegen.de/fb7/didaktik/stern-
warte

**Stuttgart**
Carl-Zeiss-Planetarium mit
Sternwarte Welzheim
Mittlerer Schlossgarten
70173 Stuttgart
Tel.: (07 11) 1 62 92 15
www.planetarium-stuttgart.de

Sternwarte Welzheim
www.sternwarte-welzheim.de

# Adressen

## ASTRONOMISCHE INSTITUTE, PLANETARIEN UND STERNWARTEN

**Tautenburg**
Thüringer Landessternwarte Tautenburg
Karl-Schwarzschild-Observatorium
Sternwarte 5
07778 Tautenburg
Tel.: (03 64 27) 86 30
www.tls-tautenburg.de

**Tübingen**
Institut für Astronomie und Astrophysik
Abteilung Astronomie
Sand 1
72076 Tübingen
Tel.: (0 70 71) 29 7 24 86
www.astro.uni-tuebingen.de

Abt. Theoretische Astrophysik
Auf der Morgenstelle 10
72076 Tübingen
Tel.: (0 70 71) 29 7 40 07
www.tat.physik.uni-tuebingen.de

**Welzheim**
Tel: (0 71 82) 42 84
www.sternwarte-welzheim.de

**Wien**
Digitales Planetarium im Naturhistorischen Museum Wien
Burgring 7
A-1010 Wien
Tel.: ++43 (0) 1 52 17 70
www.nhm-wien.ac.at/planetarium

Institut für Astronomie der Universität
Wien, Universitäts-Sternwarte
Türkenschanzstraße 17
A-1180 Wien
Tel.: ++43 (0) 14 27 75 18 01
www.astro.univie.ac.at

Kuffner-Sternwarte
Johann Staud-Straße 10
A-1160 Wien
Tel.: ++43 (0) 1 89 174 150 000
www.planetarium-wien.at

URANIA-Sternwarte
Uraniastraße 1
A-1010 Wien
Tel.: ++43 (0) 1 89 174 150 000
www.planetarium-wien.at

**Wien (Forts.)**
Zeiss-Planetarium
Oswald Thomas-Platz 1
A-1020 Wien
Tel.: ++43 (0) 1 89 174 150 000
www.planetarium-wien.at

**Wolfsburg**
Planetarium
Uhlandweg 2
38440 Wolfsburg
Tel.: (0 53 61) 89 02 55 10
www.planetarium-wolfsburg.de

**Würzburg**
Institut für Theoretische
Physik und Astrophysik
Am Hubland
97074 Würzburg
Tel: (09 31) 8 88 50 31
www.astro.uni-wuerzburg.de

**Zürich**
Institut für Astronomie
ETH-Zentrum
CH-8092 Zürich
Tel.: ++41 (0) 44 6 33 76 08
www.astro.phys.ethz.ch

URANIA-Sternwarte Zürich AG
Uraniastraße 9
CH-8001 Zürich
Tel.: ++41 (0) 44 2 11 65 23
www.urania-sternwarte.ch

Das Verzeichnis erhebt keinen Anspruch auf Vollständigkeit.
Weitere Vereinigungen nimmt der Herausgeber gerne auf.
Entsprechende Hinweise sende man bitte an:

**PLANETARIUM STUTTGART**
Willy-Brandt-Straße 25
70173 Stuttgart

**SERVICE 2023**

# Adressen

## AMATEURASTRONOMISCHE VEREINIGUNGEN UND PRIVATSTERNWARTEN

**Aachen**
Volkshochschule Aachen/Sternwarte
Am Hangeweiher 23
52068 Aachen
www.sternwarte-aachen.de

**Aichwald**
Schurwaldsternwarte e.V.
Im Lutzen 21
73773 Aichwald
www.schurwaldsternwarte.de

**Albstadt**
Sternwarte und Planetarium
Hartmannstraße 140
72458 Albstadt-Ebingen
www.sternwarte-zollern-alb.de

**Alzey**
Interessengemeinschaft der Hobbyastronomen Alzey u. Umland e.V.
Theodor-Heuss-Ring 34
55232 Alzey

**Augsburg** siehe Diedorf

**Bad Driburg**
Sternwarte der F.-W.-Weber-
Realschule
Elsterweg 13
33014 Bad Driburg

**Bad Dürkheim**
Astronomischer Arbeitskreis
Pfalzmuseum für Naturkunde
Hermann-Schäfer-Str. 17
67098 Bad Dürkheim

**Bad Homburg**
Astronomische Gesellschaft Orion Bad
Homburg e.V.
Elisabethenschneise 2
61350 Bad Homburg
www.agorion.de

**Bad Münstereifel**
Astropeiler Stockert e.V.
Astropeiler 2 – 4
53902 Bad Münstereifel
www.astropeiler.de

**Baindt** s. **Waldburg-Weingarten**

**Bautzen**
Sternwarte Bautzen
Schulsternwarte und Planetarium
Czornebohstraße 82 (Naturpark)
02625 Bautzen

**Berg**
Christian-Jutz-Volkssternwarte Berg e.V.
Lindenallee
82335 Berg-Aufkirchen
www.sternwarte-berg.de

**Bittenfeld**
Privatsternwarte Bittenfeld
Ofengasse 8
71336 Waiblingen
www.allbert.de

**Bochum**
Institut für Umwelt- und
Zukunftsforschung e.V.
Blankensteiner Str. 200 a
44797 Bochum
www.sternwarte-bochum.de

**Bonn**
Volkssternwarte Bonn e.V.
Poppelsdorfer Allee 47
53115 Bonn

**Borken**
Sternfreunde Borken e.V.
Josef-Bresser-Sternwarte
Ant Kruse Bömken 21
46325 Borken
www.sternfreunde-borken.de

**Bozen**
Amateurastronomen „Max Valier"
Neustifterweg 5
I-39100 Bozen
www.maxvalier.org

**Braunschweig**
Sternwarte Braunschweig
In den Heistern 5 B
38108 Braunschweig
www.sternwarte-braunschweig.de

**Bremen**
Olbers-Planetarium der Hochschule
Bremen
Werderstr. 73
28199 Bremen
www.planetarium-bremen.de

Sternwarte der Olbers-Gesellschaft e.V.
Werderstr. 73
28199 Bremen
www.olbers-gesellschaft.de

**Brittheim**
Sternwarte Zollern-Alb
Am Wasserturm 4
72348 Rosenfeld
www.sternwarte-zollern-alb.de

**Buchloe**
Astronomische Gesellschaft Buchloe e.V.
Alois-Reiner-Str. 15 b
86807 Buchloe
www.astronomie-buchloe.de

**Bülach**
Schul- und Volkssternwarte Bülach
Rotzibüch bei Eschenmosen
CH-8180 Bülach

**Burg**
Südbrandenburger Sternfreunde e.V.
Bahnhofstr. 35
03238 Rückersdorf
www.suedbrandenburger-sternfreunde.de

**Casablanca**
Sahara Sky
Dunes de Tinfou
45900 Zagora Marokko
www.saharasky.com

**Darmstadt**
Volkssternwarte Darmstadt e.V.
Zimmermannweg 28
64289 Darmstadt
www.vsda.de

**Diedorf**
Astronomische Vereinigung
Augsburg e.V.
Sternwarte Diedorf
Pestalozzistr. 17a
86420 Diedorf
www.sternwarte-diedorf.de

**Donzdorf**
Sternfreunde Donzdorf e.V.
Messelberg-Sternwarte
Beim Schulzentrum
73072 Donzdorf
www.messelbergsternwarte.de

**Durmersheim**
Sternfreunde Durmersheim
Im Eck 1/19
76448 Durmersheim
www.sternfreunde-durmersheim.de

**Eberfing**
Sternwarte Eberfing
Escherstr. 12
82390 Eberfing
www.sternwarte-eberfing.de

**Erkrath**
Sternwarte Neanderhöhe Hochdahl
und Planetarium
Sedentaler Str. 105
40699 Erkrath

# Adressen

**SERVICE 2023**

## AMATEURASTRONOMISCHE VEREINIGUNGEN UND PRIVATSTERNWARTEN

**Essen**
Walter-Hohmann-Sternwarte Essen e. V.
Wallneyer Str. 159
45133 Essen
www.sternwarte-essen.de

**Frankfurt/Main**
Volkssternwarte des Phys. Vereins
Robert-Mayer-Straße 2–4
60054 Frankfurt/Main
www.physikalischer-verein.de

Astro-AG der Liebigschule
Frankfurt a. M.
Kollwitzstr. 3
60488 Frankfurt/Main
www.astro.junetz.de

**Fulda**
Hans-Nüchter-Sternwarte
Freiherr-von-Stein-Schule
Domänenweg 2
36037 Fulda
www.hans-nuechter-sternwarte.de

Planetarium im Vonderau-Museum
Jesuitenplatz 2
36037 Fulda
www.museum-fulda.de

**Gilching**
Sternwarte der vhs Gilching e. V.
Landsberger Str. 17 a
82205 Gilching

**Gmunden**
Sternwarte Gmunden
Kalvarienbergweg
A-4810 Gmunden
www.sternwarte-gmunden.at

**Goch**
Volkssternwarte Niederrhein e. V.
Scharsenweg
47574 Goch-Kessel
www.volkssternwarte-goch-kleve.org

**Gondelsheim**
Kraichgau-Sternwarte Gondelsheim e.V.
Lilienstraße 25
76669 Bad Schönborn
www.kraichgau-sternwarte-gondelsheim.de

**Görlitz**
Scultetus-Sternwarte Görlitz
An der Sternwarte 1
02827 Görlitz
www.goerlitzer-sternfreunde.de

**Göttingen**
Amateurastronomische Vereinigung
Göttingen e.V.
Schlesierring 8
37085 Göttingen
www.avgoe.de

Förderkreis Planetarium Göttingen e.V.
Nordhäuser Weg 18
37085 Göttingen
www.planetarium-goettingen.de

**Grafschaft**
Astronomische Vereinigung Vulkaneifel
am Hohen List e. V.
Franz-Wolf-Str. 14
53501 Grafschaft-Bölingen
www.hoher-list.de

**Greifswald**
Greifswalder Sternwarte e. V.
Altes Physikalisches Institut
Domstr. 10a
17489 Greifswald
www.sternwarte-greifswald.de

**Halle**
Astronomische Station Kanena e. V.
Schkeuditzer Str. 4 B
06116 Halle-Kanena
www.sternwarte-halle.de

Gesellschaft für astron. Bildung e.V.
Von-Seckendorff-Platz 3
06120 Halle/Saale
www.astroverein-halle.de

**Hamburg**
Gesellschaft für volkstümliche
Astronomie e.V.
Eiffestraße 426
20537 Hamburg
www.gva-hamburg.de

**Handeloh**
Arbeitskreis Astronomie in Handeloh und
Umgebung e. V.
Häschenstieg 16
21256 Handeloh
www.astronomie-handeloh.de

**Hechingen**
Astronomical Observatory Aurora
Friedrich-Wolf-Weg 23
72379 Hechingen
aoa@rdoelling.de

**Hermannsburg**
Sternwarte Südheide e. V.
Alte Celler Heerstraße
20320 Hermannsburg
www.sternwarte-suedheide.de

**Herzberg**
Planetarium und Volkssternwarte
Lugstr. 3
04916 Herzberg
www.herzberger-sternfreunde-eV.de

**Hofheim**
Volkssternwarte
Ahornstr. 11
65719 Hofheim
www.sternwarte-hofheim.de

**Ingolstadt**
Sternwarte Ingolstadt AAI e.V.
Hans-Mielich-Straße 5
85053 Ingolstadt
www.sternwarte-ingolstadt.de
www.astronomiepark.de

**Kiel**
GvA Gruppe Kiel
Hofbrook 24
24119 Kronshagen
www.gva-kiel.de

Volkssternwarte Kronshagen
Suchsdorfer Weg 33
24119 Kronshagen

**Klagenfurt**
Sternwarte Klagenfurt
Villacher Str. 239
A-9020 Klagenfurt
www.avk.at

**Köln**
Volkssternwarte Köln
Nikolausstr. 55
50937 Köln
www.volkssternwarte-koeln.de

**Königsdorf**
Isartalsternwarte
Rothemühle 9
82549 Königsdorf
www.isartalsternwarte.de

**Krefeld**
Vereinigung Krefelder Sternfreunde e.V.
im Weiterbildungskolleg Krefeld
Danziger Platz 1
47809 Krefeld
www.vks-krefeld.de

**Kreuzlingen**
Planetarium und Sternwarte Kreuzlingen
Breitenrainstraße 21
CH-8280 Kreuzlingen
www.avk.ch

# Adressen

**SERVICE 2023**

**Limburg**
Sternwarte Limburg e. V.
Am Stefanshügel, Industriestr. 1
65549 Limburg a. d. Lahn
www.sternwarte-limburg.de

**Linz**
Johannes Kepler Sternwarte
Sternwarteweg 5
A-4020 Linz
www.sternwarte.at/wega.html

**Lübeck**
Sternwarte Lübeck
Kastanienallee 3a
23562 Lübeck
www.sternwarte-luebeck.de

**Luxembourg**
Astronomes Amateurs du Luxembourg
16 B, Rue Emile Mayrisch
L 3522 Dudelange
www.aal.lu

**Luzern**
Sternwarte Hubelmatt
Zihlmattweg 4
CH-6005 Luzern
https://luzern.astronomie.ch

**Magdeburg**
Astronomische Gesellschaft
Magdeburg e. V.
Rötgertstr. 8
39104 Magdeburg
www.astronomie-magdeburg.de

**Mainz**
Paul-Baumann-Sternwarte
55270 Klein-Winternheim
www.astronomie-mainz.de

**March**
Sternwarte March
Am Hölgacker 1
79232 March
www.vhsmarch.de

**Meckesheim**
Volkssternwarte Meckesheim
Kettengasse 59
74909 Meckesheim
www.astropic.de

**Meiningen**
Sternwarte Henfling-Gymnasium
Röntgenstr. 12
98617 Meiningen

**Merseburg**
Sternfreunde Planetarium Merseburg e.V.
Teichstr. 2
06217 Merseburg
www.planetarium-merseburg.de

**Michelbach**
NOE Volkssternwarte Michelbach
Antares NÖ Amateurastronomen
Michelbach Dorf 62
A-3074 Michelbach
www.noe-sternwarte.at

**Münster**
Sternfreunde Münster e.V.
Sentruper Straße 285
48161 Münster
www.sternfreunde-muenster.de

**Neumarkt i.d. OPf.**
Bayerische Volkssternwarte Neumarkt
Am Höhenberg 31
92318 Neumarkt i. d. OPf.
www.sternwarte-neumarkt.de

**Neumünster**
VHS-Sternwarte Neumünster
Hahnknüll 58
24537 Neumünster
www.sternwarte-nms.de

**Neustadt/Weinstraße**
siehe **Bad Dürkheim**

**Neuzeug**
Sternfreunde-Steyr
Hoheneckerstr. 4
A-4523 Neuzeug
www.sternfreunde-steyr.at

**Nordenham**
Planetarium
Bahnhofstraße 52
26954 Nordenham
www.sternfreunde.nordenham.de

**Norderney**
Astronomischer Arbeitskreis Norderney
„Wilhelm Dorenbusch Sternwarte"
Birkenweg 22
26548 Norderney
www.sternwarte-norderney.de

**Nürnberg**
Regiomontanus-Sternwarte
Nürnberger Astronomische
Arbeitsgemeinschaft e.V.
Regiomontanusweg 1
90491 Nürnberg
www.naa.net

**Oberwallis**
Astronomische Gesellschaft Oberwallis
Ebnetstr. 12
CH-3982 Bitsch

**Osnabrück**
Astronomische Arbeitsgemeinschaft/
Naturwissenschaftlicher Verein
Museum am Schölerberg
Klaus-Strick-Weg 10
49082 Osnabrück
www.naturwissenschaftlicher-
verein-os.de

**Ottobeuren**
Allgäuer Volkssternwarte Ottobeuren e. V
Wolferts 40
87724 Ottobeuren
www.avso.de

**Paderborn**
Volkssternwarte Paderborn e.V.
Im Schlosspark 13
33104 Paderborn
www.vspb.de

**Papenburg**
Astronomischer Verein der
Volkssternwarte Papenburg e.V.
Wilhelm-Leuschner-Str. 48
26871 Papenburg
www.astronomie-papenburg.de

Papenburger Sternwarte e.V.
Bethlehem rechts 51 b
26871 Papenburg
www.sternwarte-papenburg.de

**Passau**
Volkssternwarte
Veste Oberhaus 125
94034 Passau
www.Sternwarte-Passau.de

**Prince Albert, South Africa**
Starfriends of Prince Albert for Celestial
Enjoyment
Astro Tours
Klipstr. 17
6930 Prince Albert
South Africa
www.astrotours.co.za

**Regensburg**
Verein der Freunde der Volkssternwarte
Regensburg
Ägidienplatz 2
93047 Regensburg
www.sternwarte-regensburg.de

# Adressen

**SERVICE 2023**

## AMATEURASTRONOMISCHE VEREINIGUNGEN UND PRIVATSTERNWARTEN

**Remscheid**
Dr. Hans-Schäfer-Sternwarte
Schützenplatz 2
42853 Remscheid
www.sternwarte-remscheid.de

**Riesa**
Sternwarte Riesa e. V.
Greizer Str. 2
01587 Riesa
SternwarteRiesa@web.de

**Rodewisch**
Schulsternwarte und
Planetarium „Sigmund Jähn"
Rützengrüner Str. 41a
08228 Rodewisch (Vogtland)
www.sternwarte-rodewisch.de

**Rostock**
Astronomische Station „Tycho Brahe"
Astronomischer Verein Rostock e. V.
Nelkenweg 6
18057 Rostock
www.sternwarte-rostock.de

**Rüsselsheim**
Rüsselsheimer Sternfreunde e. V. 1975
Staudenweg 3
65428 Rüsselsheim
www.ruesselsheimer-sternfreunde.de

**Saar**
Verein der Amateurastronomen des Saarlandes e. V. (VAS)
Sternwarte Peterberg
66625 Nohfelden-Eiweiler
www.sternwarte-peterberg.de

**Saarlouis**
Verein der Astronomiefreunde
Cassiopeia Saarlouis e. V.
Großstr. 37
66740 Saarlouis
www.cassiopeia-saarlouis.de

**Salzburg**
Salzburger Volkssternwarte
Auer von Welsbach-Str. 22
84489 Burghausen
www.hausdernatur.at/astronomie

**Sankt Andreasberg**
Sternwarte Sankt Andreasberg e. V.
Clausthaler Str. 11
37444 Sankt Andreasberg
www.sternwarte-sankt-andreasberg.de

**Schwanden ob Sigriswil**
Sternwarte Planetarium SIRIUS
CH-3657 Schwanden/Sigriswil
www.sternwarte-planetarium.ch

**Seewalchen**
Astronomischer Arbeitskreis
Salzkammergut +
Sternwarte Gahberg
Sachsenstraße 2
A-4863 Seewalchen
www.astronomie.at

**Sohland/Spree**
Volks- und Schulsternwarte
„Bruno H. Bürgel" Sohland e. V.
Schluckenauer Str. 8a
02689 Sohland/Spree
www.sternwarte-sohland.de

**Solingen**
Galileum Solingen
Walter-Horn-Weg 1
42697 Solingen
www.galileum-solingen.de

Walter-Horn-Ges. e. V. Sternwarte
Sternstraße 5
42719 Solingen
www.sternwarte-solingen.de

**Solms**
Volkssternwarte Mittelhessen e. V.
Lindenstr. 11
35606 Solms
www.sternwarte-burgsolms.de

**Stuttgart**
Schwäbische Sternwarte
Zur Uhlandshöhe 41
70188 Stuttgart
www.sternwarte.de

**Tirschenreuth**
Gerhard Franz Volkssternwarte
Marienstraße 49
95643 Tirschenreuth
www.sternwarte-tirschenreuth.de

**Tornesch**
Regionale Volks- und Schulsternwarte
Tornesch e. V.
Klaus Groth-Str. 11
25436 Tornesch
www.sternwarte-tornesch.de

**Trebur**
Michael Adrian Observatorium
Fichtenstr. 7
65468 Trebur
www.tlt-trebur.de

**Trier**
Verein Sternwarte Trier e. V.
Laurentius-Zeller-Str. 11
54294 Trier
www.sternwarte-trier.de

**Überlingen**
Sternwarte Überlingen e. V.
Obere St. Leonhardstr. 45
88662 Überlingen
www.sternwarte-ueberlingen.de

**Uitikon**
Stiftung Sternwarte Uitikon
Zürcherstr. 59
CH-8142 Uitikon
inderbitzin.a@bluewin.ch

**Waghäusel**
Astronomiefreunde Waghäusel e. V.
Kettelerstr. 19
68753 Waghäusel
www.afw2000.de.vu

**Weikersheim**
Astronomische Vereinigung
Weikersheim e. V.
Sternwarte Am Karlsberg
97990 Weikersheim
www.sternwarte-weikersheim.de

**Weil der Stadt**
Johannes-Kepler-Sternwarte
Max-Caspar-Str. 47
71263 Weil der Stadt
www.kepler-sternwarte.de

**Wertheim**
Johann-Kern-Sternwarte Wertheim e. V.
Am Galgengraben
97877 Wertheim-Reicholzheim

**Wien**
Astronomischer Jugendclub
Richard Wagner-Platz 2/4
A-1160 Wien

Österreichischer Astronomischer Verein
Laverangasse 40
A-1130 Wien
www.astroverein.at

Freiluftplanetarium
Sterngarten Georgenberg
Anton Krieger-Gasse 206–210
A-1230 Wien
www.astroverein.at

# SERVICE 2023 — Adressen

**Winterthur**
Sternwarte Eschenberg
der AG Winterthur
Breitenstraße 2
CH-8542 Wiesendangen

**Wuppertal** siehe **Remscheid**

**Zollern-Alb** siehe **Brittheim**

**Zweibrücken**
Sternwarte des Naturwissensch. Vereins
FH Campus
Amerikastr. 1
66482 Zweibrücken
www.nawi-zw.de

**Zwickau**
Förderverein der Schulsternwarte Zwickau
Gartenanlage „Am Kreuzberg"
08064 Zwickau
www.sternwartezwickau.de

**Überregionale astronomische Amateur-Vereinigungen**

Arbeitskreis Meteore e.V.
Mehlbeerenweg 5
14469 Potsdam

Bundesdeutsche Arbeitsgemeinschaft
für Veränderliche Sterne e.V. (BAV)
Munsterdamm 90
12169 Berlin
www.bav-astro.de

Österreichischer
Astronomischer Verein
Baumgartenstraße 23/4
A-1140 Wien

Vereinigung der Sternfreunde e.V. (VdS)
Postfach 1169
64629 Heppenheim
www.sternfreunde.de

## IMPRESSUM

Umschlaggestaltung von Gramisci Editorial Design/Isabel Fischer, München, unter Verwendung einer Illustration von Mark Garlick und einer Aufnahme des Planeten Saturn des Hubble-Weltraumteleskops (NASA, ESA, A. Simon (GSFC), M. H. Wong (University of California) und das OPAL-Team).

Mit 46 Farb- und Schwarzweißfotos, 8 historischen Abbildungen, 223 Illustrationen, davon 207 von Gerhard Weiland sowie 12 Planetenlauf- und 12 Monatssternkarten von Wil Tirion.

Unser gesamtes Programm finden Sie unter **kosmos.de**.
Über Neuigkeiten informieren Sie regelmäßig unsere
Newsletter, einfach anmelden unter **kosmos.de/newsletter**

Gedruckt auf chlorfrei gebleichtem Papier

© 2022, Franckh-Kosmos Verlags-GmbH & Co. KG,
Pfizerstraße 5–7, 70184 Stuttgart
Alle Rechte vorbehalten
ISSN: 1438-3306
ISBN: 978-3-440-17368-8
Redaktion: Sven Melchert, Michael Geymeier
Gestaltung und Satz: typopoint GbR, Ostfildern
Produktion: Ralf Paucke, Siegfried Fischer
Druck und Bindung: Westermann Druck Zwickau GmbH, Zwickau
Printed in Germany/Imprimé en Allemagne

**Anschrift des Herausgebers:**
Prof. Dr. Hans-Ulrich Keller
Planetarium Stuttgart
Willy-Brandt-Straße 25
D-70173 Stuttgart

# Wo das Himmelsjahr geschrieben wird...

Sie haben Interesse an der Astronomie, finden sich aber am Himmel noch nicht zurecht?

Oder Sie kennen sich schon gut aus, betreiben Astronomie als Hobby und suchen vertiefende Einblicke in die Forschung?

Modernste Projektionstechnik mit leistungsfähiger Astro-Visualisierung an einer 20 m Kuppel

Beobachtungsmöglichkeiten auf der Sternwarte Welzheim mit leistungsfähigen Teleskopen in ungestörter Lage jenseits der Lichtverschmutzung.

- Planetariumsvorführungen und Vorträge für Einsteiger und Fortgeschrittene
- Theorie und Praxis der Himmelsbeobachtung
- Ein Netzwerk mit Kontakten zu Volkssternwarten und Astro-Vereinen

ViSdP.:
Carl-Zeiss-Planetarium Stuttgart
Willy-Brandt-Straße 25
70173 Stuttgart
0711-216 89015

planetarium-stuttgart.de